国家社会科学基金重大项目“认知科学对当代哲学的挑战——
心灵与认知哲学重大理论问题研究”(11&ZD187)成果

THE CHALLENGE OF COGNITIVE SCIENCE TO CONTEMPORARY PHILOSOPHY

认知科学对当代哲学的挑战

刘晓力 等 著

科学出版社
北 京

内 容 简 介

本书在追踪心灵哲学和认知科学前沿的基础上，首次全面阐述了哲学与认知科学在相伴相生60年的互动发展中形成的“双向挑战效应”。这一判断以争论的视角极大地丰富了哲学与认知科学交叉研究的问题域，展现了分析哲学家和现象学家在认知科学的旗帜下的协同共进，必将推进哲学家和认知科学家跨学科的对话与合作。全书在“审慎的涉身—延展认知”的框架下建构“紧致的心智—认知架构”，面向传统哲学中的意识本体论、感知行动关系、语义学、认识论、伦理学、科学哲学、元哲学的主要问题考察了哲学与认知科学的交锋和互鉴，并回应了未来超越“扶手椅”方法论的哲学究竟何为。

本书可供哲学、心理学、计算机科学及认知科学其他领域的研究者和爱好者阅读参考。

图书在版编目（CIP）数据

认知科学对当代哲学的挑战 / 刘晓力等著. —北京：科学出版社，2020.10

ISBN 978-7-03-066277-4

Ⅰ. ①认…　Ⅱ. ①刘…　Ⅲ. ①认知科学-研究　Ⅳ. ①B842.1

中国版本图书馆CIP数据核字（2020）第188824号

责任编辑：邹　聪　张　楠 / 责任校对：王晓茜

责任印制：李　彤 / 封面设计：有道文化

科学出版社出版

北京东黄城根北街16号

邮政编码：100717

http://www.sciencep.com

北京建宏印刷有限公司 印刷

科学出版社发行　各地新华书店经销

*

2020年10月第 一 版　开本：720×1000　1/16

2022年 3 月第三次印刷　印张：28 1/2

字数：420 000

定价：168.00元

（如有印装质量问题，我社负责调换）

目　录

导论　认知科学对当代哲学的双向挑战

本书所呈现的是一项对于心灵哲学和认知科学的跨学科研究成果。这一成果可以概括为，从一种“温和的自然主义”立场出发，建立在“审慎的涉身—交互认知理论”的基础上，通过刻画一种“紧致的心智模型和认知架构”，获得对于认知本质的综合理解。同时，这项研究也是对当今哲学如何应对认知科学所提出的挑战所做的一种积极回应。依据我们的判断，一方面，认知科学对哲学的挑战呈现出哲学与前沿的认知科学构成双向挑战的态势；另一方面，这种挑战对于哲学和认知科学的发展又具有双向推进的效应。面对这种双向挑战，认知科学哲学学者未来的学术责任，应当是与认知科学家携手共进，攻坚克难。

0.1　单方批判还是双向挑战

一种为多数学者公认的观点是，如果以 1956 年一批跨学科的思想家举办的一系列探讨思维、智能和信息问题的会议为起点，可以说，以研究人类心智（mind，intelligence）和认知（cognition）本质为宗旨的认知科学（cognitive science）已经走过 60 余年不平凡的历程，如今这一年轻而古老的学科开始进入一个全面自我反思的新时期。显然，“认知科学对当代哲学的挑战”是一个极易引起误解的提法：何谈挑战，挑战何在？究竟是科学挑战传统哲学，还是哲学挑战当代科学？如果依照认知科学学会（Cognitive Science Society）的学科定位，认知科学包括哲学（philosophy）、认知心理学（cognitive psychology）、认知神经科学（cognitive neuroscience）、计算机科学（computer science）、语言学（linguistics）、人类学（anthropology）和教育学（education）及各学科相互交叉的学科群，哲学俨然是认知科学学科群的一个构成分支。那么，所谓挑战，究竟来自认知科学内部还是外部？如何挑战，怎样应对挑战？这确实是需要我们慎重研究的重大理论问题。

正是由于认知科学广泛的学科交叉性和哲学在认知科学中的特殊地位，今日在“挑战”的名义下所做反思的特点有二：其一，越出了狭义的单一学科内部的问题域和理论阐释范围，触及的是一种对认知科学整体所做的元研究，包括对研究纲领、研究问题以及研究方法的考察。其二，也更为重要的是，这种反思是多向度和建设性的，并非仅局限于20世纪后期局部的、激进的批判和无休止的论战，而是更广泛地扩展到对生命的意义、人的本性、社会伦理和人类命运，甚至宇宙未来等根本问题的研究。

哲学上对心智和认知本质的追问，无疑来自多元哲学传统。从古希腊柏拉图的灵魂说和亚里士多德关于人的本质的哲学，到近代笛卡儿的身心二元论和以洛克（J. Locke）为代表的经验主义、以康德为代表的理性主义，再到当代的功能主义、物理主义和新实用主义，以及各类新笛卡儿主义的哲学争论，认知的探索不仅渗透着哲学的概念分析、逻辑论证，也不断地从现象学汲取思想资源。从思想史的角度看，这里所言的认知科学对哲学的挑战，实际上并不是单一方向的批判，更不是对认知科学经验研究的漠视或否定，而是面对日益丰富的研究主题，科学家与哲学家呈现出“半结盟式的”争论格局，因而具有“双向挑战”的意义和实质性“双向推进”学科发展的趋向。而这样一种反思的驱动力，正是来自20世纪后半期自然主义哲学运动产生的巨大效应，也是由认知科学领域的经验科学家与哲学家携手共进60余载的共同命运决定的。①

同时，建制化的认知科学从诞生之日起就体现出如下三大传统的交织

① 朱菁. 哲学与认知科学的“金婚”五十年//中国社会科学院哲学研究所. 中国哲学年鉴 2012. 北京：哲学研究杂志社，2013：145-154.

与汇聚：其一是追求人类心智和认知本质普遍原理的哲学传统；其二是说明个体内在心理过程及其行为的心理学传统；其三则是探索人类心智能力及其物理机制的科学和工程传统。其中既有心理学、语言学、脑科学和人工智能（AI）新观念所引起的范式转换，也包括逻辑学、信息论、控制论和计算理论带来的科学技术的巨大变革。今日，对于人类智力的起源、知识的演化以及日常认知和科学认知的探讨，包括人的意识与机器意识的探险历程，都在不断丰富着这几大传统的深层内涵。

0.1.1 风云际会：开启认知科学多学科研究传统

“心智”和“认知”恐怕是当今科学和哲学最难以界定的术语。事实上，“认知科学”（cognitive science）一词最初见于1973年希金斯（C. Higgins）关于人工智能发展报告的评论中[①]，直到1977年《认知科学》（*Cognitive Science*）杂志在美国创刊，“认知科学”概念才得以正式启用，而真正的学科建制化则更晚一些。1979年，来自脑科学、心理学、语言学、计算机科学和哲学等领域的学者组成的认知科学学会宣告成立，认知科学有了初步的社会建制化的学术共同体，同时提出认知科学的宏伟目标是探索心智的表征—计算能力，发现大脑的认知结构及其功能。其后，1982年美国瓦萨学院（Vassar College）成为世界上第一个授予认知科学学士学位的大学，1986年加利福尼亚大学圣迭戈分校成立世界上第一个认知科学系（cognitive science department），此后，国际上以“认知科学”为名的研究机构和研究型学位相继设立。伴随着新技术手段的逐步演进，21世纪迎来了认知科学多学科蓬勃发展的新局面，也引起了更大范围的哲学论争。认知科学究竟是否担当起了独立科学之名，未来究竟是关于认知的大一统理论独领风骚，还是百花齐放多元理论共生共存，国际学界至今难以形成共识[②]。

① Higgins H C. Comments on the lighthill report and the sutherland reply, Artificial Intelligence: a paper symposium, Science Research Council, 1973: 35-37.

② 巴克纳（C. Buckner）和弗瑞德兰（E. Fridland）对此做出了深刻分析。Buckner C, Fridland, E. What is cognition? Angsty monism, permissive pluralism(s), and the future of cognitive science. Synthese, 2017, 194(11): 4191-4195.

回顾认知科学呼之欲出年代的研究面貌，一批先锋思想家为学科奠基做出的一系列开创性贡献已经永载史册：早在 1943 年，神经科学家麦克洛赫（W. McCulloch）和数学家皮茨（W. Pitts）在《神经活动内在概念的逻辑演算》一文中就提出“什么是机械式的大脑？”；1943～1953 年的梅西系列会议期间，控制论专家维纳（N. Wiener）也将生命类比机器的思想传播开去[①]；1950 年的图灵之问“机器能思考吗？”更是引发热议。但是，直到 1956 年，麦卡锡（J. McCarthy）、纽厄尔（A. Newell）、西蒙（H. A. Simon）和香农（C. Shannon）等齐聚达特茅斯人工智能夏季研讨会首次提出“人工智能”概念[②]，纽厄尔、西蒙公布了著名的“通用理论家”定理证明程序，才真正开启了如何用机器模拟人类智能的科学探讨。机缘巧合的这一历史性汇聚又与同年 9 月香农组织的麻省理工学院信息理论年会的主旨合流，以信息处理和计算为先声的认知科学的诞生才真正水到渠成。

而通常所说的“认知革命”此时正沿着另外一条语言学和心理学的道路开疆拓土。1956 年的信息理论年会上，年轻的语言学家乔姆斯基（N. Chomsky）通过言语行为的考察，对激进行为主义心理学发起清算，首次提出人类具有先天的普遍语法结构，运用句法的转换规则能够理解任何自然语言，由此开创了研究人类认知内在结构的先河[③]。同是 1956 年，心理学家杰瑞米·布鲁纳（Jerome Bruner）等出版《思维的研究》、米勒（G. Miller）发表《神奇的数字 7±2：人类信息加工能力的某些局限》[④]，认知心理学研究真的要替代行为主义心理学登堂入室了[⑤]。重要的是，恰恰是在 1956 年这个关键年份，一批日后成为认知科学领军人物的先驱者敏锐地意识到，“对于认知过程而言，实验心理学、认知语言学和认知过程的计算机模拟事实上不过是更大的整体科学的一部分，未来将会看到更为精细和可行的整

① 彭永东. 控制论的发生与传播研究. 中国科学院研究生院（自然科学史研究所）博士学位论文，2006: 53-65.

② 图 0.1 记录了参加此次会议的几位核心人物 50 年后再度聚首。

③ Chomsky N. Review of verbal behavior by B. F. Skinner. Language, 1959, (35): 26-57. 乔姆斯基的《句法结构》一书 1957 年正式出版。

④ 图 0.2 借用了米勒的“±2”的隐喻。

⑤ 认知心理学家奈瑟尔（Neisser, U）的标志性著作《认知心理学》于 1967 年才正式出版。Neisser U. Cognitive Psychology. New York: Appleton-Century-Crofts, 1967.

体建构方案，也可以期待不同领域的协同合作”[①]。可以说，此时，认知科学才真正拉开作为交叉学科研究的大幕。

图 0.1 达特茅斯人工智能夏季研讨会参会者 50 年后再聚首

左起：摩尔（T. More）、麦卡锡、明斯基（M. Minsky）、塞弗里奇（O. Selfridge）和索洛门诺夫（R. Solomonoff）

（摄于 2006 年）[②]

图 0.2 2007 年“认知革命 50 年±1 年”名家聚首哈佛大学[③]

左起：平克（S. Pinker）、凯瑞（S. Carey）、米勒、乔姆斯基、布鲁纳

正是一批不同领域科学家 1956 年前后的不期而遇，共同开启了关于认

① Miller G A. The cognitive revolution: a historical perspective. Trends in Cognitive Sciences, 2003, 7(3): 143.

② 参见 Moor J. The Dartmouth College artificial intelligence conference: the next fifty years. AI Magazine, 2006, 27(4): 88.

③ 认知革命的历史回顾可参见 Miller G A. The cognitive revolution: a historical perspective. Trends in Cognitive Sciences, 2003, 7(3): 141-144.

知科学研究的广阔疆域，由此，认知心理学、认知语言学、神经科学和人工智能这四大核心领域研究占据认知科学统治地位几十年之久，并形成了基本的研究纲领——认知就是一种表征—计算的信息加工过程。广义理解的认知就是对感知、注意、语言、记忆、判断、推理、决策、行动控制，以及情绪及意识方面的综合研究；狭义地理解，认知就是一种信息加工的计算过程。例如，广义的认知心理学泛指一切以认知过程为对象的心理学研究；狭义的认知心理学就是信息加工心理学。

0.1.2 从心智的表征—计算纲领到广义涉身性认知观念的变革

事实上，60余年来，认知科学在一大批思想者和开路先锋的拓荒中，其研究主流和研究进路逐步从对具体疑难问题的求解，演变为第一代和第二代具有不同风格的研究立场和理论形态。从最初纽厄尔、西蒙开创的物理—符号计算理论，经由普特南（H. Putnam）、马尔（D. Marr）、福多（J. Fodor）、派利夏恩（Z. Pylyshyn）等人的发展，以表征—计算为核心的心智的计算理论（computational theory of mind，CTM）成为第一代纲领的基本内核，而奠基其上的认知主义（cognitivism）立场最重要的理论预设是，认知过程就是对我们周围世界的心理表征（mental representation）所进行的生成、转换和删除的心理操作，认知状态就是心理内部的表征关系，其中的关系、表征和操作都是计算的，而数字计算机就是这样一种能够自动操作抽象符号的机器，因此心智不过就是一台计算机。特别是在吸收了福多1975年的"思维语言假设"（language of thought hypothesis，LOTH）之后，CTM纲领演变为如下包含了数字符号计算和神经元联结计算两款理论假设的经典形式[①]：第一，心智的数字计算理论（digital computational theory of mind，DCTM），即人类的心智行为就是符号的数字计算。人的认知状态是思维语言中计算心理表征的计算关系，认知状态的改变即心理过程的变化是思维语言中计算心理表征的计算操作。而计算的结构和表征都是数字的。第二，心智的联结计算理论（connectionist computational theory of mind，

① 哈尼什. 心智、大脑与计算机：认知科学创立史导论. 王淼，李鹏鑫译. 杭州：浙江大学出版社，2010: 171, 296, 297.

CCTM），即认知状态是（在思维语言中）计算心理表征的计算关系，认知状态的改变，即心理过程是（在思维语言中）计算心理表征的计算操作；而计算的结构和表征必须是网络式联结的。与 DCTM 的计算观念相比，CCTM 并不假定人类心智行为是数字符号计算的，而主张通过借鉴大脑模型，将计算理解为基于人工神经网络的信息加工过程，而且 CCTM 默认了网络式的加工是与人脑的计算特征相似和匹配的。

然而，DCTM 和 CCTM 所共同遭遇的挑战首先是如何回应自然科学能否完全说明心智现象这一经典的心—物难题。同时，从一开始，DCTM 和 CCTM 纲领的表征—计算的核心假定就成为科学和哲学一系列争论的焦点：人类认知的过程究竟在什么层次上才能得到根本的说明，是符号的、语义的，还是物理层次的？如何解释人脑与计算机在硬件和软件上的巨大差异？符号系统的句法属性和物理属性是否能够充分决定语义内容，即思维语言的句法如何承载心理表征的语义内容？如何使用计算术语解释抽象符号所关涉的语义内容或表征内容？那些具有派生性语义的亚符号的人工神经网络架构如何可能生成真实世界的意义？如果认知都是以思维语言作为计算的中介，物理系统不过是为计算功能的实现提供一种物质载体，那么认知是否只需要语言的句法说明，而完全不需要其他语义说明和自然因果律的描述了？表征—计算的机制能否解释人类有机体的生命之心和社会文化认知的丰富意义？

正是源自如上诸多问题的追问，进入 20 世纪 80 年代之后，在德雷福斯（H. Dreyfus）和塞尔（J. Searle）等人引发的对强人工智能激烈批判的刺激下，以拒斥笛卡儿主义和反对计算主义为旗帜，以涉身性（或称具身性）（embodiment）观念为其理论特征的第二代认知科学纲领逐渐登上历史舞台，人们对心智和认知本质的理解，从狭义的涉身认知（embodied cognition，EC）主张，演变为意义越来越宽泛的、可以称为“广义的涉身认知”的研究纲领。

认知科学家和哲学家肖恩·加拉格尔（Shaun Gallagher）曾以 4EC，即涉身认知（embodied cognition）、嵌入认知（embedded cognition）、延展认知（extended cognition）和生成认知（enactive cognition）概括了这一广

义的涉身认知纲领的核心理念[①]。其中 4EC 的先锋人物有倡导涉身认知观念的哲学家安德森（M. L. Anderson）[②]、克拉克（A. Clarck）[③]、加拉格尔，以及语言学家莱考夫（G. Lakoff）和约翰逊（M. Johnson）；倡导情境认知的则有机器人专家布鲁克斯（R. Brooks）[④]和分布式认知理念的代表哈钦斯（E. Hutchins）等[⑤]；延展认知的倡导者有克拉克、查尔莫斯（D. Chalmers）和罗兰兹（M. Rowlands）[⑥]；感觉运动知觉理论的代表人物奥利根（O'Regan）、诺伊（A. Noë）和自创生的生成主义（autopoieticenactivism）的代表人物神经科学家瓦雷拉（F. J. Varela）、汤普森（E. Thompson）等，则是这一时期生成认知纲领的开创者。瓦雷拉、汤普森与罗什（E. Rosch）1991 年出版《涉身心灵：认知科学与人类体验》（*The Embodied Mind: Cognitive Science and Human Experience*）一书，明确将生成认知作为具有变革意义的区别于认知主义和联结主义的新进路。[⑦]

事实上，涉身性纲领更多吸收了来自美国哲学家皮尔士（C. S. Peirce）、杜威（J. Dewey）的实用主义和以海德格尔、梅洛-庞蒂（M. Merleau-Ponty）为代表的现象学传统，以及社会心理学、生态心理学、复杂动力系统理论的思想。随后我们将看到，这一纲领最终的理论抱负则是企图建立对于认知本质的大一统说明。新近，加拉格尔多次强调，如果再加入吉布森（J. Gibson）的生态心理学（ecological psychology）[⑧]维度，可将 4EC 拓展为 5EC[⑨]。同时，约翰逊等更为激进地指出，在原有 4EC 的基础上还应当继续增加如下 3EC，即情感认知（emotional cognition）、演化认知（evolutionary

① Gallagher S. How the Body Shapes the Mind. Oxford: Clarendon Press, 2005.

② Anderson M L. Embodied cognition: a field guide. Artificial Intelligence, 2003, 149(1): 91-130.

③ Clack A. Being There. Cambridge: MIT Press, 1996: 213-214.

④ Brooks R A. Intelligence without representation. Artificial Intelligence, 1991, 47(1-3): 139-159.

⑤ Brooks R A. Cambrian Intelligence: The Early History of the New AI. Cambridge: MIT Press, 1999; E. 哈钦斯. 荒野中的认知. 于小涵, 严密译. 杭州: 浙江大学出版社, 2010.

⑥ 刘晓力. 延展认知与延展心灵论辨析. 中国社会科学, 2010, (1): 48-57.

⑦ Varela F E, Thompson E, Rosch E. The Embodied Mind: Cognitive Science and Human Experience. Cambridge: MIT Press, 1991: 7.

⑧ Gibson J. The Ecological Approach to Visual Perception. New York: Psychology Press, 1986.

⑨ Gallagher S. Enactivist Interventions Rethinking the Mind. Oxford: Oxford University Press, 2017: 80-81.

cognition）和拓展适应性认知（exaptative cognition）[①]。

但是，依照我们的立场，无论是 4EC，还是扩展的 5EC 或 7EC，实际上都是从涉身性观念衍生而来的，是对涉身认知不同面向的特殊说明而已，因此，只需将其划分为狭义的和广义的涉身认知流派即可。笔者 2005 年曾指出，广义的涉身认知在对计算隐喻（computation metaphor）反思的基础上，实际上还包含了如下三大新的隐喻：涉身隐喻（embodiment metaphor）、交互隐喻（interaction metaphor）和突现隐喻（emergence metaphor）[②]。因此可以说，狭义的涉身认知观念将身体作为认知的承载限制和调节的物理场所，强调其对于认知具有奠基性意义，特别是强调身体运动系统的多模态感知对于认知具有核心地位；广义的涉身性观念则在此基础上强调，阐释认知的基本单元应当是大脑—身体—环境的耦合体，理论说明的目标是认知主体如何参与不同情境并以何种特殊方式与环境进行积极主动的交互。

例如，对于 4EC 而言，狭义的涉身认知强调身体的感知运动具有原初认知的首要地位；嵌入认知侧重强调认知主体是嵌入环境并与世界融合为一的；延展认知主张，心灵和有机体的身体在处理即时任务时将与外部环境资源构成一个更大的认知的耦合交互系统，认知过程可以延展到大脑和身体之外的耦合系统中；生成认知则宣称，人是自创生的生命系统，认知主体与物理世界、社会文化环境发生的是自主的积极主动的交互行动，而这种自主性是由生命系统的内在意向性驱动的，作为心智基础的身体—有机体—环境的协同发展，本质上不过是一种生物演化的自组织过程[③]。而且，从广义的涉身认知观念来看，生态视角的认知无非是想指明，认知主体如何充分利用环境提供的功能可见性（affordance）达成与世界的合乎目的的适切交互，其交互的方式可以是无表征的直接的知觉活动。

---

① Johnson M. Embodied Mind, Meaning and Reason: How Our Bodies Give Rise to Understanding. Chicago: University of Chicago Press, 2017.

② van Gelder T, Port R. Mind as Motion: Explorations in the Dynamics of Cognition. Cambridge: MIT Press, 1998; 刘晓力. 交互隐喻与涉身哲学——认知科学新进路的哲学基础. 哲学研究, 2005, (10): 73-80; 刘晓力, 孟伟. 认知科学前沿中的哲学问题. 北京: 金城出版社, 2014: 86-93.

③ 埃文 · 汤普森. 生命中的心智: 生物学、现象学和心智科学. 李恒威, 李恒熙, 徐燕译. 杭州: 浙江大学出版社, 2013: 33.

0.1.3 广义的涉身认知纲领前路如何

加拉格尔 2017 年对认知科学诸多新观念做了总体性概括并宣示一种生成主义（enactivism）立场。他认为，尽管以表征—计算为核心的心智的计算理论和脑神经科学研究对于认知说明做出了无可替代的贡献，仍不足以使人们充分理解认知和人类经验的本质。因此，还需要引入过程的视角，考虑认知主体的身体过程，包括情绪过程以及与此相关的物理的、社会的文化环境过程。这就必须借鉴生成认知和生态心理学思想，建立一种更具包容性的生成主义的整合方案①。与新笛卡儿主义和新行为主义的解释（the neo-Cartesian explanation and the neo-behaviorist explanation）不同，这种生成主义更关注一种新实用主义观念下的意向性和主体间性（the neo-pragmatist intentionality and intersubjectivity）概念，认为只有这些与主体相关的概念才能真正揭示人类日常认知和社会认知的涉身性本质②。甚至从婴儿时期开始，人类的社会活动就塑造了我们的认知系统以及我们体验这个世界的方式，社会认知就是个体参与主体间的、社会的和文化实践活动的过程。因此，理解心灵和认知的本质，需要研究涉身认知、生成认知，以及发展心理学、生态心理学、动力系统理论、应用语言学和人类学等为我们提供的多元主题，包括探讨自我—他者—世界的关系，以及如何从生态心理学倡导的文化小生境（cultural niche）视角，参与研究物质世界和整个人类社会实践等更为丰富的主题③。

自 21 世纪以来，广义的涉身认知观念越来越显示其在心智和认知本质的说明中的理论优势和应用前景。本书基于批判性继承涉身性认知立场所采取的“审慎的涉身—交互认知”的理论框架将在后续章节进一步阐明。

根据我们的考察绘制的图 0.3 明确标明了从 20 世纪 20 年代到 21 世纪前 20 年，认知科学哲学和心智理论发展经历了从认知主义到广义的涉身性

---

① Gallagher S, Allen M. Active inference, enactivism and the hermeneutics of social cognition. Synthese, 2018, 195(6): 2627.

② Gallagher S. Enactivist Interventions Rethinking the Mind. Oxford: Oxford University Press, 2017: 80-81.

③ 关于 4EC 更详尽的思想和更丰富的主题可从 2018 年的《牛津 4E 认知指南》中获得。Newen A, de Bruin L, Gallagher S. The Oxford Handbook of 4E Cognition. Oxford: Oxford University Press, 2018.

认知纲领变迁的大致历史线索。正如三维立体图中所标示的，每个层级和每个重要节点反映了研究者的理论学说所提出的年代、领域和不同的研究旨趣，也充分显示出心智的哲学理解和认知科学研究纲领不断交织演化的进程。

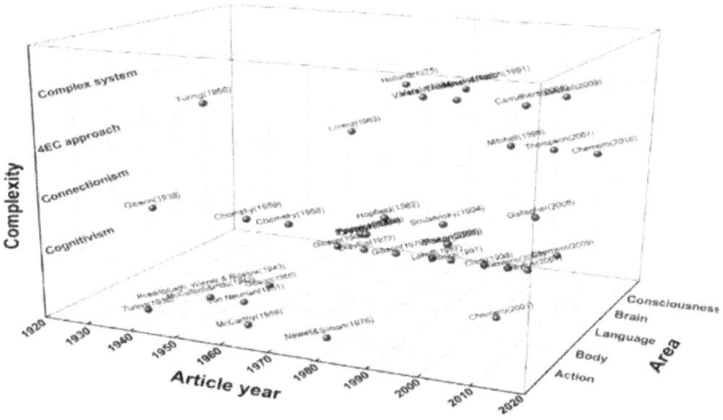

图 0.3　文献追踪（1920—2020 年）认知科学的 5EC（薛少华绘制）

图 0.3 中的三个坐标参数，分别表示形成年代、理论倾向集聚和研究领域分布这三个不同侧面。从纵向发展线索看，理论产生的最初形态是人工智能的符号主义、信息论和控制论；其后是联结主义和心智的功能主义及各种形式的物理主义；20 世纪 80 年代后期以来，以广义涉身性观念为核心的诸 EC 进路成为聚焦热点；进入 21 世纪后，又迎来了认知的复杂动力系统突现论和有机系统论等非线性理论的上升期。而在领域宽度方面，各种理论探索从最初的身体、语言、大脑、行动，逐渐扩展到与环境的交互；生成主义和复杂系统理论方法同样已经逐步深入对意识的研究领域中。从图 0.3 中研究者领域分布的密集度也不难看出，进入 21 世纪，涉身认知进路确实集聚了越来越多的学者，这说明广义的涉身性研究纲领具有较强的理论生命力和巨大的发展空间。

2010 年以来，人们不期然地迎来了一个令大众和专家或者担忧或者期待的“机器崛起”的新时期，这个新时期是由最前沿的脑科学、数据科学和人工智能技术驱动，并且有可能介入和改变人类心智外在形态的“新智能革命时代”。今天，如何评价认知科学前沿的这一新趋向及其对哲学的挑战，我们将在后面的章节详细展开。

0.2 挑战何在：心智说明的路径分殊及其面对的理论困境

如前所述，广义的认知科学是由认知心理学、认知神经科学、人工智能等七大学科构成的交叉科学，可以说这也是迄今为止最大的“发展中的科学”，是一个还未进入常规科学具有统一研究范式的多学科集群。最初这一学科集群建基于如下信念上：心理学家、神经科学家、语言学家和哲学家都可以通过将符号计算作为共同的理论基础理解人类思想和心理世界。今天，更多学者愿意将神经科学视为认知科学的基础。因此，我们关注到，这个集群中哲学家兴趣最大、研究最为活跃、成果也最为丰富的仍是它的三大区域：心理学、神经科学和人工智能领域。以下我们将聚焦于探索认知的这三条路径，考察在心智本质的说明中哲学和科学家所共同面对的难题及认知科学新思想的争论焦点。而其中实质性的需要首先回应的是如下问题：是否存在统一的认知科学？究竟什么是一个好的关于认知的科学说明[①]？今日认知科学为规范认知的本性究竟提供了哪些有价值的资源？

0.2.1 问题提出：科学的心理学将如何重新奠基

认知科学最初的理论抱负是超越常识心理学建立一种作为科学的心理学。1879 年冯特（W. Wundt）创立了世界上第一个以生理学为基础的心理学实验室，这是心理学成为一门独立科学的重要标志。1890 年詹姆斯（W. James）在《心理学原理》中首发“科学心理学宣言”：将心理学改造成精神生活的科学（science of mental life）——对感知、愿望、认知、推理、决策等心理现象及其产生条件进行自然科学研究。[②]1931 年，心理学行为主义运动的真正奠基人华生（J. B. Watson）宣称：要将人类和动物可观察的

---

① 对此问题更详尽的阐释请参见本书第 1 章。

② 詹姆斯曾提出：①精神的或心理生活是能被意识察觉的；②它是可内省到的；③它是私人的，只同自己有关；④它像一条流动不断的意识流和思想；⑤它总是关于什么的，是与行动的目的有关的；⑥它是由进化而来的。因此，精神生活可以用科学的方法加以研究。参见哈尼什. 心智、大脑与计算机：认知科学创立史导论. 王淼，李鹏鑫译. 杭州：浙江大学出版社，2010: 21-22.

行为作为科学的研究对象，心理学应该纳入纯客观的自然科学的经验研究范畴，它的理论目标就是预测和控制行为，因此注定要排斥对意识和自由意志进行科学研究。随着这种以行为主义为标志的心理学遭遇认知革命的冲击，心理学将面对如何重新奠基才有资格成为替代行为主义的新科学的严峻考验。

这里首先需要澄清的一个问题是，如果存在独特的关于认知的科学，这种科学和以往经典的物理学、神经生理学，以及行为科学将有哪些不同特征？或者说，什么才是一个好的关于认知的科学理论的核心假设，特别是，认知科学是否存在独特的研究对象？20 世纪 80 年代新锐认知科学家派利夏恩首次提出，如果认知科学有望成为像化学、生物学和地质学那样真正的科学，它就应当是不依赖于其他科学原理、完全自主地建立在一套特定词汇和统一原理之上的学说。在他看来，20 世纪 50 年代之后兴起的计算机方案不过是一种对认知的模拟解释而非对认知事实的说明。“如果认知科学要在经验上是恰当的，就不能以机器隐喻作为解释认知的避难所。因为人们从未相信物理学只是一种隐喻。”①

因此他设想，如果存在“认知”（cognition）这样一个可以孕育一组统一原理的自然领域，一定有一些像 knowing things 这样的事项，或像米勒曾描述的 informavores 或 cognize 那样的东西，“这些东西的聚类所共同具有的基本特征是基于表征而行动的”②。今天人们将“基于表征而行动”的事物的聚类理解为“依据表征而行动的认知者”或“有意图的主动施动者”的类。所谓认知科学就是要说明这些认知者或施动者的行动具有什么基本特性、具备何种知识、有何种行动目的，即知道有意图的施动者拥有什么心理表征（mental representation）。只有找到施动者的心理表征与其行动之间普遍关联的基础假设，才可以建立起一种说明认知的普遍原理。由此，派利夏恩声称：“只有表征—计算才是真正搭起心理世界与科学理论的桥

① Pylyshyn Z W. Computation and Cognition. Cambridge: MIT Press, 1984: 56.

② Pylyshyn Z W. Computation and Cognition. Cambridge: MIT Press, 1984: XI-XII. 显然，这里派利夏恩是模仿笛卡儿的 thinking thing 引入 knowing thing 概念的，这一概念或可译作“认知者”；informavores 或译作“认知信息体”；cognize 译作“认知体”，对此，可参见泽农 · W. 派利夏恩. 计算与认知：认知科学的基础. 任晓明，王左立译. 北京：中国人民大学出版社，2007: 2-3.

梁!”[①]在派利夏恩看来，认知的基本假说就应当是如下“心智的表征理论”（the representational theory of mind，RTM）的主张：任何认知状态和过程都是由一种信息承载结构在思想或大脑中发生、转换和存储的过程构成的，这种信息的承载结构就是心理表征。可见，只有 RTM 作为 CTM 的基础才是派利夏恩所要求的对认知的最佳描述。纽厄尔和西蒙在 20 世纪 70 年代就主张，物理符号系统对于一般心智行为的计算解释是充分而必要的[②]。福多从思维语言抽象结构的生成机制出发,将心智过程理解为一种计算机制[③]。马尔认为要将心智理解为一个信息加工装置，必须给出计算理论层、算法层和物理实现层三个层次的说明[④]。然而，派利夏恩认为，仅仅以物理的行为词汇不可能说明认知过程包含的心理语义，一个好的关于认知系统的理论必定包含缺一不可的生物物理的、功能的和语义的（或意向性的）这三个层次的说明[⑤]。语义的和意向性的说明体现的正是对心理表征的认可。这样一来，在派利夏恩那里，就区分了两类认知现象，其中一类是完全受语义原则支配的认知过程；另一类仅仅是借助生物物理系统的属性实现功能的过程,是具体的计算装置与运行计算过程的物理规律之间的关系[⑥]。因此，只有在借助受语义支配的计算过程的普遍原理和计算装置功能实现的物理机制之间架起一座桥梁，才有可能建立真正的认知科学，统一说明借助意向性表征的语义和借助感知运动系统的行动获得的两类认知过程。当认知状态和过程被描述为由一种表征的信息承载结构在思想或大脑中的生成、转换和存储过程时，认知科学就在心理表征概念的基础上被构建了出来，计算似乎真的就将成为架起心理世界与科学理论的不二桥梁了。

然而，当这种计算的心理理论如日中天之时，由于派利夏恩引入的两个关键事项，其一是表征，其二是行动，都有着巨大的争议，“依据表征而

---

① Pylyshyn Z W. Computation and Cognition. Cambridge: MIT Press, 1984: 12-13.

② Newell A, Simon H A. Human Problem Solving. Englewood Cliffs: Prentice-Hall, 1972.

③ Fodor J A. The Language of Thought. Cambridge: Harvard University Press, 1975. 计算理论层指明要计算的适当目标是什么；表征和算法层要求找到从输入的表征到输出的转换的可计算的算法；实现层是说明这些算法如何在计算装置上实现。

④ Marr D. Vision: A Computational Investigation into the Human Representation and Processing of Visual Information. New York: W. H. Freeman and Company, 1982.

⑤ 纽厄尔 1982 年则划分了装置层、符号层和知识层。

⑥ Pylyshyn Z W. Computation and Cognition. Cambridge: MIT Press, 1984: 130-131.

行动的认知者”或“有意图的主动施动者”是否正确诠释了他所描述的 knowing thing 的本意？笔者认为，这些应该成为对认知心理学及整个认知科学发展至今的样貌进行深刻反思的一个“关节点”。

0.2.2　第一条分殊路径：认知心理学及其心理表征的内在困境

如前所述，研究认知和心智本质的第一条路径是早期以 RTM 为核心的认知心理学，最基本的理论依据是福多的思维语言假设和心智的模块理论，即承认人类的心智都是由大脑的中枢处理系统和周边神经系统的各种认知模块所产生的，所有的认知状态都是以心理表征为基本单元的信息处理过程，而心理表征的内在语法结构遵循普遍的逻辑演算规则。这样，就把人类心智就是一个信息处理的计算系统，心智从外部世界接收感官刺激，通过系统的中央处理器进行信息加工，再编码为心理表征的行为指令输出行动。心理符号系统遵循类一语言的组合结构，心理状态的任何复合表征都是由有限的心理状态的原子表征按照形成规则递归生成的。此外，这样的理论断言，表达心理状态的命题的句法结构，无论是具有原子形式还是具有复合形式，都自然承载了命题语言的语义。其中句法的原子成分或者具有代表外部事物的属性和关系的表征性质，或者具有指向外部世界的语义特性，即意向性。显然，认知心理学的 RTM 假设默认了内蕴语言意义的抽象结构与高阶推理的逻辑基础是一致的，因此就预设了，表征—计算不仅具有形式的普适性，也同时具有语义解释的充分性①。事实上，这里显然也默认了心理表征对于行为的因果效力，以及承载心理表征的物理系统对表征内容的因果效力。以下我们分析这条路径所遭遇的心理表征的几个内在困境。

首先，这条路径自然产生的第一个问题是表征的因果规范性问题：如果语言所包含的意义的抽象结构与高阶推理的逻辑基础是相通的，那么，需要解释表征的心理内容、语义指称、现实的真实条件，以及命题的真假值与外部世界意义关联的机制究竟是什么。对于行动者一次偶然的心理事件与行动关联的描述，如何可以体现它是心理因果规则所支配的普遍类型

① Pylyshyn Z W. Computation and Cognition. Cambridge: MIT Press, 1984: 55.

的一个特例？例如，关于心理表征与行动的一个特设场景的关联描述，表达的是心理活动的特殊命题在具体情况下偶然为真的事实，但计算所要求遵循的句法规则是一种纯粹的逻辑演算形式。如果存在表征—计算的普适规律，就必须说明，如果行动者在其他特殊情况下意向状态发生了改变，认知行为依此规律会相应地发生怎样的改变。同时，如果要对一个认知者在未发生的境况中的行为做恰当的预测，是否还需要提供反事实情境下具有预见性的普遍概括，以便给出逻辑上的解释与某一现实状态特例的解释相一致的类型说明？因此，表征的因果规范问题也成为如下争论的焦点，即心智的现象说明和因果说明如何与诉诸谓词逻辑的符号演算的普遍规则相一致？进一步受到质疑的是，假定如福多所言，人类与其他生物和人造机器的行为都是由作为行动引擎的中央处理器所激发的，表征是中央处理器行为的核心指令，还将自然引起所谓的“表征瓶颈”问题。然而布鲁克斯的分布式包容体系设计，使机器人在适应变化着的环境中所做的实时的分布式反应，并不支持心理表征作为中心指挥者的假设①。

其次，认知心理学路径主张的心理表征观念所遭遇的第二个困难是，表征对于认知并非是必要的。对于表征必要性的争论一般有如下三种观点：第一种是持经典立场的强表征主义，即认为抽象符号规则支配的命题式表征是表征的唯一形式。第二种弱表征主义立场则认为，除了命题式表征还可以承诺存在其他形式的表征，如意象表征、知觉表征、行动导向的表征、参与各种理性推理过程的记忆表征、符号式的离散表征等。第三种是激进的反表征主义立场。这种立场包含两重含义：在形而上学上，主张认知系统的本性是非表征性的（即认知系统不含表征）；在认识论上，主张对认知系统的最好说明无须附加表征的假设。例如，策梅洛（A. Chemero）在取消表征的宣言中声称：“我将彻底的涉身认知科学定义为一种不设定心理表征的、对涉身现象中的知觉、认知和行动的科学研究。彻底的涉身认知科学是没有心理体操（mental gymnastics）的认知科学。”②在策梅洛那里，基于行动的涉身认知和延展认知需要一种动态系统的说明，即认知主体、一

① Brooks R A. Intelligence without representation. Artificial Intelligence, 1991, 47(1-3): 139-159.

② Chemero A. Radical Embodied Cognitive Science. Cambridge: MIT Press, 2009: 27-29.

套特定的工具、其他主体和环境一同建构了一种耦合动力系统，其中完全没有心理表征的地位，认知就是行动者对涉身境况的直接知觉。以布鲁克斯[①]、范·戈尔德（T. van Gelder）[②]和加拉格尔等为代表的反表征主义者同样认为，表征对于认知来讲甚至既不充分也不必要。在处理即时任务时，认知就是主体充分利用环境资源与世界的一种适切性交互，可以是一种无表征的直接知觉活动，甚至在当下的认知情境中，知觉即行动。

最后，如果接受认知科学只是奠基于心理表征的科学说明的标准观点，那么，第三个引起质疑和争论的焦点是，能否用依赖知识的行动为认知划一清晰的界限[③]。例如，威廉姆森（T. Williamson）等人的强硬立场是，只有知识才是人类心智的构成成分，因此，认知必定是基于知识表征的，是以命题式知识引导主体采取理性行动的。如此说来，一个认知者必须在获得了 knowing that 类的概念化知识的前提下对认知系统内部的信息进行整合，对行为进行有目的的理性控制，才可能采取正确的行动。这一方面要求认知主体将外界感知刺激分类化、范畴化并转化为内部表征；另一方面表征系统中还会由认知过程派生出新的表征，这些表征再反过来调整认知指导新的行动。此外，主张自适应性表征理论的学者关注的则是，一个具有自适应性能力的行动者在不确定的境况中，能够想象未来并建构心理意象对未来境况进行建模，预测环境态势并有意识地寻求所期望的行为结果。这就需要认知者具有较强的因果推理能力和反事实的因果推断能力，而这些能力将依赖于更大的知识系统。如果我们接受“表征的目的是以命题性知识表征为行动提供指南”的假设，就自然包含了“表征的无穷倒退难题”[④]。最后，如果以依赖知识的行动为认知划界，知觉经验能否作为信念或知识辩护的依据随之成为争论的主题。表征的无穷倒退难题也就体现为表征规范的不确定性困难了。在 0.3.1 中我们将探讨“内在表征解困：区分在线认知的表征和离线认知的表征”问题。

---

① Brooks R A. Intelligence without representation. Artificial Intelligence, 1991, 47(1-3): 139-159.

② van Gelder T. What might cognition be, if not computation? Journal of Philosophy, 1995, 92(7): 345-381.

③ Pylyshyn Z W. Computation and Cognition. Cambridge: MIT Press, 1984: 271.

④ Anderson M, Rosenberg G. Content and action: The guidance theory of representation. The Journal of Mind and Behavior, 2008, 29(1-2): 55-86.

0.2.3 第二条分殊路径：神经科学的意识研究与解释鸿沟难题

认知科学的第二条重要路径是脑神经科学的经验研究，其中最大的难题是如何以大脑的物质科学的理论来说明人类丰富的意识和意识体验的本质。20 世纪末，利用各种新的大脑扫描技术追踪脑神经元活动，借助脑损伤技术观察特殊脑区的功能，通过研究儿童大脑的发育和发展过程，神经科学家开始揭示意识和意识体验的神经机制，也使一向为科学家排斥的意识问题堂而皇之地进入了科学研究领地。泰格马克（M. Tegmark）在《生命 3.0》中指出，虽然意识是人类探索了数千年的亘古常新话题，但如果 1989 年前去心理学词典查找"意识"词条，你会一无所获[①]。特别是 21 世纪以来，人工智能的突破性进展，大大增加了人们研究意识问题的使命感和紧迫感，因为人们需要预测究竟哪些生物或人工智能体可能像人那样具有主观的意识体验，如果智能机器也想获得某种类人的权利，是不是应该首先具有真正类人的意识和意识经验。

哲学上一般区分两类意识：一类是具有感受性的现象意识；另一类是具有认知属性的可取用意识。现象意识是对感官获得知觉经验的意识，是对一种"某物像……似的"主观感受。例如，对形状、大小、明暗、色彩深度的经验，冷热、疼痛的身体经验，以及产生心理意象、有自我感等均属现象意识。而觉知、内省、意识到心理状态的内容、借助内省调取心理内容、以第一人称方式报告心理内容，以及注意、知道、自我意识、自我觉知、自主行动控制等，则属于有认知意义的可取用意识。查尔莫斯首次划分出意识的"易问题"和"难问题"[②]。所谓"易问题"是有望随着科学的发展而逐步得以解决的意识方面的问题，包括对外来刺激进行分类和范畴化、认知系统内部的信息整合、对行为的有目的控制，以及产生注意的认知机制等。而意识的"难问题"之"难"是指，借用认知科学常用的结构—功能分析方法，难以说明具有感受性的现象意识的主观体验是如何产生的。查尔莫斯这个著名的"难易之辨"不仅向认知科学家和哲学家提出

① 迈克斯·泰格马克. 生命 3.0: 人工智能时代人类的进化与重生. 汪婕舒译. 杭州: 浙江教育出版社, 2018: 374-375.

② Chalmers D. The Conscious Mind: In Search of a Fundamental Theory. Oxford: Oxford University Press, 1996: 3-31.

了明确的挑战，并实质性地推进了意识的经验研究。脑神经科学家克里克（F. Crick）和科赫（C. Koch）最早倡导的寻找意识的神经相关物（neural correlates of consciousness，NCC）的研究进路①，明确开辟了通过脑神经变化的物理机制探索意识的主流道路。进入21世纪，随着脑科学研究和计算技术的发展，如功能磁共振成像、正电子发射断层扫描、光点跟踪功能磁共振成像、经颅外电磁刺激的技术，情绪、情感、感受性和自我意识，以及他心等以往被视为科学禁忌的课题都成为科学研究新的主题，人类有望破解意识难题的呼声似乎也越来越强。然而，作为认知科学重要分支的神经科学的研究，实际上默认了"心脑同一论"的哲学假设。它包含如下三点基本结论：①心理状态都是特定的大脑神经状态；②心理属性都可还原为大脑神经系统的属性；③通过对大脑神经特性和状态的详细描述可以解释意识现象②。

然而，神经科学的这一主流进路从一开始就遗留了一个值得质疑的哲学问题：仅仅借助寻找NCC的功能和机制能否对于意识的主观性、私密性现象进行客观的因果说明？或者，有没有不同于物理基质的某些事物构成现象意识的内在心理结构，它的产生是需要有别于物质科学的功能—机制加以解释的？早在1983年哲学家列文（J. Levine）就曾指出，不管我们将来知道多少关于大脑的事实，在概念上我们仍然无法解释为什么某一种复杂的大脑状态或过程让人感到某种特定的意识感受的独特性。即使物理主义在本体论上是正确的，也仍然存在一种认知上的"解释鸿沟"（explanatory gap）③：具有精神属性的意识现象与具有物理属性的大脑活动、神经生物现象不同，对意识现象的解释与对物理现象和大脑现象的解释之间存在着难以逾越的鸿沟。

回顾半个多世纪作为一门实证科学的意识研究的进展，人们似乎从中看到了通过脑科学进路研究意识的曙光。例如，神经科学最早的成就是加

---

① Metzinger T. Neural Correlates of Consciousness: Empirical and Conceptual Questions. Cambridge: MIT Press, 2000.

② 这一假设是20世纪50年代由斯玛特（J. C. Smart）、普雷斯（U. T.Place）和费格尔（H. Feigl）提出的一种物理主义经典立场，相关经典文献参见 Chalmers D. Philosophy of Mind: Classical and Contemporary Readings. Oxford: Oxford University Press, 2002: 55-72.

③ Levine J. Materialism and qualia: the explanatory gap//Chalmers D. Philosophy of Mind: Classical and Contemporary Readings. Oxford: Oxford University Press, 2002: 354-361.

扎尼加（M. Gazzaniga）和斯佩里（R. W. Sperry）20 世纪 50 年代的裂脑人研究，其后还有一系列神经病理学研究，以及 80 年代神经生理学家里贝特（B. Libet）关于自由意志的研究，为从先天脑结构的视角说明脑机制提供了重要的基础假设。其后，从 NCC 进路的提出及其在视觉听觉意识中的一系列有效应用，包括 1992 年镜像神经元的发现、2002—2004 年前后诺索夫（G. Northoff）等人的发现，存在一类“大脑皮层中线结构”（the cortical midline structure of the brain，CMS），这种结构可以作为自我意识的一种大脑神经相关物。2014 年屏状核（claustrum）是大脑意识状态转换开关假设的提出等等，人们确实越来越相信对意识的最佳解释应该首选神经科学理论。特别是新近又有人推测，关于预测编码（predictive coding）和贝叶斯大脑（Bayesian brain）研究的新进展可能进一步推进对意识感知的神经基础的新理解，而这一理论的基础是被称为“自由能原理”（free energy principle）的生物学—物理学理论。甚至有人期望，备受争议的量子大脑假说很有可能开创整个意识研究的新框架和新方法。然而，不能不说，令人困惑的是，时至今日这些科学成就能否真正破解意识难题以填补解释鸿沟，仍然是没有任何定论的。

0.2.4 第三条分殊路径：人工智能的落地瓶颈与机器意识屏障

认知科学中最引人瞩目的成就当属模拟人类心智的人工智能领域的突破。作为认知科学源头之一的人工智能，最初的理想是建造通用人工智能（atifacial general intelligence，AGI），其目标是以类人智能的物理实现为标志，最终获得对人类心智本质的理解，这与认知科学对人类心智和认知本质进行探索的理论目标相一致。但是随着摩尔定律效应的释放，算法化的人工智能借助大算力和大数据的驱动伴随第四次工业革命的脚步一路高歌，建造各类工业应用和专项智能增强的机器人却反而越来越成为技术和产业界研发的主要方向。或许可以说，60 余年人工智能的历史是“不断偏离 AGI 初心”的历史，前 30 年经历的是老式 AI 的“符号计算”时期，更多关注机器借助纯粹抽象符号进行计算和推理功能的实现，而长期忽视机器在环境中的感知和行动能力的研究，致使 20 世纪 80 年代一些先锋思想家，如莫拉维克（H. Moravec）、布鲁克斯和明斯基提出如下莫拉维克悖论

（Moravec's paradox）：机器依据程序控制的符号规则做高阶推理、复杂计算和知识竞赛等高级智力活动消耗的计算资源相对要少；让机器自如应付环境具有较强的感知和行为能力却需要消耗更多的资源。为什么机器在与外部世界打交道的过程中，其行为能力还不及两岁儿童的智力？正如语言学家和认知科学家平克所言，经过 30 余年的研究，人工智能学者发现的一个最重要的课题恐怕是，困难的问题是易解的，简单的问题却是难解的。[①]

为解决这一悖论，20 世纪 80 年代之后再度复兴的神经网络和深度学习，试图借助涉身认知的思想资源，逐渐使后 30 余年的 AI 发展进入“统计计算”的新时期。但是，在反思和修正传统 AI 路径局限的努力中，黑箱化的深度学习又制造出许多人类认知不能解释的反常现象：第一，深度学习是机器的大样本训练式被动学习，而人类往往借助小样本自主学习；第二，只有依赖大量人工标注，神经网络对于所处理的数据才能获得意义的解释；第三，数据分析过度拟合归纳预期的基准数据有失客观性；第四，由于各类数据偏见神经网络行为难以控制其公正性；第五，机器视觉对图像和场景变化过度敏感缺少稳健性；第六，算法的不透明性使服务于特殊目的的神经网络无法预测未知数据，致使学习迁移困难、算法应用难以泛化。

因此，依照我们的判断，尽管今天的人工智能在大规模计算、图像处理、语音识别和工业机器人开发方面有着巨大的成就，但显然人们还没有看到真正的“聪明智慧的机器”问世。可以说，AI 至今并未摆脱“无心的机器、无情感的机器和无实践推理的机器”的命运。这充分体现为 AI 的发展深受几大瓶颈的制约：第一，机器并不理解符号语言的意义——称为 AI 的“语义落地问题”[②]；第二，机器不理解外部物理世界的意义——称

① Pinker S. The Language Instinct: How the Mind Creates Language. New York: William Morrow and Company, Inc., 1994.

② 符号落地问题是由认知科学家哈纳德（S. Harnad）提出的，用以回应塞尔的中文屋论证。哈纳德认为，符号操作不单是语形上的排列组合，符号本身是和它出现的环境相连的，落地的，因此符号是有意义的。详见 Harnad S. The symbol grounding problem. Physica D: Nonlinear Phenomena, 1990, 42（1-3）: 335-346; Mahon B Z, Caramazza A. A critical look at the embodied cognition hypothesis and a new proposal for grounding conceptual content. Journal of Physiology-Paris, 2008, 102（1-3）: 59-70.

为 AI 的“物理落地问题”①；第三，人工智能体不理解人类社会行为的意义——笔者将其称为 AI 的“情感落地问题”②。这三大落地问题恰是目前人工智能和机器意识研究的最大屏障。在 0.3.1 中，我们将从自上而下和自下而上融合的角度回应如何突破这三大瓶颈的问题。

0.3 如何应对认知科学分殊路径对哲学的挑战

在 0.2 中，我们重点考察了认知科学中认知心理学、脑神经科学和人工智能几大核心领域产生的内在理论困境，但事实上，为了应对如上三条路径的挑战，认知科学研究主要尝试努力的方向，第一，不放弃计算主义主张，只将心智的表征—计算理论 RTM 拓展为包含生物学—社会学参量的表征—计算理论。第二，发展第二代认知科学纲领下的涉身认知、嵌入认知、延展认知到生成认知的 4EC 研究进路。第三，强调自组织演化的复杂性动力系统进路研究意识。相应的认知科学也呈现出如下几大特点，虽然寻找意识神经相关物的神经科学实验在许多学科中仍然是一种占据主导地位的核心方法，但是人们却越来越强调认知过程中身体及外部环境的重要作用。第四，人们也越来越关注把意识看作生命现象对认知进行演化生物学和人类学说明。另有学者引入自创生性、自组织概念，将意识作为一种复杂系统的涌现特征，倡导将心智看作生命复杂动力系统自主演化的内在本质。更新的一个研究方向则是借助量子力学对认知机制进行反图灵机计算的说明。值得关注的是，这些新的研究趋向从不同侧面刺激和深化了当代哲学问题的研究，各类复杂的哲学冲突形态也使我们必须反思，像“意识难题”这样的哲学问题，是否应当完全交由认知科学家进行实证性研究？

以下应对三大挑战的设想包括为内在表征解困、对意识难题提出新解，尝试使人工智能机器意识“落地问题”得到初步解答，并试图回应情感落地与如何建构人工道德主体（artificial moral agent，AMA）的关联这样一个崭新的课题。

---

① 参见 Cangelosi A, Parisi D. Simulating the evolution of language. Science, 2002, 266(1433): 29-50.

② 刘晓力在 2019 年 8 月浙江大学召开的“第十九届全国科学哲学大会”上提出的。

0.3.1 内在表征解困：区分在线认知的表征和离线认知的表征

如前所述，以表征—计算为核心的认知心理学试图用心理表征来解释所有的认知过程，因而引起强表征主义与激进反表征主义之间持续至今的争论。为了将人类与其他动物视作一个生命连续统构建认知经验的统一理论，并且建构能够人工模拟信息处理过程的认知模型，认知科学家也相继提出了逻辑符号系统、人工神经网络、神经元集群等表征的多种类型。但也有学者提出，这些“亚人层的”（sub-personal level）表征类型对于个体有机体的人并不完全适用，RTM 的解释与常识心理学解释同样具有前科学意味，CCTM 和 DCTM 并不能为认知和行为提供最好的科学解释①。那么究竟如何应对心理学研究路径中表征的瓶颈和其他理论困境：表征对于所有认知过程是否绝对必需？诉诸谓词逻辑的命题式的心理表征是否具有表征的唯一合法地位？如何摆脱表征的无穷倒退难题和表征规范的不确定性问题？这些都需要展开具体分析。

首先，对表征持极端取消主义立场的学者会指出，既然福多等人主张的表征的经典形式是编码化的、具有基本原子结构特征的形式语言，其本身又是具有语义属性的命题形式；表征的规范性就涉及心理内容、语义指称、现实的成真条件，以及命题的真假值等，那么，心理表征是否也可以扩展去解释一切具有语义属性的心理对象？假定如此，心理表征以及涉及它们的心理状态和心理过程就不必以符号计算的术语来理解了。例如，其他可评估语义价值的心理对象，包括思想、概念、感知、想法、印象、规则、图式、图像，甚至幻象等，以及认知神经科学假设的各种亚人层的表征也都可以成为合法的计算对象了，这正是反对心理表征理论的柯林斯（H. Collins）、丹尼特（D. Dennett）、吉布森、斯蒂奇（S. Stich）和陶尔（A. Thau）等人都坚决否认的，因此，表征的规范性只需要逻辑规则和计算的假定是极端值得怀疑的。事实上，至少人们怀疑，人类的现象意识是否能够完全还原为 RTM 式的内在表征②。

此外，另一种解困方案是引入原初表征和高阶表征的视角。例如，德

① David P. Mental representation.https://plato.stanford.edu/entries/mental-representation[2012-12-11].

② David P. Mental representation.https://plato.stanford.edu/entries/mental-representation[2012-12-11].

雷福斯主张一阶表征（first order representation），也称“原初表征”（primary representation）的立场，强调应当依照具有知觉内容的感知系统的表征去描述意识体验的现象特征，因为现象特征是外显的且具有客观的透明性，具有感受性的经验不过是对于所感知对象自身物理属性的感知，并非认知主体内部的高阶意识属性。罗森塔尔（D. Rosenthal）等据此提出高阶表征（high order representation）理论，认为意识起源于人们对内部心理状态的自我觉察和高阶表征，无意识的动作与有意识的表征的最重要区别是有意识是对当下心理状态的高阶表征。罗森塔尔特别强调，“拥有恰当的高阶表征状态是有机体具有意识的充分必要条件”[①]。但这种高阶表征理论除了仍然不能摆脱“表征的无穷倒退”之外，布洛克（N. Block）等人还批评它不但无法说明错误表征问题，还混淆了存在表征对象和表征一定具有概念内容之间的重要区别。因此，布洛克明确指出，“现象意识的感受质是不能通过高阶意识得到恰当解释的”[②]。

值得提及的对经典表征必要性的另一种回应是来自对认知规范性（normativity）和认知去耦性（decouplability）问题的综合理解。由于伴随涉身认知和延展认知研究的兴起，人们划分了两类不同的认知形式：一是在线认知（online cognition），包含知觉、想象、意识和情感等具有当下的体验性和前语言的非反思性的认知现象，它们被视为心智的基础和认知的首要形式；二是离线认知（off-line cognition），包含思维、推理、语言等反思性的、命题式的心智形式，被视为抽象的更为高阶的智能形式[③]。

当代认知神经科学的标准观点声称，表征完全是大脑的神经状态，认知是大脑与世界建立的一种表征关系，表征是认知主体的大脑将高阶属性个例化为神经元状态的过程。这样的状态甚至可以独立于外部世界正在发生的事件，这就区分了世界上如何产生表征和实际上是什么产生了表征和错误表征的问题。正是承认可能产生错误表征，说明信念、愿望、意图等心理表征是依赖于内部和外部的规范性要求的，任何适当的表征都必须受表征的规范性制约。因此，对于外部表征对象的存在是不是认知规范性更

① Rosenthal D. Exaggerated reports: reply to Block. Analysis, 2011, 71: 431-437.

② Block N. Response to Rosenthal and Weisberg. Analysis, 2011, 71 (3): 443-448.

③ Rowlands M. Arguing about representation. Synthese, 2017, 194 (11): 4215-4232.

为基本的要求的争论，最终就归结为如何实现自然化表征的问题，因为自然化表征的任务之一就是确定表征的规范性条件如何获得满足的问题。一般来讲，人们默认如下三条关于表征规范性条件的说明路径：克里普克（S. Kripke）、普特南、福多和德雷斯克（F. Dretske）的因果论；密力根（R. Millikan）和帕皮诺（D. Papineau）的目的论语义学（teleological semantics）以及布洛克的功能作用语义理论（semantic theory of functional role）。其中因果论主张表征内容是由因果—历史条件或因果关系决定的；目的论语义学主张表征内容由进化过程的自然选择决定；功能作用语义理论则主张表征的内容是由它的功能角色决定的。在人工智能中，这种理论也称程序语义学或计算功能语义学[①]。而今，在新经验主义和新实证主义语境下，对表征问题展开的新说明又将聚焦之点落在与行动相关的研究上。

对于倡导聚焦行动的研究者而言，高阶形式的"离线认知"无疑会包含心理表征过程，但在说明人们实时地与环境打交道的"在线认知"过程时，标准意义上的强表征概念就不能令人满意了。强表征主义主张心理表征对于认知是必需的，同时表征必定是命题式的，特别是在知识辩护中，命题式表征的概念内容是优先于知觉经验内容的。而涉身认知论者和生成认知论者主张，或者知觉即行动，或者知觉本身也是一种表征，而这种知觉表征的内容就是为主体的行动提供指南，或称为行动中的涉身性知觉表征[②]。这是由于人工智能和机器人学的推进似乎使人们逐步相信，具有感知能力和行动能力的其他非人类动物和机器人未必有命题式信念、愿望和意图等表征形式，机器的行为不是有意图的行动，机器所具有的认知能力并非是由心理表征引导的。"认知必定是命题式表征的"这一强硬要求在行动者的知觉—行动关系的说明中自然显得无的放矢。例如，赫利（S. Hurley）就将传统关于心灵只有通过表征的认知过程才能与世界关联的说明讥讽为"知觉—认知—行动的三明治式垂直结构"，这一结构的底层是个体通过知觉接收外部世界的信息，夹心层是心理表征的认知加工过程，而上层是作用于外部世界的行动输出，在这样的说明中，知觉、认知和行动不仅相互

① 刘晓力. 进化-涉身认知背景下的一种表征理论. 哲学研究, 2010, (11): 68-75.

② Rowlands M. Arguing about representation. Synthese, 2017, 194(11): 4215-4232.

分隔，还是单向作用的。而赫利认为这个三明治结构严重混淆了心理内容和内容载体的区分，在对意识体验进行质性说明时也混淆了个体人的层次与亚人层次的区分，她颇有创见地提出一种“共享回路模型”，以强调感知运动和认知的循环圈是如何共享基于原初的知觉表征的①。

对于认知心理学的表征问题而言，笔者的观点是，在认知中表征不是只有单纯的纯粹命题式表征一种，以身体为基础的知觉表征也可以作为原初表征在基底层提供认知与行动的因果说明。因此，我们愿意接受在线认知和离线认知的区分并采取一种“审慎的”立场，赞同处于在线认知的情境下，取消命题式表征或概念表征作为表征唯一形式的教条，但承认有基底层的涉身性知觉表征，以及以行动的目标导向为主的身体表征。如果从具体境况来理解，我们愿意接受外部世界的表征规范性和可去耦性的表征约束的综合考量，主张在与外部环境分离时的高阶认知状态下，表征是以包含意向性内容的命题式概念化表征为主。例如，进行概念分析、逻辑推理、计划预测和构造思想实验、文学中虚构对象、科学假设中对理想物理对象的表征即属于此类型，同时承认，这样的表征依然包含经验内容。而对于与外部环境耦合的在线认知过程，也许更明智的选择应当是将表征概念扩展为具有涉身性含义的新表征形态，这种新形态表征可以是一种身体图式的知觉表征，因而可以包含知觉内容或环境依赖内容，这时表征的约束条件来源于表征对象的固有属性、知觉的恒常性、知觉的视角性，以及行动者与环境能否适切匹配等其他约束性条件。例如，2018 年谢林伯格（S. Schellenberg）在《知觉的统一性：内容、意识和证据》一书中，提出一种知觉能力（perceptual capacity）说，以解释知觉经验具有的表征性地位：知觉是由各种感知能力的运用构成的，并在认知中起着核心作用。而知觉能力是可以用一系列可满足条件刻画的，认知就是知觉能力恰当应用的过程。谢林伯格还试图从知觉能力入手，将知觉的现象性、知觉的表征性，以及知觉的认识论和本体论地位统合起来，试图以统一的视角在物理世界和心理世界之间架起一座桥梁②。

① Hurley S L. Consciousness in Action. Cambridge: Harvard University Press, 2002: 18.

② Schellenberg S. The Unity of Perception: Content, Consciousness, Evidence. Oxford: Oxford University Press, 2018: 272.

最后，在考虑更大范围的包含社会认知和文化认知的语境中，也许我们需要借鉴广义涉身性认知提供的思想资源对表征观念进行修正[①]。特别是加拉格尔阐述的如下生成主义原则或许可以提供对于面向行动的表征以更深层理解：第一，认知不仅仅是大脑中的事件，而且是分布在整个脑—身体—环境中的过程。第二，世界的意义和行动者的意图不是预先给定的，而是通过认知、行动和社会互动建构的。第三，我们对认知过程的理解必须重视在涉世语境中获得意义的表征的作用，不能单纯将其作为世界的拷贝以世界之镜式的表征产生内部认知模型的过程。第四，生成主义与动力系统理论具有较强的关联，都强调跨越脑—机—环境的动力系统的耦合和协同交互的重要。第五，认知系统可延展到主体间的和社会的局域环境中，这里延展的概念并不等同于功能的扩展。第六，深思熟虑、反思性思考和想象等更高阶的认知，也是与熟练技能的操作以及与环境打交道的涉身性行动紧密结合的。第七，复杂的认知功能不仅奠基于感觉运动的协同行动，还依赖于全身心的情感、自主性和主体间性多方面的协调[②]。

关于认知心理学的表征问题，如上所述的各种解决方案无疑使传统的唯理主义和新经验主义，笛卡儿主义和新实用主义的纷争有了新的视域和不同的聚焦之点。如果进一步考虑，在虚拟世界的认知中表征是否必需同样会引申出新的问题。例如，如果必需，其表征的特质将如何说明？表征的规范性又将如何界定？可否通过隐喻模型和反事实因果条件的刻画进行不同以往形式的说明？这些仍然是心理学路径的表征解困需要进一步面对的难题。

0.3.2　跨越解释鸿沟：意识体验的现象说明和因果说明的综合方案

进入20世纪以来，笛卡儿的实体二元论已被大多数哲学家所抛弃。随着相对论和量子力学的诞生，以物质实体为唯一实在的传统唯物主义已经被新形态的物理主义所替代。今天的物理主义可表述为如下论题，“世界上

---

① Gallagher S, Allen M. Active inference, enactivism and the hermeneutics of social cognition. Synthese, 2018, 195: 2627-2648.

② Gallagher S. 2019. Precis: enactivist interventions. Philosophical Studies, 2019, 176: 803-806.

的一切事物或者是物理的，或者如当代一些哲学家所言，是随附于物理的，或者以物理的事物为必要条件”[①]。物理主义最基本的一点是承诺物理世界具有因果闭合性，任何物理事件的结果必定由物理的原因引起，没有超自然的力量支配世界。除了“亨普尔两难”的诘难外，物理主义所遭受的最强烈的批判来自反物理主义的三大知识论论证：内格尔（T. Nagel）的蝙蝠论证[②]、杰克逊（F. Jackson）的黑白玛丽论证[③]和查尔莫斯的僵尸论证[④]。这些论证都试图从更深层次揭示物理主义为什么面临认识论上的困境——即使能够掌握全部的物理学知识，也无法用物理的方式解释人类独特的意识体验的特殊质性。对于意识和物质之间“鸿沟”的描述，从哲学可划分为如下三类：本体论鸿沟可以表达为，存在不同于物理的对象、状态和过程的意识的对象、状态和过程；认识论鸿沟可以表达为，对意识现象的认知和理论说明不同于对物理现象的认知和理论说明；语义学鸿沟则是指，第一人称的主观视角和第三人称的客观视角的不同会导致描述意识的语言在语义上存在鸿沟。从还原的眼光看，这三类鸿沟体现为前者相对于后者在本体论、认识论和语义学上的不可还原性。

为了应对意识“难问题”和解释鸿沟的挑战，目前，科学研究最重要的两大竞争理论是全局工作空间理论（global workspace theory，GWT）和整合信息理论（integrated information theory，IIT）。GWT 由心理学家巴尔斯（B. J. Baars）提出。他首先把大脑看作一个由巨量神经元构成的模块化的信息处理装置，其中并不存在所谓的中央处理系统，信息处理过程是由不同神经元构成的分工各异、功能专门化的模块的分布式活动进程。正是瞬息万变的神经元活动过程通过不同模块彼此的竞争合作建构起一个虚拟的工作空间，称作全局工作空间。各模块在工作空间中竞相传播信息，也影响到其他模块的信息传播进入全局空间，意识和无意状态就在工作空间中通过竞争产生出来，一个意识状态在竞争中胜出，是通过对空间中其他

① Daniel S. Physicalism. https: //plato.stanford.edu/entries/physicalism[2018-08-10].

② Nagel T. What is it like to be a bat?Philosophical Review, 1974, (83): 435-450.

③ Jackson F. Epiphenomenal qualia. Philosophical Quarterly, 1982, 32: 127-136.

④ Chalmers D J. Philosophy of Mind: Classical and Contemporary Readings. New York: Oxford University Press, 2002: 247-272.

信息处理过程产生全局影响，包括对系统其他模块的行为活动造成影响共同形成的全局工作效应的结果①。这一全局空间理论其后又由迪昂（S. Deheane）与尚热（J-P. Changeux）等人引入感觉回路、运动回路、注意回路、记忆回路和评估回路加以模型化处理②，成为意识实证研究中具有极强竞争力的一种理论模型。

意识研究的整合信息理论 IIT 是由神经科学家托诺尼（G. Tononi）提出的，与 GWT 探索大脑如何产生意识的出发点不同，IIT 模型所考察的是一个物理系统具有意识所满足的充分必要条件。托诺尼并未把意识单纯描绘成一个系统的信息处理过程，而是描述为系统改变自身状态的因果作用的结果。一个系统有意识就是系统拥有独特的因果结构形成一个整体网络，这些结构的作用会改变系统自身当下的状态并能产生影响系统未来状态的能力。一个系统改变自身因果效应的能力越强，系统具有的意识越强。为了反映一个物理系统的意识程度，托诺尼定义了一个“信息整合度”的测量标准，用Φ（希腊字母）表示③。它代表系统拥有的那些“不可化约的因果结构”所具有的复杂性，以及作为一个网络整体这些结构能够影响自身程度的度量。一个网络系统是否具有产生意识体验的能力，取决于网络是否有双向信息反馈回路的连通性。即使一个网络被分割成多个子网络但相互间没有因果交互作用，无论整个网络有多少节点，它的Φ值都会低到无法产生意识。例如，数字计算机可以模拟意识，但模拟过程不具有对系统改变自身的因果作用力，因此计算机目前并没有意识④。此外，意识具有产生于高度复杂的巨型神经回路中的一种整体性，即每种意识状态都是以不可分割的整体形态呈现的，同时每一种不同的意识体验具有内在的可区分性和不可归约为其他意识体验的特性。托诺尼也因此相信，IIT 模型完全能

① Baars B J. In the theatre of consciousness: global workspace theory a rigorous scientific theory of consciousness. Journal of Consciousness Studies, 1997, 4(4): 292-309.

② Deheane S. Consciousness and the Brain, Deciphering How the Brain Codes our Thoughts. New York: Penguin Books, 2014: 141-142

③ Tononi G. Information integration: its relevance to brain function and consciousness. Archives Italiennes de Biologie, 2010, 148(3): 299-322.

④ Tononi G, Melanie B, Massimini M, et al. Integrated information theory: from consciousness to its physical substrate. Nature Reviews Neuroscience, 2016, 17(7): 450.

够以意识体验的物理基础与其现象属性相统一的方式，从系统的内部视角出发给予意识一种因果性说明。当然，也有学者认为，GWT 和 IIT 两大理论都是从意识体验入手聚焦意识“难问题”的神经科学的解决方案，区别仅仅在于，一个是从第三人称的客观视角，一个是从第一人称的主观视角对意识进行的不同说明。

几十年来神经科学的一系列实验结果一方面回应了哲学家对物理主义的一些挑战，另一方面又迫使科学家重新反思如何揭示第一人称视角的意识体验隐藏的因果机制，这同时引发了人们重新思考在意识的科学和哲学研究中，第一人称和第三人称方法论是否具有同等正当性的问题。例如，自然化现象学家借鉴脑科学的实证研究手段，对于镜像神经元发现的说明、对自我意识和觉知的内在结构的探索，即是遵循第一人称方法论路线的新的尝试。里贝特曾反思自己以“有意识的心智场”(conscious mind as a field，CMF) 观念解释自由意志时也认识到，虽然 CMF 提供了神经细胞的物理活动与主观的意识体验的涌现之间的媒介，但是，却无法将 CMF 归入任何已知的物理类的“场”范畴，也无法仅仅用外部可观察的物理事件和已知的物理理论去完全描述它，只有辅助以经验主体的第一人称报告才能获知 CMF 产生意识的场效应①。

正如我们所看到的，迄今为止，对于意识和意识体验的本质，我们的探索仍然处在只见树木不见森林的早期阶段，以物理学为核心的自然科学还未获得对其完全明确的说明。也许，我们需要以一种双向挑战的思路重新审视意识难题和解释鸿沟，不仅仅从意识现象不可划归物质现象这一单向视角去理解其中的困难，还应该以双向视角去探索，一个系统为何同时具有物理属性和现象属性，主观心灵的存在是否同样具有某种客观性。

也许破解意识难题跨越解释鸿沟最可行的路线，是借鉴第一人称和第三人称研究的综合方案。正如查尔莫斯等人提倡的，意识是自然世界除物理特征之外的另一种独立的特征，是不可能被还原为物理特征的。我们不能把意识的存在性问题仅仅处理为解释某些认知的或行为的功能如何作用

① 本杰明・里贝特. 心智时间: 意识中的时间因素. 李恒熙, 李恒威, 罗慧怡译. 杭州: 浙江大学出版社, 2013; 周昌乐. 哲学实验: 一种影响当代哲学走向的新方法. 中国社会科学, 2012, (10): 30-37.

的问题。应当突破物理—心理屏障，在心—物鸿沟上以全新的心理—物理定律架起一座桥梁，这样，人们从定律中得到的回答就不是“大脑的物理状态P如何关联到意识经验C”，而是“通过定律X，大脑的物理状态P如何关联到意识经验C”[①]。例如，查尔莫斯建议的基本定律包含如下一种“信息的双重实现说”：具有某些特征的信息空间有两种实现方式，即物理的实现和现象的实现。基本定律能够解释为什么像大脑这样的物理系统的状态会与一个经验主体的意识经验状态共享某种信息空间的结构。这是因为，现象状态之间的差异与通过因果路径所刻画的物理过程之间的差异具有结构的同构性，这种对应关系是通过信息空间的双重实现所建立的。借由信息空间中的抽象结构，我们可以很好地刻画物理变化与意识经验变化之间的相关性，即物理状态变化意味着对应信息空间中因果关系链的某些环节发生变化，这些变化对空间中的不同信息状态做出了严格的区分，进而映射到不同的意识经验状态。查尔莫斯2018年撰文指出，这种建基于属性二元论的空间信息结构因果性，是解释意识产生的物理基质，也同样可以成为对于意识“难问题”进行元理论反思的基石[②]。根据本书第3章和第5章的论述，赞成第一人称和第三人称结合的结构因果性说明，或许可以获得对意识的内在本性和潜在的深层结构的综合理解，而这一路径关注的深层结构则应当是知觉的内在结构。

0.3.3 人工智能机器意识破壁：语义落地、物理落地与情感落地设想

事实上，为了理解意识本性，最终破解心智和人类认知本性之谜，遵循工程技术传统的第三条路径中的机器意识研究已经成为最近十几年AI学者探索的前沿领域。自2003年起，机器意识的研究大致遵循纯算法人工智能、类脑智能和脑机融合三条道路展开。这里关注的机器意识研究的屏障，主要是指前述的AI三大落地瓶颈问题。从双向挑战的视角看，解决这

---

① Chalmers D J. Moving forward on the problem of consciousness. Journal of Consciousness Studies, 1997, 4 (1): 3-46.

② Chalmers D J. The meta-problem of consciousness. Journal of Consciousness Studies, 2018, 25 (9-10): 6-61.

三大瓶颈问题需要倡导一种自下而上和自上而下结合的研究路线。

可以将人工智能 60 余年的历史以 30 年为界，划分为自上而下（top-down approach）和自下而上（bottom-up approach）两条路线统治的时期。前 30 年可称为“符号计算”时期，是以经典逻辑推理为主要工具的自上而下路线时期，标志性成果是通用问题求解器、知识表示和专家系统的开发应用；后 30 年可称为“统计计算”时期，是 20 世纪 80 年代以来神经网络机器学习逐渐占据支配地位的自下而上时期，标志性成果以阿尔法零（AlphaZero）为代表。但是，基于逻辑符号的知识表示最大的问题就是表征符号不落地[①]。符号的语形及其规则不能直接反映其与外部世界的语义关系，这种语义只能依靠程序设计者的解释获得。塞尔的中文屋隐喻指出，人的心理状态和心理表征内在地具有与外部世界的意向性关联，机器不能像人一样有心智的原因是缺少意向性（intentionality），或更具体来说，是缺少人类与生俱来的原初意向性（original intentionality）或内在意向性（intrinsic intentionality）。因此，哈纳德（S. Harnad）提出经典的 AI“符号落地问题”[②]，明确指出中文屋的意向性问题即 AI 符号落地问题的另一种形式，并尝试给出一种基于表征主义的“符号和非符号的混合模型”（hybrid non-symbolic/symbolic model）以解决落地问题。在混合模型中，人工智能体通过感官装置对客体的投射获得“拟象表征”（iconic representation）用以区分出不同个体，例如，实例的白猫黑猫在人们视网膜上的投射形成的就是一种拟象表征。同时，通过神经网络的“范畴表征”（categorical representation），可以从感官投射的拟象表征中抽象出不同个体（例如，白猫或黑猫）的共性并为其命名（“猫”），从而识别出满足共性的不同个体，并将其归于同一范畴（猫）。神经网络还能通过调节特征值的权重来取消同一范畴下各个实例输入之间的不同，得出所有实例输入中的共性。但是，这种表征主义的方案显然是不能完全解决符号落地问题的。

从 20 世纪 80 年代中期开始，后 30 年 AI 进入以概率统计建模、机器

---

① 例如，在 2007 年出版的工具书《知识表征指南》(*The Handbook of Knowledge Representation*) 中，1000 多页里竟然没有一张与外部世界关联的图示。转自陈小平. 人工智能的历史进步、目标定位和思维演化. 开放时代, 2018, (6): 6, 31-48.

② Harnad S. The symbol grounding problem. Physica D: Nonlinear Phenomena, 1990, 42(1-3): 335-346.

学习和随机算法等为主要工具的新时期，这一时期的主要困境是人工建模的智能体的物理符号落地问题（physical symbol grounding problem）[①]。保罗·沃格特（Paul Vogt）首先将符号落地问题拓展为物理符号落地问题，使AI落地问题获得解决的基础不再是抽象的符号表征，而转向对机器人感知运动系统运动的关注。布鲁克斯一向反对通过表征来解决符号落地问题，并首次提出AI的"物理落地假设"（physical grounding hypothesis）[②]：如果人工智能拥有与动态的外部世界直接发生关系的物理结构，那么智能行为是基于情境的人工智能体和外部环境的涉身性互动，因此符号表征是完全不必要的。因为在他看来，世界本身就是最好的表征。布鲁克斯还建构了他的"包容体系结构"（subsumption architecture），多个人工智能体在没有明确表征的前提下能够和外部世界产生直接的经验。如此，针对表征而提出的符号落地问题似乎自然转换为机器能否理解外部世界意义的问题了。2008 年，安德森也提出"物理落地假设"，阐述了人类思维语言应当如何落地于以身体经验为核心的思想[③]。事实上，在笔者看来，解决物理落地问题的各种假设就是在人工智能领域实践广义涉身性认知理念。

后30年AI时期正是认知科学4EC研究大发展的时期，这一时期更加突出强调主体的认知活动发生于特定的复杂情境中，而且往往有特定的实践目标，注重与特定环境之间的互动。延伸到物理落地假设中的"落地"的含义，就意味着一种身体经验与思维活动之间的因果关联和实质性的物理作用。正是基于这样的理解，近些年一些学者倡导，早期只依赖于语言对话的图灵智能测试标准已经过时，能够在现实的物理环境和社会环境中完成认知任务的智能测试标准，应当以能理解外部世界意义的外卖机器人和理解人类情感的护老机器人的测试标准取代。这样对人工智能体智能的要求就凸显了"情感落地问题"将是人工智能面临的更大难题。事实上，我们愿意接受的解决三大落地问题的方案，正是遵循弗洛里迪（L. Floridi）

---

① 陈小平. 人工智能的历史进步、目标定位和思维演化. 开放时代, 2018,（6）: 6, 31-48.

② Taddeo M, Floridi L. Solving the symbol grounding problem: a critical review of fifteen years of research. Journal of Experimental & Theoretical Artificial Intelligence, 2005, 17（4）: 419-445.

③ Barsalou L W. Grounded cognition. Annual Review of Psychology, 2008,（59）: 617-645.

2005 年就倡导的自上而下和自下而上结合的进路[①]。

随着 2015～2016 年“AI 奇点问题”的争论所引起的公众恐慌情绪，以及知识界和各国政府对于未来开发 AGI 的担忧，国际社会从纯粹 AI 技术的发展逐步转向对价值技术发展的关注，“建构可信赖的 AI 发展的伦理框架”也成为各国政府和科技界的要务。正是在此背景下，如何建造值得信赖的 AI，可否建构能辨善恶的 AMA 的问题也随之再度提到工程技术甚至是政府决策的日程。实际上，自韦鲁吉奥（G. Veruggio）2004 年首次提出“机器人伦理学”（roboethics）概念，人工智能伦理讨论的话题大多集中于工程技术伦理的层面，很难推进到何为有道德的人工自主体的层面。瓦拉赫（W. Wallach）和艾伦（C. Allen）2009 年曾提出一个深刻的思想，即如何以自上而下和自下而上结合的路线建构 AMA，使机器人能够明辨是非[②]。最初也许这一思想过于前卫并未引起更大范围的应用。直到 2016 年，联合国教科文组织与世界科学知识与技术伦理委员会联合发布名为《防范机器人技术带来社会风险》的报告，能否建构 AMA 的问题再度受到关注。0.2.4 提出 AI 发展的第三类瓶颈是“情感落地问题”，正是试图聚焦能否建构以及如何建构 AMA 问题的一项研究。我们主张，在人机共在的世界中，AMA 能够理解人类行为的社会意义并达成与人类和谐相处所满足的条件之一是情感落地瓶颈获得解决。而解决这一问题的一种方案则是遵循自上而下和自下而上结合的路线，重建新一代融合符号计算和统计计算的心智的认知架构。尽管这样的目标距离我们今天的现实还很遥远。

恰如我们所知，今天的人工智能体既没有道德意识也不能为自己的行为负有道德责任，更无从谈及与人类和谐共处。例如，《危险边缘》知识竞赛中的人工智能获胜者沃森只是一个知识信息检索系统，并不理解知识库中自然语言符号的语义；对话机器人索菲亚不过是带有丰富表情的依据预编程的语音应答系统，并不能与人类进行真正的情感交流；阿尔法狗缺乏对其走子理由的合理解释；自动驾驶汽车也从未将儿童放在真实情境的

① Taddeo M, Floridi L. Solving the symbol grounding problem: a critical review of fifteen years of research. Journal of Experimental & Theoretical Artificial Intelligence, 2005, 17(4): 419-445.

② 温德尔·瓦拉赫, 科林·艾伦. 道德机器: 如何让机器人明辨是非. 王小红译. 北京: 北京大学出版社, 2017.

道路上进行行为实测。这是因为目前的人工智能体还不是一个有自主行动能力的有意图的施动者，既不能为其行为提供理由，也不能为其行为负有道德责任。最重要的是，今日机器没有真正的意识和意识体验，还不是有情感动机、能辨善恶的道德主体，不能基于社会情境的理解与人类建立和谐相处的关系，自然也没有能力对人类和机器如何共处的关系塑造伦理规范。概而言之，人工智能根本不是一个真正的道德主体。那么，究竟何为AMA？建构AMA实现机器意识的途径和社会环境是什么？

依据如上我们对人工智能历史分期的考察，从认知科学的视角看，仅仅遵循经典的符号计算的路线，自上而下地为机器植入一套明确描述的道德规则，依据传统的知识表示手段，是无法建构出AMA的。同时，仅仅通过自下而上深度学习的统计计算路径建构AMA也是极为不可靠的。因为单纯依据统计计算路线，机器不能自主地从现实世界提取信息并对实现环境目标进行恰当的表征和实践推理，也就不会做出实时的道德判断并依据道德信念做出恰当的行动。这是因为机器还不能由情感触发产生道德敏感，并做出恰当的道德判断引导其行动。

笔者建议引进“情感触发”（emotional trigger）、“信用赋能”（credit assignment）和“实践推理”（practical inference）三个维度，从理论上界定AMA所应具备的核心特征，在此基础上，再进一步探索如何建构恰当的心智的认知架构，实现AMA的情感落地。我们的结论是，AMA是在实时的社会环境中具备实践智慧的道德主体，就意味着AMA是一个在情感触发下具备信用赋能和实践推理能力的道德主体。

从心理学哲学和人类认知的视角，明斯基曾提出，人的认知是由情感动机触发的：“情感是人类不同思维方式的触发器：每一种情感状态的转变都是在激活大脑某些认知资源的同时关闭了另一些资源，也就改变了人类大脑的运行方式，无论常识思考、逻辑推理、智能学习还是自我反思无不如此。”[①]而且，人类可通过少样本的学习获得更多的学习成果。人类不仅擅长学习某物与某物的具体联系，还能创建它们为何联系起来的普遍结构，寻求事物联系的一般模式。这意味着，人类既有能力寻找表现外部事物的

① 马文·明斯基. 情感机器. 王文革，程玉婷，李小刚译. 杭州：浙江人民出版社，2016: 26.

方法，也能寻找表达内部心理状态的途径，还能具有元认知的反思和修正自身行为的能力。这就是人类的“信用赋能”的能力，而“人类具有信用赋能的能力是我们超越其他动物的最重要的能力”[①]。笔者认为，真正的能辨善恶的 AMA 应当是在情感动机的触发下具备信用赋能和实践推理能力的道德主体，也就意味着是一个满足如下条件的认知主体：首先，它是一个独立的依据表征而行动的认知主体，是能够在情感的激发下具有道德敏感并基于情境知识获得信念采取有意图行动的认知主体；其次，它是通过少样本的学习获得更多学习成果，有寻求事物一般模式进行因果推断的信用赋能能力的主体；最后，它还应当是自主设定行为目标，具有反思自身行为的元认知能力，能够进行预测、规划、主动地通过实践推理达成道德目标的行动自主体。

目前建构 AMA 的路径之一是通过建立心灵的认知架构（cognitive architecture of mind），局部实现某些功能层面的道德。20 世纪 80 年代，AGI 的倡导者纽厄尔最早提出心灵认知架构时，期望在一个抽象的层次上重构大脑的功能结构，并解释心灵所有的认知功能，如感知、记忆、学习、推理、规划、情感和语言等，从而获得统一的认知理论（unified theories of cognition）模型。20 世纪第二个十年以来，新一代 AGI 学者期望能够通过跨学科的方式算法实现 AMA 的建构。可能的路径之一是重建新一代融合符号计算和统计计算的心智的认知架构模型。例如，2017 年莱尔德（J. E. Laird）等人倡导建立类人心智（human-like minds）架构的标准模型就是这样一种努力。他们的目标是建立同时面向人工智能、认知科学、神经科学和机器人学多交叉领域的通用计算框架。经典的认知架构是一种纯粹符号处理的模型，随着脑科学对于意识研究的进展和人工智能神经网络深度学习等新技术的突破，新一代的认知架构开始借鉴类脑智能研究，采用符号式处理和统计式处理组合的混合模型，既体现了统计学习包括贝叶斯学习和强化学习的形式，也包含了大规模模块内部和模块间的并行操作，同时仍然保留了串行操作的空间[②]，这就为 AMA 的技术实现提供了更大的可能。

---

① 马文·明斯基. 情感机器. 王文革，程玉婷，李小刚译. 杭州：浙江人民出版社，2016: 52, 283.

② Laird J E, Lebiere C, Rosenbloom P S. A standard model for the mind: toward a common computational framework across artificial intelligence, cognitive science, neuroscience, and robotics. AI Magazine, 2017, 38(4): 13.

当然，人工智能能否真正演化成一个道德主体仍然需要经历漫长的探索道路，同时，这一过程中的伦理考量和工程实践的技术细节将决定这一探索的成败。

更为重要的是，只在工程的层面和局部功能实现的层面探讨 AMA 是有巨大局限的。只有逐渐培育出值得信赖的人机融合的社会技术环境，使机器能够逐渐进化出等级越来越高的道德直觉，具有理解人机共存的社会意义的交互性、自主性、能动性和自适应性才是实现 AMA 的可行途径。同时，笔者认为，在未来人机共生的时代，理想的既满足人类价值也兼顾机器利益、值得信赖的道德主体应当是人机交融的延展认知系统（system of extended cognition），而这样的系统的行为道德责任应当是分布式的。

0.4　面对双向挑战哲学何为

正如读者将要看到的，本书除导论之外，以 12 章的篇幅不仅展开了认知科学对哲学本体论、认识论、语义学、伦理学和哲学方法论的挑战，还包含认知科学的科学说明对传统科学说明的挑战研究。这一研究是与我们对当今心灵哲学和认知科学哲学的重大问题的理解密切相关的。当今哲学关乎认知科学未来走向的最重要的问题，一是表征问题，二是意识问题，三是伦理问题。恰如撒加德所言，“哲学就是关于知识、实在与道德的本质这样一些基本问题的”[①]。我们愿意以一种自然主义的立场重点考察与哲学基本问题密切相关的认知科学与哲学之间的双向挑战效应，以及挑战究竟产生了哪些心灵哲学与认知科学哲学的新的研究问题；剖析这些问题有哪些正在争论的观点立场，以及争论各方的基本论断及其使用的论辩策略；并进一步探讨面对挑战，哲学家究竟何为，中国认知科学哲学学者未来应当担负的学术责任又是什么。

0.4.1　分析哲学与自然化现象学齐头并进

20 世纪由于逻辑实证主义的影响，分析哲学和物理学统一科学的主张

① 保罗·撒加德. 爱思唯尔科学哲学手册：心理学与认知科学哲学. 王姝彦译. 北京：北京师范大学出版社，2015: 1.

一时占据20世纪20～50年代主流哲学的地位，而自蒯因（W. Quine）1969年拉开自然化认识论（epistemology naturalized）[①]序幕以来，虽然“自然主义”（naturalism）是一个歧义甚多的哲学术语，但其在不断遭遇激烈抨击的同时也得到前所未有的广泛传播，形成了20世纪具有“自然化效应”的一场哲学运动。苏珊·哈克（Susan Haack）1993年[②]曾提出，认知科学的成果可以合法地用于对于传统认识论问题的解决。正是由于各种形态的自然主义强大的冲击力和解释力，许多大的争论都留下了其深刻印记。除了分析哲学家天然与一般意义上的倡导科学方法的自然主义结盟，近年来势头强劲的潮流是，一批现象学家致力于以“自然化现象学”之名，进入破解人类意识之谜的行列[③]。这一部分我们将关注的一个略具挑战意味的问题是：曾经来自同一源头却早已分道扬镳，甚至长期分野激烈论战过的分析哲学家和现象学家[④]，在21世纪认知科学的旗帜下是否可能逐渐汇流，一同走上破解“世界之结”和人类最大的“心智之谜”的探索之路？

人们一般认为，分析哲学家和现象学家采用的方法论的确大不相同。现象学大多采用第一人称路径的研究方法，与心理学研究关联密切。而且现象学注重通过主体体验来理解知觉，对于知觉活动的说明似乎不必关涉大脑的物理活动。而心灵哲学中的分析哲学进路更推崇第三人称方法论的物理主义、功能主义或认知主义立场，因此与认知科学中的脑神经科学和人工智能等经验研究密切关联。但是今天，一批神经现象学家虽然在以哲学方法概括实验结果的侧重点或遵循的路径上与分析哲学家有所差异，但他们已经不再完全脱离自然科学仅局限于内省式哲学和思辨哲学的工作方式，并试图与认知科学家一起走入实验室，开始同时倚重经验主体大脑状态的考察及其第一人称报告的综合分析。在揭示意识体验的结构性特征时，也不仅仅通过外部观察者的视角，或者局限于认知系统功能机制等客观活动来理解个体的认知。事

① Quine W V O. Epistemology Naturalized. New York: Columbia University Press, 1969: 69.

② 苏珊·哈克. 证据与探究——走向认识论的重构. 陈波，张力峰，刘叶涛译. 北京：中国人民大学出版社，2004. 斯蒂奇在《理性的破碎和断裂》、戈德曼在《关系：哲学与认知科学和社会科学的际遇》以及科恩布利斯在《自然化认识论》中也表达了类似的自然主义观点。

③ 孟伟. 自然化现象学——一种现象学介入认知科学研究的建设性路径. 科学技术哲学研究，2013,(2): 20-24.

④ 迈克尔·达米特. 分析哲学的起源. 王路译. 上海：上海译文出版社，2005.

实证明这两条进路无疑都对认知科学的经验研究有所助益。

依据我们对一系列与认知科学有关的哲学指南类文献的考察①，进入21世纪以来，一个值得称道的新趋向是，大部分与认知科学相关的哲学的争论已经超越20世纪70～80年代初期符号主义—联结主义的争论，超越了一方以老式认知主义提出激进反对，而另一方强力辩护的对立格局，也超越了分析哲学与现象学的严格壁垒和相互讥讽的交流语境。例如，正是两种哲学传统的对立以及源自第一人称和第三人称研究路径的严格分界，造成了意识“难问题”及其“解释鸿沟”问题的争论。也正是分析哲学家和现象学家对经典笛卡儿主义的共同批判②，催生了作为第二代认知科学纲领核心的“涉身性”概念。因为，分析哲学家更擅长在心灵哲学中进行概念分析、逻辑论证、构造思想实验，考察认知科学中的基础假说和实验的规范性条件以及证据的内在逻辑和因果联系。而现象学家擅长悬置外部物理世界，更善于对历史视角的批判与对第一人称内省和思辨的运用，采取生活世界观念和视角主义立场对心智和认知的现象特征给予说明。依照某种流行的说法，“现象学真正推进了认知科学的经验研究”。现象学家并不否认诸如大脑活动与外部环境产生内在觉知的因果机制，他们所关注的更为基本的是能够更好地描述和理解人类涉身性的精神生活的体验结构。在加拉格尔和扎哈维（D. Zahavi）看来，正是现象学所揭示的主观体验的独特质性，可以成为认知科学与心灵哲学等自然主义解释的基础。以现象学家之见，聚焦主观体验的现象学与心灵的自然化科学研究是紧密相关的。因为如果不能清楚地认识我们想要描述的意识现象是什么，就不能深入地了解对于意识和大脑关系的科学解释。换句话说，正如加拉格尔所言，“任何将意识能否还原为神经元结构可能性的评估，或者说，任何对意识的自

① 包括戈德曼主编的《哲学与认知科学读物》(*Readings in Philosophy and Cognitive Science*)、威尔森和凯尔主编的《MIT认知科学百科全书》(*The MIT Encyclopedia of the Cognitive Sciences*)、撒加德等主编的《爱思唯尔科学哲学手册：心理学与认知科学哲学》(*Elsevier Handbook of the Philosophy of Science: Philosophy of Psychology and Cognitive Science*)、毕克勒主编的《牛津哲学与神经科学手册》(*The Oxford Handbook of Philosophy and Neuroscience*)、斯蒂奇等主编的《牛津认知科学哲学手册》(*The Oxford Handbook of Philosophy of Cognitive Science*)以及其他一些专题研究论文集，如斯坦顿主编的《认知科学中的当代争论》(*Contemporary Debates in Cognitive Science*)等。

② Bechtel W, Mandik P, Mundale J, et al. Philosophy and the Neurosciences: A Reader. Oxford: Blackwell, 1996.

然化是否可能的评估，都将要求一种对意识体验层面的详细分析和描述”[①]。

如果人们坚持第一人称与第三人称路径的严格区分，坚持不能用第三人称术语来解释具有第一人称描述属性的事项的观念，对于产生意识现象的科学研究就不可能是充分的。因此要对意识活动进行科学研究和有意义的哲学争论，就需要对第一人称和第三人称路径能否整合进行重新评估，对分析哲学和现象学方法及其贡献进行再认识，在认知科学未来的探索之路上倡导分析哲学家和现象学家并肩前行，与认知科学家携手共进。

0.4.2 温和审慎的自然主义和紧致的心智架构

基于前述对认知科学与哲学双向挑战效应的分析，以及对不同研究路径局限的重新审视，笔者愿意采取一种温和审慎的自然主义立场尝试建构紧致的认知架构以说明心智和认知的本质。

首先，所谓“温和的自然主义立场”主张，对心灵和认知的哲学研究应当从纯思辨的或仅停留在概念分析的扶手椅式哲学，转向尊重经验科学证据、借鉴认知科学前沿研究成果的自然主义进路。“温和的”也同时指这种自然主义所具有的兼容性，既倡导分析哲学方法也分享自然化现象学的学术资源，不采取极端的心灵的取消主义的方案提出完全颠覆心灵哲学的激进性预言，而是鼓励在自然主义旗帜下不同哲学观点的理性争鸣。本书虽然不求思想的完全统一，但对所持有的立场尽可能给予充分的分析论证或经验证据的辩护。

其次，我们的研究建立在“审慎的涉身—交互认知理论”基础上，是指接受认知过程是受有机体的整个身体（不只是大脑）的生物物理基础所限的观念；承认认知过程中感知具有原初的引导行动的基础地位，认知过程是认知主体利用环境的功能可见性与其进行实时交互的过程。“审慎的”也意味着，与取消心理表征的激进主义划清界限，当然也不认为以知觉方式产生的表征对于现象意识来说是完全充分的，而是认可表征中既包含意向内容也包含知觉内容，从而为弱化的意向内容外在论和弱表征主义留出

① Gallagher S, Zahavi D. The Phenomenological Mind: An Introduction to Philosophy of Mind and Cognitive Science. London: Routledge, 2008: 9, 22.

辩护的空间。此外，接受延展认知的构成性论题和延展心灵的因果性论题。虽然认可认知发生在身体—环境耦合的延展认知系统中，但也承认存在最小化的以“生命之心”为核心的心灵观念和认知功能的载体外在论立场。

最后，“紧致的心智认知架构”是从进化心理学的演化视角出发，对传统的计算主义框架下的表征观念进行修正，采取的是反对将表征理解为以命题式、概念化符号表征为唯一形式，且在解决认知任务中具有优先性的立场。接受意识中的表征既有在线认知过程中包含的一阶意识和知觉表征，也有离线的高阶认知中包含的心理意向性表征。在此基础上建构一个功能相对完整的、由心智的基本要件及其运作机制构成的结构框架，从整体上刻画知觉—意识—语言—知识—行动的动态认知过程。但是，这种架构体系的结构功能和机制的说明具有通用性，与仅以精确性为导向的、工程上完全可实现的认知计算主义目标有所不同。重要的是，这样的心智架构具有较好的自适应性，这是因为基于元认知观念，主张在心智的认知架构中包含意识的再进入过程，可以生成内部因果作用的反馈回路，使得整个系统具有良好的行为监测和自身行为修正的机制，从而有效稳健地运行。在这样的架构设计中，也体现了我们为心灵中的现象属性及其产生的物理因果机制同时保留了适当的解释空间。

0.4.3　如何应对哲学方法论的挑战

如本书所阐明的，除了在哲学几大经典分支，如本体论、认识论或知识论、概念理论或语义学，以及伦理道德领域遭遇认知科学的双向挑战外，哲学在新的认知科学的科学说明中也受到冲击，当然，更为尖锐的挑战似乎来自对传统哲学研究方法的质疑。

20 世纪中期之后，正是在实证主义研究的推动下，一些哲学家开始采取自然主义进路，将哲学作为科学事业延续的一部分。20 世纪 90 年代之后，神经学解释在认知心理学、社会心理学、发展心理学和临床心理学中日益突出，提出了关于解释和还原的重要哲学问题。反还原论者坚信，完全独立于神经科学的心理学说明正变得越来越不可信赖，但心理学究竟在多大程度上可以划归为神经科学和分子生物学仍存在巨大的争议。事实上，回答关于还原本质的问题与回答关于解释本质的问题紧密相关甚至是至为关键的所在。一般来说，心理学、神经科学和生物学上的解释似乎是对认知机制的描述，这些机制由相互作用产生规律变化的部分组合而成。在经典心理学解释中，最为强调的部分是中央处理器通过计算过程不断产生心理表征的机制。在神经科学的解释中，则是通过电化学过程相互作用产生新的神经活动，从而导致行动的神经元群的活动。如果理论神经科学继续发展下去，将有可能把心理学和神经学解释联系起来，研究方法是展示诸如概念之类的心理表征是如何由神经元群的活动构成的，以及诸如概念之间的激活和扩散等计算过程又是如何由神经过程实现的。

此外，认知心理学与神经科学的日益融合似乎为心—脑同一性理论提供了一定的证据，根据认知的大统一性理论，心理过程是神经的、表征的和计算的。如前所述，许多哲学家对这种认同提出质疑，然而，也有学者认为，关于涉身认知的适度主张与同一性理论是一致的，因为大脑的表征是以多种模式运作的，例如视觉和运动使大脑能够处理与世界打交道的信息。另一种反对物理主义的心—脑同一性的方法主张，对心灵的解释应当采用分子机制和社会机制以及神经机制和表征机制联合的综合说明。

一个值得关注的趋向是，随着越来越多地了解认知科学的经验研究进展，一些哲学家已不局限在纯思辨的领地反思认知的本性，不甘心仅仅跟在科学家后面进行所谓的“事后之明鉴”式的哲学追问，而是愿意与科学家一道参与经验研究，以拓展认知理解的疆域。今天，哲学家的角色已经不仅是使用概念澄清和哲学论证的方法，或者充分借鉴历史研究的视角做哲学了，似乎又添加了一重进行哲学实验的新角色。一些哲学家开始像科学家和人类学家一样，引入心理学问卷调查、计算机模拟实验和脑神经科学实验的结果来面对传统的本体论、认识论和伦理学等哲学问题。目前流行的“实验哲学运动”似乎引导着心灵哲学与认知哲学方法论的新变革，而在“神经哲学”、“神经伦理学”和“实验哲学”等名义下的新的自然主义哲学方向和研究方法大有蓬勃发展之势，那么，这些自然主义哲学的前途究竟如何？

面对以上对于来自经验科学研究多方面的挑战，许多哲学家也开始担忧，哲学向来只在前科学时代才能发挥作用，随着认知科学的不断发展壮大，越来越多的科学家进入哲学的传统领地，甚至有不断颠覆习以为常的传统哲学观念的危险。今后随着科学的逐步推进，哲学家会不会逐步丧失自己的领地，从而退出认知哲学的舞台？对于这样的问题，笔者认为，科学与哲学具有不同的疆域，对于意识问题，科学家研究的应当是意识产生的机制，是心理过程和行为能力以及实现这些能力的物理、生物和神经的物质基础；哲学家应当是对心智的形而上本质进行追问，是在心智与身体、心智与人、心智与世界、心智与生命的关系和意义等方面的研究。哲学家并不需要提出可以被经验完全证实或证伪的科学假说，哲学更多的是在进行概念澄清、分析论证，以及站在历史视角对科学研究的基本假设进行考察、批判和反思。另一个必须清醒意识到的问题是，在进行心智研究和理论说明时，科学家与哲学家往往使用相同的词汇，但事实上其研究的目标和意义却不尽相同。哲学问题不可能完全交由科学回答，脑神经科学更不可能担负起哲学的全部重担回答包括永恒真理和终极价值的所有问题。因此，只要人类认知的机制还在探索中，人类意识的本质还是未解之谜，哲学家仍然会大有作为。哲学并不会因为认知科学家实证研究的推进而完全失去自己的疆域，大可不必变身为神经科学家和人工智能专家。但是，在包含哲学在内的认知科学这个巨大的交叉学科共同体中，哲学家应当尊重当今科学对于世界的最好解释，而且最明智的选择是更多地了解科学家的工作，并且与认知科学家并肩作战携手共进，提出新的理论方法和概念框架尝试解决各种难题。当然，我们也必须承认，以上讨论是在“双向挑战”的视角下对心智和认知的本质所做的元哲学反思。这种反思目前还是论纲式的、概略的，真正深入而系统的问题研究，不仅需要了解经验研究的新成果和新方法，还需要精致的概念分析、严谨的逻辑论证，需要深邃的历史眼光，同时也必须有与经验科学家携手同行的作为和贡献。

因此，在笔者看来，对于中国学者而言，一个重要的使命是加快哲学家与科学家的联盟，推进认知科学的学科建制化进程，进一步完善认知科学哲学学术共同体的交流合作机制，并努力在国际学术舞台上做出中国学者的独特贡献。

1　涉身认知的理论基础

涉身认知（embodied cognition）是20世纪中期“认知革命”（cognitive revolution）的延续和拓展。涉身认知也是心理学、语言学、神经科学、人工智能、哲学等现代认知科学交叉学科深入发展的成果。基于对身体（body）、情境（situation）与非表征（non-representation）构架等认知因素的重视，与经典认知研究不同，涉身认知为人类智能本质描绘了一幅新的图景。

如果说经典的认知科学研究强调基于信息加工或者表征—计算的认知观，那么涉身认知则更为强调人类认知活动中身体主体的体验性、认知活动的情境性以及非表征—计算性。温和的涉身认知研究试图通过整合表征—计算纲领来推进认知革命，涉身认知科学的激进主张则完全否定表征—计算纲领并且极端强调认知活动的非表征体验性和情境性。大体上，温和论的涉身认知研究获得更多的同情，也就是说，一种审慎的涉身认知观更为符合20世纪认知革命的整体性和连贯性，即新的涉身认知研究并不意味着整体认知革命进程发生了断裂，而是意味着对传统经典认知科学研究的包容性批判，意味着认知革命整体的继承性发展。

近现代哲学有效介入了现代认知科学革命的产生，现代心灵哲学和现象学中的相关思想同样有效介入了涉身认知科学的产生与发展，例如带有实用主义倾向的现代心灵哲学以及以海德格尔和梅洛-庞蒂等为代表的现象学。这些哲学思想与涉身认知科学发生了有效的互动，哲学为涉身认知科学的出现与发展提供了思想基础，反之，涉身认知科学的发展与整合也对现代哲学形成了有力的挑战和推动。

1.1 涉身认知的经验科学背景

涉身认知科学在现代的产生和发展有其科学史的背景，它可以被视为近现代心理学、生物学等领域中相关科学思想的一种总成。作为现代认知革命的拓展，涉身认知科学纲领对人类智能提出了不同于传统认知科学研究的新解释。

1.1.1 "认知革命"与现代认知科学的兴起

20世纪中期的"认知革命"复兴了对人类内在心理和认知状态的科学研究。与认知主义（cognitivism）和联结主义（connectionism）等研究不同，涉身认知科学研究在"认知革命"中开创了一条新的研究进路。

20世纪中期的"认知革命"与批判行为主义和内省主义的传统心理学研究密切相关。以华生、斯金纳（B. Skinner）等为代表的行为主义主张不存在内在心理活动，只存在可观察的外部行为刺激；而以詹姆斯等为代表的内省主义则主张存在内在心理活动，但是这种心理活动只能通过主观内省或体验才能把握。在现代控制论以及现代数字计算机等新科学理论的影响下，"认知革命"中的认知科学家批判了行为主义与内省主义对心理活动的理解。一方面，这场"认知革命"认可存在内在的心理现象；另一方面，主张通过现代控制论等新方法来实现对心理现象的研究和把握。现代"认知革命"的重要代表、美国语言学家乔姆斯基在1959年评论斯金纳《言语行为》（*Verbal Behavior*）的一篇著名文章中，批判了利用刺激—反应模式来解释心理状态的行为主义主流心理学理论，主张存在内在语言规则及其运用能力，存在解释语言等心理现象的内在表征（internal representation）。[①]平克在《白板：人类本质的现代修正》（*The Blank Slate: The Modern Denial of Human Nature*）一书中这样概括

① Chomsky N. Review of verbal behavior by B. F. Skinner. Language, 1959, (35): 26-57.

了“认知革命”的主张：一是与行为主义不同，“认知革命”主张通过信息、计算和反馈等概念来解释心理世界；二是“认知革命”反对将大脑设想为一张白板的行为主义主张；三是大脑中有限的组合程序资源可以产生无数种行为模式；四是在不同文化中的人类存在普遍的心理机制；五是大脑是一个复杂的系统，它由许多互相影响的部分构成。①平克的概括阐明了现代“认知革命”研究人类认知活动的几个重要抓手——信息、计算、大脑、普遍心理机制等，这些新的抓手也正是行为主义和内省主义研究的薄弱之处。

由于对信息、计算、大脑、普遍心理机制等认知因素的偏重不同，所以相应产生了“认知革命”中两种不同的研究传统和进路。

一是“认知革命”中的“达特茅斯人工智能夏季研讨会”传统②。“达特茅斯人工智能夏季研讨会”传统更为重视信息、计算等因素，主张以表征—计算主义研究纲领来建构心理和认知活动，将人类认知活动理解为一种基于符号表征的信息加工活动。这一理论共识即认知的信息加工理论（information processing cognition，IPC），也称认知科学中的认知主义或者符号主义（symbolicism）研究进路。如哈内什（R. Harnish）所概括的，按照信息加工认知理论：认识活动被理解为具有内容的心理表征之间的计算关系；认识过程是针对具有内容的心理表征的计算活动；计算构架和表征都是数字式的。③认知的信息加工理论体现了一种心灵的数字计算机隐喻，在哲学层面上也被称为一种心智的数字计算理论。

二是“认知革命”中的“马西研讨会”传统④。“马西研讨会”传统即

---

① Pinker S. The Blank Slate: The Modern Denial of Human Nature. New York: Viking Penguin, 2002: 31-39.

② 1956 年麻省理工学院举办了为期 1 个多月的“关于人工智能的达特茅斯夏季研究计划”(Dartmouth Summer Research Project on Artificial Intelligence)的研讨会。参加这次研讨会的有西蒙、乔姆斯基、明斯基以及麦卡锡等人，他们在这次研讨会上达成了这样的思想共识，即人类认知应当被理解为基于规则的符号表征—计算活动，这极大地推动了数字计算机模拟人类心灵的研究进路，也可以说形成了认知革命中的“达特茅斯人工智能夏季研讨会”传统。

③ Harnish R. Mind, Brains, Computers: A Historical Introduction to the Foundations of Cognitive Science. Malden: Blackwell, 2002: 190.

④ 这是一个以马西基金会资助为主举办的交叉科学讨论会，在 1946—1953 年麦克洛赫主持了以控制论为主题的系列学术讨论会议，参与者包括计算机科学家、数学家、心理学家、精神病学家和人类学家等，这些会议推动了神经网络模型模拟心灵的研究进路，可以说形成了认知革命中的“马西研讨会”传统。

联结主义进路，更为偏重通过大脑生理神经网络活动的建模来解释心理和认知活动。与数字计算机式的信息加工理论相比，联结主义的特点主要体现在表征联系方式上，即认知主义的逻辑规则为联结主义的神经元联结规则所取代。按照哈内什的概括，联结主义的基本思想有：与认知主义类似，认识活动依然被理解为具有内容的心理表征之间的计算关系，认识过程依然是针对具有内容的心理表征的计算活动；与认知主义不同，计算构架和表征都是基于大脑神经元共联的联结主义式的。[①]联结主义被视为一种不同于认知主义的大脑联结主义的认知观（brain connectionist cognition，BCC），在哲学层面上也被概括为一种心智的联结计算理论。

现代认知科学的兴起是“认知革命”产生的重要成果。认知主义和联结主义两种认知科学研究进路各自取得了不菲成就，但也受到诸多质疑，涉身认知科学正是在这些质疑声中成长起来的。例如，哲学家塞尔通过“中文屋”理想试验批判了信息加工理论的认知科学研究以及数字计算心灵理论，指出“计算机具有的是一种语法，而不是语义。‘中文屋’这个比喻的全部用意就在于提醒我们注意到一个为我们所熟知的事实。要理解一种语言，以至要完全具有心理状态，就要具备比仅仅一套形式符号更多的东西，就要具备一种释义，或者说那些符号都要有意义”[②]。而德雷福斯通过批判联结主义指出了认知科学研究中诸多不应被忽视的因素，例如人类大脑的进化成性、智能的自主性、与相应环境的互动性以及人类的身体主体性。[③]

1.1.2 涉身认知与“认知革命”两种研究传统

涉身认知科学研究直接产生于对两种传统认知科学研究的质疑与反思，不过，涉身认知的思想萌芽早在19世纪末和20世纪初就已经出现于心理学与生物学等自然科学研究领域。美国心理学家詹姆斯在《心理学原理》一书中指出了身体活动在人类认识活动中的重要角色。德国生物学家

---

① Harnish R. Mind, Brains, Computers: A Historical Introduction to the Foundations of Cognitive Science. Malden: Blackwell, 2002: 331.

② 约翰·塞尔. 心、脑与科学. 杨音莱译.上海: 上海译文出版社, 1991: 34.

③ 德雷福斯等. 造就心灵还是建立大脑模型: 人工智能的分歧点//玛格丽特·博登. 人工智能哲学. 刘西瑞, 王汉琦译. 上海: 上海译文出版社, 2001: 450-451.

冯·乌克斯库尔（von Uexküll）也指出知觉系统以及被知觉的环境会随着生物体的身体变化。20 世纪上半叶，语言学家维果茨基（L. Vygotsky）表达了高级水平的思维活动是人类最初的身体活动（感知运动）的内化（internalization）的思想。

这些研究都体现了涉身认知的思想，不过，作为一种成熟的认知科学理论研究范式，涉身认知科学研究则是 20 世纪中期"认知革命"之后的发展产物。更具体地说，涉身认知理论范式是在 20 世纪 90 年代初开始逐渐清晰起来的。例如，瓦雷拉、汤普森与罗什 1991 年合作出版《涉身心灵：认知科学与人类体验》一书，将涉身认知称为生成认知（enactive cognition），并且将生成认知与认知主义和联结主义区别开来，进而将生成认知作为一种在反思认知主义与联结主义基础上发展起来的新进路。

瓦雷拉等人描绘了认知科学研究从认知主义到联结主义（突现）再到涉身认知（生成）不同框架的研究分布（图 1.1）。[①]图中的三个圆环分别代表认知主义（信息加工理论）、联结主义（突现）和新的认知科学研究进路——生成认知，五条直线则分别代表认知科学的主要构成性交叉学科，黑点则代表接近于不同学科和不同认知科学研究进路的代表人物。图 1.1 总体呈现了认知科学不同研究纲领在 20 世纪 90 年代初的发展状况。

瓦雷拉以生成认知的名义，从认知内涵界定、认知如何作用以及认知活动良性运行的判定等方面比较了与经典认知科学研究进路的不同。第一，在"什么是认知"问题上，认知主义主张，认知是作为符号计算（基于规则的符号控制）的信息加工活动。联结主义主张，认知是由简单成分构成的神经网络整体状态的突现。而生成认知则主张，认知是生成活动，即一种主体与世界之间的结构耦合过程。第二，在"认知如何作用"问题上，认知主义主张，认知能够通过控制具有离散功能的符号装置来发挥作用。联结主义主张，认知通过个体活动的规则以及通过元素联结的变化规则来发挥作用。而生成认知则主张，认知通过相互联结的、多层的感官运动亚网络所构成的整体网络来发挥作用。第三，在"我如何知道一个认知系统

① Varela F E, Thompson E, Rosch E. The Embodied Mind: Cognitive Science and Human Experience. Cambridge: MIT Press, 1991: 7.

的运行功能良好”问题上，认知主义主张，符号恰当地表征实在世界的某些方面，并且信息加工模型能够成功地完成问题求解。联结主义主张，突现属性（以及产生的结构）与一种特定的认知能力相适应，与一种任务的成功完成相适应。而生成认知则主张，认知系统成为现存世界的组成部分（就像每一种族的祖先那样）或者塑造了一个新系统（正如进化历史中所发生的那样）。[①]

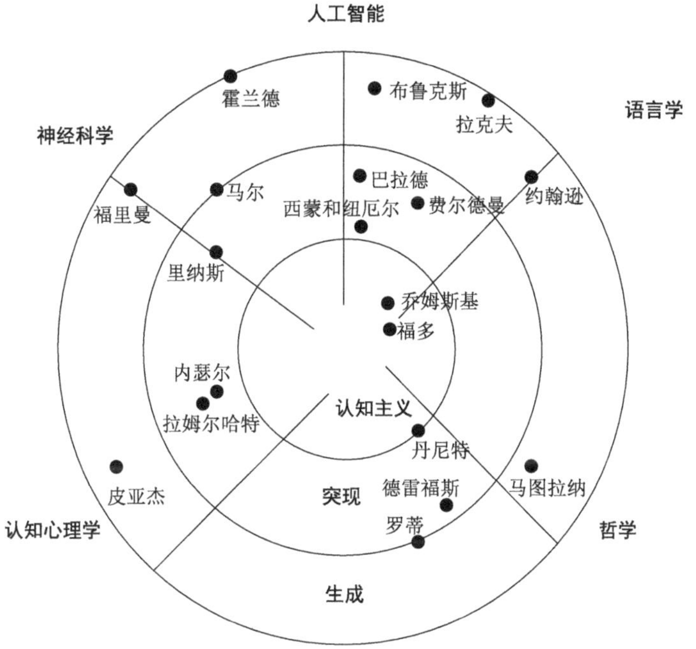

图 1.1　生成认知科学研究进路的定位分布

1.1.3　涉身认知的广义拓展

涉身认知在 20 世纪 90 年代初出现后在理解上一直存在着各种看法。安德森描述了涉身认知初现时的这种状况：“涉身认知产生于 1991 年或者 1991 年前后，涉身认知已经从一种混乱但是令人激动的童蒙状态中浮现出来，其家族成员不断扩展并且冲击着之前的理解。由于涉身认知涵盖了计

① Varela F E, Thompson E, Rosch E. The Embodied Mind: Cognitive Science and Human Experience. Cambridge: MIT Press, 1991: 42, 99, 206.

算机科学、现象学、发展心理学、认知心理学、分析的心灵哲学、语言学、神经科学以及东方神秘主义等，因此，在涉身认知是什么、与生命有何关联、运用何种术语等问题上，一直受益于同时纠结于众多不同且常常不兼容的思想。”①

如同涉身认知在名称上存在着生成认知、第二代的涉身心灵的认知科学（the cognitive science of the embodied mind）、涉身—嵌入认知（embodied-embedded cognition）等不同用法，涉身认知在内涵上同样也存在着不同解释并且形成了各种不同的涉身认知理论研究路径（表 1.1）。

表 1.1 涉身认知的各种理论②

解释维度	弱的 EC	功能主义 EC	生物学 EC	生成主义 EC
认知活动	社会认知、高阶认知等诸认知活动	知觉/行动、高阶认知	知觉/行动	知觉/行动、社会认知
经验证据	神经科学、语言学、心理学	实验心理学、机器人学、工程科学	生物学、实验心理学	发展心理学、神经科学、经验心理学
因果构成性	肯定	肯定	肯定神经活动的因果构成性	否定
表征	强烈肯定	肯定“行动导向的表征”和“渴求表征”活动	肯定弱的表征	否定

总体来说，涉身认知的内涵理解有着从狭义理解向广义理解的拓展趋势。与认知主义和联结主义等经典认知科学研究框架不同，涉身认知的狭义理解更加重视对经典认知的修正，而涉身认知的广义拓展则试图在更大范围内将身体体验、情境与非表征架构等因素视为认知的基本构成因素。例如，加拉格尔认为，与涉身认知的其他各种理解不同，生成主义进路的涉身认知（enactivist EC）观就明确体现了这种拓展趋势。加拉格尔指出：“认知的生成主义进路表明，至少在诸如一些与知觉和行动相关的认知活动上，不仅大脑，身体和环境因素也参与其中。这种观点明确表达了对所谓标准认知科学的挑战，尤其是认知神经科学以及声称只依据神经活动可以

① Anderson M L. Embodied cognition: the teenage years. Philosophical Psychology, 2006, (20): 127-131.

② Gallagher S. Enactivist Interventions Rethinking the Mind. Oxford: Oxford University Press, 2017: 43.

充分解释认知活动的所有科学。”①

此外，涉身—延展认知（embodied-extended cognition）也体现了涉身认知科学研究纲领的广义拓展纲领。在涉身认知的深入研究中，克拉克、查尔莫斯等人倡导提出了延展认知（extended cognition）和延展心灵（extended mind）②的命题。与涉身认知的狭义解释相比，延展认知的主张更为鲜明，即明确将大脑、身体和环境的整体视为认知活动的主体，主张认知过程不局限在头脑中，认知已经延展到了世界③。克拉克和查尔莫斯不仅提出了延展认知论题，而且由延展认知进一步提出延展心灵的观念。二人主张延展认知与延展心灵假说可以整合为一个关于心灵和认知的统一理论。这一理论主张，人类与其所处的环境以及环境中的外在物紧密联系在一起，这些环境和外在物在面向世界的认知活动中发挥着积极作用。就此而言，心灵不可能是笛卡儿意义上的独立实体，心灵也不仅仅由人的颅骨和体肤等身体界限所决定，而是进一步延展至外在环境，由身体和更为广阔的环境所共同决定。

不过，在加拉格尔看来，克拉克等人的主张是一种功能主义的涉身认知研究，尤其是在认知理解上存在着一种表征主义的残余，因此生成主义的涉身认知研究似乎比克拉克等人的延展认知研究更为彻底。加拉格尔指出：“生成主义的涉身认知研究类似于延展心灵和分布式认知的思想，因为所有这些涉身认知研究进路都认可人类的认知既在‘大脑之内’，也分布于大脑、身体和环境之间。不过，与延展心灵假设不同，延展心灵假设体现了一种功能主义立场并且承认最低程度表征的存在，而生成主义进路则排斥功能主义，并且主张身体活动的物理特性积极塑造了意识和认知活动，这种塑造活动是不可以还原为表征的，即使是身体—格式的表征（body-formatted representations）。克拉克主张，通过恰当整合的表征活动就可以替代和消除身体类型和形状特定差异的影响，从而导出类似的体验或者认知结果。与克拉克的这种观点不同，生成主义进路不赞同这种表征主义残余观点，而是主张身体的生物学属性，包括整个身体的有机体

① Gallagher S. Enactivist Interventions Rethinking the Mind. Oxford: Oxford University Press, 2017: 1.

② Clark A, Chalmers D J. The extended mind. Analysis, 1998, (58): 7-19.

③ 刘晓力. 延展认知与延展心灵论辨析. 中国社会科学, 2010, (1): 48-57.

和情感组织，它们随时随地影响着认知活动，有机体与环境的感官运动耦合同样如此。”①

1.2 狭义和广义的涉身认知的心智观

通过身体、情境、非表征等新的认知构成因素，涉身认知从科学整体上为人类认知与智能提供了一种全新的解释。

1.2.1 涉身性的哲学理念

涉身性（embodiment）是一个有关人类智能解释的哲学概念。涉身性的内涵是主张人类身体在智能和认知活动中发挥着主体的作用。涉身认知的科学研究与涉身性的哲学理念有着理论上的关联。

当代哲学家普遍认为，涉身性的哲学理念与法国现象学家梅洛-庞蒂的现象学思想直接关联。例如，在《剑桥哲学词典》中，涉身性意指“人类主体性的身体维度”，并且，“涉身性是欧洲现象学中的一个核心问题，梅洛-庞蒂的著作对此讨论得最为充分。梅洛-庞蒂通过区分客观身体和现象身体来解释涉身性，前者是作为生理实体的身体，而后者并不仅仅是某种生理身体，而是我或者你体验到的我的身体或者你的身体。当然，我们也可能把自己的身体体验为一种生理实体。但是，这并不是典型的情况。一般来说，我把我的身体（无意识地）体验为诸如打字、抓痒等行为的一种整体能力。此外，我们对于自身运动能力（表现为一种身体性确认）的感觉，并不依赖于对参与行为的生理活动的理解。客观身体和现象身体的区分，是理解现象学涉身性思想的核心。把身体理解为生理实体，这不是涉身性的思想。相反，涉身性指的是现象身体以及现象身体在我们直面对象的体验中的作用”。②

此外，涉身性也普遍性地指通过身体、大脑等物理生理活动来解释心灵与智能的物理主义主张。例如，《西方哲学英汉对照辞典》中涉身性概念被翻译为“有壳”，除了明确了梅洛-庞蒂的现象学与涉身性思想的关联之

① Gallagher S. Enactivist Interventions Rethinking the Mind. Oxford: Oxford University Press, 2017: 6-7.

② Audi R. The Cambridge Dictionary of Philosophy. Cambridge: Cambridge University Press, 1999: 258.

外，还指出了涉身性的物理主义内涵。“有壳”是指“心的状态或灵魂的状态产生于（caused by）或者同一于（identical with）身体状态。对比而言，无壳（disembodiment）则是在身体消亡后的人的存在。对唯物主义者来说，人只能以有壳的方式存在。在心灵哲学中，有壳产生了一个问题，即意识是如何以更为普遍的方式与大脑状态和物理世界相关的。如果意识状态因果决定于物理状态，那么物理状态如何产生意识状态，我们还不清楚。由于存在着许多困难因素，我们很难回答：为什么这些意识状态如此不同于产生它们的物理状态……‘有壳，就是这样一个难题，即：意识是如何与物理世界相关的，特别是如何与身体相关的’”①。

涉身性的扩展性解释则是在社会文化范围内明确身体的认知主体性。例如，哲学家维斯（G. Weiss）和哈伯（H. Haber）将涉身性拓展为人类的身体性社会存在方式，“‘身体’概念遭到质疑并且被‘涉身性’概念取代了。概念的变化对应着一种思想的转变，即不再把身体作为在知觉、认识、行动以及自然中起到关键作用的一种无性别区分的、体验的现象，而是把身体看作一种随文化而变化的身体在环境中生活和栖息的方式”②。哲学家索达斯（T. Csordas）也指出，“如果涉身性意味着一种生存条件，其中身体是体验的主体性根源和交互主体性的基础，那么，我们对于涉身性的研究本质上就不是‘关于’身体的。相反，就文化和体验能够从在世之身体性存在（bodily being-in-the-world）得到理解而言，我们的研究是关于文化和体验的”③。

涉身性的哲学讨论为涉身认知科学研究提供了重要启示。涉身认知的概念无疑源于涉身性概念，这不仅体现在 embodied cognition 源于名词 embodiment④，而且体现在涉身认知在内涵上源于涉身性概念。现象学的涉身性思想强调身体体验性、社会文化身体的认知主体性，这些也启示了涉身认知科学对身体、非表征和情境等非传统因素的研究，启示了涉身认知

① 尼古拉斯·布宁，余纪元. 西方哲学英汉对照辞典. 北京：人民出版社，2001: 293.

② Weiss G, Haber H. Perspectives on Embodiment. London: Routledge, 1999. xiv.

③ Weiss G, Haber H. Perspectives on Embodiment. London: Routledge, 1999: 143.

④ 国内学者将embodied cognition译为涉身认知、具身认知，而embodiment则存在涉身性、具身化、体知合一或体塑化等不同译名。

科学通过现象身体，即通过身体、运动和情境的耦合而非通过单纯生理身体器官来解释人类智能。

1.2.2 涉身认知关于智能载体的思想

在认知活动的智能载体上，经典认知科学研究没有否认身体与情境等智能载体因素的功能，正如克拉克所说的，“没有任何心智健全的认知科学家曾经断言：身体、外部环境与对心灵的理解完全无关”①。但是，在经典认知科学研究中，身体与情境等智能载体因素也从来没有被视为智能活动的根本构成。与经典认知科学研究不同，作为认知科学研究的一种新框架，涉身认知科学意图将身体与情境等因素视为认知活动的根本载体。不过，就身体与环境如何发挥作用而言，涉身认知科学研究者的理解存在不少争议。正如M. 威尔逊（M. Wilson）所说的，“正在形成的涉身认知观主张：认知活动深深地植根于身体与环境的互动中。这个观点实际上容纳了许多不同的理解，其中有些甚至是极具争议的”②。

1.2.2.1 身体与认知

认知主义和联结主义等经典认知科学研究都轻视身体这一人类智能活动中的构成因素。例如，在人工智能领域，图灵倾向于认为数字计算机等物理符号系统能够表现人类智能，这与人的身体无关。图灵断言，即使我们将来能够制造出和人的皮肤一模一样的材料，“我们还是会觉得，试图用这种人工血肉把一台‘思维机’装扮起来使它更像人类，是没有什么意义的”③。此外，德雷福斯也指出，通过大脑神经网络模拟人类智能的联结主义也否定身体的作用，因为神经网络不仅要求一个和我们一样的大脑以及必须具有与相应环境互动的能力，其前提是具有“一个人类式的躯体，该躯体能做恰当的物理运动、具有种种能力，也易受伤害”④。

---

① Clark A. Embodiment and the philosophy of mind//Taylor C, Hansen M. The Cambridge Companion to Merleau-Ponty. Cambridge: Cambridge University Press, 2005: 35.

② Wilson M. Six views of embodied cognition. Psychological Bulletin and Review, 2002, (4): 625-636.

③ 图灵. 计算机器与智能//玛格丽特·博登. 人工智能哲学. 刘西瑞, 王汉琦译. 上海: 上海译文出版社, 2001: 58.

④ 德雷福斯等. 造就心灵还是建立大脑模型: 人工智能的分歧点//玛格丽特·博登. 人工智能哲学. 刘西瑞, 王汉琦译. 上海: 上海译文出版社, 2001: 450-451.

涉身认知科学强调身体在认知和智能活动中的基础作用，不过，在身体主体的问题上却存在不同的解释。第一，类型学身体解释，即侧重于人类整体身体形态与构造的认知功能。例如，布鲁克斯依据“自主智能主体研究”（autonomous agent research）设计的机器人“考格”（Cog）就具有类人身体。布鲁克斯指出，之所以制造“考格”类人机器人，原因在于，人类身体形态对表征人类内在思想和语言等智能活动至关重要，而且，制造具有人的外观与结构的机器人可以使其更自然地以人的方式与人类自身产生互动[①]。第二，感官运动系统的身体解释，即强调人类感官与运动生理系统的智能功能。例如，哲学家杜威主张通过感官运动的相互协调（sensori-motor coordination）来理解经验这一认识活动[②]；胡塞尔也认同心理学中的动感[③]在认知活动中的基础作用。认知科学家M. 威尔逊不仅指出感官运动系统的活动是“最能得到支持和最有力的”身体解释[④]，而且指出感官运动系统既可以建构在线认知（online cognition），也可以建构离线认知（off-line cognition）[⑤]。M. 威尔逊尤其指出了感官运动系统如何建构离线认知活动，即“感官运动能力可以对物理世界进行一种模拟（simulation），这种模拟成为表征信息和进行推理的手段”[⑥]。第三，神经生理学的身体解释，即侧重于整体神经结构及相应神经计算活动来理解人类智能。例如，莱考夫和约翰逊对人类分类化（categorization）能力从神经生理学层面做了涉身认知的解释，指出对“树”等概念的分类并不仅在于客观对象的不同，更重要的则在于人类自身的神经分类化（neural categorization）能力。莱考夫与语言学家费尔德曼（J. Feldman）等人进一步提出语言神经理论（neural theory of language，NTL），目的是在实验室里实现神经元活动对思

① 李建会. 走向计算主义：数字时代人工创造生命的哲学. 北京：中国书籍出版社, 2004: 125-137.

② 杜威. 哲学的改造. 许崇清译. 北京：商务印书馆, 1958: 46.

③ 按照黑尔德的解释，动感就是指“感觉的感知”（“感知”在希腊文中是aisthesis）和“由我所进行的身体运动”（“运动”在希腊文中是kinesis）所构成的“不可分解的统一”（埃德蒙德·胡塞尔. 生活世界现象学. 倪梁康，张廷国译. 上海：上海译文出版社, 2005: 16）。

④ Wilson M. Six views of embodied cognition. Psychological Bulletin and Review, 2002, (4): 625-636.

⑤ 人类的智能或者认知活动可以大体分为两类：一是在线智能或者在线认知，包含知觉、想象、意识和情感等当下的体验性、前语言的非反思性的智能或认知现象，它们也被视为智能的基础和首要形式；二是离线智能或者离线认知，包含思维、推理、语言等反思性的、命题式的智能形式，它们也被视为抽象的认知形式，是相比较知觉等更为高级的智能形式。

⑥ Wilson M. Six views of embodied cognition. Psychological Bulletin and Review, 2002, (4): 625-636.

维和语言的建构，即通过神经模型（neural modeling）来说明心灵根本上是涉身的，并且在实践中通过大脑神经计算来揭示基本层面概念、隐喻和概念整合等语言认知现象的产生。

1.2.2.2 情境与认知

经典认知科学研究同样轻视情境在认知与智能活动中的重要作用，涉身认知则强调特定环境在智能活动中的基础性作用。涉身认知尤其重视身体与情境所构成的认知生成系统对人类智能活动的主导性。涉身认知所强调的情境既包括特定的自然环境，也包括特定的社会文化环境。情境认知能够更好地解释人类认知活动所体现的主体性和个体性。

克拉克认为，轻视环境作用的经典认知科学是一种孤立主义（isolationism）的研究，按照孤立主义的解释，“环境仅仅是输入源和输出场所，身体仅仅是接受输入和施加输入（行动）的器官。前期认识过程就是使输入转化为一个充分丰富的内在世界模型，从而使得解决问题的活动能够依据内在模型得到界定”①。与孤立主义研究相反，涉身认知则是一种反孤立主义（anti-isolationism）研究，按照反孤立主义的解释，“要想真正了解大脑的认知活动，就必须足够重视身体和环境的复杂作用；我们必须认为心灵不是内在模型和表征集聚的特殊内在场所，而是一个大脑、身体和环境整合的、相互交织的复杂系统的活动过程，这个系统抵制依据内在模型、表征和计算等传统概念所进行的信息分析”②。

生态心理学也是反孤立主义研究的典型代表，例如，生态学进路的知觉研究将知觉活动视为有机体身体与外部环境间的多样和实时调整的不断协同。涉身认知不仅主张知觉等在线认知与特定环境相关，而且主张概念等离线认知也与特定环境密不可分。德雷福斯在《计算机不能做什么》一书中借助维特根斯坦后期语言哲学思想指出了“局势”或者说语言认知活动的特定环境在语义生成中的重要作用。克拉克也认同高级认知能力是在与环境的互动中产生的，“诸如心灵和智力这些成熟的认知能力更像是船舶导航而不仅仅是生物大脑的能力。船舶导航是在不同个体、工具以及实践

① Clark A. An embodied cognitive science? Trends in Cognitive Science, 1999, (3): 345-351.

② Clark A. An embodied cognitive science? Trends in Cognitive Science, 1999, (3): 345-351.

行为组成的一个扩展性复杂系统的良好协调和适应中完成的。我们通常看作的精神能力，同样是一个更宽的包容环境的扩展系统的属性，而大脑不过是这个系统的一部分而已”[①]。安德森则强调了人类认知的社会—文化情境性，例如，人类常识中的神龛概念就不是通过神龛的客观属性得到界定的，相反，“神龛”概念是通过其在所处的复杂的信仰、社会、制度和习惯关系网中的位置得到界定的。人类接近和朝向神龛的合适方式和行为都能够界定和说明神龛是什么。[②]克兰西（W. J. Clancey）则明确提出了情境认知（situated cognition）的观念，即认知活动不仅与身体活动密切相关，而且与社会文化情境密不可分。他说：“概括地说，认知是情境性的，一方面表现在概念化思维与主体的感官运动协调密切相关，另一方面表现在概念化思维在有意识的存在那里涉及认知主体在社会中的角色、地位以及价值观。”[③]

1.2.3 涉身认知关于智能呈现方式的新构架

表征一般被理解为一种表征（represent）外部对象的“内在”认知符号（symbol）。韦格曼（M. Wagman）指出，表征从根本上是一种关于事物本身的替代物，表征通过思维或者推论而不是通过行动发挥作用，表征是某种理智推理的基本概念并且是思维计算活动的媒介[④]。

表征—计算是经典认知科学研究的核心假设。涉身认知则试图挑战表征—计算的理论假设，并且总体持有非表征的智能建构假设。不过，涉身认知研究的非表征假设目前存在两种形式：一是激进的涉身性（radical embodiment），即否定表征或者反表征（anti-representational）的激进立场；二是温和的涉身性（meek embodiment），即承认面向行动的表征等不同于内在符号表征的温和立场。

1.2.3.1 温和的非表征构架

温和的涉身认知研究并非无表征和反表征的，而是主张存在另一种形

① Clack A. Being There. Cambridge: MIT Press, 1996: 214.

② Anderson M L. Embodied cognition: a field guide. Artificial Intelligence, 2003, 149(1): 91-130.

③ Clancey W. Situated Cognition: On Human Knowledge and Computer Representations. Cambridge: Cambridge University Press, 1997: 27-28.

④ 韦格曼. 表征与心灵理论//高新民，储昭华主编. 心灵哲学. 北京：商务印书馆，2002: 557-558.

态的表征。例如，知觉等在线智能可能需要一种面向行动的表征，而诸如思维等高级智能则更是需要表征。

克拉克在内在表征—计算与完全摒弃表征两种立场之间主张一种温和立场，即主张一种局限的、行动导向的表征。他说："涉身模型中的表征并没有完全消失，并不意味着无表征。而是更经济的表征、更加受行动导向的表征。"①布鲁克斯在机器人学研究中提出的包容构架（subsumption architecture）接近于温和的涉身认知立场。布鲁克斯认为，经典机器人研究需要内在表征作为知觉与行为的中介，这种内在表征表现为某种场外对机器人发出指令的计算机程序，整体呈现为感觉—模型—规划—行动（sense-model-plan-act）的认知构架。②布鲁克斯的涉身机器人研究则不再借助场外计算机或者外部指令，而是通过包容构架使机器人自发针对环境产生相应的认知行为。不同于感觉—模型—规划—行动框架，这种新的控制系统表现为一种接受感觉输入、躲避物体、漫游、探索、映射、知觉变化、识别物体、相对于环境改变规划以及对物体行为做出推理等不同层面能力所构成的一个包容构架③。在这个包容构架中，高层能力包容低层能力，限制低层能力的输出；低层能力随更高层能力的增加不间断地运转。也就是说，基于行为的机器人不间断地感觉变化的外部世界，而包容结构中的高层能力则相应地回应低层输入，从而做出相应的行为输出。这种认知构架不再求助于意味着表征的外部计算机控制，而是体现为通过包容构架直接针对环境行为的自主控制。自主行为机器人不需要经典认知的形式化表征—计算，包容构架体现了一种区别于传统的计算理解。布鲁克斯说："我们的计算模型目的不是作为一种神经系统工作的实在模型。我们把我们的计算模型称为包容构架，这一构架的目的是把智能的、情境的和涉身的主体规划

① Clark A. Embodiment and the philosophy of mind//O'Hear A. Current Issues in Philosophy of Mind. Cambridge: Cambridge University Press, 1998: 40.

② "所有这些系统都使用场外的计算机（且这些都是在时间和空间计算方面功能强大的计算机），并且这些系统大多都在静态环境中运作。所有的机器人都在不同程度为之设计的环境中活动。它们感知环境要素，同时试图构建二维或三维环境模型。然后，在每一步的操作中，规划者都忽略实在环境，并且按照事先构造的模型向机器人提供行为指令，从而实现预先设计好的目标……我们把这种框架称为感觉—模型—规划—行为框架，简称 SMPA。" 参见 Brooks R A. Cambrian Intelligence: The Early History of the New AI. Cambridge: MIT Press, 1999: 136-137.

③ 李建会. 走向计算主义：数字时代人工创造生命的哲学. 北京：中国书籍出版社, 2004: 130.

出来。”[①]

1.2.3.2 激进的非表征构架

与涉身认知的温和立场不同，激进立场明确倡导无表征和反表征。激进的涉身认知不仅主张知觉等在线智能不需要表征，而且主张概念等离线智能也可以无须表征。

认知动力学假设（the dynamical hypothesis of cognition）接近激进涉身性的立场。瓦雷拉和汤普森等人将动力学系统理论视为激进涉身认知的重要工具，明确主张用一种非线性的突现理论来取代经典认知科学的表征—计算模型。[②]范·戈尔德也论证了一种无须表征—计算的认知动力学假设。通过类比英国工业革命时期关于燃料自动控制器的技术设计的革新，范·戈尔德解释了认知的动力学假设。控制器设计存在两种设计方案：一种方案被称为计算控制器（the computational governor）方案，这种方案通过分解任务和统筹计算来实现；另一种则是限于当时有限的计算技术条件，瓦特（J. Watt）在实践中设计的向心力控制器（the centrifugal governor）方案。范·戈尔德认为向心力控制方案具有非表征和非计算性，“如果向心力控制器不是表征性的，那么它也不是计算性的，至少在特定的意义上，它的活动不是基于规则的符号表征的管理控制”[③]。范·戈尔德指出，认知动力学假设主张心灵不是计算机，认知系统是动力学系统，认知活动不是计算活动而是不同认知系统在状态空间中的进化[④]。神经达尔文主义者埃德尔曼（G. Edelman）也论证了记忆活动的无表征性。在埃德尔曼看来，记忆并不是以表征编码的静态形式存在，“记忆是非表达性的”，记忆是一个动力学活动过程，就像冰川融化与重新凝结，是在分布各处的进行性神经活动和来自外界、身体、脑本身的信号之间进行选择性匹配的结果。埃德尔曼

---

① Brooks R A. Cambrian Intelligence: The Early History of the New AI. Cambridge: MIT Press, 1999: 172.

② Thompson E, Varela F. Radical embodiment: neural dynamics and consciousness. Trends in Cognitive Science, 2001, (5): 418-425.

③ van Gelder T. What might cognition be, if not computation? Journal of Philosophy, 1995, 92(7): 345-381.

④ van Gelder T. What might cognition be, if not computation? Journal of Philosophy, 1995, 92(7): 345-381.

认为这个过程并不是一个基于表征的活动。[①]认知科学家奴兹（R. Nuñez）则探索了数学这种高级思维活动形式的无表征特征。奴兹说："完全的涉身性明确地提出了一种研究范式，这种范式通过特定大脑和身体支撑的主观性身体体验，能够解释人类心灵自身创造的对象（例如概念、观念、解释、逻辑形式以及理论）……数学中的抽象实体是通过人类想象性心灵（imaginative mind）所创造的，想象性心灵特殊地利用了一些基于身体的日常认知机制，例如概念隐喻、类比推理、虚拟运动、时态图式以及概念合并等。"[②]

1.3 在线和离线的涉身认知

在经典认知科学研究框架中，诸如知觉、意识和情感等在线智能也通过表征—计算方式加以理解。涉身认知则试图通过身体、情境以及非表征构架来解释在线智能。

1.3.1 知觉的涉身认知研究

在认知科学发展过程中，表征主义的知觉理论在心理学和人工智能等领域中占据主导地位。从哲学发展看，知觉的表征主义理论是近代主客二分认识论模式的必然体现。认识论中主体和客体的分离假设导致了诸如洛克的观念、贝克莱（G. Berkeley）的感知等某种中间认知成分的存在，这种中间成分由此被视为知觉等认知活动的重要构成要素。福多和派利夏恩等当代心灵哲学家也继承了这种所谓正统的知觉理论或者说知觉的一种固定观点（establishment view of perception），即主张知觉就是对以表征形式存在的感官信息的加工活动，具体来说，知觉就是指大脑或者大脑中的某种专门功能亚系统，是将感官接收装置对相关环境属性的表征信息加以编码组合的活动。

表征主义知觉理论在哲学和科学实践上面临着诸多质疑和挑战。从认

---

① 杰拉尔德·埃德尔曼，朱利欧·托诺尼. 意识的宇宙：物质如何转变为精神. 顾凡及译. 上海：上海科学技术出版社，2004: 108.

② Nuñez R. Could the future taste purple?Journal of Consciousness Studies, 1999, (6): 41-60.

知科学实践上看，表征主义知觉理论通过典型的形式化和计算化做法来实现对人类真实知觉的人工建模，这并不是真实的人类知觉活动。在哲学上，按照维特根斯坦的说法，表征主义知觉观是一种间接经验的表达或者说是基于某种理论的知觉解释。如果要理解真实的直接知觉经验，就需要放弃表征主义的客观知觉理论。当代涉身认知的知觉研究强调知觉与身体行动的紧密关联，强调情境信息与知觉的即时反馈，强调知觉经验的体验性，这些思想都形成了对表征主义知觉解释的挑战。

基于认知和智能解释的自创生理论，马图拉纳和瓦雷拉等生物学家提出了一种生成主义知觉观。在马图拉纳和瓦雷拉等人看来，生命体的神经生理系统并不是一种针对外部世界的内在表征所编码的输入—输出系统，相反，神经生理系统在自身自组织活动的基础上可以产生一种基于身体有机体的知觉—运动活动域，而这正是知觉等认知活动的生成之所。所谓有意义的知觉信息不是在头脑中以外部世界为模型而存在的一种内在表征，而是有机体与其所处环境之间结构耦合作用（the structural coupling）的一种生成结果。例如，就颜色视觉而言，不同的生物体对于颜色的视知觉只能通过生物体与自身环境的知觉—运动耦合而生成，不存在普遍性和客观性的颜色知觉，这种基于自创生理论的视觉观就是一种生成主义的颜色视觉观。瓦雷拉等人也将这种生成主义的知觉观称为一种涉身行动（embodied action）的知觉理论，意即将知觉理解为生物体身体与环境之间的一种不断生成的行动。他们认为，传统的知觉观都是一种知觉的表征主义理论，即“都把表征作为理解视觉以及认知的核心概念：客观主义用表征来重现外部实在；主观主义用表征来投射内部状态”①。而涉身行动的知觉理论则在知觉问题上摆脱了表征主义的弊端，并且超越表征主义知觉理论所依赖的“内在与外在（inside/outside，I/O）的区分模式”。例如，基于涉身行动的颜色视觉观可以这样来解释，“颜色既不是独立于我们的知觉和认知能力的‘外在存在’，也不是独立于围绕我们的生物和文化世界的‘内在存在’。与客观主义观点相反，颜色分类是依赖于主观体验的；与主观主义相反，颜色

① Varela F E, Thompson E, Rosch E. The Embodied Mind: Cognitive Science and Human Experience. Cambridge: MIT Press, 1991: 172.

分类又依赖于我们共同的生物和文化世界”[①]。瓦雷拉等人认为，所谓“涉身行动”就是“生成”，这种“生成”知觉观包含两层含义：一是知觉就是被知觉地导向的行动；二是认知结构呈现于循环的感官运动模式中，正是这些感官运动模式使行动被知觉地导向。生成知觉观表明，知觉就是身体的行动，知觉的过程就是身体行动在环境中的不断循环生成，在这个循环连续生成过程中，知觉不仅通过身体行动嵌入环境，而且知觉还参与着环境的生成。

人工智能学家巴拉德（D. Ballard）等人也提出了一种替代表征主义知觉模型的涉身知觉理论——能动视觉（animate vision）理论。在巴拉德等人看来，表征主义视觉研究可称为“纯粹视觉”（pure vision）研究范式，这种知觉范式以静态的视网膜意象为表征存在，并且将这种表征存在进行抽象化操作，以此解释视觉系统如何导出某种客观世界的模型。与之不同，能动的视觉理论主张知觉活动不能脱离身体所处的场景，与感官运动相关联的整体活动共同构成了知觉活动。能动视觉理论立足于眼动和注视等生理功能之间的感官运动循环，来解释知觉主体如何能够收集环境中的有意义信息。能动视觉将视觉活动分解为指导行动和探索活动的视觉运动（visuomotor）模块，这种基于行动的视觉理论也就不再需要某种传统的视觉表征。在巴拉德等人看来，视觉的任务不再是建构一个针对三维空间的内在表征模型，而是依据实在环境和实时行动的需要，有效和经济地利用视觉信息并且相应指导行动的活动。在这种基于身体行动的视觉研究范式中，行动的作用是首要的，而基于内在表征或者信息的形式化加工和计算则是次要的。[②]克拉克评论说，巴拉德的“能动视觉”研究与马尔的视觉计算理论相比有两个重要突破：一是身体行动（例如眼睛的扫视运动）承担了计算的重要功能；二是主体与环境的持续互动消除了创造通用、丰富内在表征模型的需要。[③]

---

① Varela F E, Thompson E, Rosch E. The Embodied Mind: Cognitive Science and Human Experience. Cambridge: MIT Press, 1991: 172.

② Ballard D. Animate vision. Artificial Intelligence, 1991, (48): 57-86.

③ Clark A. Embodiment and the philosophy of mind//O’Hear A. Current Issues in Philosophy of Mind. Cambridge: Cambridge University Press, 1998: 40.

1.3.2 意识的涉身认知研究

意识（consciousness）是当代哲学和认知科学研究中一个重要的跨界问题。按照埃德尔曼的描述，意识是一种具有私密性、整体性和信息性等特点的智能活动。意识的私密性也即意识的主观性，指人类的每个意识事件都是某种仅仅具有单独主观视角的活动；意识的整体性与私密性密切相关，指主体在任何一个时刻都不能分解其意识状态；意识的信息性则指，在任何一个时刻人们都可以从无数可能的意识状态中选取出一个状态来。[①]意识问题不仅得到诸如塞尔、内格尔等哲学家的密切关注，而且许多认知科学家也开始严肃对待意识现象。塞尔说：今天的情况与 20 年前已经大大不同，许多严肃的科学家开始重视意识问题。例如，科泰瑞尔（R. Cotterill）、克里克、达马西奥（A. Damasio）、埃德尔曼、弗瑞曼（W. Freeman）、伽扎尼伽（M. Gazzaniga）、里贝特与魏斯克兰茨（L. Weiskrantz）等神经科学家都出版了关于意识问题的著作。就笔者所知，我们已经迈开了解决意识问题的步伐。[②]

在经典认知科学研究视野中，意识问题要么被视为主观构造的心理状态而被忽略，要么与其他心理活动一样被视为一种信息加工过程，或者被视为只是大脑生理活动的一种功能。随着涉身认知科学的发展，意识的解释试图突破传统视野，出现了基于身体体验和情境互动来解释意识现象的涉身意识理论（an embodied theory of consciousness）。与经典认知不同，涉身意识理论不赞同单纯将大脑视为意识活动的载体，而是主张将包含大脑在内的整个身体尤其是感官运动技能作为意识现象的生成之所；在意识活动本质的理解上，涉身意识理论也反对将意识活动单纯视为符号表征的计算活动，而是主张将意识活动更多理解为运动表征或者体验性的心理现象。按照罗兰兹的理解，意识现象可以在涉身—延展认知框架下得到更好的解释。第一，意识等心理现象是涉身的，即意识的产生不仅涉及大脑活动，而且涉及身体结构和功能更广泛的因素；第二，意识等心理现象是嵌入性

① 杰拉尔德·埃德尔曼，朱利欧·托诺尼. 意识的宇宙：物质如何转变为精神. 顾凡及译. 上海：上海科学技术出版社，2004: 23, 27.

② Searle J. Consciousness. Annual Review of Neuroscience, 2000, (23): 557-578.

的，即意识的产生仅涉及相关的特定外部情境；第三，意识等心理现象是生成性的，即意识的产生与发展不仅涉及神经活动，而且涉及有机体的互动；第四，意识等心理现象是延展性的，即意识的产生与发展一定涉及生物体的外部环境。①总体看来，涉身意识理论注重从身体、情境与非表征构架等因素来解释意识现象。正如瓦雷拉和汤普森所说的，意识的产生涉及大脑—身体—环境之间的因果耦合关系，同时，这种意识现象与情境之间的因果耦合是以一种动力学关系展现出来的，所以这不是传统的静态的因果关系。②

涉身意识理论也面临着一些质疑，例如意识现象在构成层面上依赖情境的主张受到普林茨（J. Prinz）的批判。普林茨认为，做梦和幻觉等意识状态表明意识内容可能没有反映出其与外部环境之间的因果互动，即很难假设幻觉内容受到了所处情境的支配。普林茨坚持通过大脑状态的神经科学解释来理解意识现象这一棘手问题（hard problem），“我的基本主张是，现在没有任何严肃的理由使我们假设意识的神经共联将会包括头脑之外的任何因素”③。

1.3.3 情感的涉身认知研究

哲学家很早就讨论了情感的涉身性问题。胡塞尔将移情（sympathy）视为构建客观世界的个体间的“共享体验”，自我和他人的身体是这种共享体验的原初装置。梅洛-庞蒂也指出，我们对于世界意义的理解受到与行为相关的感官—运动活动的强烈影响。

在认知科学的发展过程中，信息加工认知理论的成功也使其扩展到关于情感（emotion）的研究中。情感与其他心理活动都被理解为一种感官信息的加工活动。随着涉身认知科学的发展，情感研究也引入涉身认知理论框架，即出现了一种涉身情感（embodied emotion）理论。涉身认知理论表

① Rowlands M. The New Science of the Mind: From Extended Mind to Embodied Phenomenology. Cambridge: MIT Press, 2010: 51.

② Thompson E, Varela F. Radical embodiment: neural dynamics and consciousness. Trends in Cognitive Science, 2001, (5): 418-425.

③ Prinz J. Is consciousness embodied?//Robbins P, Aydede M. Cambridge Handbook of Situated Cognition. Cambridge: Cambridge University Press, 2008: 419-436.

明，对于情感的知觉与思考涉及体验、肉身和运动的因素。例如，一只咆哮的熊对知觉者的情感刺激会使其相应地产生看、听和害怕等意识活动，神经活动、身体活动以及主体的感觉状态整合起来可以被称作知觉者的“害怕”这一情绪，同样的状态整合也可能会在不同的场景中被同一知觉者称为“焦虑”。感官、运动和情感系统模块中的神经元团块相互之间紧密连接，它们的激活支撑着对于熊的情感体验。在此后的过程中，在对于这只熊的思考中，最初产生视觉表象的神经状态得以激活，同一系统中神经元模式的加强将能够层叠式地推进其他系统中的模式。通过在最初体验中激活的神经元团块的互联，一种多模块神经元参与的体验得以再现。当然，最初那些部分的神经元状态被激活的原因是，人们选择性地聚焦了那些对于个体来说最突出、最重要的体验，这些体验是最可能被储存起来在后来得到激活的。总之，按照涉身认知理论的解释，由于一种并非完备但却有助于认知的再体验通过原初感官运动系统得以产生，个体由此将会处于特定的情境、特定的情感状态或特定的对象思维中。

当前认知科学研究中的一些实验也表明，人们的面部表情和身体姿势将会诱发情感乃至影响情感信息的加工。例如，实验一：让受试者做出一种惯常的工作姿势，背部挺直而肩部向后并抬高，或者采纳一种所谓符合人体工程学的懒散式工作姿势，此时告诉受试者他们成功通过了一次测试。懒散姿势的受试者听到这个好消息并没有表现出更多的兴奋，并且还报告说此时的心情较差，而保持惯常姿势的受试者的报告则相反。实验二：将能够典型地引起积极和消极情绪反应的图片展示在电脑屏幕上。当图片出现的时候，实验参与者被要求通过快速移动控制杆做出某种指示。一些参与者被要求向身体外部移动控制杆，另一些参与者则被要求向怀里拉这根控制杆，前者对于消极性图片的反应更快，而后者对于积极性图片的反应更迅速。实验三：假装让被试者去研究不同耳机的功能，被试者被要求通过点头来表示同意或者通过摇头表示不同意。当他们通过两种动作来“测试”耳机的时候，实验者将一支钢笔放到他们面前的桌子上。后来，另一位实验者将原来这支笔或一支新笔提供给他们，点头的被试者更愿意选择用过的那支笔，而一直摇头的被试者则更愿意选择那支新笔。尼丹瑟（P. Niedenthal）认为，上述科学实验研究表明，在情感的身体表达与情感信息得到理解的方式之间存在着一种互动关系，或者说，人类的身体参与了人类主观态度和偏好的产生与使用。具体而言，当个体接收到某种特定的身体姿势，他们会报告体验到了相关的情感；当个体接收到了面部表情或者产生情绪性的肢体语言时，他们的偏好和态度将会受到影响；当个体的运动受到抑制的时候，他们的情绪与情感信息加工也会受到干扰。[①]

当前关于情感的涉身认知研究仍然是初步的，在一些问题的理解上也是存在不同看法的，例如关于涉身情感的神经机制问题就存在不同的理解，这些都需要更有力的理论和实证研究的支撑。

1.4 涉身认知的分析哲学和现象学基础

古希腊自然哲学中的原子论者素朴地猜测到心灵活动与身体活动的密切关联，如艾修斯说，“留基波和德谟克里特说感觉和思想都是身体的变形”[②]。近现代哲学反笛卡儿主义思潮中的杜威等的认识论工具主义、后期维特根斯坦等的日常语言哲学以及海德格尔等的现象学思想都深刻影响了涉身认知的认知科学理论变革。

1.4.1 涉身认知与现代心灵哲学

在涉身认知的产生与发展过程中，现代心灵哲学中诸如杜威和维特根斯坦的相关思想被重新发现并被视为涉身认知的哲学基础。

1.4.1.1 杜威的情境认知论

作为现代哲学中反笛卡儿主义的重要代表，杜威的工具主义认识论体现了实用主义的心灵哲学。加拉格尔说：“令人奇怪的是，尽管人们在情境学习理论中常常引用杜威的思想，但是杜威在心灵哲学领域中关于情境认知的思想则几乎完全被忽视了。杜威明显就是他那个时代的丹尼特，至少我们看到了他对心灵哲学表现出的热情以及对笛卡儿主义的批判。”[③]莱考

① Niedenthal P. Embodying emotion. Science, 2007, (316): 1002-1005.

② 北京大学哲学系外国哲学史教研室编译. 西方哲学原著选读(上卷). 北京：商务印书馆, 1982: 50.

③ Gallagher S. Philosophical antecedents to situated cognition//Robbins P, Aydede M. Cambridge Handbook of Situated Cognition. Cambridge: Cambridge University Press, 2008: 35-53.

夫和约翰逊也指出，梅洛-庞蒂和杜威堪称“两位最伟大的涉身心灵哲学家”，他们都看到了“我们的身体体验是我们所有意义、思想、知识以及交流的原初基础”。①

杜威利用“有机体与环境间的相互作用”来解释人类经验，指出人类的感官运动系统在认知活动中具有基本作用。在杜威看来，在有机体与环境的相互作用中，人类的感官与运动系统相互协调而生成了经验，这种协调本身就是经验。杜威说：“经验首先是做（doing）的事情……有机体按照自己的机体构造的繁简向着环境动作。结果，环境所产生的变化又反映到这个有机体和它的活动上去……这个动作和感受（或经历）的密切关系就形成了我们所谓的经验……经验的‘真资料’应该是动作、习惯、主动的机能，行为和遭受的结合等适应途径，感官运动的相互协调。”②将经验理解为“做”的事情，理解为生物体与环境的互动，经验也成为一种动态的、互动的和综合性的认知形式。加拉格尔说：“杜威的认知观念非常接近我们今天所谈论的‘生成认知’（enactive cognition），这种认知观主张知觉和思想完全与运动行为整合在一起。”③

杜威批判了笛卡儿主义的内在心灵观，主张心灵活动或者心理生活不是孤立和内在的，人类的心灵活动不能脱离自身的行为和所在的情境。杜威说：“心灵不是一个封闭盒子，也不是一个具有某种专门功能的中枢……在心理学中，（生物科学的）有机体的观念已经使我们将精神生活理解为一种依据所有生命规律而发展的整体有机体活动，并且精神生活不再被理解为一种独立自主能力的展示舞台，不再是孤立和原子式感觉和观念可以聚合、与外部对象相异并且由此相互永远分离的一种集合点。伴随着对整体精神生活的这种再认识，有机体与社会组织中的其他生命体之间的关系也呈现出来。有机体的思想必然带来环境的思想，并且伴随着环境的思想，这就使得我们不再可能将心理生活看作是一种在真空中发展的个体性和孤

① Lakoff G, Johnson M. Philosophy in the Flesh: The Embodied Mind and Its Challenge to Western Thought. New York: Basic Books, 1999: xi.

② 杜威. 哲学的改造. 许崇清译. 北京：商务印书馆，1958: 46.

③ Gallagher S. Philosophical antecedents to situated cognition//Robbins P, Aydede M. Cambridge Handbook of Situated Cognition. Cambridge: Cambridge University Press, 2008: 35-53.

立的事情。”[①]可见，人类心灵不是一种纯粹个体性、内在性、消极性和静态性的存在，心灵的认知活动是在有机体与其所处的物理与社会环境之间的交互关系中展现出来的。

1.4.1.2　后期维特根斯坦的语言游戏论

与通过逻辑分析澄清语言的客观意义理论不同，后期维特根斯坦认为，语言的意义在于语言的用途。就像其他工具一样，语言的意义与人的使用活动不可分割。信息加工等经典认知理论接受了前期维特根斯坦的理想语言哲学，即致力于消除日常语言混乱、建立符合逻辑规则的人工语言；而涉身认知则受到后期维特根斯坦日常语言哲学的影响，主张语言的意义就在于日常语言的使用。

在后期维特根斯坦看来，语词或语言的意义并不是某种语言体系的内生产物，不是来源于对外部世界中事物的某种一对一反映，相反，语词的意义产生于语词被使用的活动中。在语词的使用过程中不存在某种预先假定的储存于头脑中的概念，相反，语言及其意义恰恰产生于各种场景、实践和活动的体验中。维特根斯坦举例：“现在，请想一想下面这种语言的使用：我派某人去买东西，我给他一张写着‘五个红苹果’的纸条。他把纸条交给店主，这位店主打开标着“苹果”的抽屉，再在一张表上寻找‘红’这个词，找到与之相对的颜色样本；然后他念出基数数列——我假定他能背出这些数——直到‘五’这个词，每念一个数就从抽屉里拿出一个与色样颜色相同的苹果。人们正是用这样的和与此类似的方式来运用词的。但是，他怎么知道在何处用何种办法去查‘红’这个词呢？他怎么知道对于‘五’这个词他该做些什么呢？好吧，我假定他会像我在上面所描述的那样去行动。说明总要在某个地方终止。但是，‘五’这个词的意义是什么呢？这里根本谈不上有意义这么一回事，有的只是‘五’这个词究竟是如何被使用的。”[②]可见，“五”这个词的意义并不是客观的，而是源于其自身的使用。维特根斯坦说：“在我们使用‘意义’这个词的各种情况中有数量极大的一类——虽然不是全部，对之我们可以这样来说明它：一个词的意义就

---

① Dewey J. The new psychology. Andover Review, 1884, (2): 278-289.

② 维特根斯坦. 哲学研究. 李步楼译. 北京: 商务印书馆, 1996: 3.

是它在语言中的使用。”[①]

语言的意义不仅在于其用途，而且有赖于其使用的社会环境。按照后期维特根斯坦的看法，我们对语言的使用类似于参与一种具有特定规则的游戏活动。语言的任何一种使用都可以视为参与一种不同的游戏，各种游戏都依据不同的规则进行，这里不存在所谓的普遍性规则。因此，语言的意义将决定于任何游戏活动于其间的环境。“在这里，‘语言游戏’（language games）一词的用意在于突出下列这个事实，即语言的述说乃是一种活动，或是一种生活形式的一个部分。”[②]维特根斯坦认为，语词或者陈述的意义依赖于语词使用的社会环境。知道某件事情的意义并不仅仅等同于处于某种心理状态中，遵循语言游戏的规则，这也不是要求对我们头脑中某种规则的元认知性理解，相反，这是一种社会实践的能力，是我们在特定情境中进行调整的能力。概念的意义并不是固定的或者普遍的，因为概念的意义依赖于在特定情境中的使用，这些情境是随着时间历史而改变的。

后期维特根斯坦的语言意义理论有力地支持了涉身认知的思想，即认知不能被还原为一种由内在心灵组织的命题式知识，认知事实上是一种依赖于常识知识和情境化知识的技巧，语言认知是实践性和社会性的。

1.4.2 涉身认知与现象学运动

在英美国家，现象学一直对自然科学的发展有重要影响。施皮格伯格（H. Spiegelberg）说：“在像美国这样的国家，现象学对这些外围领域（科学）的影响也许比对哲学本身的影响更显著更富有成效。”[③]现象学思想家中的胡塞尔、海德格尔、梅洛-庞蒂、舍勒（M. Scheler）、舒茨（A. Schutz）以及伽达默尔（Gadamer）等都受到了当代认知科学研究者的关注，其中尤其是海德格尔和梅洛-庞蒂的思想被视为涉身认知的重要哲学渊源。

1.4.2.1 海德格尔的日常认知思想

海德格尔不同意胡塞尔的先验唯心主义走向，主张在人的日常生存维

① 维特根斯坦. 哲学研究. 李步楼译. 北京：商务印书馆, 1996: 7.

② 维特根斯坦. 哲学研究. 李步楼译. 北京：商务印书馆, 1996: 7.

③ 赫伯特・施皮格伯格. 现象学运动. 王炳文, 张金言译. 北京：商务印书馆, 1995: 10.

度上理解意向认识关系，揭示原初意向认识更为根本的行动维度，实现了现象学的“人类学转向”。海德格尔的思想受到当代涉身认知科学理论家的密切关注，其日常认知思想不仅成为反思经典认知科学框架的批判性资源，而且成为涉身认知理论研究的一种建设性资源。例如，韦勒将与信息加工理论和联结主义不同的涉身认知新范式称为一种海德格尔式的认知科学（Heideggerian cognitive science）研究。人工智能科学家布鲁克斯说，“我们的研究的确与德国哲学家海德格尔所激发的某些研究具有某种相似性”①。德雷福斯更是有趣地指出，当信息加工认知理论的代表人物之一的威诺格拉德（T. Winograd）认识到认知主义的困难之后，“现在他在斯坦福的计算机科学课程中讲授海德格尔”②。

海德格尔的日常认知之所以能够支撑涉身认知，主要体现在对日常认知内在机制的描述：一是海德格尔的“上手状态”思想能够支撑基于行动的非表征的知觉解释；二是其“顺应于事的视”的思想能够支撑植根于知觉的非表征的概念解释。

海德格尔通过“上手状态”描述了“此在”的原初认识状态，即“上手状态”是一种“用我们的身体以合适的方式熟练地掌控事物”的状态。韦勒将其称为“流畅应付”（smooth coping）状态，这也是涉身认知所理解的面向行动的知觉状态。海德格尔用“上手状态”来“标示事物与人的原初照面方式”，这是一种非反思的主客同一的认识状态。海德格尔通过人们使用锤子的事件描述了这种原初的非反思“上手状态”：使用者“对锤子这物越少瞠目凝视，用它用的越起劲，对它的关系也就变得越原始，它也就越发昭然若揭地作为它所是的东西来照面，作为用具来照面。锤本身揭示了锤子特有的‘称手’，我们称用具的这种存在方式为‘上手状态’”③。

在概念等反思性思维问题上，海德格尔则提出了一种“顺应于事的视”的思想，“视”即思想，而“事”则是知觉行为，“顺应于事的视”则指一种面向或者顺应行动—知觉的概念思维。“顺应于事的视”的思想表明，概

① Brooks R A. Cambrian Intelligence: The Early History of the New AI. Cambridge: MIT Press, 1999: 97.
② 玛格丽特·博登. 人工智能哲学. 刘西瑞，王汉琦译. 上海：上海译文出版社，2001: 442.
③ 海德格尔. 存在与时间. 陈嘉映，王庆节译. 北京：生活·读书·新知三联书店，1999: 81.

念思维并不是孤立的、内在的，在其原初意义上，概念思维是植根于或者始终源自行动—知觉活动的。海德格尔如此解释空间概念源于行动—知觉活动，“空间的维性还掩藏在上手事物的空间性中。‘上面’就是‘房顶那里’，‘下面’就是‘地板那里’，‘后面’就是‘门那边’。一切‘何处’都是由日常交往的步法和途径来揭示的，由‘寻视’来解释的，而不是以测量空间的考察来确定来标识的”①。“顺应于事的视”是一种“寻视”，这种寻视不是主体的静观反思，而是一种面向行动而不断调整、与对象不可分割且不断地引导行动的意识状态。海德格尔说：“只对物做‘理论上的’观察的那种眼光缺乏对上手状态的领会。使用着操作着打交道不是盲目的，它有自己的视之方式，这种视之方式引导着操作，并使操作具有自己特殊的把握。同用具打交道的活动使自己从属于那个‘为了作’的形形色色的指引。这样一种顺应于事的视乃是寻视。”②总之，“顺应于事的视”区别于反思性、理论性的内在观察，是一种源于行动、源于生活情境并且始终引导行动和生活的观察。“顺应于事的视”为理解概念思维的产生与功用提供了一种不同于笛卡儿主义的视角。

1.4.2.2 梅洛-庞蒂的知觉现象学

梅洛-庞蒂被普遍视为涉身认知最重要的哲学家之一，克拉克指出，“对身体、环境等因素在认知中作用的系统论述，最早可以追溯至梅洛-庞蒂1942年的《行为的结构》”③。

梅洛-庞蒂的知觉现象学的首要任务是对处于首要地位的知觉活动的研究，即“重新发现现象，重新发现他人和物体得以首先向我们呈现的活生生的体验层，处于初始状态的‘我—他人—物体’系统；唤起知觉，为了知觉呈现给我们的物体，为了作为知觉的基础的合理传统，挫败使知觉忘记自己是事实的诡计”④。

在知觉的现象学研究中，梅洛-庞蒂提出了身体—主体的思想，即知觉

① 海德格尔. 存在与时间. 陈嘉映，王庆节译. 北京：生活·读书·新知三联书店，1999: 120.

② 海德格尔. 存在与时间. 陈嘉映，王庆节译. 北京：生活·读书·新知三联书店，1999: 82.

③ Clark A. Embodiment and the philosophy of mind//O'Hear A. Current Issues in Philosophy of Mind. Cambridge: Cambridge University Press, 1998: 36.

④ 莫里斯·梅洛-庞蒂. 知觉现象学. 姜志辉译. 北京：商务印书馆，2001: 87.

活动的构成主体是身体而非内在心灵。梅洛-庞蒂认为，在视觉或者说“看”的知觉活动中，人们常常忽略了作为身体组成部分的眼睛的作用，而将知觉活动视为一种内在心灵对外在事物的认识活动。在传统知觉观的视域中，眼睛往往被理解为知觉活动中内在心灵反映外在对象的一种生理装置，眼睛的作用就像我们手中的照相机，知觉则像是借助于照相机对外在对象的一种复制。在梅洛-庞蒂的知觉思想中，知觉活动中不存在内在心灵的主导，由于作为身体组成部分的眼睛自身就是能动的，所以它才是知觉活动的真正主体。就视觉活动而言，眼睛不仅是一种生理身体的反映装置，而且是一个整合感官运动能力的能动身体一主体。梅洛-庞蒂指出，就视觉活动而言，眼睛之所以能够摆脱眼睛“背后”的意识或者心灵，眼睛之所以能够充当知觉活动的主体，原因在于眼睛本身体现了感官运动能力的整合。视觉活动的实现并不基于一个内在心灵，相反，视觉活动的实现在于眼睛本身具有的感官运动能力协调功能。因此，与经验主义和理智主义者不同，梅洛-庞蒂描述了一种以身体行为为核心的行动知觉观念，阐述了一个以行为为核心的意识和心灵观念，正如梅洛-庞蒂所说的，“意识最初不是‘我思……’，而是‘我能……’”[①]。

在梅洛-庞蒂看来，知觉活动是以一种整合和统一的形态出现的，因此，作为知觉主体的身体也应当是以一种整合和统一的形态存在，这就触及了身体图式（body schema）的概念。梅洛-庞蒂说：“‘身体图式’是一种表示我的身体在世界上存在的方式”，这当然意味着“身体图式的理论不言明地是一种知觉理论”。[②]梅洛-庞蒂还描述了知觉的含混性（ambiguity），从而进一步阐述了知觉活动的体验性和情境性特点。梅洛-庞蒂指出，作为身体体验的知觉活动是含混的、不清晰的。在基于行动的知觉中，就知觉对象而言，知觉无法做到清晰，因为一方面知觉的形成依赖于知觉对象所处的背景，不单纯是针对孤立的知觉对象；另一方面，总体来说知觉不仅是对可见性质的知觉，同样也是对不可见性质的知觉。

梅洛-庞蒂还指出了知觉的无表征性，即知觉活动不需要内在心灵的反

① 莫里斯·梅洛-庞蒂. 知觉现象学. 姜志辉译. 北京：商务印书馆，2001：183.
② 莫里斯·梅洛-庞蒂. 知觉现象学. 姜志辉译. 北京：商务印书馆，2001：265.

思、计算等活动，知觉活动能够直接与对象建立认识关系。在基于身体的知觉活动中，梅洛-庞蒂分析了身体空间知觉活动的无表征性。在梅洛-庞蒂看来，客观空间是一种反思推论意义上的空间，是一种机械的“位置的空间性”，是一种科学理论视野中的空间，而身体空间比客观空间更为原始和根本，这是存在论意义上的空间，是不依赖于我们的反思而给出的一种物体间的“上”“下”关系意识，身体空间是一种身体在环境世界中的“侵入”，是一种身体相对于不同处境的“处境空间性”。“位置的空间性”是一种需要表征中介的反思或者推断，而“处境空间性”则是不需要表征的一种体验或者直觉。梅洛-庞蒂进一步概括了一种身体意向性（bodily intentionality）观念。而基于身体的意向性思想，梅洛-庞蒂明确表述了身体运动机能的意向过程是无表征的思想，他说，“身体的运动就是通过身体朝向某物体的运动；就是让身体对物体作用做出回应，而这一回应是独立于任何表征的”[①]。例如，“我把汽车开到一条路上，我不需要比较路的宽度和车身的宽度就能知道‘我能通过’，就像我通过房门时不用比较房门的宽度和我的身体的宽度”[②]。

梅洛-庞蒂还提出了语言意义生成于人类身体体验的涉身语义学主张。在梅洛-庞蒂的现象学视野中，作为生成原初意义的言语活动本质上就是一种身体性的存在形式，或者说言语活动本身就表现为一种动作，即一种表意动作。在梅洛-庞蒂看来，在言语活动中，身体把某种自身的运动转变为声音，把一个语词展开在有声的身体现象中，身体变成了一种自然表达能力，言语活动就是身体的意向性活动，因此“言语是一种动作”[③]。这样，作为一种传达意义的身体活动，言语活动就是一种基于身体姿势的表意动作。表意动作本质上是人类身体意向性的一种表现方式，如果说空间知觉是人类身体（人的肢体、眼睛等器官的共同参与）与外部对象之间的一种意向性关系，那么言语活动也是人类身体（人的喉部、舌和嘴以及肢体等器官共同参与）与外部对象的一种意向关系。梅洛-庞蒂说：“人们始终注

① Merleau-Ponty M. Phenomenology of Perception. Smith C trans. London: Routledge & Kegan Paul, 1962: 139.

② 莫里斯·梅洛-庞蒂. 知觉现象学. 姜志辉译. 北京：商务印书馆, 2001: 189.

③ 莫里斯·梅洛-庞蒂. 知觉现象学. 姜志辉译. 北京：商务印书馆, 2001: 240.

意到动作或言语改变了身体的面貌，但人们仅局限于说动作和言语显现或表现另一种能力，即思维或灵魂。人们没有看到，身体为了表现这种能力最终应成为它向我们表达的思想和意向。是身体在表现，是身体在说话，这就是我们在本章中学到的东西。”①

1.5 小结：涉身—延展认知策略回应“双向挑战”

涉身认知在理论和实践上的探索不仅深刻推进了当代认知观念的变革，深化了对人类智能和认知活动的理解，而且挑战了传统哲学的观念并且推动了现代哲学的发展。

1.5.1 涉身认知对传统笛卡儿主义的挑战

经典认知理论框架依赖于笛卡儿主义传统的二元论和二分认识论，涉身认知的出现挑战了经典认知理论的哲学基础，推动了近现代以来的反笛卡儿主义运动。范·戈尔德将信息加工认知科学研究归结为计算主义研究，认为“计算主义就典型体现了笛卡儿主义的心灵观念”②。安德森认为，把抽象思维和感官能力对立起来以及看不到两者之间的连续性，可能就是笛卡儿主义的理论实质，并且这是经典认知科学的哲学基础，“我相信，这事实上就是认知主义思想的主要来源”③。查尔斯·泰勒（Charles Taylor）更广泛地指出，西方近代以来的客观主义倾向主导着人们对知觉等认知问题的理解，而在认知科学领域通过表征—计算模式来建构知觉等认知现象则是这种客观主义认识论的体现。客观主义的认识论主要表现为一种“中介认识论”（mediation epistemology）及其相应的表征理论。笛卡儿、洛克和康德等人建构的传统认识论都是一种内在/外在图景下的中介认识论。这种“中介认识论”主张，“我们对外在于心灵/智能主体/有机体的外部事物的认识，只有通过某种内在于心灵/智能主体/有机体的边界条件、心理意象或概念图式才能发生。通过心灵的综合、计算或者构型作用，输入才能形成对

① 莫里斯·梅洛-庞蒂. 知觉现象学. 姜志辉译. 北京：商务印书馆, 2001: 256.

② van Gelder T. What might cognition be, if not computation? Journal of Philosophy, 1995, 92(7): 345-381.

③ Anderson M L. Embodied cognition: a field guide. Artificial Intelligence, 2003, 149(1): 91-130.

于外部事物的认识”[①]。韦勒断言，“正统认知科学（我们所知道的大多数认知科学，古典的和联结主义的）都是笛卡儿主义的，具体地说正统认知科学就是笛卡儿主义心理学的现代变种”[②]。

涉身认知科学研究挑战了主导经典认知科学研究的笛卡儿主义理论假设。韦勒指出，涉身—嵌入的认知科学是认知主义和联结主义之后具有库恩所说的范式革新意义的第三种认知科学，这种新认知科学的基本纲领是：认知科学需要把认知置于大脑中，把大脑置于身体中，把身体置于世界中。[③]涉身—嵌入的认知科学（embodied-embedded cognitive science）研究在哲学层面上不仅批判了强调内在心理表征、基于表征的通用推理以及忽视智能行为对于环境敏感性的笛卡儿主义理论路线，而且为海德格尔式的认知主体处境提供了一种实用解释，保证了人类智能的灵活适应性以及认知主体适应环境的开放性[④]。与经典认知科学研究及其笛卡儿主义哲学基础不同，涉身—嵌入认知科学及其哲学主张：主客二分并不是智能主体所处认识论情境的首要特征，大脑、身体和情境的融合才是认知活动的承载，即智能的认知载体是大脑—身体—环境的整体系统；不存在内在心理表征，产生智能的机制可能没有表征，也可能是一种行为导向的表征；智能的产生机制既不是线性因果关系，也不是某种突现关系，而可能是一种辩证的动态的非线性因果关系；包括大脑和身体在内的生物学感受性（biological sensitivity）在认知活动中具有关键作用，经典认知主张数字计算机等物理装置不可能具有智能；不存在笛卡儿主义的非涉身、非嵌入的智能和心灵，心灵可能是一种嵌入环境的涉身技巧和能力。克拉克指出，与主张心身二元论以及存在中间层次表征的笛卡儿主义不同，涉身认知改变了对心身和表征的理解，但是这并不意味着完全放弃表征。对于知觉活动而言，涉身知觉理论并不拒绝表征，而是可能指向一种面向行动的表征（action-oriented representation），即“涉身模型中的表征并没有完全消失，并不意味着无表

① Taylor C. Merleau-Ponty and the epistemological picture//Taylor C, Hansen M. The Cambridge Companion to Merleau-Ponty. Cambridge: Cambridge University Press, 2005: 27.

② Wheeler M. Reconstructing the Cognitive World. Cambridge: MIT Press, 2005: 55.

③ Wheeler M. Reconstructing the Cognitive World. Cambridge: MIT Press, 2005: 11.

④ Wheeler M. Reconstructing the Cognitive World. Cambridge: MIT Press, 2005: 275-278.

征。而是更经济的表征、更加受行动导向的表征”[①]。由此，克拉克将这种基于行动表征的知觉观视为一种对笛卡儿主义的修正，即一种最低程度的笛卡儿主义（minimal Cartesianism）。对表征持有更为严格批判立场的认知科学哲学家对待笛卡儿主义的问题则更为明确。例如，范·戈尔德基于认知主体和认知呈现方式的改变而提出“后笛卡儿智能主体”（post-Cartesian agent）的概念。他指出，后笛卡儿智能主体的提出植根于现代哲学的反笛卡儿主义运动，后笛卡儿智能主体观正是这场反笛卡儿主义运动的重要构成。后笛卡儿智能主体观及其反笛卡儿主义运动主张：一是要重新定位心灵，即心灵不再是一种内在实体或者大脑状态，相反，心灵是我们在外部物理环境或者社会环境中的一种行为；二是要重新构想我们与外部环境的基本关系，即心灵不再是通过知觉或者思想与外部世界存在一种表征关系，人类主体本质上与外部变化环境之间是一种嵌入和熟练应付的关系；三是人类行为不再笼统地通过笛卡儿主义的表征、规则、程序以及算法等得到解释，行为就是我们嵌入世界的方式。[②]

1.5.2 涉身认知与现象学运动的发展

现象学由胡塞尔创立于19世纪末20世纪初，在胡塞尔那里现象学是反对自然主义，尤其是反对以实证主义为代表的极端科学主义，主张建立立足体验的现象学心理学，乃至建立所谓严格科学的哲学。在扎哈维等当代现象学家看来，20世纪后期的西方哲学已经出现了从反自然主义（anti-naturalism）向自然主义转向的特点，因此现象学的发展也必然要做出调整，从而适应这种从反自然主义到自然主义的转向潮流。尤其是认知科学中涉身认知科学的发展，特别是在意识问题上的自然化研究，这进一步挑战了传统的现象学研究，推动了现代哲学中现象学运动的发展。

熟悉认知科学研究的学者对现象学思想进行了自然主义解读。例如，德雷福斯基于涉身认知和现代神经科学的发展自然化地解读了梅洛-庞蒂

---

① Clark A. Embodiment and the philosophy of mind//O'Hear A. Current Issues in Philosophy of Mind. Cambridge: Cambridge University Press, 1998: 40.

② van Gelder T. What might cognition be, if not computation? Journal of Philosophy, 1995, 92(7): 345-381.

的无表征智能思想。德雷福斯主要通过两个概念来说明梅洛-庞蒂的无表征思想。第一，梅洛-庞蒂主要是通过意向弧（intentional arc）这一重要概念来说明熟练应付活动的无表征性质。德雷福斯具体阐述道，梅洛-庞蒂所说的“意向弧指身体与世界之间的紧密联结，即能动的身体习得技巧的时候，这些技巧不是作为心灵中的表征而是作为积淀被‘储存’起来从而对环境的诱导做出反应”①。意向弧概念试图表明，在诸如学习等智能活动过程中，人们过去的经验是通过意向弧循环机制投射到当前的行动中的，这种投射绝非表征式。第二，德雷福斯认为，梅洛-庞蒂还提出了最高程度的控制（maximum grip）来说明人类智能行为的无表征性。所谓最高程度的控制，主要是指“整合各种差异以及对各种环境诱导做出反应的身体趋向，以此使当前的处境更加接近学习者所希望的最佳格式塔图式”②。梅洛-庞蒂认为，对于目标是最高程度控制的身体运动，人们不需要对于目标的表征。相反，行为被体验为一种不断回应处境的连续技巧活动。这种技巧性的应付活动运转是否良好，也是体验的重要构成。一旦人们感到偏离了最佳身体—环境结构，人们的活动就试图减轻张力从而更加接近最佳身体—环境关系。针对梅洛-庞蒂所描述的最高程度的控制概念，德雷福斯如此评价，“梅洛-庞蒂最重要的贡献就是对环境和行为之间动态辩证关系的一种描述”③。在德雷福斯看来，意向弧和最高程度的控制等概念都可以通过涉身认知和弗瑞曼等人的神经科学研究成果得到自然主义的解释。

以扎哈维、瓦雷拉和加拉格尔等为代表的哲学家和认知科学家基于涉身认知等认知科学的发展，系统阐释了自然化现象学（naturalized phenomenology）或者现象学自然化（phenomenology naturalization），这正是反自然主义向自然主义的现象学转向的理论调整和回应④。

---

① Dreyfus H. The challenge of Merleau-Ponty's phenomenology of embodiment for cognitive science//Weiss G, Haber H. Perspectives on Embodiment. London: Routledge, 1999: 103.

② Dreyfus H. The challenge of Merleau-Ponty's phenomenology of embodiment for cognitive science//Weiss G, Haber H. Perspectives on Embodiment. London: Routledge, 1999: 103.

③ Dreyfus H. Merleau-Ponty and recent cognitive science//Taylor C, Hansen M. The Cambridge Companion to Merleau-Ponty. Cambridge: Cambridge University Press, 2005: 136-137.

④ Zahavi D. Phenomenology and the project of naturalization. Phenomenology and the Cognitive Sciences, 2004, (3): 339.

自然化现象学哲学理论有两个基本命题：一是形而上学层面上的自然化，即一切心理现象归根结底都可以还原为生理物理现象；二是在认识论或方法论层面上的自然化，即一切心理现象的解释都必须还原为生理物理解释，进而一切认识都应当自然科学化。在扎哈维等人看来，以自然化现象学为代表，现象学的这种反自然主义向自然主义的转向具有两个方面的意义：一是形而上学的意义，即如果不选择自然主义就等于选择某种形式的笛卡儿主义二元论，因此，选择自然主义或者自然化是反笛卡儿主义的必然；二是哲学与实证科学之间关系的意义，即自然主义意味着一种自然科学导向，尤其意味着现象学与自然科学的结合。按照加拉格尔和扎哈维的说法，“一种自然化现象学应当承认，它所研究的现象就是自然的构成部分，并且由此对实证研究是开放的”①。

理解自然化现象学，尤其是理解现象学与自然科学的结合主要体现为两个方面：一是自然化现象学继承了现象学的基本目的，即现象学的目的在于描述人类的意识结构，尤其是展现出人类意识活动的本真情况；二是自然化现象学进而主张利用现代科学去解释现象学所揭示出的意识结构，体现出了与自然科学的结合。就第一个方面来说，自然化现象学并不试图利用自然主义等理论框架提出一种对人类意识活动的解释，它所关注的是理解和正确描述我们的意识结构或者说精神/涉身生活的真实体验结构，而这也正是“回归事实本身”这一现象学运动的主旨。例如，以视知觉研究来说，自然化现象学首先要求，对内在心灵、大脑活动或者外部刺激主导等传统视知觉理论预设加以悬隔，从而回归视知觉现象本身。就第二个方面来说，自然化现象学要求结合自然科学的方法对现象学所揭示的主体体验结构本身进行研究，并且这一过程可能体现为众多的形式和结果。扎哈维和加拉格尔等人结合当代意识研究阐述了自然化现象学所要求的现象学与自然科学的结合。在意识现象的研究上，一般存在着采用第一人称路径和第三人称路径研究方法的争论，前者如传统现象学通过主体体验来理解知觉，对于知觉活动的体验理解无须关涉大脑生理物理活动；后者如传统

① Gallagher S, Zahavi D. The Phenomenological Mind: An Introduction to Philosophy of Mind and Cognitive Science. London: Routledge, 2008: 30.

实证心理学等自然科学研究，研究者作为外部观察者而非体验主体，立足大脑状态及其功能机制等客观层面来解释知觉等意识活动。第一人称和第三人称路径两种方法论的区分造成了意识这一“难问题”解释上的鸿沟。自然化现象学体现了对第一人称路径与第三人称路径方法的一种重新认识。在自然化现象学看来，第一人称视角的现象学研究不能仅仅被视为一种对于主观体验的描述，尤其是不应被视为一个给定主体自身完全封闭和私人的“主观”体验，同样第三人称路径的科学解释也并不是完全客观的，它本身不是完全独立于第一人称视角的，不存在纯粹的第三人称视角。自然化现象学方法要求对意向性结构本质进行一种主体间的确证（intersubjective corroboration），以此来实现现象学对体验描述的“客观性”呈现①。

自然化现象学在现象学与自然科学的结合方面也存在着一些有效的探索和具体的途径。一是神经科学现象学（neurophenomenology）的探索。在瓦雷拉看来，现象学不是一种神秘的主观主义，在意识解释的方法论问题上没有必要区分第一人称和第三人称视角的解释，神经科学现象学正是在此基础上来实现现象学与自然科学的方法论综合。瓦雷拉指出，其神经科学现象学的主张不是任何特殊的现象学学派的思想，而是依据现代认知科学和聚焦人类体验的现象学哲学传统做出的现象学综合。神经科学现象学的方法试图整合三个因素：对体验的现象学分析、动态系统理论以及对生物系统的实证实验。具体来说，实验主体在实验中不依赖任何强加的理论范畴来描述自身的体验，这些现象学报告中描述的不同主体性参数联结着先于刺激活动的各种动态的神经符号，这些动态神经符号随着对刺激的行为和神经反应的变化而变化。通过这种神经科学现象学做法，对体验的现象学分析、动态系统理论以及对生物系统的实证实验就被整合起来，从而用以说明意识等人类认知活动。二是形式化（formalization）的探索。形式化的探索途径是将现象学分析的结果翻译成自然科学能够清晰理解的数学语言。一种充分复杂的数学语言能够使现象学和自然科学资料良好地转化为一种共同语言，例如，动力系统数学语言就能够应用于心灵研究，这

① Gallagher S, Zahavi D. The Phenomenological Mind: An Introduction to Philosophy of Mind and Cognitive Science. London: Routledge, 2008: 28.

种做法能够提供一种整合现象学第一人称资料和实验科学第三人称资料的形式化解释框架。三是预装现象学（front-loaded phenomenology）的探索。这种路径的具体做法是将源于胡塞尔、梅洛-庞蒂或者神经科学现象学的现象学洞察用于指导（即所谓预装）相应实验的设计。这种预装现象学的方法并不是简单地接受胡塞尔、梅洛-庞蒂或者神经现象学给出的结论，这种途径还包括在实验设计中反过来对上述结论的检验活动。总体来说，预装现象学的途径体现了先前预装的理论洞察和为了特定实验而阐述或者扩展上述洞察之间的一种动态运动。

1.5.3 涉身认知与现代心灵哲学的发展

涉身认知科学的出现推动了现代心灵哲学的发展，尤其是表现在现代心灵哲学对心灵自身的认识以及心灵哲学与现象学思想的结合上。

基于当代涉身认知科学的研究以及塞尔和德雷福斯的争论，凯利（S. Kelly）指出造成塞尔和德雷福斯争论的焦点似乎是在形而上学层面或者说如何理解自然智能的问题。在凯利看来，人类的这种自然智能既不是一种纯粹的内在主观体验，同时也不是一种简单的生理物理装置的属性，这种自然智能是一种现实的涉身能力，或者说应当把人的心灵首先视为一种涉身能力。凯利指出，“直接针对世界做出调整的能力，针对环境的诱发因素自我马上行动的能力，这在我看来是我们人类的最基本能力”，而聚焦这种能力就能够使我们避免将人类认知能力看成是某种魔力，塞尔的中文屋论证（Chinese room argument）[①]应当认识到的就是这种基础能力，而德雷福斯对传统人工智能的批判也应当更加清晰地分析这种能力。[②]如果塞尔和德雷福斯都基于这种涉身能力来理解所谓第一人称视角对象，都强调这种涉身能力对于人类的原初性，那么二人立足现象学和分析哲学的争议也就更容易解决了。

① 塞尔在 1980 年构想了一个中文屋的思想实验以证明强人工智能的错误。在这一思想实验中，懂英文但不懂中文的电脑可以按照某些词典上的规则把中文翻译成英文，但是它们无论如何都不会理解中文。塞尔主张计算机只有语法上的符号操作，却不能掌握语义。详见 Saerle J. Minds, brains and programs.Behavioral and Brain Science, 1980, 3(3): 417-424.

② Kelly S. Closing the gap: phenomenology and logical analysis. Harvard Review of Philosophy, 2005, (2): 22.

分析传统的心灵哲学家历来忽视现象学。在扎哈维看来，造成这种忽视现象学资源状况的原因主要是：分析哲学家往往都不熟悉现象学特有的方法、主题和术语，在长期发展中双方彼此具有的偏见与成见阻碍了两者的交流。从当代哲学的发展趋势看，双方的交流已经是大势所趋，因此，“就分析的心灵哲学的近期发展来看，如果继续漠视现象学对于意识的丰富和精致的解释，这将是反生产性的。事实上，主体性一直是现象学家的核心关注，并且他们一直致力于一种对于第一人称视角、体验结构、时间意识、身体觉知、自我觉知、意向性等现象的详查，这一事实将使现象学参与到与分析哲学的对话中去”[①]。

事实上，这一状况已经开始改变，分析传统的心灵哲学家已经开始真正关注现象学家的思想，并且开始严肃地对待主体性、现象意识的研究。例如，在批判表征主义知觉理论并且吸收现象学知觉思想的基础上，诺伊提出了关于知觉的感官运动偶发理论（the sensorimotor contingency theory）。在诺伊看来，表征主义知觉观可被称为一种拍照式的知觉体验观。按照这一理论，视觉过程被视为眼睛对外部对象的一种拍照式反映，而大脑则将所获得的离散信息进一步整合为一种稳定的模型或者表征。基于信息加工的计算主义视觉理论就是这种拍照式理论的典型，也就是说，大脑将视网膜上的离散信息转化为稳定的表征，而知觉则是对这些表征的进一步加工。在诺伊看来，这种在知觉问题上的表征主义解释值得怀疑，尤其是与真实的知觉体验相去甚远。与表征—计算主义知觉理论不同，现象学哲学对人类的真实知觉给出了一种体验主义的解释。诺伊等人指出，现象学的知觉理论主张，即使人们不能通过知觉获取对象的所有细节或者说信息，人们也依然能够产生一个完整的知觉。例如，就手中的一个瓶子而言，即使我们不能知觉到瓶子的所有细节，我们也仍然能够产生一个关于瓶子的完整知觉，而关于瓶子的这种知觉呈现不是通过推论或者概括等认知活动得出来的，而是通过体验获得的。在此基础上，诺伊提出了关于知觉的感官运动偶发理论。具体来说，知觉的感官运动偶发理论可以通过两个步

① Zahavi D. First-person thoughts and embodied self-awareness: some reflections on the relation between recent analytical philosophy and phenomenology. Phenomenology and the Cognitive Sciences, 2002, (1): 7-26.

骤来解决知觉呈现问题：第一，必须看到，现象学知觉理论对表征主义的修正是正确的，也就是说，人们对作为整体的物的知觉呈现并不是以表征形式存在的，相反，这种整体的知觉呈现就是人们的真实体验。第二，这种整体的知觉体验并不是一种幻象，相反，它们有着真实的产生基础，即这种整体知觉体验的现实基础是人们的感官运动技能(sensorimotor skills)，正是这类现实的感官运动技能产生了知觉体验。诺伊与奥利根做了如下描述，"我们对丰富世界的知觉体验呈现并不是我们在意识中对所有细节的一种表征。相反，这种知觉体验呈现就是我们当下对事物所有细节的感受(即海德格尔的'打交道')，也是我们对相应的能够'打交道'的知识的感受。这种知识是我们协调自身与当下环境关系的感官运动活动的一种流畅的掌握。我们对躲在篱笆后面的作为整体的猫的感觉，确切地说就是我的知识，是我的一种默会式的理解，也就是说，通过我的眼睛、头部或者身体的运动，我能够使得猫的片段形成相应的猫的整体体验。这是关于知觉的生成进路或感官运动研究进路（the enactive or sensorimotor approach to perception）的核心论断之一"①。诺伊更为明确地指出，感官运动系统与知觉呈现之间事实上就存在着这种基础性关联，"我们与环境细节之间有一种特殊的打交道方式，只有这种活动方式由我们所熟悉的感官运动模式控制的时候，知觉世界才会呈现"②。

总体而言，哲学与认知科学之间的挑战是双向的：近现代哲学的发展推动了认知科学的发展，反过来认知科学的发展又挑战了传统哲学的观念。作为深化当代认知观念变革的涉身认知同样如此，涉身认知受益于近现代以来批判笛卡儿主义的哲学运动，同样，涉身认知得到了当代心灵哲学与现象学等不同哲学思潮的积极回应，反过来又推进了后笛卡儿主义时代的哲学发展。

---

① O'Regan J K, Noë A. What it is like to see: a sensorimotor theory of perceptual experience. Synthese, 2002, (29): 79-103.

② Noë A. Is the visual world a grand illusion? Journal of Consciousness Studies, 2002, (9): 1-12.

2 本体论挑战：意识能被科学还原吗？

在当代，意识现象被认为是认知与心灵研究中的“皇冠”，是认知科学中最具辐射力的问题，是人类终极的“脑计划”试图要触及的人性的最深层方面。在过去的半个多世纪中，哲学和科学对意识兴趣的强劲回归促发了一个新兴的跨学科和跨传统的研究领域，即“意识研究”（consciousness studies）——由此进一步发展为“意识科学”（science of consciousness）。哲学家科林·麦金（Collin McGinn）曾经质问：“演化如何使生物组织之水酿出意识之酒？”[①]一种好的心灵和意识理论应该能够在哲学和科学这两个层面上解开这个“世界之结”[②]，回应当代认知科学对哲学本体论（或者存在论）和形而上学造成的挑战。

2.1 意识科学研究的基础假设

在认知科学和哲学对心灵与意识研究的本体论的双向挑战中，心灵和意识的哲学—科学研究主要包含了以下四个研究层次或维度。

层次 1 广义现象学： 意识是一个唯有第一人称方可通达的现象，因此，作为一个现象，“意识是什么”的问题必须首先由第一人称的体验来揭

① McGinn C. Can we solve the mind-body problem? Mind, 1989, 98(391): 349-366.

② 叔本华. 作为意志和表象的世界. 石冲白译. 北京：商务印书馆，1982.

示，它包括日常的体验、内省和反思、现象学的体验和反思、东方传统中的止观等。

层次 2 形而上学：心与身相关，但心与身处于何种相关关系呢？这是一个根本的形而上学问题，它关乎人究竟以何种方式存在，就这个意义而言，它是意识研究中真正的"难问题"，即脑的物理性的电化学活动如何转变为现象性的主观体验？在这个问题上，存在多种版本的一元论或二元论的解释。如果这个根本的本体论问题不能得到恰当理解，那么意识之谜——认知科学带来的本体论挑战——就无望真正被解决。

层次 3 自然科学：意识与身—脑紧密相关，这是意识科学研究的基础。于是，与意识的自然科学研究相关的一些核心问题是：与意识体验相关的神经机制是什么，或者说意识的神经机制或神经相关物是什么？无意识心智活动与有意识心智活动之间神经表征的差别是什么？为什么分布式的、时序上有先后的神经网络的活动会最终显现为一个统一的意识体验？

层次 4 方法论：从第一人称角度，我们拥有体验；从第三人称角度，我们拥有的是关于特定体验或体验类型的脑运行的知识。或许，一个恰当的方法论态度是把第一人称方法和第三人称方法看成是互补的。

在当代认知科学，尤其是在意识科学中，传统的心—身问题再次以更尖锐的措辞"难问题"和"解释鸿沟"（explanatory gap）出现在人类理智的视野中，挑战理智理解的极限。查尔莫斯曾将意识问题分为"易问题"和"难问题"。[①]前者指可经还原的方法用计算和脑神经科学描述和解释的意识问题；后者指难以用还原的方法科学地解决的主观经验类的现象意识问题。"解释鸿沟"概念由列文引入，用以描述意识状态的感受性的质性与大脑物理状态的质性之间的鸿沟。[②]

"意识难题"和"解释鸿沟"的提出是为了指明在自然主义世界观中理解人的意识以及意识的主观经验的困难所在。虽然人生活在物质世界中，但人有信念、愿望、欲求，会思考、推理、决策，有喜怒哀乐、爱恨情仇，

---

① Chalmers D. The Conscious Mind: In Search of a Fundamental Theory. Oxford: Oxford University Press, 1996: 3-31.

② Levine J. Materialism and qualia: the explanatory gap. Pacific Philosophical Quarterly, 1983, 64(4): 354-361.

有疼痛的感觉、听交响乐的感觉，有对自我存在的感知，等等——我们将这些称为意识经验。以往对意识的主观经验的研究，一向是专属于思辨哲学或者神秘领域探讨的课题，20世纪后期，在现代科学理论框架中如何安放意识经验的主观性地位，则成为亟待解决的科学难题。神经科学家阿尔布赖特（T. D. Albright）说："或许所有生物学问题就在于对意识如何做出恰当的分析。"①

人的意识和意识经验最重要的特征是其主观性，意识经验的这种主观性现象能否用处理物理现象、神经现象的自然科学去解决，对意识现象的解释与对物理现象、神经现象的解释之间是否存在着难以逾越的鸿沟——这类根本问题并非完全是自然科学问题，而是本体论问题或形而上学问题。当代认知科学对哲学的最核心挑战就在这里！

除了无梦睡眠时间外，每个正常人在一天中都会处于有意识状态。意识是人类每天最亲熟、最不可怀疑的实在，但又似乎是我们这个星球上最怪异的"事物"。这源于意识包含两个成分：感受成分（feeling component）与认知成分（cognitive component）。感受使得一个有意识的存在物有一种主体感和自我感；而认知使得这个存在物既可以对他者做出行动反应或形成心智表征（mental representation），又可以对自身的局部状态做出行动反应或形成心智表征。此外，尤其值得一提的是：理解意识是自递归的（self-recursive）事件，也就是说，我们需要意识来理解意识，我们需要有意识的体验、内省、观察、思考和实验活动来建立关于意识的理论。

有时，人们会从感受的角度来理解意识本性，认为感受质（qualia）这种主观品质是一种不可还原的、根本的本体论性质，它无法被科学客观地研究。有时，人们又会从认知的角度来理解意识，认为意识的本性在于表征，在于意向性，在于超越自身而意指他物。然而，无论是感受还是表征，都使得意识作为一种自显现的现象确实不同于通常自然科学所研究的那些物理、化学、生物现象。

过去的40余年是意识的神经科学研究异常活跃的时期，也是意识的理论研究——不论是哲学的还是科学的——百花齐放的时期。但在所有的意

① 贝内特，哈克．神经科学的哲学基础．张立，高源厚，于爽，等译．杭州：浙江大学出版社，2008.

识理论，即便是在意识的神经科学理论中，我们看到，这些理论如果是恰当的，它们都要对哲学的本体论挑战做出回应。下文将概述当代若干意识理论（尤其是以极为深刻的方式揭示心—脑关系的理论），并从中管窥它们是如何回应这个挑战的。

2.2 主流理论如何破解意识的主观性难题

意识的整合信息理论为意识的本质和起源提供了一种解释。该理论最早由托诺尼在 2004 年提出。[①]这一理论声称，意识可以同一于某种特定类型的信息，而且，意识的实现需要的不仅仅是意识载体的各个部分在功能上的整合，还需要其构成要素在物理层面的整合，在数学上，这一物理层面的整合度可以用 Φ 值加以度量。

IIT 尝试在两类不同的心灵哲学信条中寻找平衡。一方面，它在努力维护笛卡儿的直觉，即意识经验是当下即时的、直接的和统一的。于是，根据 IIT 的预设和方法论，就将视意识为系统的某些运作方式之类的功能主义解释排除了，同时也排除了否认意识存在的种种取消主义。另一方面，IIT 又以神经科学已有的大脑模型作为我们理解——“一个物理系统为了产生意识，必须要满足什么条件”——这一问题的出发点。该理论大多数的研究人员和拥趸也都是神经科学家。这一理论方法论中也涵盖了如何描述作为意识基础的主观性本质，以及说明一个系统若要实现主观性，需要有什么样的物理属性。

简言之，根据 IIT，意识需要有其载体系统中的一组单元，它们相互间有物理的因果作用。这继而暗含着如下推论：只有包含反馈圈（feedback loops）（不论是神经网络的还是计算的）的可再入（re-entrant）结构的系统才能实现意识。这一由诸多单元构成的组织可以使其相对于自身发生改变，而不仅是相对于外在的观察者发生改变。此即系统生成整合信息的过程。在系统内，单元的各种具有因果效力的组织中，或许有一个具有最大的因果效力。这一局域的最大整合信息即与意识同一。

① Tononi G. An information integration theory of consciousness. BMC Neuroscience, 2004, 2(5): 42.

IIT 认为这些推测与大脑中意识的物理实现是相一致的，并且，一旦大脑无法实现那些必要的属性，它就无法产生意识。由于 IIT 看上去能够做出成功的预测，它就将其理论的应用范围扩展到了非人意识上面，即动物意识和人工智能等。又因为这一理论将意识的主观体验和大脑的客观可测量的动态结构加以等同，所以大脑作为一个有意识的系统，其意识的大小在原则上就是可以度量的，IIT 在数学上为之提供了一种用 Φ 值度量的方式。

2.2.1 IIT的基本思想

IIT 将意识所具有的一些特质视作意识科学的奇点，并探讨要实现这些特征其基础载体需要满足什么样的物理性质。“这一理论提供了同时解释个体意识体验的质的特征和量的特征的一个原理……以及评估一个物理系统是否具有意识的计算法则。”①

2.2.1.1 公理和公设

公理 IIT 把意识当作原始基点。这是在思索意识的源头或其实现的充分必要条件之前要做的事情，继而，IIT 给出了“意识究竟意味着什么”的一个描述。这一理论所发展出的五条公理仅仅是为了抓住意识的要义。每一条公理也都澄清了意识体验的一个维度，IIT 将其视为是自明的（self-evident）。

第一，由基本的笛卡儿意识观，可以得到存在性公理：意识存在且其存在性是毋庸置疑的。更进一步说，一个主体的意识具有内秉（intrinsic）的真实性；从意识自身的视角来看，意识是存在的。

第二，意识有其组成部分，即构成性公理。换句话说，每个意识体验都有其结构。例如，颜色和形状构建出了视觉经验的结构。这样的结构允许在里面做各种区分。

第三，信息公理，即将一种意识经验和另一些可能的意识经验相区分的方式。一个意识经验是有意向的，它的意向是某个特定的东西，与其他的有所不同。

---

① Tononi G, Koch C. Consciousness: here, there and everywhere? Philosophical Transactions of the Royal Society B-Biological Sciences, 2015, 370(1668): 117-134.

第四，意识有整合的特质，即整合公理。一个意识体验的要素是相互依赖的。例如，构成一个视觉意识状态的特定的颜色和形状能够一起被经验到。当我们读这些文字时，我们经验到的字体形状和文字的颜色无法被分割开来。我们不是先有关于它们的各自的经验，再将其叠加在一起的。这一整合性特质意味着意识不可还原为组成它的相互分立的要素。意识是被整合出来的。

第五，意识具有排他的属性，即确定性公理。每一意识经验都有其边界。准确地说，这是因为意识标定了特定的事物，并排除掉了其他。意识也有其特定的流逝速度。

公设 倘若孤立地看以上公理，它们看起来似乎是平凡的，或者有所重叠。IIT 特别提出了这些公理是出于要视其为显然为真的目的。IIT 并不会孤立地去看待每一个公理，而是由这些公理出发，引导出一些公设。IIT 将其称为现象的公理和本体论的公设。每一个公理都会引导出一个相关的公设，并确认一个物理性质。而这些物理性质是任何有意识的系统都不可或缺的。

第一，意识的存在意味着具有意识的系统有一些机制，这些机制具有特殊的因果效力。IIT 认为存在性与因果性难解难分：某事物若要存在，它就必须有能力对其他事物产生影响，以使其变得和先前有所不同，反之亦然。因为意识在它自己看来是存在的，这就意味着具有产生意识的某些机制的系统必须不仅具有某些因果效力，还必须有能够作用于自身的因果效力。

第二，意识有其构成，这一意识的本质属性蕴含着具有意识产生机制的系统的单元必须有相互结合的能力，并且这些结合体也具有因果效力。

第三，因为意识是具有信息的，所以它就必须能在一些意识经验中指定出，或者区分出其中的一个。IIT 称一个系统内部任务的机制的因果效力为它的因果指令集（cause-effect repertoire）。系统的所有具有机制的单元的因果指令集的总体，称为它的因果结构。这一结构在它所处的任意给定的时空点上，处于某一特定的状态。在复杂的因果结构中，所有可能的状态总数是非常庞大的。而且，一个因果结构要能例示某一特定状态，它就必须能指定出那一状态。指定某个状态是系统改变自身的一种特定方式。

第四，意识能够整合成一个统一的整体，这意味着这一有意识的系统必然是不可还原的。换句话说，它的各个组成部分必须是相互依赖的。这进而意味着每一有其内部机制的单元都必须有能力对该系统的其余部分产生因果影响，并同时也受到系统其他部分的影响。如果一个系统可以被划分为两个部分，且这一划分对其因果结构并无影响，该系统就不能满足这个公设。

第五，意识有其边界，并具有排他性，这意味着一个有意识的系统的状态必须是确定的。用物理学的术语来说，一个有意识的系统内部的各式各样的同时并行的亚组团的机制中，会有各种因果结构，其中一个具有最大的不可还原因果结构。这一结构被称为最大不可还原概念结构（maximally irreducible cause-effect structure，MICS）。其他的亚组团将会有更小一些的因果结构，至少当其被还原为非冗余的单元时，确切地说，这就是意识状态。

2.2.1.2 公理与公设的关系

IIT 将笛卡儿的一些想法，以及对这些想法所做的解释和部分已被证实的神经科学证据，视为意识的本质。它虽然从意识研究的领域中吸取了一些传统，但是论证的结构还是新颖的。然而 IIT 工作者正在努力做的工作只是将这些思想简化成一些公理、公设和同一性（identity）假设，而它们之间关系的本质在 IIT 的文献中还依然没有见到明晰的解释。要衡量 IIT 的成败得失，尝试进一步解释它们之间的逻辑关系会更有助益。这就需要阐释这些公理、公设和同一性假设与相关的神经科学证据之间的关系。这里的公理是整个理论的前提，这些前提似乎能够引导出那些公设，而每一条公设都源于一条相关的公理。同时，IIT 将这些公设视为未被证明的假设，这似乎与它们作为公理的推论这一点是不一致的。考虑第一条公理和与之相关的公设，即意识的存在性公理与存在性公设。公理承诺意识存在，以及特别的，这一存在是内秉的；而公设则认为这需要有意识的系统具有因果效力，以及更特殊的，需要能够作用于其自身的因果效力。这一联系部分地涉及如下陈述：存在性蕴含着具有因果效力。该陈述（即一物要存在，它必须有能力做一些让世界或自身变得有所不同的事情）看似合理，但并不自明。不仅诸多作为前提的公理自身不能演绎地推出这个公设，而且也有现象学家提出，有意识的心理状态虽然存在，并有其发生的原因，但是并未导致其他的事件，它们没能让世界有所不同。现象学家肯定没有进而将意识与物理因果系统加以等同，如 IIT 所做的那样。

托诺尼 2015 年提出，公理并未演绎地蕴含公设，但公设本身却不仅仅有统计归纳证据。例如，考虑这样的观察，人类大脑在 IIT 中是一个有意识的系统，确实有对自身的因果效力；这至少为可以视有意识的系统都有因果效力提供了一条归纳支持。托诺尼选取了更强的结果，他认为一个系统具有能够作用于其自身的因果效力的属性本身能够令人满意地解释其内秉存在性。这就说明了理论中的公设——例如第一公设涉及因果效力与其中的公理，如第一公理，涉及内秉的存在性——之间的关系需要援引一些能使人满意的解释性论据，而它们正是用不明推论式方才得到了刻画。在每个实例中，IIT 都从与公设相关并处于推理链下方的推论得到了更进一步的结果，而同一性假设是说：意识同一于满足公设所给出的物理系统的整合信息，并且确实又实现了公理所描画的现象学方面的特征。在这里，不明推论式再次出现且又成了一种备选方案。在这种解释下，由公设所保证的物理特质的结合体为意识的同一体提供了最令人满意的解释。①

这里论证上的断层表明 IIT 可以分为两个部分。一个较弱版本的 IIT 也许会将自身限制在第一个部分，即主张由这些公设所描画的物理特质是实际的，且/或是最佳的实现意识的方式，或者更强一些，主张它们是必要的，且/或是充分的，而不进而承诺意识与该系统所具有的这些性质是同一的。前面的段落勾勒了这种可能的进路，即将同一性假设建立在不明推论式的解释（abductive interpretation）之上。众所周知，最佳说明的说法有些差强人意，但在科学中又很普遍。从某种直觉来看，有人或许会觉得这些假设合起来的内容可以为意识的现象层面做恰当的解释，但是也有人可能会受到某种理论保守主义的驱使，而不认为这种情况是同一关系。为什么 IIT 没有选择这个路线，一个线索也许藏在 IIT 的方法论目标中，即极简原则，有部分相关文献提到这一点，用的是“正规化”。也许，将意识认为是与一

① Tononi G, Koch C. Consciousness: here, there and everywhere? Philosophical Transactions of the Royal Society B-Biological Sciences, 2015, 370(1668): 117-134.

个系统具有特定的、直觉上恰当的物理性质相同一，这一想法的简单性比如下不那么保守的观点要相对更重要，即主张意识对这些系统是基本的，正如质量对基本粒子来说是基本的一样。

2.2.2 意识程度的度量：Φ值

IIT 所做的努力除了上文所述的那些，也并不仅仅是陈述意识的存在，或意识的复杂度的规模，而是要为任意有意识的系统的丰富的意识经验本身提供一个理论上精确度量的方法。这就需要计算一个系统中的整合信息的最大值。IIT 将其指认为系统的 Φ 值，它至少在原则上可以用一个具体的数量来表示。

数码摄影工具的例子为涉及定量化度量意识的基本原理提供了恰当的说明。

首先，一个光电二极管为整合信息提供了最简单的例子。一个光电二极管是一个具有两个单元（element）的系统，它们一起使得这个二极管实现仅仅具有的两种状态：亮或暗。当环境中的一组初始值输入进去后，这两个单元相互间进行了物理上的交流，并决定了二极管的输出。所以，光电二极管是一个能整合信息的二单元系统。一个并未从属于另一个具有更大 Φ 值的系统的光电二极管是有意识系统的最简单实例。

当然它的意识是微不足道的。光电二极管对明亮和黑暗的经验肯定没有我们那么丰富。一个状态的信息的层级依赖于它将该状态从其他诸多状态中区分出来的能力。光电二极管的全部因果指令集仅仅允许最有限的区分（“这个”或者“那个”），而一个如大脑这样的复杂系统的因果指令集可以允许巨量的区分。即使是我们的最基本的关于暗的经验，也不仅仅是与明亮相区分，而是与形状、颜色等性质相区分。

其次，一部数码相机的光电二极管的因果排布成了将整合信息与非整合信息区分开的例证。一方面，虽然它的每一个光电二极管都以最简单的方式整合了信息，但另一方面，这些光电二极管并没有相互间的输入输出，所以纵观整个系统，并没有信息被整合。由于这个原因，照相机的照片对我们而言是有信息的，但对其自身而言并没有。

每一个孤立的光电二极管都在以其最基本的方式具有整合信息，这将最终导致一个最低的可能为正的 Φ 值。而照相机的所有光电二极管作为一个系统本身并没有整合信息，所以其 Φ 值为 0。

IIT 将意识赋予特定的系统或网络，这些可以作为抽象的模型加以理解。一个电脑的硬件也许可以由逻辑电路建模，这些电路表征了其单元和它们之间相互连接的逻辑门。在这个网络中，一个特定联结居于输入和输出之间的方式决定了它是何种逻辑门。例如，考虑一个有两个输入的联结，每一个都可能或真或假，并进而给出输出值，真或假。其中“与”门将在两者同真或两者同假时都输出真。换句话说，如果“与”门之前的两个单元具有同样的真值，那么它将给出真的输出。这个模型把握到了二元系统的一个动态机制，我们可以给“真”关联“1”，给“假”关联“0”，而整个网络的各种逻辑门（其中不仅包括“与”门，也有“或”门、“非”门等）都决定了前面任意的输入在时间段 1 内是如何造成时间段 2 的输出的，对整个系统来说也是如此。大脑也可以用这种方式来建模。输入可以来自一个先前的大脑状态，或者来自神经系统的其他部分，通过感觉等。这个输入导致了大脑状态的一个变化，这依赖于特定大脑的组织结构，它可以用抽象逻辑建构出来。

为了度量一个系统的意识的层级，IIT 必须描述它的整合信息的量。这是通过将系统用多种方式来分划来实现的。如果一部数码照相机的光电二极管被分划为两个部分，那么整个过程也不会有整合信息的损失，因为所有的光电二极管彼此间都是相互独立的，所以这种分划并没有破坏任何连接。如果一个系统中，不存在足以导致连接断裂的逻辑上可能的分划，就能够得出结论——系统并没有使自身变得有所不同。所以在这种情况下，它的 Φ 值为 0。

IIT 感兴趣的系统中有一些连接会被一些分划断开，但是另一些分划做不到这一点。某些分划将系统内与系统原先的连接度相对较低的单元分割开来，换句话说，这些单元的活动（或抑制）对其他单元的活动（或抑制）有很少的因果作用。一个所有单元都具有这样的性质的系统的 Φ 值肯定很低。相对孤立的，局域化的单元与其他单元之间的连接也会导致单元之间直接或间接的连接强度较弱。或者，这样的连接可能是墨守成规的，其中单元间的因果连接以非常冗余的方式加以重叠。一个系统，其中单元间的连接如果是全局的，并且没有什么冗余的链路，那么它就会有较高的 Φ 值。一个分划，如果它不仅分割开了所有出于一些原因（如孤立的，或者冗余的）不能使其自身变得有所不同的单元与那些有这种能力的单元，而且分割开了那些较弱的因果连接，并拉低了系统的整体系统整合信息量的单元与其他功能不同的单元，那么这一分割就将遴选出最大不可还原的概念结构（MICS），根据 IIT，它是有意识的。那个意识的度量，它的 Φ 值，依赖于它的单元之间的因果连接。这个量值也是依赖于当我们做最小消耗的分划时，有多少整合信息会丢失，或者换句话说，如果取消系统中 MICS 内最小的因果有效的单元，系统的因果结构将会削减多少。

需注意，并不是所有具有 Φ 值的系统都是有意识的。一个 MICS 的子系统或者母系统也可能具有一定的 Φ 值，但是并没有意识。

如果我们将一个连接网络中的一个非 MICS 子系统单独拿出来，它独自也有可以作用于自身的因果效力，这一点可以用逻辑电路加以澄清，那么它也会具有 Φ 值。并且如果它确实处于孤立状态，它将具有自己的 MICS，它的 Φ 值也会与那个系统的意识的程度相关。然而，这么看的话，它将不是孤立的，而是一个更大系统的一部分。

IIT 将排他性公理——任何有意识的系统只能处于一种意识状态下，并且此状态排除了其他——解释为隐含着这样的公设：在物理系统的层面上，不存在意识的“重复计入”。所以，虽然一个系统可能有多个具有 Φ 值的子系统，但其中也只有 MICS 是有意识的，也只有 MICS 的 Φ 值（有时被称为 Φ 的最大值）才度量了系统的意识程度。其他的 Φ 值度量了无意识的整合信息的程度。于是就有这样的实例，一个人的每片视觉皮层并没有单独享用它的意识，它们的每个部分都从属于仅有的一个 MICS，这就形成了这个人的统一的意识。

如果我们拿出 MICS 的母系统，即包括 MICS 的，并包括与其相连但联系较弱的单元，我们也可以再次赋予它一个 Φ 值，但是这衡量的却不是局部的最大整合信息。这一母系统整合了信息，但它不是最大化的，所以它的 Φ 值也因而不是意识的度量。这也许可以用如下例子更好地加以理解：一群人正在讨论，这一活动整合出了信息，但是他们相互之间的连接强度低于每一个体内的连接强度。所以这个整体是没有意识的，但是其中的每个人——或者，更恰当地说，是每个人的 MICS——都有意识。他们每个人的 MICS 都是局部的最大整合信息，因而是有意识的。

人们普遍接受人类的意识经验随着意识程度的不同而不同。例如在熟睡中，意识经验的丰富性减少了，有时甚至没有任何意识经验。IIT 认为在这段时间的大脑活动要么产生的信息很少，要么产生的整合信息很少，并将实验事实解释为对这一观点的证实。在 IIT 下，MICS 中的物理连接的复杂度又与意识的层次相关。相反，小脑虽然有更多神经元，但是其中的神经元相互连接的整体复杂度并不高，所以小脑中没有任何部分可以隶属于 MICS，也没有意识。

目前并不存在一个广为接受的非人类意识立场。IIT 视自身优点为它的那些用来描述人类意识的原理也可以用来描述非人类的情况。

在 IIT 中，当一个系统能够作用于自身并使自身的物理层面发生某种不同时，意识才会发生：一个可再入系统的单元之间依次的因果联系整合了信息，其中具有最大因果效力的子集团是有意识的。人类的大脑提供了这样的可再入系统能够整合信息的绝佳实例，人类的大脑有能力维持高度复杂的 MICS，但是 IIT 并不将自己限于描述人类的大脑。

哺乳动物的大脑具有相似的神经和突触结构。人类的大脑明显不是特例。而且，非哺乳动物的某些行为也与人的有意识的行为相近。这些都意味着人类并不是唯一有意识的物种。IIT 为许多其他有别于人的物种都至少具有某种程度的意识这一点提供了可能性。同时，也说明需要做更进一步的关于其他物种的神经解剖学研究，以判定这些事实是否并在何种程度上是真的。如上所述，纵使是人类的小脑也并不具有能够产生意识的适当构造，那么很有可能其他物种所具有的神经组织虽然能够使其产生复杂的行为，但是却没有很高的 Φ 值。IIT 的研究纲领提供了一种研究这些系统究竟是更像小脑还是人类的大脑皮层的进路。当然，意识的层次也许并不单单与物种相关。在有意识的物种中，也会有一系列的 Φ 值的层级，纵使是一个有意识的物种，意识在它从小到长大的过程中也不是恒定不变的，在它睡眠和醒着的时候，或者不同状态的时候也不一样。

IIT 声称它的原理与目前存在的裂脑患者的双意识假说是一致的。在这样的实例中，依据 IIT，两个局部的最大整合信息呈现为相互分离的状态，并产生了相互分离的意识。IIT 确实没有主张一个系统需要仅仅有一个局部的最大整合信息，虽然对正常的大脑来说这也许是真的；在裂脑患者那里，可再入结构不得不隔断，这就造成了两份意识。IIT 将诸多 MICS 也等同于通过定量的描述其 Φ 值得到的结果，并将其作为一个潜在的工具来判断在一个大脑内是否实际上会，或者可能会有多重的意识。

这样的主张也允许 IIT 排除掉聚合意识（aggregate consciousness）的可能。排他性公理禁止了双生的意识。一个系统会有多个子系统具有 Φ 值，但是仅仅有一个局部最大的 Φ 值的子系统能够具有意识。一个正常的醒着的人的大脑只有一个有意识的 MICS，而且即使是裂脑患者的意识系统也不能重叠，而是分离开来的。一个个体的意识经验正是它如其所是的那样，而不是其他。这就意味着，整个大脑作为一个整体并没有在其中的个体之上的更上级的意识。局部最大的整合信息存留于那些一个个人的大脑中，他们连接而成的整体的 Φ 值是非常低的。

虽然 IIT 潜在地允许非常宽广的种类的意识层次和有意识的实体，但它也有其限制。一些版本的泛心论将心的属性赋予甚至更为基本的构成世界的单元，但是最小的具有意识的实体在 IIT 看来也必须是一个有两个单元的系统，并且在这两个单元之间有因果效力，否则就没有整合信息存在。诸如石头和沙子这样的客体是没有 Φ 值的，不论它是一个个孤立开的，还是堆积成了一个整块，因而也是没有意识的。

IIT 给意识订立的标准也与目前存在的“人工意识”相一致。光电二极管，因为它整合了信息，因而具有 Φ 值，如果它没有隶属于具有更高 Φ 值的系统，它就可以算是一个局部的最大值，即最简单的可能的 MICS，或有意识的系统。许多，或者大多数的具有足够 Φ 值和意识的生物都是自然界进化的产物，与人的技术是独立的，但是这些都是偶然的事实。时常有涉及前馈架构（feed-forward architecture）的系统也具有较低的可能会被取消的 Φ 值，但是如果一个系统在物理上是可再入的，并满足 IIT 所提出的其他标准，那么它就可能是有意识的。事实上，根据 IIT，我们完全可以造出比人类的意识层次还要高得多的人工系统。

2.2.3 IIT的理论预测

IIT 中的意识概念的物理描述，即作为具有一定机制的系统通过内部因果相互作用产生的整合信息，本身可以是可以定量化的。MICS 的复杂度越高，意识的层次就越高，与之相关的度量是 Φ。有时候，IIT 的一些相关文献会用“预测”来代指一些理论的推论，它们的对错与否还处在争议当中。例如，深度睡眠相比于清醒状态而言，会具有更少的意识经验。于是 IIT 预测，睡眠状态的 Φ 值也要小于清醒状态下的 Φ 值。如果这一情况为真，那么对这些相距甚远的大脑状态所做的分析就应会显示出其非冗余机制在系统复杂度上的差异。在 IIT 中，这一 MICS 的复杂度的差异直接意味着意识的整合信息量的差异，这是因为 MICS 是同一于意识状态的。神经科学的发现确实证实了这一预测。

IIT 也从研究脑损伤的患者那里获得了类似的证据。例如，我们在植物人病患中，对其中一些人所做的脑部活动扫描显示他们能够听到并处理语言：当研究人员向某一这样的患者提到让他想想打网球的时候，发现他的大脑的某个相关的区域有些活动，而另一些同处于植物人状态的患者就没有这样的回应。很自然地，这意味着前者比后者有着更丰富的意识活动。当我们用 IIT 来分析这个案例时，就可以说前者比后者有着更高的 Φ 值，于是，IIT 又一次地做出了得到实验证实的预测。IIT 也认为对处于麻醉状态的患者所做的类似的研究和分析也证实了它的一些预测。

在上述案例中，至少会发生下面两种情况之一：其一，随着意识的消逝，大脑皮层的活动表现出的全局性特征逐渐减弱。朝向局域大脑皮层活动的趋势使得大脑神经系统的整合度同时减弱：系统不再以它之前的复杂方式进行自身的交流。其二，随着意识的消逝，大脑活动也许还可以保持全局性的特征，但是活动模式却变得墨守成规了，其中也包括了数量庞大的冗余因果机制，于是系统所能得到的信息也减少了，即信息的丧失。不论是大脑的信息整合度降低还是信息量的减少，都会造成意识的减弱，这些都是 IIT 将意识视为整合信息的经验支持。

2.2.4 IIT的本体论立场及其问题

IIT 吸纳了笛卡儿的一些信条，即意识有当下即时的、自明的属性，并勾勒出了对于一个有意识的物理系统来说，这些现象层面的公理中蕴含的深层原理。然而这种刻画并未完全地展现出 IIT 的雄心。这些涉及物理系统的本体论公设并不仅仅是为了澄清其能够实现意识的必要性或者甚至是充分性。这些公设要更强。IIT 将意识同一于具有如这些公设所描述的物理性质的系统。每一个意识状态都是一个最大不可还原的概念结构，而这一概念结构仅仅，且只能是一个具有不可还原和相互依赖的物理组团的系统中的因果相互作用生成的整合信息。

一个具体的例子或许有助于澄清 IIT 对意识所做解释的本意。我们对一个毛线球的经验整合了其白色的颜色和球形的形状，于是这些要素就不可分割地聚合在一起了。这些要素的聚合构成了经验的结构：经验之曲由它们谱就。而经验之为经验的本质则提醒我们，白色的颜色和球形的形状是它们区分于其他可能经验的标志，比如与蓝色的粉笔盒相区分。这仅仅是对一个简单经验的现象层面的描述。我们的大脑通过神经元之间的物理层面的交流产生了这些经验，于是大脑可以被看作一个由神经元间因果作用相连的系统。IIT 将这些物理层面的交流解释为整合信息，这也是由公设中的各种限制条件所得，并综合了神经生物学和经验的现象学。

一般地，涉及意识的理论都需要解释“绑定问题”（binding problem）。这就涉及了意识经验的统一性。即使是一个简单的经验，如看到一个毛线球的颜色、形状和大小，也都需要将这些要素整合到一起。任何关于意识的理论都需要说明这件事情是如何发生的。IIT 用信息整合的解释回答了这个问题。

根据 IIT，一个有意识的系统的物理状态必须和它的意识经验的现象相一致；否则的话，由其所产生的信息就不能实现意识的公理中的那些性质。我们可以通过比较两种信息来澄清这一点。首先是香农信息：当一部数码照相机给一个毛线球拍照时，光敏二极管之间在因果联系上是相互独立的。这一过程确实产生了信息，确切地说，它产生了与观察相关的信息，即对任何观看这张由这部照相机拍摄出的毛线球的图像作品的观察者来说，它是有信息的。但它的信息与观察者有关，这样的信息称为香农信息。因为照相机系统的感光元件之间在因果上相互分隔，它就没有使自身发生任何改变。又由上文可知，虽然照相机可以给予观察者信息，可它并未对自身产生信息。相反，考虑一下 IIT 所述的内秉信息：不像数码照相机中的光敏二极管那样，大脑中的神经元之间确实通过物理上的因果联系相互交流；大脑也不简单地是产生相对于观察者的信息，它产生内秉信息。这种信息从它自身的视角来看，正是大脑的意识状态。而出于数码照相机在物理上的本质，它并不满足 IIT 的公设，因而并没有意识；大脑的物理本质至少在某些特定状态下，确实满足 IIT 的公设，因而确实具有意识。

将意识同一于这类信息的物理整合构成了一个本体论假设。这些物理假设其实没有描述一种（甚至最好的一种）实现意识现象的途径，然而意识现象却正是具有那些公设所描述的性质的系统的同一体。说这样的系统能够引起或产生意识是相对较弱的立场。在 IIT 看来，意识对于这样的系统是基本性质，正如质量或电荷是某些基本粒子的基本性质一样。

IIT 的文献中，不管是在托诺尼还是科赫或其他人的工作中，都时不时提到了泛心论——广义地说，是将心的属性赋予世界上基本组成单元的形上学体系——并将其作为 IIT 的基础。泛心论有许多不同的形式，而且它和 IIT 的关系至今还在探讨中。泛心论和 IIT 都认可笛卡儿的涉及经验的直接本质的诸论断。然而 IIT 仅仅将心的属性赋予“可再入”结构，因为它主张只有这样的系统才能整合信息；这与许多版本的泛心论是不同的，因为有些泛心论坚持将心的属性赋予甚至是构成物质存在基础的基本单元。

任何坚持认为现象经验是直接的第一人称的关于意识的解释都与自然主义本体论有一定抵触。该本体论认为，像意识经验这类，在原则上也可以在无须援引任何超越客观的，或第三人称的物理属性的情形下得到解释。在关于意识的诸多理论中，那些各个版本的泛心论——多将心的属性赋予基本的结构单元——也许最明显地背离了这种标准的科学立场。因为 IIT 将其赋予的意识限制在特定的物理系统中，而不是在例如基本粒子这样的东西上，它就提供了一种相对于泛心论来说更为保守的立场。虽然如此，IIT 的主张对于物理世界的本体论来说也是相当激进的。

IIT 由于吸收了笛卡儿对意识经验的解释，这就使得它自身成为一种非自然主义的解释，虽然也不是 IIT 论证中的每一步都意味着和标准科学本体论的决裂。IIT 的诸多创造中最主要的是整合信息，它在当一个系统的某一部分在内部作用于系统自身并使其发生改变的时候产生。这就与相对于观察者的香农意义下的信息全然不同，但它自身依然停留在自然主义的范围里。例如，IIT 可能会论证说整合信息构成了实现那些意识状态的一个有效的功能路径。

相对的是，IIT 做出了非常强的主张，即这样的整合信息因为是局域最大的，因此就同一于意识。IIT 的文献对这一点表述得很明确，并拿其他基本的物理属性做类比。整合信息对于意识的基础性就相当于质量能够造成时空在它周围弯曲那样。任意给定的现象感觉，即跟随着某个特定的概念结构，其程度和本质正是这个系统的整合信息。意识并不是其所在的物理结构的粗糙的性质本身（如某些版本的泛心论中的那样），但是它与该物理系统的特定性质有逃脱不掉的关系，就像质量和电荷是某些基本粒子逃脱不掉的性质那样。所以 IIT 为目前的科学中的本体论提供了一个补充。

IIT 中的超越普通科学本体论的主张确实没有侵蚀原本的科学本体论，但是也会导致一些保留意见。一种反对 IIT 的意见声称，为自然主义本体论所做的辩护是没有解释力的，甚至是特设的。我们也许更愿意接受一个生物的意识系统的神经在物理上能整合信息，并且整合出的信息与其意识现象一致（就像 IIT 中的公设和公理所描述的那样），但并不会视其为一个整合信息和意识之间的同一关系的充分证据。作为回应，IIT 的支持者也许会认为理论的公设相比起功能主义来说，给出了一个更好的本体论背景，并能在一开始就对系统是否可能有意识做出筛选。

作为一个解释什么是意识，以及意识与其物理基础的关系，并尝试对意识的质和量两方面的特征加以衡量的理论来说，IIT 确实还有不够完善的地方，其中包括：①其本体论预设是否过强；②理论公理公设之间的关系是否得到了明晰的阐述；③该如何应对一些人为构造的反例，如扩张图等。但是这一理论在刻画意识的一些特征方面又是相对成功的，至少要比科赫和克里克的意识的 NCC 进路更为成功，其要点在于 IIT 将意识的现象放在了首要位置，而不是直接研究其物理载体的某些性质，并构造出它们与意识的关联。同时，IIT 也成功地做出了一些经验预测，并能与实际结果很好地相符。对于 IIT 来说，目前最重要的不是给出一个在哲学上完善的意识理论，如说服功能主义者同意其同一性的理论预设，或者让人们接受其泛心论是合理的，而是给出一种能够在某种精度上鉴别哪些对象是有意识的，而哪些没有的标准，以及在信息层面上给出意识的量和质的特征的一种描述，以后也许 IIT 对意识的 Φ 值的理解和运算方法都会有改进，从目前来看，IIT 确实是成功和有一定前景的。

2.3 神经科学能说明自由意志不存在吗？

里贝特是人类意识和自由意志的实验研究领域的先驱性神经科学家，但驱使他开展意识的实证研究的根本动因是回应意识科学研究中的本体论问题，正如他所言：“研究脑活动如何与有意识的体验相关联或者如何产生有意识的体验一直是我的长久目标。我们的脑如何产生有意识的主观体验这个问题一直使我着迷。”[①]

像这个时代的很多心灵哲学家和认知科学家一样，里贝特也将物理主义版本的心—身问题（即“难问题”）视为意识科学研究中最神秘的问题。例如，他说：“最后，这些问题中最神秘的一点则在于，脑中神经细胞的物理活动是如何产生非物理的现象的（即有意识的主观体验，包括对外部世界的感官觉知、思想、对美的感受、灵感、灵性、深切的情感）？如何才能沟通物理（脑）与心智（我们有意识的主观体验）之间的鸿沟呢？”[②]“或许我们能问的最深刻问题是：有意识的主观体验如何由脑中神经细胞的活动产生？即心智如何从物质中产生？”[③]关于这个问题，他总的主张是涌现交互作用论（emergent interactionism），并提出了期望付诸实证检验的“有意识的心智场”理论。里贝特[④]认为，“有意识的心智场”由脑活动产生，但在现象学上它是一个不同于脑活动的独立范畴。这个场（field）的首要特性是它有一种统一的主观体验的品质以及改变神经活动的能力。

---

① Libet B. Mind Time: The Temporal Factor in Consciousness. Cambridge: Harvard University Press, 2004: 28.

② Libet B. Mind Time: The Temporal Factor in Consciousness. Cambridge: Harvard University Press, 2004: 2.

③ Libet B. Mind Time: The Temporal Factor in Consciousness. Cambridge: Harvard University Press, 2004: 157.

④ Libet B. A testable field theory of mind-brain interaction. Journal of Consciousness Studies, 1994, 1(1): 119-126.

2.3.1　意识研究的认识论原则

里贝特不是一个像克里克那样的物理主义者，他认为，有意识的心与物质的身—脑之间的差别是实实在在的，不论这种差别是本体上的（实体二元论）、属性上的（属性二元论），还是视角上的（视角二元论）①。有意识体验具有不可还原的第一人称本质。因此，要理解意识的本性以及意识与身—脑的关系，那么认识论和方法论必然也有所不同。②

对于心—身关系，里贝特的立场与斯佩里（R. Sperry）极为相近，持涌现交互作用论。它的基本内涵是：意识涌现自像脑这样的物理系统。尽管意识涌现自脑，但却不可还原为脑神经的第三人称描述，它是唯有第一人称体验才可通达（access）的。非物理的、涌现的意识体验对脑活动存在因果作用。

从这个立场出发，里贝特提出了两个认识论上的推论，也就是说要对有意识体验与脑的关系进行实验研究，那么在研究中必须遵守两个认识论原则：

原则 1：内省报告作为实验的操作标准；

原则 2：不存在任何心—脑关系的先验（a priori）法则。③

关于原则 1，有两点需要阐明。

（1）要研究有意识体验，就必须接受这样一个铁的事实，即只有体验者本人才能直接通达那个有意识体验。对外部观察者而言，确认一个主体有意识体验的唯一证据只能来自该主体对体验的报告。例如，在对接收来自身体感觉信息的脑皮层施加电刺激后，被试并没有感受到位于脑中的任何感觉；相反，他报告说，他在他身体的某个部位（比如手部）有某种感受，即使事实是手上并不存在任何刺激。因此，如果最初不要求被刺激的

① Libet B. Mind Time: The Temporal Factor in Consciousness. Cambridge: Harvard University Press, 2004; 李恒威. 意识的形而上学与两视一元论. 浙江大学学报（人文社会科学版）, 2012, 42（4）: 18-28.

② Shear J, Varela F J. The View from Within: First-person Approaches to the Study of Consciousness. London: Imprint Academic, 1999.

③ Libet B. Mind Time: The Temporal Factor in Consciousness. Cambridge: Harvard University Press, 2004.

被试以如此方式对他内在的第一人称体验做出内省报告，那么任何外在的第三人称观察者都无法确证这种体验的存在并描述这种体验。再者，任何一个缺乏令人信服的内省报告的行为证据，都不能算作有意识体验的指示器，不论这个行为的目的是什么，也不论在这个行为中展现出的认知和问题解决的复杂性。因为即使看似复杂的认知行为也有可能在主体没有觉知的无意识状况下发生。业已存在的广泛证据表明，人们可以在没有觉知到一个信号的情况下识别这个信号。里贝特[①]提出，人们必须要在识别(detect)信号与觉知信号之间做出区分。前者可以是一种无意识的认知行为，而后者必然在主体那里被有意识地体验到。

（2）历史上，在科学共同体中（尤其是心理学中的行为主义和哲学中的逻辑实证主义主导的时期）内省报告数据的客观性和准确性广受诟病和排斥。不过为了研究意识体验与脑之间的关系，里贝特并没有因内省遭到诟病和排斥而止步不前，相反，他毅然而谨慎地使用内省报告。“毅然”是因为他认识到：首先，唯有一个人自己的主观体验是他能够绝对确定的；其次，尽管人们在日常交往中会对他人体验的内省报告的真实性进行评估，但通常都会接受他人对体验的内省报告。“谨慎”是因为他认识到：内省体验转换为言语报告时，会因习性和现场情感状态的可能影响而失真，因此里贝特采取了一个谨慎的策略，即他将最初的实验限定在那些非常简单的、不包含情绪内容的体验报告中。特别是，他提出基于约定的协议，实验可以在不诉诸被试的言语报告的情况下也能揭示被试的有意识体验，例如，用敲击键盘表示一个感觉是否被被试感觉到。

关于原则 2，里贝特多次指出，第三人称可观察的“脑神经”事件与第一人称体验的“意识”事件在现象学上分属相互独立的范畴，它们既不能相互还原也不能相互预测。没有“先验法则”正是对意识体验与脑“在现象学上分属相互独立的范畴”的认识论和方法论回应。如果不打开“脑”这个黑箱，即使再精细的第一人称的体验报告在科学上也无法先验地揭示有意识体验“背后”的脑的工作机制。反之，即使你带着对脑的物理构成

---

① Libet B. Mind Time: The Temporal Factor in Consciousness. Cambridge: Harvard University Press, 2004.

和神经细胞活动的精微完备的知识来观察脑，你所能看到的也只有细胞结构、细胞之间的连接、神经冲动、电生理事件以及新陈代谢的化学变化，你不会先验地具有任何如我所感受到的意识体验。因此，要科学地研究有意识的体验与脑活动之间的相关性规则，就必须同时检查上述两个现象学上独立但相关的变量，以便发现脑神经结构和活动模式与有意识体验之间的对应。

在意识研究的认识论和方法论领域，尽管里贝特与瓦雷拉的形而上学立场不尽相同，例如，瓦雷拉认为，本质上不存在理论的修复或"额外"成分可以弥合体验与神经事件之间的"解释鸿沟"①；但是，里贝特的上述认识论原则却与瓦雷拉提出的神经现象学（neurophenomenology）方案有相近之处。神经现象学方案旨在寻求两者之间的契合，其中一方是意识体验所揭示的现象领域，另一方是由认知科学建立的神经领域（神经解剖和神经动力系统）②。

2.3.2 有意识心智场理论

我们的主观体验基于广泛分布的神经网络，这些神经网络是由位于大脑各个独立区域的成千上万的神经细胞构成的，而我们的体验[例如一个视觉意象（image）]如何以一种统一的形式主观地表现出呢？里贝特将意识体验的整合单一的性质视为心—脑关系中最神秘和最棘手的问题之一。对意识体验的统一性，里贝特也期望通过他提出的 CMF 理论来解决。

就意识研究的目前阶段，上述问题不同程度地处在哲学和科学研究的混合地带。当然，尽管心—身问题——一个典型的形而上学问题——本质上是哲学的问题，但在里贝特那里，他将它作为一个科学问题加以对待，并力图取得一个经验实证的解决方案。

意识研究的一个无法回避而又争论最激烈的问题仍然是经典的心—身问题。作为实验神经科学家，里贝特很难像哲学家一样对心—身和心—脑关系做主题化的论证，但里贝特对此有相当明确的立场和主张，并将其概

① Varela F J. Neurophenomenology: a methodological remedy for the hard problem. Journal of Consciousness Studies, 1996, 3(4): 330-349.

② Varela F J. Neurophenomenology: a methodological remedy for the hard problem. Journal of Consciousness Studies, 1996, 3(4): 330-349.

括为五点。

第一，意识作为人性的核心条件。意识不仅是一个实在现象，而且是人性和整个现象世界的核心条件——离开有意识体验，我们所感和所知的现象世界既无从构成也无从显现（manifest）。“我们的主观内部生活是真正与我们之为人相关的东西。”①例如，“我们有自由意志这样一个我们对自身的深刻感受”②是奠定人类社会交往的道德和法律责任的基础。

第二，意识体验的第一人称通达性（accessibility）。意识体验是第一人称的和主观的，因为唯有拥有此体验的个体才能通达它和报告它。“我们不得不将有意识的主观体验看作以某种方式从脑神经细胞活动的适当系统中涌现的现象。然而与物理的涌现现象不同，涌现的主观体验无法被任何物理方式直接观察或测量，因为只有拥有该主观体验的个体才能通达它。显然，这个系统涌现的主观体验并不同于对此负有责任的神经细胞的属性，它不是这些神经活动的一个可预测的结果。涌现的主观体验展现出独特的不可预测的特征，这不该让人惊讶。”③因此，若抛开个体的主观报告，意识研究就不可能恰当地进行。

第三，意识体验对脑活动的依赖性和相关性。一方面，人们必须承认，脑是实现有意识和无意识的心智功能的物理器官，脑的适当的神经结构和活动对于生命的必要性无可置疑，没有任何客观的证据表明离开了脑还存在意识现象。“的确，对于心智能力，甚至是人格的本性依赖于并且有可能是受控于脑的具体结构和功能的各种方式，科学发现不断提供了强有力的证据。”④另一方面，在有意识的体验与脑神经活动之间存在相关性。只有与脑中适当的神经活动相关时，有意识体验才出现。⑤

① Libet B. Mind Time: The Temporal Factor in Consciousness. Cambridge: Harvard University Press, 2004: 220.

② Libet B. Mind Time: The Temporal Factor in Consciousness. Cambridge: Harvard University Press, 2004: 155.

③ Libet B. Mind Time: The Temporal Factor in Consciousness. Cambridge: Harvard University Press, 2004: 162.

④ Libet B. Mind Time: The Temporal Factor in Consciousness. Cambridge: Harvard University Press, 2004: 3.

⑤ Libet B. Mind Time: The Temporal Factor in Consciousness. Cambridge: Harvard University Press, 2004: 157.

第四，作为涌现的意识体验的不可还原性。里贝特多次强调，第三人称可观察的“脑神经”事件与第一人称体验的“意识”事件在现象学上分属相互独立的范畴——它们既不能相互还原也不能相互预测。一方面，意识体验是适当的脑功能的涌现属性；另一方面，尽管心智作为物理系统独一无二的属性从脑活动中涌现出来，但心智能展示出在产生它的脑神经中并不明显的现象。“单凭物理证据并不能直接地描述或解释主观觉知，包括灵性的感受、创造性、有意识的意志和想象。”[①]第一人称的体验不能归结为第三人称的观察描述。里贝特称：“在对接收来自身体感觉信息的脑皮层施加电刺激以后，被试并没有感受到位于脑中的任何感觉。相反，他报告说，他在身体的某个部位（比如手部）感受到某种东西，即使实际上在手上没有出现任何状况。如果最初不要求以如此方式被刺激的个体被试对他内在的第一人称体验做出内省报告，那么任何外在的第三人称观察者都无法描述出这种体验。”[②]

第五，意识体验的因果作用。与副现象论不同，里贝特认为心—身或心—脑的交互作用是双向的。在里贝特看来，如果没有意识体验对脑事件或过程的反向的因果作用，自由意志就是错觉。对里贝特来说，认为自由意志是错觉是不可接受的。

将上述五点概括起来，我们可以看出，里贝特的立场[③]与斯佩里同属于涌现交互作用论。涌现交互作用论认为：①意识涌现自像脑这样的物理系统——只要该物理系统达到一定的复杂层次；②涌现的宏观属性是非物理的，不可还原为脑神经的微观属性，并且是唯有第一人称才可通达的；③涌现的非物理的意识体验对脑活动有因果作用。

---

① Libet B. Mind Time: The Temporal Factor in Consciousness. Cambridge: Harvard University Press, 2004: 3.

② 这个例子印证了生成认知（enactive cognition）对神经系统的看法。生成认知认为，“神经系统是一个自治的动力系统：它基于循环和再入的（reentrant）的交互作用的神经细胞网络运作，它主动地产生和维持它自身的一致和有意义的活动模式”。刺激触发系统，但系统如何反应是由系统的自治结构决定的；在系统未显示出最终的反应之前，不存在一个先验的法则能由刺激预测出反应。神经系统本质上是自治的、创造性的和解释的。Thompson E. Mind in Life: Biology, Phenomenology and the Sciences of Mind. Cambridge: Harvard University Press, 2007; Libet B. Mind Time: The Temporal Factor in Consciousness. Cambridge: Harvard University Press, 2004: 17.

③ 里贝特关于心—身关系的立场受到查尔斯·谢林顿（Charles Sherrington）、约翰·埃克尔斯（John Eccles）和斯佩里的影响。

除了上面提到的涌现交互作用论的三个要点外，里贝特版本的涌现交互作用论的一些特有内涵反映在他提出的 CMF 构想中。与哲学家不同，里贝特似乎不认为心—身或心—脑问题是一个物理学之后（meta-physics）（即形而上学）的问题，即可免于经验实证检验的纯概念问题，相反，他把它视为科学问题。与查尔莫斯和麦金等哲学家对“难问题”的理解并不完全一致，在里贝特看来，“难问题”包含两部分：意识体验的统一性和意识体验具有影响或改变神经元活动的因果能力。要满足意识体验的这两个特征，里贝特认为，可以将有意识的主观体验视为好像是一种场。

里贝特这样界定 CMF：①CMF 涌现自适当的皮层功能；②CMF 具有意识体验的属性，即它解释了意识体验的统一性，尽管意识体验涌现自大量的神经元以及它们的突触的和非突触的交互作用；③它能反向作用于某些神经活动，因此它能影响行为输出，这就为有意识意志作用于脑神经活动提供了途径[①]；④CMF 在现象学上是一个独立的范畴，它无法用任何外部可观测的物理事件或用任何已知的物理理论描述，只有拥有 CMF，才能通达 CMF，因此，它只能由第一人称检测，外部观测者只能从个体主体的内省报告中获得 CMF 的直接有效的证据。在这一点上，CMF 无法被归入任何已知种类的物理场，例如电磁场、引力场等，简言之，CMF 是非物理的（non-physical）。[②]

“任何科学的理论，尤其是像 CMF 这样的理论，必须要经过认真的检验。CMF 理论产生的重要预测至少在原则上可经实验检验。”[③]那么如何通过实验来检验 CMF 呢？特别是鉴于 CMF 的属性，它要求一种颅内的交流模式，而这种交流的进行不需要神经通道。[④]为此，里贝特提出了一个检验方案。该方案的思路如下：①如果大脑皮层的局部区域能够独立地贡献于

① Libet B. Can conscious experience affect brain activity?Journal of Consciousness Studies, 2003, 10(12): 24-28.

② Libet B. Mind Time: The Temporal Factor in Consciousness. Cambridge: Harvard University Press, 2004: 168.

③ Libet B. Mind Time: The Temporal Factor in Consciousness. Cambridge: Harvard University Press, 2004: 171.

④ Libet B. Can conscious experience affect brain activity?Journal of Consciousness Studies, 2003, 10(12): 24-28.

或改变这个更大的、单一的CMF，那么原则上可以获得一个隔离的皮层厚片[①]，即将这个皮层区与脑的其他所有神经交流完全隔离开或断开，但保持它在原来的位置（in situ）并以某种完全类似它正常行为的适当方式使之保持活力和发挥作用；②可以对实验的预测做如下检验——对这个隔离的皮层厚片进行适当的电或化学激活，如果它能产生或影响一个意识体验，那么就可以判定这种交流是以某种不依赖于神经通道的场的形式实现的。

根据这一方案，一个必须要回答的问题是：CMF能影响神经元的活动吗？对此，里贝特认为：①对这个推定的CMF影响神经功能的能力的检验已经暗含在上述对CMF存在的检验中；②如果刺激隔离皮层厚片能诱发被试的内省报告，那么CMF一定能激活产生口头报告的适当脑区，由此为CMF能否影响神经元的功能提供一个直接答案。[②]

CMF是为了验证“意识体验的统一性和意识体验具有影响或改变神经元活动的因果能力”而提出的，因此，如果关于CMF的实验结果是肯定的，那么它就验证了“意识体验的统一性和意识体验具有影响或改变神经元活动的因果能力”。正如里贝特所言：“假如实验结果被证明是肯定的，换言之，对神经隔离皮层的适当刺激诱发了一些可报告的主观反应，这些反应不能归因于邻近未隔离皮层或者其他大脑结构的刺激。这意味着，一个皮层区的激活有助于全体统一的意识体验，它是通过某种模式而不是通过神经传导的神经信息实现的。这个结果将为所提到的场理论提供至关重要的支持。场理论认为，皮层区能够有助于或影响这个更大的意识场，它能为主观体验的统一场和神经功能的心智介入提供实验基础。”[③]

如果抛开获得隔离皮层厚片的实际的实验困难，我们不禁怀疑：与笛卡儿的二元论的交互作用论相比，作为涌现交互作用论的CMF是否真的摆脱了二元论的困境？根据上述CMF界定的第一点，CMF是作为脑的涌现

---

① 里贝特提出，获得神经隔离有两种方式：一种是通过外科手术切除与大脑其他部分的全部联系，但留下足够的血管连接和保持循环的完整性；另一种是临时阻断进出一个区域的神经传导（Libet B. Mind Time: The Temporal Factor in Consciousness. Cambridge: Harvard University Press, 2004: 171）。

② Libet B. Mind Time: The Temporal Factor in Consciousness. Cambridge: Harvard University Press, 2004: 178.

③ Libet B. Mind Time: The Temporal Factor in Consciousness. Cambridge: Harvard University Press, 2004: 178-179.

属性被提出来的；但根据第四点，CMF 不是任何一种形式的物理场，它是非物理的。我们知道笛卡儿的二元论交互作用论的困境是先验的，因为心、脑两种实体的异质规定性逻辑上否定了心与脑发生交互作用的可能性。同样，CMF 的困境也是先验的。

里贝特当然意识到了这种先验的困境，例如，他提到，人们之所以会轻易地排斥实验所取得的正向结果的前景，是因为 CMF 具有影响或改变神经元活动的因果能力的结果从基于物理联系和交互作用的脑功能的普遍观点来看是完全不可预期的。[①]然而，里贝特显然不接受将 CMF 归于笛卡儿的二元论的阵营。他反驳道，CMF 是作为脑涌现现象的一个“属性”被提出来的，因此，CMF 显然不属于笛卡儿二元论的分离的实体的范畴；如果没有脑，那么 CMF 就不存在。所以里贝特说，如果人们要把 CMF 的界定视为二元论，“那么你应当认识到这种二元论并不是笛卡儿式的”[②]。

里贝特试图以 CMF 解释“意识如何从物质中产生”这个“难问题”，但在处理这个问题时，他陷入了概念的先验困局，这使他在很多地方表现出一些游移、不确定，乃至异常的看法。里贝特不赞同两面一元论（dual-aspect monism）。尽管我们认为两面一元论能更恰当地应对心—身关系问题。[③]两面一元论否定存在两种不同实体，它将心智和物质现象视为一个单一基质的两个方面：主观的只对该个体通达的“内在”方面，以及代表外部可观察的物质结构和大脑功能的“外在”方面。里贝特对两面一元论没有给出明确的反驳理由，他只是依他的哲学性情（disposition）祭出科学的检验原则（证实或证伪），他说道：“这个理论（两面一元论）似乎无法检验，因为没有任何方法可以直接了解据称展示了如此两面的统一的基质。”[④]并

① Libet B. Mind Time: The Temporal Factor in Consciousness. Cambridge: Harvard University Press, 2004: 181.

② Libet B. Mind Time: The Temporal Factor in Consciousness. Cambridge: Harvard University Press, 2004: 181.

③ 李恒威在《意识的形而上学与两视一元论》中进一步将两面一元论式的泛体验论(panexperientialism)发展为“两视一元论”(dual-perspective monism)的构想。两视一元论与斯宾诺莎式的(Spinozian)两面论以及源自过程哲学的泛体验论存在直接的亲缘关系，也与威尔曼斯的反身一元论(reflxive monism)有着直接的相似性。

④ Libet B. Mind Time: The Temporal Factor in Consciousness. Cambridge: Harvard University Press, 2004: 181.

且，“不存在任何知道这个‘基质’是什么的方式，而且也很难解释这样的两种品质如何由相同的基质展现”①。

“脑中的神经活动如何导致（cause）有意识的主观体验？”——这似乎是一个关于心—身或心—脑关系的不自觉的、根深蒂固的提问方式。经过深入的审查，我们得出：这种提问方式是科学物质论（scientific materialism）和二元论共同作用的产物。怀特海认为，科学物质论是近代世界观的基石，科学物质论“假定了一种不可还原的、粗鄙的（brute）物质的终极事实，这些物质遍及一个流变构形（a flux of configuration）的空间中。这样一种物质本身是无感觉的（senseless）、无价值的和无目的的。它仅仅根据外部关系所施加的固定的惯例（routine）做它所做的一切，而这些外部关系并不是出自其存在的本性”②。另外，人类似乎不可避免地要将“心”“身”视为两种异质的“东西”——无论这个“东西”是实体、属性还是事件。如果当科学物质论界定的物质是终极事实时，那么“心”只能是物质世界以某种方式导致的“东西”。现在的怪异之处在于：物质导致的是一种与它自己完全异质的“东西”。并且，如果自由意志最终不是错觉的话，那么非物质的意识体验还会对神经活动有因果作用。面对这种由“心”和“身”的概念内涵所决定的先验困局，里贝特最终被迫说出这样的话：“我们也许不得不满足于有意识的主观体验如何与脑活动相关的知识，但我们可能无法解释主观体验为什么或如何从脑活动中涌现出来，正如我们无法解释为什么重力是物质的属性。我们接受每个根本的现象范畴存在，并且我们也接受这个现象范畴与其他系统的关系可以在不知道为什么这种关系存在的情况下就被研究。”③为什么质量有惯性？为什么质量表现出引力？为什么物质的行为具有波粒二象性？为什么水的成分是 H_2O？为什么带电导线周围环绕磁场？——也许对这些问题，我们只能揭示其中的关系，但不能对其中的关系项进一步做彼此的还原解释，即我们仅仅将其中的关

① Libet B. Can conscious experience affect brain activity?Journal of Consciousness Studies, 2003, 10(12): 24-28.

② Whitehead A N. Science and the Modern World. New York: The New American Library, 1925: 18.

③ Libet B. Mind Time: The Temporal Factor in Consciousness. Cambridge: Harvard University Press, 2004: 184.

系项具有如此这般关系作为事物本性中给定的东西接受下来。

2.3.3 简要评价

里贝特服膺科学必须可证实或可证伪的要求，因此，他对形而上学的立场是开放的。在他看来，无论是决定论的物质主义、非决定论、二元论还是一元论，它们都是人们持有的信念或信念体系；持有信念是一个人的自由（即便人们认为自己是在理性地持有一个信念）。例如，他说："如果你想把主观体验当作一个幽灵，你可以这样做。"[①]但是，如果一个信念或者信念体系无法加以科学的验证（证实的或证伪的），那么它仅仅是信念。但问题是，在科学最终证实或证伪一个观点、假说或学说之前，科学并非一个完全免于信念的活动和过程。在里贝特关于心—脑关系的科学研究中，我们能分辨出其隐含的信念系统，即他不自觉地持有的物理主义信念，因为唯有这样的信念系统才会以"物质导致心智"这样的方式来提出问题。[②]我们认为里贝特对 CMF 的经验实证的检验不可能得到肯定的结果,因为他并没有澄清 CMF 所隐含的先验困局。

也许，里贝特关于心—脑交互作用的最后反思更能反映出他对 CMF 的矛盾心情："心与脑之间的交互作用的本质显然很难理解，因为它涉及适当的神经活动产生非物理的主观体验。如果对 CMF 实行一个如上描述的实验检验，那它有可能证实或否证这种对心—身交互作用可能的替代选择。杰出的神经科学家多蒂（R. W. Doty）曾对我说，他不相信一个 CMF 的检验会产生一个肯定结果。但是如果它确实带来一个肯定的证实，那么这将会在神经科学乃至一般科学中创造一个伽利略式的革命。"[③]

的确，如果 CMF 被证实，那么物理世界的因果闭合原则就会被打破，这就为超自然的解释敞开了大门。例如，里贝特确实谈道：有可能一些心智现象没有直接的神经基础，有意识的意志有可能不总是遵循物质世界的

① Libet B. Mind Time: The Temporal Factor in Consciousness. Cambridge: Harvard University Press, 2004: 183.

② Blackmore S. Conversations on Consciousness. Oxford: Oxford University Press, 2005: 4-5.

③ Libet B. Reflections on the interaction of the mind and brain. Progress in Neurobiology, 2006, 78(3-5): 322-326.

自然律[①]，“有证据表明一个完全的相关性（correlation）也许不会出现；可能存在一些有意识的心智事件，它们的出现似乎没有关联神经事件或以神经事件为基础”[②]。当然，如果 CMF 确实打破了物理世界的因果闭合原则，那么它带来的结果的确堪称科学中的伽利略式的革命！不过，我们并不认为这有可能发生！

2.4 有意识和无意识的神经病理学考察

人的心智生活既包括有意识体验也包括各种类型的无意识和非意识的过程。

2.4.1 无意识的心智过程

意识状态的现代研究所得出的最令人吃惊的见解是，西格蒙德·弗洛伊德（Sigmund Freud）是正确的：有意识思维下面存在大量无意识心智过程；此外，并非所有的无意识心智过程都是相同的。弗洛伊德最初将本能无意识定义为一个单一存在（a single entity），它主要由与攻击性和性欲相关的感受（feelings）、想法、冲动和记忆构成，它们处于意识之外，但却影响着我们的行为和体验[③]。他后来增加了“前意识的无意识”（the preconscious unconscious），它是自我（ego）的一部分，并且加工我们未觉知的信息。弗洛伊德充分认识到人类高级认知加工活动中的很大一部分是无意识发生的，没有觉知也无反思能力。之后，一些精神分析学家以及神经科学家试图给出不同意识状态的操作性定义，以使它们能接受实验检验。例如，沙德莱恩（M. N. Shadlen）和基亚尼（R. Kiani）[④]勾勒出一种进路，认为觉知和知觉（perception）的主观方面与意志（volition）是相互关联的。他们提出的观点认为，产生意识状态的神经机制与简单决策形式背后的神

---

① Libet B. Mind Time: The Temporal Factor in Consciousness. Cambridge: Harvard University Press, 2004.

② Libet B. Can conscious experience affect brain activity?Journal of Consciousness Studies, 2003, 10(12): 24-28.

③ Gay P. The Freud Reader. New York: Norton, 1995.

④ Shadlen M N, Kiani R. Consciousness as a decision to engage// Dehaene S, Christen Y. Characterizing Consciousness: From Cognition to the Clinic? Berlin: Springer Verlag, 2011: 27-46.

经机制具有共同的特征，旨在适应环境。

直到不久以前，觉醒——唤醒（arousal）和警觉（vigilance）——被认为是由感官刺激输入大脑皮层引起的：当感官输入被关闭后，我们就睡着了。1949 年，意大利科学家朱塞佩·莫鲁齐（Giuseppe Moruzzi）和美国生理学家贺拉斯·马古恩（Horace Magoun）在动物实验中发现，切断感官系统到脑的神经回路并不会干扰意识，即觉醒状态；然而，损害脑干上部一个被称为觉醒中枢的区域会导致昏迷。[①]此外，刺激这个区域还会将动物从睡眠状态中唤醒。莫鲁齐和马古恩从而发现脑包含一个神经系统，它携带从脑干和中脑到丘脑以及从丘脑到皮层的信息，这些信息对意识状态是必需的。他们的工作不仅开创了意识和昏迷的实证研究，而且开创了睡眠的实证研究，因而将脑科学、心理学与睡眠和觉醒联系起来。

信息可以进入我们的大脑皮层却不引发有意识的知觉。但有趣的是，这些信息会影响我们的行为。无意识加工活动可以同时发生在皮层的多个不同区域。对一个词的单纯识别（recognition）可以无意识地发生，同时那个词的意义可以在我们未觉知到的情况下在脑的更高层次上被访问。这个词的其他方面——如它的发音、情绪内容，或者你是否说错了它并想抓住这个错误——也可以被无意识地计算。

自从 19 世纪德国生理学家和心理学家赫尔曼·冯·赫尔姆霍茨（Hermann von Helmholtz）第一次发现无意识加工活动后，科学家一直试图努力理解它是如何工作的以及它能加工到多深。[②]冯·赫尔姆霍茨认识到脑富有创造性：它会自动地（无意识地）从感官系统中汇集基本信息，并从中得出推论。事实上，脑可以从非常稀少的信息当中得出复杂的推论。例如，当你看到一连串黑线时，这些线并不意味着什么；但如果这些线开始移动，特别是当它们向前移动时——你的脑立即会将其识别为“一个人在走动”。赫尔姆霍茨明白，我们的无意识的脑会把提取出来的信息片断与以往的体验进行比较，并做出一个合理判断。这是一个惊人的洞见。现在，

---

① Moruzzi G, Magoun H W. Brain stem reticular formation and activation of the EEG. Electroencephalography and Clinical Neurophysiology, 1949, 1(1): 455-473.

② Meulders M. Helmholtz: From Enlightenment to Neuroscience. Garey L trans. Cambridge: MIT Press, 2010.

科学家已经认识到这种无意识思维的高级层次。认知心理学家蒂莫西·威尔逊（Timothy Wilson）已经扩展了弗洛伊德与哈特曼的观点，提出了“适应性无意识”概念，它是服务于若干功能（决策是功能之一）的一组无意识过程。[①]多年来，行为研究者一直试图梳理出我们在日常判断和决定中的有意识和无意识的成分。他们已经证明我们的心智有两种思维方式：一是缓慢的、深思熟虑的、有意识的过程，二是快速的、适应性的无意识过程。当我们有意识地专注于我们周围发生的事情时，这种适应性无意识使我们心智的一部分追踪别处的情况，以确保我们不会错过一些重要的事情。

在面临重要选择的时刻，我们当中的很多人都会列出其利弊，以便帮助我们做出决定。但实验表明，对于决策而言，这可能不是最好的方法。相反，我们应该在无意识中收集尽可能多的信息，偏好会自己浮现出来。如果我们过于有意识，则可能会让自己认为我们更喜欢那些我们实际上并不喜欢的事物。睡眠有助于平衡情绪，所以当遇到重要决定时，我们确实应该睡一晚再做决策。[②]适应性无意识对我们的生存至关重要。它同意识合作，以那些使我们成为地球上最聪明物种的方式指引我们的生活。既然我们已经演化出两种不同的心智过程来处理不同类型的心智信息，那么看看它们在演化中能向后走多远将是非常有趣的一件事情。

2.4.2 双流视觉

意识研究的方法之一就是在病理学观察中比较特定脑损伤患者身上呈现出的令人瞩目的意识事件与无意识事件的对比。古德尔（M. A. Goodale）和米尔纳（A. D. Milner）长期研究的脑损伤患者迪·弗莱彻（Dee Fletcher, DF）展示了她在无觉知的识别（detection without awareness）状况下完成复杂认知行为的惊人能力。古德尔和米尔纳对 DF 进行了系统而严格的跟踪研究。在《行动中的视觉脑》（*The Visual Brain in Action*）[③]和《看不见的

① Dijksterhuis A, Nordgren L F. A theory of unconscious thought. Perspectives on Psychological Science, 2010, 1(2): 95-109.

② Nordgren L F, Bos M W, Dijksterhuis A. The best of both worlds: integrating conscious and unconscious thought best solves complex decisions. Journal of Experimental Social Psychology, 2011, 47(2): 509-511.

③ Goodale M A, Milner D. The Visual Brain in Action. Oxford: Oxford University Press, 1995.

视觉》(*Sight Unseen*)这两本著作中，他们在传统视觉神经理论基础上提出了一个视觉加工的双流理论，认为视觉系统中存在两个视觉信息的加工和利用的通道：一个是知觉视觉(vision for perception)，另一个是行动视觉(vision for action)。前者通常会造成有意识的视觉体验，而后者能引导行为但通常是无意识的。这个理论为我们在现象学、行为和神经层面理解视觉的意识与无意识的根本差异，以及它们各自的活动特点和如何分工合作提供了一个极为有益的理论参考。

因为一次一氧化碳中毒事件，DF的视觉皮层受到损伤从而导致视觉受损。DF的视觉受损后，我们可以在她身上看见一系列奇特的表现，既有体验报告层面的，也有行为层面的。最初，医生诊断她是"皮层失明"①，因为她既能说话也能明白别人说话的意思，但却什么也看不见。但之后几天，她渐渐恢复了一些有意识的视觉，如对颜色的视觉体验，她可以分辨出病床旁花瓶里花的颜色、窗外天空的颜色、人们着装的颜色。这表明，她不是完全的皮层失明。

在与她有过接触的人们的叙述中，她有这样一些表现：①当她母亲走进病房时，尽管她认不出她母亲，却能立刻听出她的声音；②在谈话过程中，她可以记起所有过往的事情，并能如往常一样谈论自如；③当她拿起一样东西并用手去摩挲它时，她可以毫不迟疑地说出那是什么东西；④她能看清她母亲手背上细细的绒毛，但她却辨认不出她母亲的作为整体的手的形状。

除了在日常生活中人们在DF身上观察到的这些奇特表现外，古德尔和米尔纳又对DF进行了一系列的实验观察。这些严格设计的实验揭示出DF具有如下表现：

◆她可以看到物体的颜色、材质、某些细节，但她辨认不出物体的形状和轮廓，也就是说，她无法仅仅通过形状来识别物体以及判定物体的功能。

◆她无法临摹日常物品的几何形状，但却能凭着记忆画出来(图2.1)。

① 这种情况是由于患者脑背部的主要视觉区受损，从而使她丧失了部分或全部的视觉体验。

◆她看不出物体的形状和朝向。例如，她不知道我们手上拿着的黄色铅笔是水平的还是竖直的，但她可以准确地拿到面前的铅笔。[①]

◆她不知道信箱插槽的方向，却可以准确地将卡片从插槽投进去。

◆她认不出形状，但仍然可以根据物体大小调节握径。

◆对于规则的和不规则形状的物体，说不出形状的 DF 也仍然可以准确地选取正确的握点。

◆在跨越障碍的测试中，尽管她完全说不出每个障碍物的高度和宽度，但她能与健康被试一样灵巧地越过每个高度不同的障碍物。

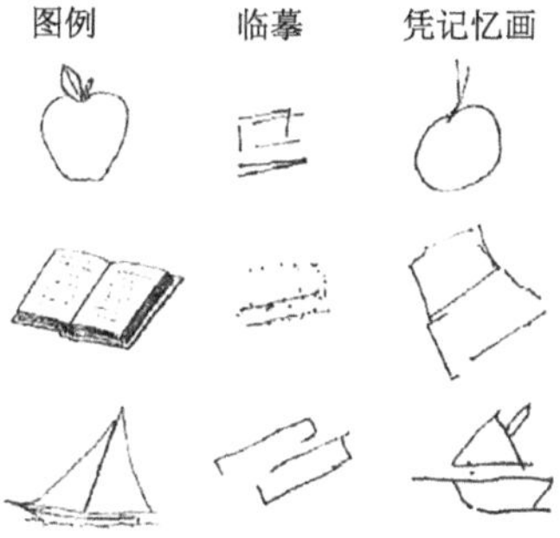

图 2.1　DF 凭记忆画出的图形[②]

根据上面的日常观察和实验检验，古德尔和米尔纳得出以下两个结论：①DF 患有严重的“视觉形状失认症”，即 DF 可以识别物体的颜色、纹理，但是说不出其形状和朝向，无法依据形状来有意识地报告对物体的识别；②DF 虽然没有相关形状和朝向的有意识的视觉体验，但她能运用形状和朝向的视觉信息完成相关的动作，她似乎有着良好的无意识视觉能力。古德尔和米尔纳写道：“在 DF 身上发生的最令人惊异的事情是，她能够使用物

① Goodale M, Milner D. Sight Unseen: An Exploration of Conscious and Unconscious Vision. 2nd ed. Oxford: Oxford University Press, 2013: 15.

② 图片转引自 Goodale M, Milner D. Sight Unseen: An Exploration of Conscious and Unconscious Vision. 2nd ed. Oxford: Oxford University Press, 2013: 8.

体的诸如朝向、大小和形状的视觉属性来引导一系列娴熟的动作——尽管她没有有意识地觉知到这些完全一样的视觉属性。”[①]

根据对 DF 的研究，古德尔和米尔纳推断，存在两类视觉过程或视觉系统：一类是建构有意识的视觉知觉，他们称为“知觉视觉”，另一类是对行动进行无意识的引导和控制，他们称为“行动视觉”。因此，古德尔和米尔纳认为，一氧化碳中毒事件肯定“深刻地影响了她（指 DF）的知觉视觉，但行动视觉基本没有受损”[②]。

2.4.3 视觉的双流理论

如果说古德尔和米尔纳推断的双视觉系统是正确的，那么就有可能存在与 DF 状况相反的患者，即他或她的知觉视觉系统是好的，但行动视觉系统却受到了损害。古德尔和米尔纳发现确实存在这样的患者——他们的状况则被称为“视觉共济失调”（optic ataxia）。脑解剖和脑成像表明这类患者的脑受损部位与 DF 的正好相反，他们是大脑两侧的顶叶区受损；他们的体验报告和行为表现也与 DF 正好相反。视觉共济失调患者在引导指向视觉目标的行动时存在问题，他们在以物体尺寸和方向为重要因素的视觉运动任务中也有麻烦，但是当要求他们根据物体的尺寸、方向和相对位置来有意识地报告他们分辨出的物体时，他们完成得相当好。显然，视觉共济失调患者没有视觉形状失认症，可以识别物体和人，也可以阅读，他们的问题出在动作上。例如，一个叫安妮（Anne）的患者，在抓取测试中，她的抓握比例很差，但能够用食指和拇指示意这些物体的大小；另一个叫露丝（Ruth）的患者也能识别物体，但临摹时动作很不协调，而且在抓取不规则形状物体时表现得很差。这些患者的表现都与 DF 刚好相反，也就是说，他们能建构关于目标物体的完整视觉体验，但却无法基于相应的视觉信息和视觉体验来控制其行动。

与 DF 不同，露丝可以毫无困难地识别和命名左边的图样。即使要求

① Goodale M, Milner D. Sight Unseen: An Exploration of Conscious and Unconscious Vision. 2nd ed. Oxford: Oxford University Press, 2013: 43.

② Goodale M, Milner D. Sight Unseen: An Exploration of Conscious and Unconscious Vision. 2nd ed. Oxford: Oxford University Press, 2013: 28.

她临摹它们（图 2.2），她也能捕捉住这些图样的许多特征。但是当她临摹时，她在运动协调方面却存在困难。

图 2.2 与 DF 不同，露丝没有识别和命名左侧图画的困难①

视觉形状失认症和视觉共济失调症表明，存在两种加工和利用视觉信息的方式，它们是相对分离的。根据这个相对分离性，古德尔和米尔纳推断，在脑中存在两个不同的准独立的系统（也被称为"模块"），它们形成两个视觉信息的加工和利用通道，从而在体验报告和行为层面也存在两个相对分离的表现——知觉视觉和行动视觉。古德尔和米尔纳认为，人类在进化中形成的不是一个可以同时完成视觉体验和视觉行动的通用目的的视觉系统，而是选择了两个分离的视觉系统，因为一个单一的通用目的的视觉系统根本无法解释出现在 DF 和露丝身上的这两种相反的状况。②于是，古德尔和米尔纳将他们的主张称为"双流理论"。

我们现在来看看这个理论来自演化生物学的假定和证据，以及来自神经科学的证据。

2.4.3.1 演化生物学的假定和证据

在解释生物的行为或智力的模式时，一个最根本的考虑是它们如何有助于生物的生存和繁殖——这是演化生物学的基本假定，也是演化生物学

① 图片转引自 Goodale M, Milner D. Sight Unseen: An Exploration of Conscious and Unconscious Vision. 2nd ed. Oxford: Oxford University Press, 2013: 47.

② Goodale M, Milner D. Sight Unseen: An Exploration of Conscious and Unconscious Vision. 2nd ed. Oxford: Oxford University Press, 2013: 59.

分析生物演化的基础。

尽管有意识的视觉体验让我们获得了关于外部实在的丰富知识，但在演化的整个进程中相对于基于视觉刺激的反应方面而言，基于视觉刺激的体验方面是一个后来者。为什么基于视觉刺激的体验（即知觉视觉）在演化上要晚于基于视觉刺激的反应（即行动视觉）呢？古德尔和米尔纳认为要回答这个问题，我们必须转向演化生物学。演化生物学的观点直截了当：视觉的演化最终必须服务于生物的适应性——改善它们的生存和繁殖。

自然选择（即群体中个体的生存率差别）最终取决于动物用它们的视觉做了什么，而不是它们体验到什么。因此，情况肯定始终是这样的：在演化时间的史前时代，视觉最初是作为一种引导有机体行为的方式出现的。正是我们祖先行为的实际效力塑造了我们的眼睛和脑的演化方式。选择压力从来不是针对内部“电影”（picture shows），它只针对在服务外部行动时视觉能够做什么。这并不是说视觉思维、视觉知识以及视觉体验不会通过自然选择而出现。但是视觉体验可能发生的唯一方式就是，这些心智过程能为行为带来利益。[①]

神经科学家英格尔（D. J. Ingle）的研究表明，在青蛙和蟾蜍的脑中至少存在5套不同的视觉运动模块，它们各自负责不同类型的视觉引导行为，并且每个都有独立的输入和输出路径。尽管这些不同模块的输出必须协调，但它们绝不是因为青蛙脑内某处存在一个统一引导行为的单一视觉表征。[②]古德尔和米尔纳认为，对青蛙以及其他动物视觉系统的研究驳倒了一个长久存在的普遍假设：所有行为都是由一个单一的通用目的的表征来引导和控制的；相反，在表征视觉（知觉视觉）之外，视觉系统包含了由一些相对独立的视觉运动模块共同构成的集群。

2.4.3.2 神经科学证据

昂格莱德（L. G. Ungerleider）等人总结了来自恒河猴的大量实验研究

① Goodale M, Milner D. Sight Unseen: An Exploration of Conscious and Unconscious Vision. 2nd ed. Oxford: Oxford University Press, 2013: 63.

② Ingle D J, Schneider G F. Brain mechanisms and vision: subcortical systems. Science, 1970, 168(3938): 1493-1494.

的证据。[①]猴子的视觉大脑和视觉能力与人类非常相似。来自眼睛的刺激信号首先到达大脑皮层上的初级视觉皮层（V1），随后信号沿着皮层内两个完全分离的通道——背侧视觉通道和腹侧视觉通道——向前继续传递，前者终结于后顶叶皮层，后者终结于下颞叶皮层。这两条通路现在被称为视觉处理过程的背侧流（dorsal stream）和腹侧流（ventral stream）。腹侧流从初级视觉皮层 V1 处接收它的大部分视觉输入，而 V1 则从丘脑的外侧膝状体核（LGNd）处接收它的输入。背侧流也从 V1 处接收输入，但是它通过丘脑后枕结（Pulv）又额外从上丘（SC）处获得大量的输入。在他们的实验中，背侧流遭到破坏的猴子可以区分不同的视觉图案和方向不同的线条，但不能从狭槽中弄出食物。这些问题与露丝身上的问题很相似，即背侧流受损的猴子表现出的问题主要体现在动作视觉上，而不是在知觉视觉上。腹侧流受损的猴子完全没有任何视觉运动问题，却无法识别熟悉的物体，在学习分辨新物体方面也有困难，这与 DF 很相似。

此外，20 世纪 60～70 年代早期的神经元的微电极研究表明，两个侧流上的神经元以非常不同的方式对视觉世界进行编码。V1 区的神经元对简单的线条和方向就会有反应，腹侧流上的神经元对特定的图案才有激活反应，而背侧流上的神经元则只在主体确实做出某个动作反应时才激活。“腹侧流的绝大多数神经元有一个共同点，即除非猴子不仅看见一个物体而且以某种方式对它做出反应时，它们才激活。”[②]可见背侧流和腹侧流在我们的视觉生活中执行着不同的功能。在视觉处理过程中，腹侧流会把视觉信号转化为相应的知觉体验，而背侧流则把视觉信号转译为行动反应。

2.4.3.3 背侧流与腹侧流的区别

从演化生物学的角度看，（在动物界普遍存在的）行动视觉和（在人类

① Ungerleider L G, Mishkin M. Two cortical visual systems// Ingle D J, Goodale M A, Mansfield R. Analysis of Visual Behavior. Cambridge: MIT Press, 1982: 549-586.

② Goodale M, Milner D. Sight Unseen: An Exploration of Conscious and Unconscious Vision. 2ed. Oxford: Oxford University Press, 2013: 80.

身上获得显著发展的）知觉视觉在有机体的适应性生活中服务于不同的目的，满足不同的要求，因此作为其实现的相应的背侧流和腹侧流的工作方式也肯定不同。我们先来看知觉视觉与行动视觉的最一般区别：视知觉是让我们理解外部世界，并且以某种形式创造出外部世界的表征，而这些表征可“存档”以备未来之用。与此相反，运动动作的控制——从捡起一小片食物到向逃逸的羚羊投掷矛枪——要求关于目标物体的实际尺寸、位置和运动的精确信息。这些信息必须以真实世界的绝对度量来编码。换言之，它必须根据物体的实际距离和尺寸进行编码。此外，这些信息必须能在行动做出的那一瞬间就获得。①

我们根据古德尔和米尔纳的实验研究和分析，概括出背侧流（行动视觉）和腹侧流（知觉视觉）的更一般特点（表 2.1）。

表 2.1　背侧流与腹侧流的工作机制及特点

项目	背侧流（行动视觉）	腹侧流（知觉视觉）
参照系	自我中心的	基于场景的
加工过程	自下而上	自上而下
物体尺寸信息	绝对尺寸	相对尺寸
时效	即时的、在线的	长效的、离线的
错觉	不受错觉影响	背侧流信息失效后，影响动作控制

当我们感知某一物体的尺寸、位置、方向和几何结构时，我们总是相对于我们正在注视的场景中的其他物体来建构这个物体的表征的。毕竟，知觉视觉的目的是建构真实外部世界的一个有用的内部模型或表征，因此知觉视觉采取的是一个基于场景的参照系（scene-based frame of reference）。与知觉视觉相反，当我们伸出手去抓取这个物体时，我们的脑必须在视觉信息上关注物体相对于“我”的绝对度量——物体的实际尺寸、方向、位置、速度等。因此行动视觉采取的是一个基于自我或自我中心的参照

① Goodale M, Milner D. Sight Unseen: An Exploration of Conscious and Unconscious Vision. 2nd ed. Oxford: Oxford University Press, 2013: 131.

系（egocentric frame of reference）。知觉视觉的度量是相对的，行动视觉的度量是绝对的。知觉视觉的度量是相对的——“这个事实解释了为什么我们能够毫无困难地观看电视，因为在电视这个媒体中根本没有绝对度量”[①]。

针对背侧流和腹侧流的一系列时间尺度的实验表明，“背侧流（行动视觉）以实时的方式运作，并且它存储所需的视觉运动坐标的时间非常短暂——最多几百毫秒。这种做法似乎是‘要么利用它，要么丢掉它’。另外，腹侧流（知觉视觉）则被设计成在更长的时间尺度上运作。例如，当我们遇到某个人时，我们能记住他或她的脸（尽管并不总能记住他或她的名字）几天、几个月，甚至几年。这个时间尺度上的差别反映了这两个视觉流被设计用于完成不同的工作”[②]。例如，在一个抓取实验中，抓取一个我们实际看到的物体要利用背侧流上的自动视觉运动系统，然而无实物抓取要求我们提取对刚才所见之物的有意识的视觉记忆——一个由腹侧流所建构的记忆。当 DF 不能及时地使用物体的视觉信息时，她根本无法完成无实物抓取动作，因为她对目标物体没有相关的知觉体验，也就没有可供储存于记忆中的信息。相反，在无实物抓取中，如果在那些背侧流受损的患者在发起抓取动作前插入一个延迟，那么他们的表现会有明显改善，因为他们对于这个世界的知觉是相对完好的，延迟可以唤起他们对于目标物的知觉记忆从而规划动作。

背侧流利用我们有两只眼睛这一优势进行计算，因为物体在视网膜上的成像有一个确定的尺寸，大脑利用简单的三角法就能计算出它的实际尺寸。这种计算不依赖于任何具体场景的细节，也无须腹侧流的介入，其结果精确可靠。而腹侧流在建构视觉世界时，为了能在不同场景中识别物体，则只储存它们的同一性模式，这也被称为“知觉的恒常性”。在知觉体验里，我们“见到什么”是由我们“已经知道什么”来决定的——这反映了知觉视觉的“自上而下”的加工方面。本质上，在日常

① Goodale M, Milner D. Sight Unseen: An Exploration of Conscious and Unconscious Vision. 2nd ed. Oxford: Oxford University Press, 2013: 131.

② Goodale M, Milner D. Sight Unseen: An Exploration of Conscious and Unconscious Vision. 2nd ed. Oxford: Oxford University Press, 2013: 141.

生活中，我们丰富的视觉体验和视觉运动既依赖于已经存储的物体的表征（自上而下），也依赖于该物体作为当下刺激物提供的视觉输入（自下而上）。

2.4.3.4 背侧流与腹侧流的协作

我们已经知道背侧流和腹侧流的运作方式不同、服务的目的也不同，但是这两个系统之间存在复杂而无缝的互动和协作。这两个迥异的视觉信息加工和利用系统是如何协同工作的呢？古德尔和米尔纳用“远程协助系统”为它们之间的关系提供了一个类比（图 2.3）。人类操作员可以在恶劣环境中控制行进中的机器人，操作员先确定并标注出感兴趣的目标物体，再用一种符号语言来让半自动化机器人拿起它。操作员不需要知道真实距离和这个物体的比例，机器人可以计算出这些；同样，机器人也不需要知道这个物体的意义。在我们的视觉系统模型中，腹侧流起着一个类似于人类操作员的作用，而背侧流表现得像那个机器人。然而，对于腹侧流和背侧流是如何完成信息交流的这个问题，目前尚无解答。我们只知道，脑解剖学的证据显示两侧流是相互连接的，而且传到这两个系统的信息都来自视网膜和早期视觉部位（如初级视觉皮层 V1）。目前我们还不能确切地回答这个问题，我们希望未来有研究能详细地解释“看”与“做”是如何协同工作的。

在远程协助中，一个人类操作员通过视频监视器看着远处的场景。一个半自动机器人身处那个场景之中，它身上安装的照相机向人类操作员提供视频信号。如果操作员注意到那场景里的一个有趣的物体，他即将其标注出，而机器人则对其定位并取回它。操作员不需要知道物体尺寸及其距离的实际远近；机器人可以用它的车载光学传感器和测距仪计算出它们。同样，机器人也不需要知道它取回的物体的意义。在我们的视觉系统模型中，腹侧流起着一个类似于人类操作员的作用，而背侧流则表现得更像那个机器人。①

① Goodale M, Milner D. Sight Unseen: An Exploration of Conscious and Unconscious Vision. 2nd ed. Oxford: Oxford University Press, 2013: 178.

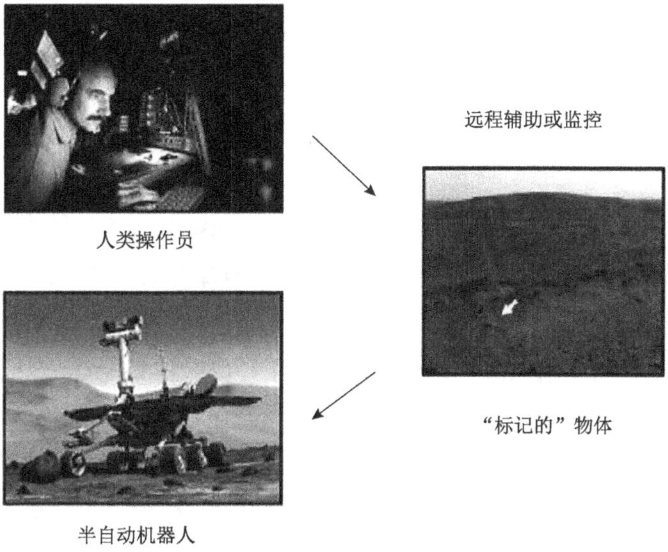

图 2.3 在远程协助中，人类操作员通过视频监视器注视着一个远处的场景[①]

2.4.3.5 腹侧流上的无意识知觉

我们知道腹侧流上的活动会引起相应的意识体验，但并不是腹侧流上的所有活动的结果都可能进入意识。腹侧流上的神经活动与视觉意识体验紧密相关，但为什么腹侧流活动有时是有意识的，有时却是无意识的呢？对此有很多推测，但是至今也缺乏有说服力的实验性证据来支持任何一个假设。我们并不知道通达意识体验的神经元活动与没有通达意识体验的神经元活动之间的关键区别是什么，但是即便是没有通达到意识体验的视觉信息，也在腹侧流上被处理到一个非常高的水平。这可以很好地解释所谓的无意识知觉（unconscious perception）——没有造成主观视觉体验的阈下刺激可以影响后续的行为——是怎么回事。但是需要强调的是，尽管无意识知觉看似的确发生，但它产生于腹侧流中的活动，而非背侧流。事实上，在腹侧流上，基于无意识知觉的视觉计算似乎与基于有意识知觉的视觉计

① 图片转引自 Goodale M, Milner D. Sight Unseen: An Exploration of Conscious and Unconscious Vision. 2nd ed. Oxford: Oxford University Press, 2013: 174.

算是完全一样的，它们只是没有被带入意识中去。

我们明确地看到通常所说的无意识有两个不同的来源，一个是背侧流上的活动，另一个是腹侧流上加工水平较低的活动。而这两个来源的性质是不同的，皆用无意识来指称它们并不妥当。笔者认为如下指称可作为一个参考，即在行动视觉领域（背侧流）不能通达（产生）意识却能指导我们行动的神经活动可以称为非意识的（non-conscious）（低等生物也有）；在知觉视觉领域（腹侧流）上不能通达意识但却有语义效应的神经活动的是无意识的，它是一种无意识表征或知觉，因此可视为是心智的。

古德尔和米尔纳认为，尽管背侧流（无意识的行动视觉）与腹侧流（有意识的知觉视觉）在结构和功能上是相对分离的，但当它们服务于有机体与环境的复杂多样的交流活动时，它们总是进行着无缝的协调合作。无意识与有意识力量的组合协调——只有当无意识的隐蔽过程与有意识的显明过程进行了恰当的协调，心智才能对各种事情应付自如。

达马西奥认为，无意识过程能做大量工作，但它们也一直受益于人多年来有意识的慎思，正是在有意识的慎思期间，无意识过程才得到不断的训练。在日常生活中，我们要不断地依靠认知无意识，并且谨慎地将许多工作（包括执行反应）外包给无意识的专门技能："把专门技能外包给非意识空间——这就是当我们将技能打磨得如此娴熟以至于不再需要觉知到那些技术步骤时我们所做的。我们在清晰的意识之光下发展技能，但是接着我们让它们在底下进行，让它们进入心智的宽敞的地下室，在那里它们不需要挤在有意识反思空间的狭小的建筑面积中。"①

2.4.4 简要评价

视觉系统是目前为止被理解得最为透彻的脑系统。克里克和科赫就认为解决意识问题的最好办法是研究"视觉脑"。②正是通过对视觉系统的广泛考察和研究，古德尔和米尔纳提出了一个强有力的主张：视觉不是单一的整体，我们的视觉现象学只反映了视觉脑所做的一个方面；视觉为我们

① Damasio A. Self Comes to Mind: Constructing the Conscious Brain. New York: Pantheon Books, 2010: 210.

② Crick F, Koch C. A framework for consciousness. Nature Neuroscience, 2003, 6(2): 119-126.

所做的很大一部分位于我们的视觉体验之外。事实上，我们的绝大部分行动本质上是由使用视觉计算的自动系统控制的，而这些视觉计算是有意识的监测完全接触不到的。古德尔和米尔纳认为，一方面，我们需要视觉对日常行动进行在线控制——特别是对那些速度要求高而我们又没有时间来思考的动作；但是另一方面，当我们有时间来思考时，我们也需要视觉来理解周围的世界，事实上，对大多数人来说，世界的知觉体验是视觉最重要的方面。知觉视觉为我们所做的就是将刺激物投射在视网膜上的光模式转译成一个独立于我们而存在的稳定的知觉世界，从而建构出一个外部世界的内部模型，这个内部模型使我们将意义和重要性系缚在物体和事件上，使我们理解它们之间的种种关系，并且将它们深深地存储在记忆中。借助记忆中的素材（即心智意象），我们不仅可以与他人交流我们看见的东西，而且借助它们我们可以对未来行动做出选择和规划。尽管腹侧流与我们的有意识的思维活动相关，但是这并不意味着在某种意义上有意识的视知觉印象的建构就是目标本身，因为视觉现象学必须赋予拥有它的有机体以某种优势，因此知觉系统最终必须影响行为，否则，它就永远不可能演化。不同于背侧流的是，腹侧流与产生行为的运动系统的连接要间接得多，事实上，这些连接永远不可能完全规定好，因为知觉能够影响的行为范围本质上是无穷的。

克里克和科赫也认为在人脑中存在两类系统：一类是无意识的系统，它负责处理迅速的、短暂的、程式化的动作反应；另一类是有意识的系统，它负责处理感官输入中那些不太程式化的方面，并且它对行动的选择和规划而言似乎是不可或缺的。[①]所以，克里克在古德尔和米尔纳提出他们的模型后不久就对他们的工作做了高度评价。

我们知道，关于意识的本性，一直被一个所谓的“难问题”困扰，古德尔和米尔纳并没有专题地思考过这个形而上学的问题，但他们并不认同功能主义和计算主义，他们认为，对这个问题应该保持一种开放的探究态度。

视觉不只是提供世界中的物体和事件的信息；至少在人类这里，视觉还提供了世界的有意识的知觉印象，这些知觉印象是如此引人入胜，以至

① Crick F, Koch C. A framework for consciousness. Nature Neuroscience, 2003, 6(2): 119-126.

于我们有时很难理解这样的体验居然完全出自中枢神经系统中的神经元的集体活动。

2.5 小结：意识研究的科学与哲学

理论的形成是对某一现象研究走向成熟的重要标志。既然意识是人类最亲熟的现象，是人类生活和文明的基础，那么，意识研究和意识理论的建立无疑会对哲学和基础科学的发展产生巨大的推动作用。我们可以看到，在过去的40多年，已经出现了一些符合我们上面所提标准的较为全面的意识理论，诸如巴尔斯、尚热和迪昂的全局工作空间理论、克里克和科赫的神经生物学理论、埃德尔曼的动态核心理论、里贝特的时控理论、托诺尼的信息整合理论、达马西奥的意识的感受理论、尼古拉斯·汉弗莱（Nicholas Humphrey）的演化理论等。此外，还有一些偏向于哲学的理论，诸如丹尼特的多重草稿理论、约翰·塞尔的生物自然主义、查尔莫斯的自然主义二元论、罗森塔尔等人的高阶理论、瓦雷拉等人的神经现象学、威尔曼斯的反身一元论等。

就一个足够好的意识理论而言，我们当然希望它能为复杂而多层次的意识现象提供一个统一的说明，就如同演化论和遗传学统一了生物学、相对论和量子力学统一了物理学那样。然而，目前的情况是，上述诸理论仍然处在最终的统一意识理论出现之前的竞争和整合的阶段：不同的理论因为研究者各自有限的学术背景而呈现出不同的偏好和侧重点，它们在论战中既相互批判也相互借鉴和融合。在这里，我们无法就当前的各种意识理论做全面深入的阐述、分析和比较。不过，克里克和科赫、埃德尔曼以及达马西奥大致在相同的时期都就意识理论的框架阐明了各自的假说、理据和构想。

克里克和科赫2003年在《意识的框架》一文中把他们的理论思路总结成10条工作假设，而在解释意识的神经机制的这些工作假设之前，他们有一个基本的哲学背景假设。[①]对此，科赫在《意识探秘：意识的神经生物学研究》（*The Quest for Consciousness: A Neurobiological Approach*）中写道：

① Crick F, Koch C. A framework for consciousness. Nature Neuroscience, 2003, 6(2): 119-126.

"我们可以有把握地假设，任何现象状态（例如，看见一条狗，感到疼痛，等等）都依赖于脑状态。意识的神经相关物是指足够产生特定有意识的现象状态所需的神经活动的最小集合（在满足合适前提条件的背景下）。每个感受都会伴随特定的意识的神经相关物。心—身问题的核心是感受质，它是意识的基本元素。弗朗西斯和我力图解释感受质是如何从神经系统的活动中产生出来的。"①

同样在2003年，埃德尔曼在《自然化意识：一个理论框架》一文中也概括了其意识理论的基本思路。在提出更具体的理论观点（例如，再入的动态核心、初级意识和高级意识的模型）之前，埃德尔曼采取了三条工作假设作为整个理论的方法论平台，这三条假设是物理假设、演化假设和感受质假设。物理假设称：如果传统的物理过程就能令人满意地解释意识，那么二元论就是不必要的；因此，他假定意识是由某个脑的结构动力学所产生的一类特殊物理过程。演化假设称：意识是生物自然选择的演化结果。感受质假设称：意识的主观品质是私人的、第一人称的。这一假设意味着即便我们能够描述产生某人意识体验的充分必要条件，我们也并不能因此成为他的意识体验。埃德尔曼认为，描述（即关于意识体验产生的知识）不能取代存在（即意识体验本身）。②

此外，著名的神经科学家达马西奥在其一系列充满浓郁哲学意蕴的著作中发展了一个独具特色的意识理论。达马西奥认为，从神经生物机制的角度看，意识问题由两个紧密相关的问题构成。第一个问题是，脑如何产生客体的心智意象；第二个问题是，产生一个客体的心智意象时，脑如何在知觉客体的同时产生自我感（sense of self）。在关于意识问题是什么方面，达马西奥与心灵哲学家和理论心理学家汉弗莱的观点惊人地一致。汉弗莱提出，在一个人的意识体验中，通常存在两个成分：一个命题成分（即达马西奥所说的客体意象）和一个现象成分（即达马西奥所说的自我感）。达马西奥认为，成功的意识理论基于对四个视角的结合：①主体性的视角，

① Koch C. The Quest for Consciousness: A Neurobiological Approach. Chicago: Roberts and Company, 2004: 304.

② Edelman G M. Naturalizing consciousness: a theoretical framework. Proceedings of the National Academy of Sciences of the United States of America, 2003, 100(9): 5520-5524.

它是内省的、第一人称的；②行为视角，它是观察的、第三人称的；③脑视角，它要求我们揭示与特定意识体验相应的定脑活动；④生物演化的视角，它要求我们首先考虑早期生命的心智水平，接着渐渐地跨越演化的历史朝向目前生命的心智水平。

不难看出，尽管当代意识科学在形而上学立场上还没有达成一致的观点——既有功能主义、还原论的物理主义、非还原论的物理主义、涌现论的物理主义、涌现论的交互作用论，也有两面论和不同版本的泛心论——但一个较为基本的认同还是存在的，即尽管意识是主观性实在，但意识仍然是一个演化的自然现象，对意识的解释最终必须是自然的，而不是超自然的，因此实体二元论是不可接受的。在上述对里贝特、托诺尼以及古德尔和米尔纳的意识理论的概要介绍中，我们可以清楚地看到他们基本的一致之处。

现代性是从突出人的主体性（理性、意识、自我、自由）——突出进行认识活动的人（主体），而不是被认识的世界（客体）——开始的，这鲜明地印刻在作为“现代哲学之父”的笛卡儿以及随后的整个认识论时期的哲学家的著作中。但也正是自笛卡儿本人开始，西方哲学就一直在同主体性与机械决定论的物质论的冲突，即心—身问题，以及自由与决定论作斗争。这个斗争随着当代对意识的明确关注而变得尤为醒目，塞尔则称：“在过去约 50 年的心灵哲学讨论中只有一个主要话题，那就是‘心—身问题’。”[①]

在现代哲学进程中为解决心—身问题存在过三个主要方案——物质论、二元论和观念论。这三种现代性理论在西方哲学中均有其古老的前现代谱系。例如，物质论之于德谟克利特（Democritus）的原子论，二元论之于柏拉图的先验形式—世俗物质的二分，观念论之于普罗提诺（Plotinus）的流溢论。然而，在这些古代理论中人的主体性与可感的物质世界还没有形成笛卡儿所规定的心与物的那种存在论意义上的异质性。只是在笛卡儿之后，这三种古代理论才开启了它们在现代性意义上的讨论。而所有这些讨论的本质在于笛卡儿对物和心的现代性规定——笛卡儿规定所谓的“物”

① Searle J R. The Rediscovery of the Mind. Cambridge: MIT Press, 1992: 29.

是在空间上广延，所谓的“心”是在时间上绵延，它们分属完全不同的两种范畴，因此需要用完全不同的两套概念和术语加以描述；在内涵上它们是异质的，在外延上，它们是全异关系。历史地看，实体二元论与科学物质论共同遵循了笛卡儿关于物质的规定，而实体二元论与观念论共同遵循了笛卡儿关于心的规定。

这里物质论是指传统的机械决定论的物质论，它的当代继承者是物理主义。本质上物质论认为只有物质或物理能量是最终实在的，它只需使用物质一侧的术语、概念来解释世界就足够了。于是，物质论者需要解释心智如何来自物质、主体性如何来自客体性。如果这种转变存在，那么完成这一伟业需要一个奇迹——一个“用物理脑之水酿造意识之酒”[①]之类的奇迹。但这个奇迹涉及一个无法解释的存在论跳跃，即使是诉诸涌现论（emergentism）也无法完成这个跳跃。[②]结果，物质论者随时准备否认心智的实在性，往往通过种种手段否定意识的主体性特征，实际上，这类否定、取消或还原重新定义了“心智”“意识”等概念，从而取消了主体性的实在性。[③]

二元论主要指二元论的交互作用论。二元论的问题是显而易见的：两种彼此异质的实体如何发生交互作用的问题始终是它无法解决的。要实现交互，二元论同样需要一个存在论跳跃——一个奇迹（miracle）的介入。由于二元论的关于心智的规定完全不见容于以自然主义为标准的现代科学世界观，所以在当代它从未被绝大多数哲学家和科学家认真地接受。

观念论完全与物质论对立，只使用心智一侧的术语、概念解释世界。当代大多数哲学家实际上并不会认真考虑观念论——认为存在的一切是心智，或心智的投射和内容。即使在世俗生活的意义上，人们也不会严肃地对待“物质好像是一种错觉”这种观点。历史上如流溢论的观念论的问题“在逻辑上”没有二元论或物质论严重。流溢论认为宇宙依照一个从物质、

① McGinn C. Can we solve the mind-body problem? Mind, 1989, 98(391): 349-366.

② Strawson G. Realistic monism: why physicalism entails panpsychism. Journal of Consciousness Studies, 2006, 13(10-11): 3-31.

③ Searle J R. The Rediscovery of the Mind. Cambridge: MIT Press, 1992: 55; Strawson G. Realistic monism: why physicalism entails panpsychism. Journal of Consciousness Studies, 2006, 13(10-11): 3-31.

身体、心智、灵魂到精神的存在层级的连续统进行演化，虽然它也存在如何解释从完全非物理的存在中产生某种物理东西的奇迹，但是因为其形而上学建构的体系利用“层级”概念得到逻辑自洽，这是新宇宙论故事可以吸收的好的一面。

上述三种现代性理论在某一点上既需要对心智和物质的实在性做出说明，又要对它们之间的关系模式做出说明。但是这三者都存在严重的困难，它们的方案中都需要我们接受对自然世界某种形式的超自然介入，所以当代许多哲学家都认为这三个方案失败了。因此，如果我们还“足够真诚地”承认人是有意识的、自由的、涉身的存在者，那么我们就需要一种替代的理论。

在意识、心智和认知等问题的研究上，认知科学近些年也呈现出了几大新的趋向：神经科学实验在包括心理学在内的许多学科越来越成为核心方法；越来越强调认知过程的身体及社会文化环境的作用；将意识问题看作生命现象，关注对认知的演化生物学的说明；倡导复杂性研究，引入自创生性、自主性、自组织等概念，以动力系统理论或借助量子力学等理论对认知进行说明。这些新的研究趋向从不同侧面刺激和深化了当代哲学问题的研究，使我们有可能获得新的视角——特别是我们所倡导的审慎的涉身—延展认知理论——重新审视“意识难题”和心—身问题。

3　自我与身体：自我意识为何是涉身的？

休谟（D. Hume）曾提出一个著名的论题，即自我难以把握论题。休谟认为当我们面对自我时，我们总是会发现特定的对诸如冷热、爱恨和苦乐等的感知。没有感知，我们就不能捕捉自我，并且除了感知之外，我们也不能看到其他任何东西。休谟的这一论题被康德和维特根斯坦等哲学家做了不同的阐述，并被涉及这一问题的多数哲学家首肯。这一论题对于自我的本质、自我知识、自我意识和自我归属有着重要意义。自我，因其难以把握，使得很多哲学家甚至否定自我的存在。这类观点，源于笛卡儿式心身二分，将自我视为感知、思考与经验的主体，而在心灵中又因感知不到作为对象的“我”的存在，所以就否定了自我的存在。笔者认为自我难以把握的核心就在于忽视了自我的客体性与身体性，而自我的客体性与身体性的存在可以为自我意识与自我归属提供实在性的基础。

那么实在性的自我又是如何可以把握的呢？换言之，实在性的自我是如何意识的呢？为了解决这一问题，本章进而讨论如下两个问题：把自我作为对象的表征是否存在于我们的社会交往和对环境的知觉中，即自我是不是生态主义的？把自我作为对象的表征是否存在于我们的身体觉知、身体表征和身体行动中，即自我是不是涉身的？对这两个问题的肯定性回答，论证了实在性自我意识论题，即把“我”作为实在性客体来把握的论题。但是另外，作为主体的“我”与心理状态之间的关联，使得在把我自己觉知为意识主体和实在性自我（客体）之间，出现了一个鸿沟。于是，作为客体的“我”又怎样能与作为主体的“我”结合起来并加以意识和指称呢？通过将免于第一人称代词的错误识别之讹误的特征扩展到身体经验中，从而将免错特征所刻画的作为主体的“我”的指称特征与实在性自我意识结合起来，实现对作为客体性主体的意识和指称。这种具有客体性（身体和特定的物理属性）的自我的意识和指称，因祛除了自我难以把握论题的症结——自我的非实在性、非身体性，所以并没有自我难以把握论题所说的那种困难。

3.1 哲学史的考察

3.1.1 自我与身体无涉的笛卡儿主义源头

笛卡儿在《第一哲学沉思集》的第六沉思中，认为自我和身体的关系并不像舵手与船的关系。笛卡儿认为他自己是不同于他的身体的，并且可以没有身体而存在。自我是不同于身体的非物质性实在。这种非物质性的自我又有身体，并且与身体紧密结合在一起构成一个联合体。但是，笛卡儿认为自我与身体的关系，并不像舵手与船的关系。因为如果是那样的话，人在身体疼痛时是感觉不到的[①]。而且，我们都是不同于自己身体的。在笛卡儿主义二元论看来，心灵是一个思想着的、没有广延的实在，身体是一个有广延的、不思想的实在。笛卡儿之所以认为自我纯粹是心理实体，是因为没有什么可以同时兼有心理属性和物理属性。但是较为普遍的常识性观点会认为，我们自己不仅是身体属性的拥有者，例如身高、体重，也是心理属性和状态的拥有者。笛卡儿认为这种观点是错误的，并且是在一些理解的混淆上产生的。在笛卡儿看来，我们的自我是纯粹的精神实体，是纯粹的心理属性的承载者；而我们的身体是纯粹的物理实体，是纯粹的物

① Descartes R, Cottingham J, Stoothoff R, et al. The Philosophical Writings of Descartes. Cambridge: Cambridge University Press, 1984: ii, 56.

理属性的承载者。没有什么可以同时承载心理属性和物理属性（身体性）。所以如果自我是一个实体的话，自我就不可能成为这两种属性的载体。因此在笛卡儿看来，自我只能是一个思想着的、没有广延的实在。对自我的意识，也只能是对那个没有广延的思想性实在的意识。

尽管笛卡儿关于自我的观点是本体论的（提供对自我是什么事物的解释），但它是以对自我意识特征的一些看似合理的观点为基础的。这些特征有些是现象学的，涉及我们对自我的经验的本质；有些是认识论的，涉及我们获取自我知识的方法的特定特征；还有一些涉及第一人称“我”的语义特征，例如对“我”的真正意义上的使用总是能够指出说出这个词的人。如果笛卡儿的二元论是错误的，那么就可以论证：身体构成了自我意识的一些方面。这里关键的问题是，身体是如何体现在自我意识和第一人称思想中的？也即身体是否以及如何构成了自我意识的部分呢？这是笔者要考察的核心问题。

这一问题虽然有趣，却很困难。这主要是因为笛卡儿所遗留下来的若干不同的观念和主张，都是在“自我意识”的主题下讨论的，并且这些观念之间的关系是复杂的。这种复杂性也反映到了身体和自我的问题中。另外，这种困难还源于这一点：我们有许多使用、意识和表征自己身体的方式，而它们的本质和相互关系又是备受争议的。对自我意识和我们与身体的关系这两者间关联性的解释需要注重它们各自的复杂性。但是当前很多自我意识的研究忽视了我们使用和表征身体的复杂性。而这一点需要我们充分利用心理学等实验科学对身体和自我进行研究。

总的来说，哲学家已经关注到源自笛卡儿的自我意识概念的复杂性，但却在很大程度上忽略了我们使用和表征我们身体的方式方法的复杂性，以及对于这些问题的大量实验研究。相同的问题也出现在心理学对自我与自我意识的研究中：它们往往也忽略了哲学讨论中自我意识概念的复杂性。此外，正如在哲学中一样，在心理学内部，对身体和自我的讨论很少与感觉生理学、神经科学和运动控制中进行的讨论相联系。但是，正如笔者在下面的讨论中所努力揭示的，对自我意识的充分理解将会从对关于身体和自我的哲学和心理学工作的共同思考中获益。

3.1.2 休谟的感知束理论与康德的自我意识理论

认为自我是难以系统地把握的，是很多关于自我和自我意识本质的哲学解释的一个共同点。这些解释一般认为难以把握的自我是一种思考着的、经验着的自我。从特定视角（如内省式自我觉知的视角）来看，自我看起来确实难以把握。休谟在他的《人性论》中着重阐明了这一情形：当“我”进入最亲密的自我时，“我”总是会发现特定的对诸如冷热、爱恨和苦乐等这样的或那样的感知；没有感知我们就不能捕捉自我；并且除了感知之外“我”也不能发现其他任何东西。[①]由此，休谟得出结论，自我除了是不同知觉的束或集合之外什么也不是，并且我们赋予人类心灵的同一性也只是虚构的。自我“只是不同知觉的束或集合”。

但是在《人性论》的附录中，休谟又表达了对这种感知束解释的不满，因为他未能“解释让我们思想或意识当中连续性的感知统一起来的原则”[②]。康德继承了这一观点，认为不同的感知或“表征”要在同一意识中统一，它们的主体必须有可能将“我想”添加到任何表征前面。[③]“我想”是“伴随着所有思想的条件”[④]，并且是一种这样的表征，它自身不能被任何进一步的表征伴随。自我意识主体至少意识到他自己作为不同表征的主体这一同一性的能力，但自我意识不是也不能是从感知方面或“直观地”觉知为表征对象的主体的存在。用康德的话来说，在“我”所有的表征中，“我”能够意识到“主体的这种同一性”；这种同一性并不涉及主体的任何直观；并且凭借直观它被作为对象。[⑤]相反，康德提出自我同一性意识被理解为卷入了关于“我”的表征的同一性的意识，这种“我”的表征“伴随着……完全的同一性，我意识中的所有时刻的所有表征”[⑥]。这一观点意味着，自

① Hume D, Selby-Bigge L A, Nidditch P H. A Treatise of Human Nature. Oxford: Clarendon Press, 1978: 252.

② Hume D, Selby-Bigge L A, Nidditch P H. A Treatise of Human Nature. Oxford: Clarendon Press, 1978: 636.

③ Kant I, Smith N K. Immanuel Kant's Critique of Pure Reason. London: Macmillan, 1929: B131.

④ Kant I, Smith N K. Immanuel Kant's Critique of Pure Reason. London: Macmillan, 1929: A398.

⑤ Kant I, Smith N K. Immanuel Kant's Critique of Pure Reason. London: Macmillan, 1929: B408.

⑥ Kant I, Smith N K. Immanuel Kant's Critique of Pure Reason. London: Macmillan, 1929: A362-A363.

我意识不是把表征的主体觉知为客体。这是康德与休谟在这个最难解决的哲学问题上的共同观点。

那么人们是如何将思考和经验的自我意识为客体的呢？根据康德的观点，这种觉知存在于人把表征的主体觉知为一个持存的非物质的实在之中。将自我觉知为一个实在，这需要将自我觉知为不同表征的持存的主体，它内在于人的实在性自我之中。但是康德继承了休谟的观点，认为“没有固定的、持久的自我能够在内在表象的流动中呈现自身”①。他指出，虽然认为“我”总是能被称为主体，但这并不意味着，“我，作为客体，对于我自己就是一个自我独立的存在或实在”。②

康德又基于他的知识论来解释我们如何可能有自我的知识。康德认为，知识的产生源于两个方面：一方面，它需要感觉输入或康德所谓的“可感直观”；另一方面，它需要能将感觉输入加以概念化的能力。只有通过感觉和理解的联合才能产生知识。假定知识的这一模型适用于关于我们自身的知识的话，那么很容易就会认为内省而非“外部感觉”是我们大部分自我知识产生的途径。所以，如果知识总体上要以感觉的传送为基础的话，人们会倾向于认为内省是自我感知的一种形式。如果自我知识需要自我觉知，那么这种自我觉知就是内感——康德将其定义为心灵直观自身或内在状态的能力，并且心灵自身和内在的心理状态就是自我知识的最恰当的来源。

3.2 物质主义自我意识观

3.2.1 自我难以把握论题、简单论证与自我排除论题

在近来关于内感观念的辩护中，阿姆斯特朗（D. M. Armstrong）认为，内感只揭示了个体的心理活动的发生，并且心灵的概念是一个理论上的概念，这一概念“被认为把所有通过内省让我们觉知到的个体心理活动联结到一起”③。按照这种观点考虑接下来的论题，这一论题常被称为自我难以把握论题（elusiveness thesis）。

① Kant I, Smith N K. Immanuel Kant’s Critique of Pure Reason. London: Macmillan, 1929: A107.
② Kant I, Smith N K. Immanuel Kant’s Critique of Pure Reason. London: Macmillan, 1929: B407.
③ Armstrong D M. A Materialist Theory of the Mind. London: Routledge, 1968: 337.

自我难以把握论题：当某人内省地觉知到他的思想、经验和感觉时，他却不能觉知到拥有这些而持存的自我。

否认对持存自我的觉知的观点意味着，如果某人将自我仅仅界定为感知束，那么在此意义上这个人内省地觉知到了一个自我。用康德的话说，它是“固定的、持久的”自我，而内感无法通向这个自我。因此，如果内省的觉知被理解为内感的运作，休谟和康德的观点就是符合这种自我难以把握论题的。

对这些论证的直接回应可能是：认同没有也不可能有对作为非物质实在的表征主体的内省觉知这样的事情。但需要指出的是，还有另一种可能回应：我们将自我觉知为持久的物理实体，即处于众物体之中的物体。[①]这可以描述成物质主义的自我意识观念（或实在性自我意识观念）。这里有一个问题，涉及对“觉知”概念的理解。下文中会对此做更多讨论。另一个问题则涉及对“物理对象”概念的理解。

可能有人认为，使对象成为物理对象的正是它拥有一系列洛克意义上的主要性质，包括形状、位置和硬度。[②]在这个意义上，马和桌子是物理对象，而全息影像和影子不是。因此，一个人将他的思考、经验本身觉知为有形状、有位置和有硬度的，就是人们将自我觉知为物理对象。通过下文的论述，笔者认为在这种意义上不但能够说一个人可以将他的表征的主体觉知为“一个客体”，还有理由认为将思考或经验的自我通过内省觉知为一个处于其他物体之中的物理对象是自我意识的一个必要条件。[③]这种物质主义的自我意识观念实质上就瓦解了自我难以把握论题。

为什么这种物质主义的自我意识观念一直看起来是有问题而难以接受的呢？一种解释是：如果一个人坚持否认思考的主体实际上可以是物理对象的话，接受下面的观点看起来似乎是困难的，即将思考着的自我觉知为

① Ayers M. Locke, 2vols. London: Routledge, 1991: 285; Strawson P F. The Bounds of Sense: An Essay on Kant's Critique of Pure Reason. London: Methuen, 1966: 102.

② Peacocke C. Intuitive mechanics, psychological reality, and the idea of a material object//Eilan N, McCarthy R, Brewer B. Spatial Representation. Oxford: Blackwell, 1993: 162-176.

③ Strawson P F. The Bounds of Sense: An Essay on Kant's Critique of Pure Reason. London: Methuen, 1966: 102.

“是客体”的感觉，正是将它觉知为一个物理对象的感觉。这种解释可能导向这一观点，即为了支持物质主义关于自我意识的观点，只需要认同物质主义关于自我概念的理解——思考着的自我本身就是物理或身体实体。如果思考着的主体是身体，由于没有理由假定身体是非常难以把握的，那么也没有理由假定思考着的主体是非常难以把握的。下文将此论证称为“简单论证”。齐硕姆曾对此做过概括性表述。

> 简单论证：如果我们与我们的身体是同一的，并且如果我们确实感知到了我们的身体，那么，不论我们是否认识到它，我们都感知到了我们的自我。①

但是，简单论证太简单了，以至于在很多重要的方面论证不充分。关于自我意识本质的问题是认识论的，而关于自我本质的问题是形而上学的。这种区分的意义在于，正如笛卡儿自己所认为的，在自我问题上的非物质主义者——认为思考着的自我是非物理的——并不明确否认思考着的主体是把自我呈现为物理的。而笛卡儿认为的人与其身体的关系并不同于舵手与船的关系，也是为了让我们重视这样一种感觉，在这种感觉中我们思考着的自我被呈现为身体性的意识主体，而不只是偶然与身体相联系的主体。

对于在自我问题上的非物质主义者来说，将思考着的主体觉知为躯体，这当中有一种关于主体的实际本质的错觉，不过没有必要假定自我的本质在平常的自我觉知中是完全清楚的。出于同样的原因，即便表征的主体实际上是有血有肉的物理对象，它也看起来留有休梅克所说的这样的可能性，即“当某人内省式地觉知其思想、感觉、信念和期望时，呈现给自我的他并非血肉之躯，而且似乎根本也不会呈现为一个对象”②。换句话说，这种简单论证过于容易地从形而上学假设论证了认识论的结论。

可能有人会提出反对意见，认为这种对简单论证的有些抽象的批评没能确切地解释这一点，即物质主义的自我概念是否为我们将自我内省地觉

① Chisholm R. On the observability of the self//Cassam Q. Self-knowledge. Oxford: Oxford University Press, 1994: 94.

② Shoemaker S. Personal identity: amaterialist's account//Shoemaker S, Swinburne R. Personal Identity. Oxford: Blackwell, 1984: 102.

知为物理对象留有了余地。对此可以有这样的回应：内省式的自我觉知并不只是对某人的思想和感知的主体的觉知与意识。如果情况果真如此，那么，认为主体是身体的人们将会把对镜子中身体自我的觉知视为一种内省的自我觉知，而这不可能是对的[①]。通过将内省式的自我觉知定义为“从内部”觉知自我也不能排除这样的情况，因为区分“从内部”和“从外部”的觉知并不能产生多大作用。

相反，内省式的自我觉知必须被理解为对“作为主体”的自我的觉知。[②]因此，物质主义的自我概念从以下的意义上来说没有回答我们是否内省式地觉知自我为物理对象：即便一个给定的物理对象甲实际上是表征的主体，并且某人把甲觉知为一个物理对象，这也不意味着这个人把甲觉知为他的表征的主体。可以看出，在自我问题上的物质主义者如何可以同意自我——即便是身体自我——从内省的自我觉知的视角来看肯定是难以把握的：当我们反思怎样才是觉知某物为主体时，那么很明显的是，如果甲是他所觉知的那样的物理对象，从概念上看来，甲就不能同时向他呈现为表征的主体。于是，主体应当成为对象客体本身这一点就会有很大的矛盾，因为觉知某物为客体，以及觉知它为主体，是觉知中的相互排斥的方式。这也是为什么叔本华认为主体应当成为他自己的对象是他“想到过的最大的矛盾”。

当然，上述论断的合理与否取决于在觉知客体和觉知某物“为主体”中包含了什么，这在后文会详细解释。接下来讨论的核心论题是，觉知自我为众物中一物是自我意识的一个必要条件。对于把自我觉知为物理客体的表征主体是自我意识的必要条件的论证，还不足以为这一论题辩护。还需要表明：自我意识主体必须把作为主体的自我觉知为有形状的、有位置的和有硬度的。

简单论证所面临的另一个难题在于：赞成自我难以把握论题的哲学家常常从这种难以把握性出发，论证自我排除论题。

---

① Shoemaker S. Identity, Cause, and Mind. Cambridge: Cambridge University Press, 1984: 123.

② McGinn C. Problems in Philosophy: The Limits of Inquiry. Oxford: Blackwell, 1993: 48; Shoemaker S. Personal identity: amaterialist's account//Shoemaker S, Swinburne R. Personal Identity. Oxford: Blackwell, 1984: 119.

> 自我排除论题：思考和经验的自我不处于世界的众客体之中，因此它也必然不处于物理客体之中。[①]

从我们不可能内省地觉知自我为对象的论断出发，自我排除论题接下来会如何推论呢？根据所谓的自我意识论证，即只有可向自身呈现为客体的才可以成为世界众客体中的一客体，内省地觉知自我并不能确保自我是世界中的客体。用胡塞尔的话说，思考着的自我，由于这种自我意识角度下的难以把握性，并不是“世界的片段”[②]。正如简单论证从形而上学的前提得出的认识论上的结论一样，自我意识论证从认识论的前提得出了形而上学的结论。

可能有人会有异议，认为自我意识论证不成立，因为它从认识论前提到形而上学结论之间的过渡是不能被接受的观念论。正如贾纳韦（C. Janaway）所说的：“我们认同……主体不是也不可能直接是他自身的客体。但是，如果我们想要得出主体因此根本不是世界中的客体这一结论，我们必须引入这一前提，即只有当某物是主体的对象时它才可能是世界中的对象……但如果我们不是观念论者，并且也不以这种方式将存在于世界之中的对象和主体的对象的这些概念联系在一起，那么我们就没有理由说主体不是世界中的一部分。”[③]

从目前来说，对自我意识论证的这一回应就是不会遭到反对的。但是从这里将要辩护的自我意识的观点来看，它并没有走得足够远。自我意识论证的问题不仅在于它是不被接受的观念论，而且更在于它的认识论前提是错误的；与这一前提相反，我们可以而且必须作为世界中的对象之一——而不是作为非物质的思考着的实在——呈现在作为主体的自我面前。

接下来在论证实在性自我意识的物质主义观的过程中，需要避免产生这一印象，即从思考着的自我实际上是众物理客体组成的世界当中的一物理客体的前提出发，反对自我排除论题。与简单论证不同，这里有待辩护

---

① Rosenberg J. The Thinking Self. Philadelphia: Temple University Press, 1986; Janaway C. Self and World in Schopenhauer's Philosophy. Oxford: Clarendon Press, 1989.

② Husserl E, Cairns D. Cartesian Meditations: An Introduction to Phenomenology. Dordrecht: Kluwer Academic Publishers, 1991: 25.

③ Janaway C. Self and World in Schopenhauer's Philosophy. Oxford: Clarendon Press, 1989: 308.

的主张是，我们需要向自己呈现为有躯体的是自我意识的概念限制的结果，而不是自我的物质主义概念的直接结果。不应认为我们向自己呈现为有身体的必然推出我们思考着的自我是有身体的。进一步的论证要表明内省的自我觉知并不包括关于表征主体的实际本质的观念。接下来讨论的主要目的是为关于涉身的自我意识的物质主义解释进行辩护，而非关于自我本身的解释，尽管自我意识的物质主义解释应当提及一系列形而上学和认识论的思考以支持自我的解释。如果自我意识的物质主义解释是正确的，而且思考的“我”实际上是有形状的、有位置的和有硬度的，那么情形便会如它们在内省的自我觉知中看起来一样。

3.2.2 物质主义自我意识观的意义

除了对自我的排除论题有影响外，物质主义自我意识观还有更宽广的意义。虽然在当前的心灵哲学中，笛卡儿主义二元论已经式微，但是并非所有哲学家都因此而欣然采纳物质主义自我意识观。尽管休梅克论证了物质主义自我观，但是他不认可物质主义自我意识观，而是认为我们并不内省式地把自己觉知为血肉之体。休梅克主要针对的是笛卡儿的二元论，但是由于笛卡儿至少还认为我们向自己呈现躯体，所以他的观点反而更容易被人接受。

因此，在这一背景下，笛卡儿或许会比当代的心灵哲学家更愿意承认我们把自我内省式地觉知为有意识的身体性主体。而这更接近自我意识的本质。尽管笛卡儿对思考的“我”的本质的观念可能最终看来是不连贯的，但他表面上所承认的我们内省式地觉知自我为身体性的意识主体这一论断，相对于某些当代的物质主义自我观，更加接近于自我意识本质的真理。笔者也将重点利用笛卡儿的自我意识观点来重构关于自我意识的两大论题。

尽管很多心灵哲学家还没有认可这种自我意识观念，对笛卡儿二元论或自我的排除论题也没有丝毫关注，但是也有一些哲学家对自我意识包括了物理性的（身体性的）自我觉知的观点非常认同。在分析哲学传统中，斯特劳森以及受其影响的埃文斯和麦克道尔等人为这种自我意识观做了重要的论证。[①]在斯特劳森等人的概念式自我意识的研究中，还有很多自我意识的观念难题，如麦克道尔所说的，自我意识主体必须“设想他自己，即他的经验的主体，是客观实在的一个身体元素——作为世界中的一个身体呈现”[②]。在直观地觉知自己为一个有意识的身体性主体上，一个自我意识主体必须能够将作为主体的自己呈现为处于众物中的一物，以及时空实在中的一个片段。

下文笔者将阐述物质性的身体与自我意识的关系。涉身的认知、感知和行动，对于自我的理解，具有重要的意义。“自我”并不是常被用作分类的名词。我们可以问会议室里有多少人，却并不能说有多少自我。“自我”在这种意义上，更像是一个形式概念。谈论自我或主体，是在确认思想、感知和行动的场所。感知和行动是要求涉身的，并且思想是与感知、行动不可分离的。所以，如果自我是感知、行动和思想的，那么自我就是涉身的。非涉身的自我只是一种幻象。笔者将在下文阐述这种涉身的自我觉知在自我的意识中起着怎样的独特作用。

3.3 身体觉知与自我意识

我们拥有着对我们自己的身体的使用、意识和表征的多种方式。但是，对于了解和感知我们自己的身体，我们有不同于了解和感知其他物理对象的特殊渠道吗？我们作用自己的身体的方式是不同于我们作用于他者和其他对象的。许多哲学家和心理学家发现，我们足以相信我们有感知和了解我们自己身体的独特方式。这一观点的恰当而少有争议的表述是，我们使用和表征我们的身体的方式与我们使用和表征其他物理对象的方式之间有本质差异。比如，我们能够通过身体而非任何他者的身体或对象来行动，并且能够感受到身体内的而非他者身体或对象内的感觉。我们能够通过我们的身体行动并且感受到身体内的感觉这一简单事实把我们和我们的身体

① Strawson P F. The Bounds of Sense: An Essay on Kant's Critique of Pure Reason. London: Methuen, 1966: 162-169; Evans G, McDowell J. The Varieties of Reference. Oxford: Oxford University Press, 1982: 205-235; McDowell J. Mind and World. Cambridge: Harvard University Press, 1994: 99-104.

② McDowell J. Mind and World. Cambridge: Harvard University Press, 1994: 103.

的关系从我们与其他对象之间的关系中区别出来。这种关于身体觉知独特性的观点提出了三个重要的问题，我们将在下面讨论。

第一，我们是否如一些哲学家和心理学家所假定的，有一种特定的身体感觉，即本体感觉，这种感觉产生了关于我们的身体而非其他事物的知识，并且反映了身体与自我之间的直观联系。第二，我们是否需要假定关于身体的某种特别的表征来解释行动和感觉。第三，我们是否有一种独特的身体现象学。我们由这些问题可能会得出一些我们的身体和物质主义的实在性自我意识之间的独特关系。

3.3.1 本体感觉

我们拥有使用和表征我们自己身体的独特路径。与身体相关的信息是可以由身体感觉的信息通道来提供的。当然，有一系列信息系统会产生关于身体状态和表现的信息，例如，从皮肤及其表面以下的感受器获取的关于压力、温度和摩擦力的信息，从对静态姿势敏感或对动态信息敏感的关节中的感受器获取的关于身体各部分相对状态的信息，从内脏的感受器中获取的与身体的动态平衡和健康相关的关于营养和其他状态的信息，等等。但由此并不能证明存在专门的身体感觉，而且这些信息通道并非获取关于身体的信息的唯一渠道。例如，关于身体的运动和相对姿势的信息还可以通过视觉来获取。因此，内部本体感觉系统只提供关于身体的信息，以及关于身体的信息只能通过内部本体感觉系统获得，这两点都是不正确的。

这里最重要的一点是，这些不同类型的信息中很少是有意识地登录的，并且当它们产生意识经验时，经验的内容也常常不同于产生经验的信息的内容。拥有与身体相关的信息与拥有关于身体的意识经验间存在严重的差异。不仅关于姿势的大部分信息是无意识的，而且姿势本身也常常是无意识的。此外，来源于肉身的意识经验可以是关乎世界的，也可以是关乎身体的。这可以用身体表面与客体间的压力来阐明，由于注意力的聚焦不同，可以产生关于身体特定部分的感觉的意识，也可以产生关于客体的意识。

那么，我们应该区分常常被同一看待的这样三点：第一，有内部的本体感觉系统，即上文所列举的那些来源于身体的信息通道。第二，有本体感觉信息，包括可获得的关于身体的全部信息，不论它是否来源于本体感觉系统或其他地方。第三，有本体感觉觉知，这被认为是对身体的意识经验，以从内部得来的身体经验为特征。任何对特定的身体感觉的讨论都需要考虑这三者之间的区别，区分开本体感觉系统、本体感觉信息和本体感觉觉知。而且，这三者的差异也将本体感觉觉知同视觉和触觉对自己身体的经验区分开来。当然，如果身体感觉的存在依赖于系统、信息和觉知的等同，那么认为有一种特定的身体感觉的观点看起来就是错误的。

然而，仍然可能有其他理由假定这种特定的身体感觉的存在。[①]这就需要我们弄清楚，如果有关于本体感觉的独特性，那么该如何解释身体的独特感觉的概念以及这种感觉的发生。

3.3.2 身体表征与感知的涉身性

心理学家和哲学家假定了很多不同的表征身体的方式。遗憾的是，他们常不加区别地使用“身体图像”(body image)和“身体图式”(body schema)术语指称截然不同的表征，并且常常混用它们。在这一部分，我们会做出区分。

首先我们需要区分三个参数——内容、种类和解释性目的，并以此区分关于身体图像和身体图式的不同概念。只要不被混用，这些不同概念完全有可能是真实的、有用的。第一，在表征的内容上有变化。在这些不同的概念中，存在着关于身体的长期结构化的和物理的属性，如它的当下姿势、物理表象和美学性质等。第二，关于表征的种类或产生内容的状态主要有：有意识的感知经验、有意识的心理图像、亚人计算中使用的无意识表征及神经元投射。第三，特定的身体表征概念因用于不同的解释性目的而有所差异，如运动的协调性、对姿势的本体感觉觉知、感受到的感觉位置、身体觉知的各种神经心理紊乱、身体模仿的可能性、对身体作为客体的理解力、身体注意的机制和现象学。

通过比较奥肖尼斯（B. O’Shaughnessy）、金斯伯恩（M. Kinsbourne）

① 马丁、奥肖尼斯、科尔和帕亚尔等人的研究清晰地讨论了这一特定问题，他们没有把研究建立在三者等同的基础上，而是引用了一系列心理学、生理学和现象学的思考。参见 Bermúdez J, Marcel A, Eilan N. The Body and the Self. Cambridge: MIT Press, 1995.

和加拉格尔使用的概念[①]，可以根据这三个参数来解释对身体的表征有何种差异。奥肖尼斯有两个解释性目的。[②]第一个目的是描述身体觉知的种类特征，他认为这对于有意图的行动来说是必要的（相对于动力控制的无意识方面来说）。为此，他援引了短期的身体图像，即人们经验到的关于身体的任何内容，是依赖于注意对自我中心的姿势位置和感觉的定位的觉知。他的第二个目的是解释在短期身体图像中，感觉如何被经验为处于特定的身体之中的。为此，他援引了长期身体图像的概念。它是对身体的相对持久的结构的无意识表征。即刻的、有意识的短期身体图像是长期身体图像和可获取的、所有即时的姿势和身体信息的一部分（视注意力而定）整合的结果。即便没有感觉的能力，持存的表征也可以是某种身体知识的基础。科尔（J. Cole）和帕亚尔（J. Paillard）对传入式神经阻滞患者的研究可以说明这一点，这种患者即使失去了关于身体位置的大部分感觉和信息，也仍然会有对身体结构的感觉。[③]

奥肖尼斯在这些解释中对长期身体图像的使用没有受到较大的异议。但也有一些强调身体图像其他特征的观点。例如，金斯伯恩挑战了神经病学中的动机概念，引入了身体图像的概念，来解释在人的经验和对自己身体的使用中出现的一系列神经心理紊乱（也叫自体感觉缺乏）（asomatognosias）现象。[④]

单侧忽视症（unilateral neglection）的例子就足以说明这个问题。这种症状涉及两个现象：一是患者忽视了身体一侧；二是他们忽视了同一侧空间及空间上延展的刺激。在极端的情况下，特别是当患者没有觉知到他们的忽视时，患者将无法觉知身体中有病的那一侧的肢体的存在，甚至否认他们有这部分肢体。对单侧忽视症忽视的一种解释是，这是由大脑中特定

① 参见 Bermúdez J, Marcel A, Eilan N. The Body and the Self. Cambridge: MIT Press, 1995.

② O'Shaughnessy B. Proprioception and the body image//Bermúdez J, Marcel A, Eilan N. The Body and the Self. Cambridge: MIT Press, 1995: 175-204.

③ Cole J, Paillard J. Living without touch and peripheral information about body position and movement: studies with deafferented subjects//Bermúdez J, Marcel A, Eilan N. The Body and the Self. Cambridge: MIT Press, 1995: 245-266.

④ Kinsbourne M. Awareness of one's own body: an attentional theory of its nature, development, and brain basis//Bermúdez J, Marcel A, Eilan N. The Body and the Self. Cambridge: MIT Press, 1995: 205-224.

部分的与身体的亚人级神经元表征相关的那部分的损坏造成的。这是金斯伯恩的身体图像概念的核心。根据这一解释，忽视是一种表征上的缺陷。金斯伯恩认为，借助于身体的大脑表征来解释各种自体感觉缺乏症，既不能让人信服，也非必要。比如，它不能解释左侧忽视占多数，也不能解释只有有限的身体部分被忽视了。金斯伯恩提供了一种关于忽视的解释，它源自注意的一种缺陷，这种缺陷是由身体注意所涉及的处理器的失衡引起的。他提出，在左侧忽视的例子中，大脑右半球中的处理器和指向左侧的注意损坏了，因此，不能与左半球的处理器相平衡。这种诊断基于对侧面空间注意（既是身体的，也是视觉的）的机制的解释，并不需要假定对身体的（单独的）表征。另外，金斯伯恩提供了关于其他自体感觉缺乏症的解释，这一解释不需要借助于身体图像。

金斯伯恩对身体图像概念的理论用法的反驳与奥肖尼斯对长期身体图像的存在的假定并不冲突。不仅如此，它们还被用于不同的解释性目的。奥肖尼斯努力解释经验到的感觉的位置，而金斯伯恩提供一种关于身体注意的神经机制的功能性解释。当然，身体注意可以被用来处理身体感觉。但是这并不必然意味着，凭借处理身体感觉，人才会经验到这些感觉位于身体的特定部分。当某人处理身体感觉时，他是在处理早已在特定的身体位置被经验到的事物，虽然在注意的前提下，这种观点是合理的。因此可以说，可能需要某种身体图像来解释经验到的感觉的位置，但可能并不需要它来解释身体注意的机制。

区分不同的解释的背景有助于澄清奥肖尼斯和金斯伯恩观点间的关系。加拉格尔首先对“身体图像”和“身体图式”术语的指称做了系统的区分，在身体经验的讨论中这两者常常被混用。[①]对于他来说，身体图像是对身体诸方面的有意识的表征：当下感知到的身体、概念上被理解的身体、作为感受和情感客体的身体。它们的共同点是它们的表征本质。加拉格尔正是诉诸身体图像的概念来描述即时的身体经验的特征（如神经性厌食症）的。而身体图式是身体主动地将它的位置和它在环境中的反应整合起来的

① Gallagher S. Body schema and intentionality//Bermúdez J, Marcel A, Eilan N. The Body and the Self. Cambridge: MIT Press, 1995: 225-244.

方式。他认为，身体图式由意识独立地获得，不涉及任何表征。和一些心理学家一样，加拉格尔认为，我们行动和运动的许多方式在身体图式层面得到了最好的理解，而不用引入表征性的身体图像概念。另外，加拉格尔认为不仅区分身体图像和身体图式的概念是重要的，思考两者间的相互作用也是同等重要的。身体图式的运作限制了几乎所有形式的意识经验。加拉格尔列举了一系列实验证据表明，身体图式层面所表现的身体各个方面的变化不仅影响了主体感知他们自己身体的方式，而且影响了他们对空间和外部客体的感知。总的看来，他提出了在解释感知本质中梅洛-庞蒂所赋予的涉身在各方面的重要性。

3.3.3 身体现象学与感觉的空间内容

关于我们的身体的知觉与知识的独特性的另外一种进路认为，它的独特性源于身体的现象学。这种观点源于维特根斯坦，并由安斯康姆进一步予以了论述：肢体位置和运动的体觉知识是独立于身体感觉的。[①]我们不仅有在身体特定位置上的感觉（如痒），还有与此感觉相关的作用于特定身体部位的倾向（如抓痒）。根据这一观点，虽然我们确实有身体感觉，但是它们自身并不包含对姿势和运动的感知（部分是由于它们不能充分提供细致的信息），并且关于肢体位置和运动的本体感觉知识是不依赖于身体感觉的。相反，个人关于姿势和运动的知识应当用他即刻产生的认识来加以分析，即身体各部分是处于某一位置的，或者某些身体部分在以某种方式运动。这些即刻产生的认识大概是以本体感觉系统提供的无意识信息为基础的。由此产生了关于身体感觉的修正主义观点，这种观点否认身体感觉具有对位置的感受。安斯康姆认为，我们并不在身体特定位置感受到感觉，如痒。相反，我们所具有的是在身体特定位置上的感觉（如痒），以及作用于特定身体部位的倾向的结合（如抓痒）。不过，笔者并不同意这种观点可以在总体上彻底地解释以本体感觉为基础的身体的知识和特定感觉的知识。这是因为，感受感觉在本质上是与身体的空间属性的感知经验有关的。下面将简要阐述感觉的空间内容以及其与感受感觉的关系。

---

① Anscombe G E M. On sensations of position. Analysis, 1962, (22): 55-58.

布鲁尔（B. Brewer）在奥肖尼斯早期的研究基础上[①]，提出感觉的空间内容应当包括两个基本组成部分：第一，对身体及其部分的结构化表征；第二，以自我为中心而指明的身体中的感觉位置。[②]以自我为中心的指明又与引导在这些位置上的行动的倾向性相联系。在布鲁尔看来，感受到的感觉的空间内容与客体特定位置的视觉感知的空间内容，表面上似乎没有什么差异，但在身体感觉中，人们可以直接觉知到在某物理位置上的自我的心理属性（一种感觉）。这是身体感觉现象学不同于视觉感知的特别之处。

相比之下，马丁(M. Martin)认为，身体感觉有独特的空间内容，它将本体感觉（身体）觉知的现象学与自己身体和外部空间中的其他客体的视觉和触觉经验的现象学区分开来。更具体地说，他认为，感受感觉的基本特征是“在某个人看来，他现在可在任何部位中感受一种感觉，因此对这个人来说感觉将被感受到落在这个人身体的边界以内”[③]。这便是他对什么是从内部觉知身体的解释。经验的空间内容的独特性则可以从与视觉经验的对比来说明。

在视觉觉知中，经验到的被感对象的边界，在以自我为中心的空间的经验到的界限以内，可视对象似乎也在这种以自我为中心的空间内。相比之下，在本体感觉觉知中，对于经验到的被感的客体（感受到的身体）的边界，以及身体感知的空间的经验到的界限，二者是共有外延的。从马丁的立场来说，感受到感觉在假肢器械或工具的末端，并不必然构成问题。因为他会反驳说，在这类情况下，感受到的身体延伸到了这些位置。不过，使得这种觉知成为对客体的觉知的，是人们在把内部的边界觉知为边界时，也觉知到延展到他们身体以外的空间。

马丁的核心观点之一是，自属感对感觉现象学来说是基本的，并且这种感觉应当借助于感觉的空间内容来加以解释。也就是说，在感觉的基础上感受关于身体的自属性，只是从内部以勾勒轮廓的方式觉知它而已。这

① O’Shaughnessy B. The Will: A Dual Aspect Theory. Cambridge: Cambridge University Press, 1980.

② Brewer B. Bodily awareness and the self//Bermúdez J, Marcel A, Eilan N. The Body and the Self. Cambridge: MIT Press, 1995: 291-310.

③ Martin M G F. Bodily awareness: a sense of ownership//Bermúdez J, Marcel A, Eilan N. The Body and the Self. Cambridge: MIT Press, 1995: 267-290.

一论断使马丁不用引入自我意识就能够解释自属性。另外，他在对本体感觉觉知的独特性的解释中提出了这一问题：我们需要哪些概念，才能通过正确看待身体觉知的现象学的方式，来描述这一觉知的空间内容？只诉诸表征客体过程中使用的指称框架，将不会产生独特的身体觉知现象学。笔者认为，可以诉诸埃兰（N. Eilan）的注意场的概念来解决这一问题：注意场是感知意识中的背景部分，凭借它空间目标会随着注意力的有意转移而被指明。[①]詹姆斯对感知意识中的焦点注意的背景的描述也与此类似。可以认为，身体觉知的独特性在于这一觉知中注意场的内容。在视觉觉知中，它由感知者周围空间中的自我中心位置的指明而组成；在本体感觉觉知中，它可能存在于结构化表征的客体（感知者自己的身体）上的自我中心位置的指明中。这一问题也表明了，将分析现象学和经验心理学整合起来可以有非常大的收获，特别是关于注意目标的限定以及感知中的注意问题的讨论。

3.3.4 身体与自我表征

按照物质主义的实在性自我意识论题，自我是持存的客体，自我意识则将自我表征为这一持存的客体。如果我们有使用、表征和觉知身体的独特方式，那么这些与身体接触的独特方式，是如何关涉将自我表征为客体的呢？

为了解决这个问题，我们需要审视关于感觉的空间内容的解释。马丁的解释确实旨在产生对身体作为客体的感知，但这是在弱的意义上由对身体界限的当下觉知所给出的。布鲁尔的解释，由于借助于身体的结构化描述的概念，指出感觉包含了对作为客体的身体观念的更强理解。

还需要关注在“身体图像”标签下指称的身体表征的各种形式。身体表征的更加概念化的和成熟的类型，比如加拉格尔的身体图像的概念，包括把身体表征为客体。不过，可能很少有把身体表征为客体的概念化的方式。显然，金斯伯恩讨论的身体图像的亚人概念本身不能解释对自我作为客体的觉知。坎贝尔（J. Campbell）认为，奥肖尼斯的长期和短期身体图

① Eilan N. Consciousness and the self//Bermúdez J, Marcel A, Eilan N. The Body and the Self. Cambridge: MIT Press, 1995: 337-358.

像之间的关联取决于如何使用它们，这一关联可被用来支持这一观点：不论在物理还是心理层面上都将自我理解为因果地结构化的客体。[①]即便他的观点是正确的，仍有一个问题没有解决，即所讨论的身体表征是否是唯一有助于理解我们将自我表征为客体的方式。

在上文我们提到，区分我们和身体的关系与我们和其他物理客体的关系的要点之一是：我们能够以某种方式直接使用身体来行动，对其他客体则无法这样行动。对于把自我表征为客体是否包含在行动当中这一问题，奥肖尼斯和加拉格尔有截然不同的回答。奥肖尼斯提出，人要对世界施加行动的话，长期和短期身体图像都是需要的。奥肖尼斯关于长期和短期身体图像一同被使用的观点表明，它们可能会产生身体作为客体的感觉。加拉格尔却认为，对非反思的行动的解释不需要表征。在他看来，尽管行动可能产生对身体作为客体的觉知，但是身体图式是非表征性的。这里存在着一种预设，即在行动和身体表征或自我作为客体的表征之间有着密切的联系，并且行动是把握自我与世界区别的基础。

关于物质主义的实在性自我意识的完整解释必须处理这些不同的问题：不仅要将它们相互整合，还要将它们与表征自我为客体及其在社会互动和环境表征中应起的作用的问题联系起来。我们现在转向这一完整解释将不得不处理的另一个问题，即实在性自我意识论题如何与“作为主体的我”论题相联系这一总问题。

3.4 小结：弥合自我意识的两个论题

在上文中，我们已对笛卡儿关于自我是纯粹心理实体的著名论断做了初步论述，这一论断通常被称为“我思命题”。笛卡儿发现不论何时他进入思考、感觉疼痛、怀疑等意识心理活动中，怀疑“我思”“我在感觉疼痛”这类确实在做的事，都是不可能的，而且这使他认识到他自己本质上是一个心理对象，是一个自我。这足以确定，我们拥有在这些自我归属中所涉及的自我的本质和存在的实在性知识。我们将用“实在性自我意识”来表

① Campbell J. The body image and self-consciousness//Bermúdez J, Marcel A, Eilan N. The Body and the Self. Cambridge: MIT Press, 1995: 29-42.

达这种知识。

自笛卡儿以来，这一论断是许多观点和问题的首要来源，困扰了对自我意识的哲学探讨。我们可以将他的观点分为两个论题。

实在性自我意识论题（即“作为客体的我”的论题）：第一，自我是实际存在的，并持续存在的客体；第二，当我们使用“我”来指称自己时，我们就把这种客体拣选了出来。

“作为主体的我”的论题：第一，作为思想和经验的自我意识的主体，必然是与获取个人状态的知识的特定方式相关的；第二，在我们以这些方式来获得的知识中，我们必然不会在谁是这些状态的主体上弄错（即免于错误识别之讹误）（immunity to error through misidentification）。

这两个观点都可以在笛卡儿那里找到，但是笔者对这两种观点的重构将独立于他的二元论。笔者将通过这两种观点间的关系来安排本部分的线索。在此笔者将简述这两种观点。实在性自我意识论题包括两个部分。其中一部分是说自我是什么，另一部分是说我们如何意识这种自我（即这种意识与表征需要哪些条件）。

在第一部分中，自我是持续存在的对象，当我们用第一人称代词“我”时我们指称它。提出自我是对象就保留了这种可能性，即它可能是一个纯粹的心理上存在的自我（笛卡儿认为如此），因为某事物可以不必是物理对象。但这一论题仍然有很多漏洞，因为关于什么是对象，会有种种限制。这样就会出现一个问题，即区分石头和人之类的对象与全息图和影子之类的事物的关键特征何在。

实在性自我意识论题的第二部分，认为我们在觉知自己时把自己表征为对象客体。尽管这一主张并不强调自我是心理客体还是物理客体，但是依然存在这样的问题，即在这种表征中到底包含了什么。笔者将进一步说明这种将自我表征为客体对象的感觉，以及自我的对象化觉知的要求。在心、身和自我的哲学争论史中，一种不同于笛卡儿的做法是，将身体得到表征作为自我表征为对象客体的重要前提。如果确实如此的话，那么身体就直接包含在实在性自我意识中。

相比之下，作为主体的“我”的论题，常被描述为关于我们获取自己心理状态知识的方式。试以这样两种情形加以比较：听到某人因疼痛而大喊，以及我们自己实际感觉到疼痛。在这两种情况中，人们都获取到了关于疼痛例示的知识。在第一种情况中，若进一步问疼痛的人是谁的话，我们有可能做出错误的回答。然而，在第二种情况中，许多人会认为，没有进一步问这个问题的余地，也没有错误回答这一问题的可能性。如果某人感觉疼痛，那么怀疑疼痛是不是他自己的是没有意义的。这一阐释中隐含了两种不同的观点。第一种观点是，作为主体的“我”的论题只适用于获取自我状态的内省知识。而对于人们阅读对其性格描述之类的情形，这一论题并不适用。因为在这种情境下，若被问及所描述的那个人是不是“我”的话，是有可能给出错误回答的。第二种观点是，内省只适用于人们对自我心理状态的了解，作为主体的“我”论题并不适用于（比如在感知或证据的基础上）获取他人心理状态的知识。

随即而来的问题是，作为主体的“我”的论题是否应当被限制在发现自己的心理状态的方式上。有了这种限制，觉知自我为主体与觉知自我为实在性客体之间似乎出现了一道鸿沟。有些哲学家甚至认为，如果觉知自我为实在性客体需要将身体表征为一个物理对象的话，这一鸿沟就是不可逾越的。因为觉知自我为对象和觉知自我为主体不能被统一起来。笔者将详细讨论这两个关于自我意识的论题的具体关系。但总的来说，整合这两个论题的方式便是，论证内省可以扩展到我们获取有关自己物理属性的独特方式上。能否做到这一点有赖于我们如何理解获取关于自己物理属性知识的方式。许多心理学家和哲学家认为我们每个人都有使用、表征和觉知自己身体的独特方式。除了本体感受之外，感觉身体中的感觉也都是明显的例子。相对于我们和其他对象的关系，上述这两种觉知方式对于我们与自己身体的关系来说都是独一无二的。

3.4.1　实在性自我意识论题

笔者主张一种实在性自我意识论题（“作为客体的我”的论题），即我们是客体，并且我们把自己觉知为客体。其中一个主要的问题就是身体如何在觉知自己为客体中起作用。而这一问题一般又牵涉两个问题：一是这种实在性自我意识与对他者和物理物体的表征间的关系；二是实在性自我意识与空间环境表征之间的关系。下面笔者将讨论这两个方面。

实在性自我意识论题认为，我们是对象，而不是特征的集合，自我意识需要将自我表征为对象。讨论这一论断将会涉及如下三个问题：第一，什么是将实体表征为对象而非特征的集合？第二，在将人作为对象的理解中，身体发挥了什么作用？第三，在把自我作为对象的理解中，社会互动的作用是什么？

对于如何将实体表征为对象，坎贝尔曾认为：对象是从两个维度被因果地建构的，这种结构中没有特征集。第一，对象是从内部因果地建构的；在任何特定的时刻，它们的状态至少部分因果地依赖于它们之前的状态。第二，对象的因果结构的基本部分是，它应当能够在许多不同的因果互动中起作用，不论是每一次互动还是持续的互动。坎贝尔将其描述为对象能够作为不同现象的共同原因起作用。梅尔佐夫（A. N. Meltzoff）和M.摩尔（M. Moore）曾通过儿童如何发展出对物理对象的概念把握，对将实体表征为特征集合还是对象做出了一些实证研究。[①]他们提出了三种类型的对象概念来说明婴儿对物理对象的把握是一个逐渐把握三种类型的对象概念的过程。这与成人对物理对象的成熟把握有一定的区别。但在对坎贝尔的观点的支撑上还需要进一步的实验验证。而坎贝尔对将实体作为对象的把握的认识旨在将其运用于所有对象，包括物理对象和人。这提出了第二个问题：将人表征为对象和表征为他的身体间的关系。有一种观点认为，使我们将人作为对象——自我及他者——来把握的是我们对人的身体作为物理对象的理解。斯诺登（P. Snowdon）所主张的动物论（animalism）就包含了这种观点。[②]在动物论看来，人只是动物，并且对于动物的同一性而言没有心理标准。按照动物论的观点，身体的连续性对于人的持续存在是必要且充分的，并不需要某种持续的如记忆链来提供心理联系。

有些哲学家反对这种动物主义的观点，他们用了一些神经生理学和精神病现象来反驳身体的延续支持了自我的延续的观点。例如“裂脑”病症、

① Meltzoff A N, Moore M K. Infants’ understanding of people and things: from body imitation to folk psychology//Bermúdez J, Marcel A, Eilan N. The Body and the Self. Cambridge: MIT Press, 1995: 43-70.

② Snowdon P F. Persons, animals, and bodies//Bermúdez J, Marcel A, Eilan N. The Body and the Self. Cambridge: MIT Press, 1995: 71-86.

多重人格紊乱和神游症等。在这些病例中，尽管确实有身体的持续性，然而却没有人的连续性。因此可以说在一个单一的身体中有两个甚至多个自我。如果是这样，那么身体的连续性就不能成为人的连续性的充分条件。对于动物论的这些异议，斯诺登认为直观根本不像假定的那样清晰，他还展示了动物论可能如何回应这些问题。他又通过刻画人的概念来支持动物论者的直观。如果人只是动物之身，那么对人作为对象的把握，将依赖于在什么意义上身体可以成为对象。坎贝尔直接反驳了这一观点。他认为，要将自我意识为对象，就需要理解人的心理属性是如何在上述两种维度上因果地构造起来的。根据这一观点，在我们对自己是对象的理解中，身体的重要性在于，我们只有理解了我们凭借身体影响我们周围的环境以及被它所影响，才能理解自己心理状态的因果结构。

上述问题的关键，如斯诺登所说的，在于人或自我的概念的本质。其中，一个重要之处在于婴儿和儿童对成人概念的获得。由此斯诺登做出了如下论断：当我们教儿童关于人的概念时，如果发现儿童相信在某一时空中感觉到的那个人就是之前在别处感觉到的那同一个动物，但并不认为这足以表明他是同一个人的话，我们可以说，这个儿童并没有掌握人的概念。这一观点可能暗示着对于婴儿和早期儿童来说，把握物理属性对发展出人的概念起到决定性作用。

在某种意义上，斯诺登的这一论断在一些心理学家如梅尔佐夫和 M.摩尔那里得到强化，他们强调了发展婴儿对物理对象观点的理解的作用，这种理解有助于婴儿掌握人的持续的同一性。然而，梅尔佐夫和 M.摩尔还认为，他们关于婴儿用模仿来探知人的同一性的研究表明，婴儿还通过对行为的记忆来认出同一人，而非像在对物理对象的认识中那样只用时空标准来确立持续的同一性。他们认为婴儿一开始就具备区分人和其他对象的初始能力。他们提出，这种区分能力基于区分行动与其他事件的能力，在这种能力中，行动被感知为一种在本质上是目标导向的运动。很多研究也呈现了婴儿通过对意图观念越来越熟练的掌握，对行动的理解越来越心理化。梅尔佐夫和 M.摩尔认为儿童关于心理概念的理解力的发展，对于他们把自我及他者理解为人的理解力的发展来说，是非常核心的。这种强调与动物论的理念精神是相反的，动物论否认我们应是心理实体的重要性。

不论有关人的本质的观点是什么，也不论什么是把自我及他者理解为人，另一个问题是，是什么给予主体把自我及他者理解为人的理解力。这就是上文的第三个问题，社会交往对于理解自己和他者为人的作用。坎贝尔、梅尔佐夫和M.摩尔、巴特沃斯（G. Butterworth）都强调社会互动在提供这一理解力中的重要性。梅尔佐夫和M.摩尔通过实验证明婴儿在早期对他人的行动的模仿构成了对“似我经验”的原始感觉。因为模仿需要婴儿能够将自己身体上感到的空间属性与他人身体的空间属性等同起来。巴特沃斯认为模仿并不能提供理解自己和他人为人的充足能力，社会交往中的情绪方面则进一步使得婴儿把他们自己和他者的身体当作心理的实体。[①]坎贝尔则基于梅尔佐夫和M.摩尔实验，论证了婴儿基于社会交往而形成的对自己的心理因果结构的理解。

我们现在转到第二个问题，即对空间环境的感知与表征自我为对象的能力之间的关系。这里考虑的核心问题是，如果一个人能够对自我和空间环境之间的区别进行把握，他在多大程度上必须表征自我和空间环境？

同样，从发展心理学中争论的视角来处理这些问题是有帮助的。根据皮亚杰（J. Piaget）对婴儿和早期儿童认知发展的观点，新生婴儿置身于一个与我们完全不同的经验的宇宙当中，其中自我和世界是没有任何分隔的。婴儿对巴特沃斯所谓的“极度非二元论”（profound a dualism）的背离是通过较长时期而发展出来的。直到18个月大，婴儿才获得区分自我和空间环境的能力。在这之前，对婴儿来说根本没有自我或世界。近来发展心理学中的大量研究，对皮亚杰主张的婴儿出生时的极度非二元论提出了疑问。巴特沃斯提出，这一研究中所暗含的观点支持吉布森关于感知环境和感知自我间关系的观点。在这种关系中，自我和环境是一同感知到的。根据巴特沃斯的观点，婴儿早期感知充满了他所谓的“自然二元论”（natural dualism）。

吉布森曾讨论过这一问题，即自我感知和环境感知间的关系解释。其中的核心论题是摒弃这一观点，即将身体的信息仅仅看作是从与环境隔离

① Butterworth G. An ecological perspective on the origins of self//Bermúdez J, Marcel A, Eilan N. The Body and the Self. Cambridge: MIT Press, 1995: 87-106.

的身体的活动和状态来获得的。吉布森认为自我与世界是协同感知的。在解释感知的过程中，他提到我们应该关注环境中可获得的信息的不同形式，这些信息可以为适度敏感的感知系统所获取。与指明自我的信息只能从关于身体的状态和活动中提取的观点相反，他坚持认为，指明自我或“本体指明”的信息同样可以从关于对象的视觉信息、听觉信息、触觉联系中获得（如今这一观点得到了广泛认同，至少在关于体态和运动的研究中如此）。例如，动态视觉信息指明了相对于直接环境感知者的方向和速度。在这一联系中，吉布森拒绝在理论上使用特定身体感觉的观念，以及指向这一感觉的“本体感觉”这一术语。当他使用“本体感觉”这一术语时，指的是一种探索自我指明的信息的机制，这种信息超越了感觉通道间的区别。

巴特沃斯回顾了一系列在吉布森框架下实施的实验数据，这些数据同婴儿 2 个月大时的自我感知与环境感知间的相互依赖相关。基于奈瑟尔（Neisser）提出的五种自我知识的区分①，巴特沃斯描述了“本体指明”信息的获取，这种获取产生了一个“生态自我”（感知的起源点），这一自我与“人际自我”分享了被直接感知的、与推理相反的性质。奈瑟尔使用以下观点对这些做了区分，即“延展的自我”（需要记忆、期望和对自我的清晰的表征）、“私人自我”（认为心理状态是人们自己的）以及自我概念（反映了将自我理解为社会共同体的成员）。

鲍尔温（T. Baldwin）和罗素（J. Russell）等人认为生态主义自我观不能为我们提供将自我与世界分离开来的经验。②但是这种观点是以自我与世界经验的二元区分为前提的（这是主动性的经验与对客观世界的经验的关联）。而贝穆德斯（J. L. Bermúdez）认为我们并不需要这样，任何时刻的感知信息都不能为自我与世界的二元分裂的经验提供充足的基础，这是从世界中区分出自我的能力与识别客观位置的能力间的关联。③

① Neisser U. Five kinds of self-knowledge. Philosophical Psychology, 1988, (1): 35-59.

② Baldwin T. Objectivity, causality, and agency//Bermúdez J, Marcel A, Eilan N. The Body and the Self. Cambridge: MIT Press, 1995: 107-126; Russell J. At two with nature: agency and the development of self-world dualism//Bermúdez J, Marcel A, Eilan N. The Body and the Self. Cambridge: MIT Press, 1995: 127-152.

③ Bermúdez J. Ecological perception and the notion of a nonconceptual point of view//Bermúdez J, Marcel A, Eilan N. The Body and the Self. Cambridge: MIT Press, 1995: 153-174.

鲍尔温提出，若要将自我看作对象经验的主体，将它理解为客观的、独立于心灵的世界的经验，就必须将经验的对象当成该经验的原因。只有对主动性的经验能够让我们获得关于必然联系的观念，它是因果观念的重要组成部分。因此，对主动性的经验对于思考产生关于客观世界的信息的经验来说是必要的。这一论题从反面告诉我们，对其他对象的感知只能提供时空相邻观念，而非因果观念。它从正面告诉我们，对主动性的经验，特别是反作用于我们的对象的经验，确实有助于我们理解关于动力的观念，因此有助于我们从基本上把握作为因果性部分的必然性观念。鲍尔温的观点是从第一人称视角来看的。它联结了对主动性的经验与对客观世界的经验。在关注这一视角的过程中，他提出一个关于联结这一领域的心理和哲学研究的重要问题，即在吉布森框架下，是否以及如何借助关于信息获取的研究，可以与关于经验本质的论断相联系。对这一问题的思考是必要的，比如在我们引用巴特沃斯描述的婴儿感知经验的特征时，就是如此。

罗素的理论与鲍尔温的理论实质上非常相似。他认为，主动性的经验是对自我的分离的、反思的理解中的一个部分，这种自我存在于独立于人的经验的世界中。然而吉布森的感知理论没有解释主动性的经验是如何获得的。他提出，对自我产生的运动的监控做到了这一点，因此它是区分自我与环境的必要的跳板。婴儿必须首先具备它，才能把握与环境相分离的自我。然而，他还认为，这一机制并不足以解释自我与环境间的区分的经验，还需要有关于世界的难以驾驭的经验。通过做出有意图的行动，人了解到世界与人的意志相抵制。然而他强调，这并未提供理解因果关系的潜能，而是提供了接受作为独立于特定时刻的人的行动和经验的世界的概念的方式。

鲍尔温和罗素都认为这种分离式的、反思性的理解对于经验客观世界是必要的。如果这种理解对于自我与世界二元分离的经验是必要的，那么吉布森关于本体指明的和外在指明的信息的获取的解释就没有多大帮助。因为在将人的经验理解为由独立于心灵的世界所导致的情形中，吉布森根本没有说明知觉信息所起的作用。虽然如此，人们可能认为，这为对自我与世界二元分离的经验的解释留下了空间，这种经验并不需要对自我持有一种分离式、反思性的观点的能力。贝穆德斯便持有这种观点，认为自我与世界的二元化经验并不要求持有分离式和反思式的对待自己的视角。贝穆德斯提出，可以这样来理解鲍尔温和罗素讨论的自我与世界二元论的观点，这种二元论并不需要对自我持有一种分离式、反思性的观点的能力。然而，他认为，任何时刻的感知信息本身并不足以提供自我与世界二元分离的经验。特别是，他将区分自我和世界的能力与再认地点的能力联系起来。在很大的意义上，这种能力与认为自己以前曾经到过某个地方的能力有关，并因而需要某种形式的记忆。至于主体是否可以这样不以分离的方式反思自我而获得对自我与世界二元化经验的问题，笔者将会在后文详细讨论。

目前，我们以两点评论结束这一部分，它们是关于这一争论和之前部分涉及的主题间的联系的。第一点是关于把握相对于他人的自我和把握相对于环境的自我之间的平行。在这两种情况中，在原初的和熟练化的自我意识之间都有区别。然而，这里用来描述这些区别的概念在这两种情况下是不同的。在人际自我的情况中，存在着表征实体为特征集和因果结构的对象之间的区分，以及表征物理属性和心理属性之间的区分。在自我相对于环境的情况中，存在着心理的简单性和自我意识的复杂形式之间的区分，以及对自我和环境间关系的把握的较少分离和较多分离之间的区分。需要强调的问题是，这些概念是否相关以及如何关联。

第二点是，虽然这两者都有借助于环境感知和社会互动来解释实在性自我意识发生的很好基础，却很少有研究将这两者结合起来。不论人们是否接受巴特沃斯的观点，但有一点是清楚的，即这一领域的进展必须结合这两个领域的研究，并且提出有关实在性自我意识的这两个来源间的关系的具体的哲学和心理学问题。

3.4.2 “作为主体的我”的论题

在这一部分我们将进一步探讨“作为主体的我”的论题以及基于该论题的相关思想观点。“作为主体的我”论题主张以下两点：第一，作为思想和经验的自我意识的主体，必然是与获取个人状态的知识的特定方式相关的。第二，当我们以这些方式来获得知识时，我们必然不会在谁是这些状态的主体上弄错（即免于错误识别之讹误）。依据这些观点，“作为主体的我”论题与实在性自我意识论题是相悖的。这一问题产生的原因是复杂的，不应当被过分简化。虽然对这一问题的清晰表达是哲学的，但是对这一问题的充分解释以及解决依赖于心理学对本体感觉觉知和空间感知的解释。

进一步刻画这一论题需要借助于休梅克所说的免于第一人称代词的错误识别之讹误（immune to error through misidentification relative to the first person pronoun）。这一免错性是思想和经验的自我意识主体的一个本质特征，但是休梅克将这一特征只运用在内省所获得的知识上，而这种知识最直接的对象就是心理状态。

这里有必要先阐明一些基本的问题和背景。特别是，我们需要一种更加精确的对“作为主体的我”论题的界定。这里我们可以诉诸休梅克提出的观点，我们有可以获取关于某人属性的知识的方式，且这种方式是可以免于第一人称代词的错误识别之讹误的。这意味着任何关于通过这些方式所获取的某人属性的知识，在他实际上不知道这些知识是应用于他自己的情况下，是不可能被获悉而运用于他的。在休梅克看来，这种免错性只适用于内省知识。而且，它只适用于关于心理状态的知识。这有着很强的直观诉求。如果我们听到某人在内省的基础上说话，这会让我们觉得非常奇怪。“我知道某人在思考这个问题，但这个人是我吗？”根据“作为主体的我”论题，这一免错特征是成为一个有思想、有经验的自我意识主体的不可或缺的要素。但是，“作为主体的我”论题与心理状态之间的关联，使得把“我”自己觉知为主体和实在性自我意识（这意味着把自己的身体表征为物理性的）之间，出现了一个鸿沟。

如果实在性自我意识包括了将自己的身体表征为物理对象的话，“作为主体的我”论题与心理状态间的这一联系，乍一看就使得在作为主体的自我的意识和实在性自我意识之间出现了一道鸿沟。弥合这一鸿沟的努力之一是认同以下观点，即上述的这种免错性可从心理属性延伸到我们获取自身身体属性的知识的方式上。因此埃文斯认为，我们有两种获取身体属性的方法，这些属性可以免于第一人称代词的错误识别之讹误。[①]第一种是内在的本体感觉，这种感觉会产出诸如下面的知识：“我的腿是交叉的。”第二种是视觉、触觉和听觉感知，这种感知会产生诸如这些知识：“我在这棵树的左边。”确切地说，这一观点是，获取有关个体属性的知识的这些方式

① Evans G, McDowell J. The Varieties of Reference. Oxford: Oxford University Press, 1982.

可以产生关于某人作为一个物理对象的身体的知识。在这一阐释中，免错性被引入对实在性自我意识的解释当中。埃文斯提出，这是“对笛卡儿关于自我概念的最强有力的解毒剂”[①]，因为在此思想的主体是延伸至物理的事物。

布鲁尔反驳埃文斯的论证，但是他同样支持相似的观点，认为心理和身体两种属性可以共有一个承载体。他的论证依赖于他所说的身体经验的双重结构。布鲁尔提出埃文斯的观点是不成立的。他认为，即便免错性适用于获取关于某人身体属性的知识的方式，正如它适用于获取关于某人心理属性的知识的方式一样，这也并不自然而然地保证有一个主体可以同时具有两种属性。他的观点依赖于他提出的身体经验的双重结构。他利用对于感觉的空间内容的解释提出，经验中的身体感觉的独特性（如相对于拥有视觉经验）在于，某人觉知到的是在物理对象的特定部分上产生的心理状态。他由此得出结论，在身体感觉中，觉知的对象既是空间上的，也是心理上的。人自身就是感觉的主体，并且如果感觉是部分延展的，那么人的自我也是如此。他总结道，“因此，基本的主体是一个在空间中的物理上延展的兼具心身属性的主体性客体”[②]。关于布鲁尔的主体是物理上延展的观点，即便人们接受这一观点，并认同身体感觉证明了这一观点，人们可能仍然怀疑他进一步做出的论断，即当感觉一种感觉以觉知自己的身体时，人们是把自我觉知为一个主体的。卡萨姆（Q. Cassam）和埃兰就都持有这一观点，即关于经验的主体，有些方面从根本上难以把握，这种难以把握导致任何对对象的觉知都不可能觉知自我为一个主体。[③]如果这确实不可能，那么感觉一种身体感觉并不能包含觉知自我为主体。下面我们再从身体觉知的角度来考量不能将自我觉知为主体的“自我难以把握论题”的论断。

3.4.3 自我并非难以把握

休谟“自我难以把握论题”论断的一个重要观点在于，某人所觉知到

① Evans G, McDowell J. The Varieties of Reference. Oxford: Oxford University Press, 1982: 220.

② Brewer B. Bodily awareness and the self//Bermúdez J, Marcel A, Eilan N. The Body and the Self. Cambridge: MIT Press, 1995: 291-310.

③ Cassam Q. Introspection and bodily self-ascription//Bermúdez J, Marcel A, Eilan N. The Body and the Self. Cambridge: MIT Press, 1995: 311-336.

的仅仅是心理状态，而非它们的拥有者。但是，本体感受觉知，例如觉知到某人的腿是交叉的，是否可以否证休谟“自我难以把握论题”的论断呢？一些哲学家认为可以，因为在他们看来，本体感受觉知是内省觉知的一种形式，在这种内省觉知中，人们直接觉知自我为对象客体之一。但是，卡萨姆对此提出了怀疑，他认为。对这一质疑的论证是：第一，如果觉知被当作真正内省式的，觉知的形式必须满足某些条件；第二，如果自我觉知要觉知自我为对象客体，它必须满足某些条件；第三，没有哪种觉知的形式可以同时满足这两组条件。

卡萨姆考察了由休梅克提出的因反思而出现的免错性能否运用于身体觉知中的问题，即把身体觉知为客体之一的本体感受觉知，是否可以免于错误识别之讹误，以及是否能被当作一种内省。在休梅克看来，免于第一人称代词的错误识别之讹误是由内省构成的。[①]卡萨姆关注的是对免错性论断的这一强理解，即如果把免错性用来描述本体感受觉知，便会排除掉将自己的身体觉知为客体的觉知。休梅克把这种免错性称为“逻辑免错性”。这种免错性用在身体上时，即指任何本体感受觉知到的身体部分都是他自己的。也就是说，身体部分之所以是自己的，就在于某人从本体感受觉知到了它。这种强理解与卡萨姆认同的表征身体为客体之一的观点相冲突，从而会导致实在性自我意识论题与“作为主体的我”论题之间难以调和。

卡萨姆也同意会有一种弱理解。如果认同这种对于免错性论断的强理解，并且接受卡萨姆关于这种理解与表征身体为客体相冲突的观点，那么对身体的本体感受觉知就不能被当作内省觉知。这会排除使用延展性概念（即将内省觉知延展到对物理属性的本体感受觉知）作为调和“作为主体的我”论题和实在性自我意识论题的一种方式。然而，正如卡萨姆所指出的，有关于免错性的弱理解是可以使用这种延展性概念的。我们是可以采取这种理解来描述“作为主体的我”论题的。

以上已经围绕自我与身体、身体觉知与自我意识、作为主体与作为客体的我的意识等关联方面展开了初步的论述。在这一过程中，笔者简要论述了在心理学、心灵哲学、认识论和本体论等不同领域中的一系列相关问

① Shoemaker S. Self-reference and self-awareness. Journal of Philosophy, 1968, (65): 555-567.

题。尽管到目前为止笔者只是从这些交错问题的讨论中，简要展现了解答自我意识和身体的关系的路径，然而，笔者希望这足以展现出这些问题的主旨和意义：由于自我是生态主义式的和涉身的，因而这种自我意识的主体就是实际存在的客体；这种具有客体性（身体和特定的物理属性）的自我，因为祛除了自我难以把握论题的症结——自我的非实在性、非身体性，所以并非难以把握。

4 心灵与机器：机器能够具有心灵吗?

4.1 从 AlphaGo 看“无心的机器”和“延展的智能”

AlphaGo 围棋程序频频战胜人类围棋冠军，引发了人们对人工智能的重新思考。在计算机能否具有类似人类的意识和智能这个问题上，有些报道认为既然机器在围棋上能够战胜人类顶尖高手，那么它在心智水平上也不会比人类差，甚至它很快能够战胜和控制人类。当然，也有很多人是持保留性的观点的，他们还是认为尽管机器在部分的智能比赛中可以胜过人类，但是它要想具有人类级别的意识和智能是非常困难的。那么什么是人类的心灵？机器究竟能否企及甚至超越人类心灵？

从心理学的划分来看，心灵具有认知、知觉、行动以及意识与自我意识这样一些基本模块。认知是由我们的思维和判断等一系列内在心理活动组成的。知觉是我们通过感官通道获取外界信息的活动。行动是我们的心灵输出的部分。意识是伴随着这些心灵模块的工作存在的，通过意识我们可以知晓并说出自己当下的心理状态。而自我意识是一种将自我作为对象的意识。对于心灵，我们可以理解为包含这些模块的整体。而当前人工智能的主要工作，主要涉及的是认知层面。当然，现在感知智能的研究与产业化也日益兴盛，如语音和图像处理得到了迅猛的发展；至于行动智能，近些年也有一些机构做得非常好，如同属 Alphabet 公司的波士顿动力

（Boston Dynamics）。但实际上这些做法很大程度上还是基于认知的人工智能来实现的。

有研究通过模拟人类的大脑这一更为基础性的方式来“全方位地模拟人类心灵”。加拿大滑铁卢大学做了一个名为 Spaun 的机器，它里面有 250 万的虚拟神经元，是目前世界上最大的功能性大脑模型。它可以做简单的工作，比如模仿人类大脑进行看、听、记忆等基本认知活动；它也可以做一些拷贝行为，比如模拟作画；它还可以犯类似人类的错误，用类似人类的速度处理一些问题。该研究的主持人以利史密斯（C. Eliasmith）甚至认为人工心灵的时代就要来到。虽然相较于人类千亿数量的神经元，现在机器的神经元还很少，但是它所具有的基本能力已经表明了它未来企及甚至超越人类心灵的可能性。随着当前技术的进步，谷歌、IBM、高通等一些企业的研究的深入，深度学习与控制理论等一系列理论的进展，以及来自各个政府、企业的一些资助项目的推动，包括欧盟的“人类大脑计划”、奥巴马政府的“脑计划”以及现在世界各国都在推动的各项相关计划，他相信应该可以做出全方位模拟人类大脑的机器。他还给出了未来 50 年人工心灵的进展时间表。这个时间表显示了在冯·诺依曼架构和神经模拟架构上的人工心灵在每个阶段（比如 5 年、10 年、15 年内）可以实时处理的神经元数量和可以执行的心灵功能。在刚开始的 5 年里，这样的机器所做的工作很有限。比如，它对所识别的视觉和听觉信息的质量要求比较高，它只具有非常基本的语言理解能力，它的行动也很受限。随着时间的推移，我们所用的神经元模块越来越多，它的能力也越来越强。25 年后，冯·诺依曼架构在物理学层面受到一些限制，神经模拟架构的做法更具优势。这时候机器已经可以表现得基本类似于人的心灵。50 年后，人工心灵就可以全方位超越人类的心灵。

然而，人工智能究竟能否像以利史密斯这样的乐观者预测的那样会企及人类心灵并超越人类心灵呢？下面，笔者将从人类心灵的本质这一维度来考察机器究竟能否具有人类心灵，人工智能和人类心灵之间有没有什么界限或鸿沟。笔者认为，基于人类心灵和人工智能的本质不同，这两者之间可能存在如下 7 条鸿沟：主观性与客观性、第一人称视角与第三人称视角、私密性与共享性、个体性与集体性、离线性与联机性、情绪性与无情性、可错性与无错性。

主观性是人类自身无法摆脱的一种心灵特征。思想、知觉和行动必然是归属于某个主体的，包含了主体的自发性特征和接受性特征。而这种心灵的主观性方面本质上是与一种独特的视角即第一人称视角相结合的，并且也是仅仅内在地通过这种视角才能理解的。主体了解自身的意识状态的内容的方式也是无法向他人开放的，是私密的。这种对心灵内容的第一人称视角的获取在质性上是不同于第三人称视角的获取的。这也是作为第一人称的体验者与作为第三人称的观察者的差异。任何由心灵给出的客观的、物理的理论都无法逃离这种视角。而单纯的物理世界中的人工智能的信息处理却可以外在地由多个视角来理解。因为人工智能处理信息的过程，是被设计的，是可以复制的。作为被设计者的人工智能本身则是一种相对于设计者的客体的存在，而非作为主体的存在，因而也无法呈现出主体无法避免的主观性和主动性。它对于信息的接收，也只能是一种外在的所与，而非主动的吸纳；对于信息的处理，它最多只是进行一种第三人称式的观察和操作，而并非第一人称式的亲历。对于这种无主体性的、只能呈现客观性的人工智能，设计者是可以随时获知它内在的处理状态和信息内容的。它的内容是开放的、可复制的和可共享的。这是人工智能这种数据化事物的重要特点，只要有信息就可以共享。而我们每个人的心灵都有私密的部分，除了第一人称视角所带来的无法向他人开放的私密性外，我们心灵中的很多内容本身也不是可以完全被语言刻画出来进行交流的。能不能共享是人工智能和人类心灵之间非常重要的一条鸿沟，它会带来如下这些鸿沟。比如人工智能是一个集体，它们可以随时连接起来，而人类心灵不可能做到这一点。尽管目前有很多社交平台和技术力图沟通个体之间的离线的心灵，但是具有私密性和主体性的心灵，从根本上不会出现机器间那种信息完全共享、并行处理的特征。再比如人类有情绪性，机器是没有情绪的，它的世界是共享性的，而情绪可以共享那是无法设想的。人工智能和人类心灵之间还有一些很有意思的鸿沟。比如人类在下围棋时经常会犯下错误、遭受失败，但是机器可能没有，即便机器出了错，我们也知道这不能责怪它，而要归咎于我们的算法以及我们给它的数据。原则上对它来说没有追责，它犯了错只能追究到我们。

那么以上这些鸿沟产生的根源又是什么呢？换句话说，人工智能和人类心灵最根本的差异在哪里呢？人工智能也可以模拟人类心灵的很多重要特征，比如自主性。但这仅仅是模仿，因为自主性概念本质上是排斥模仿的。而且自主性还会涉及我们的行动和自我意识，而自我意识对于人工智能来说又很难实现，因为数据的完全共享性与自我意识的个体性难以兼容。另外，我们的认知、知觉和行动模块里面又存在现象性。即使我们了解清楚了大脑的一切构造，在我们的物理世界里也无法做出这种现象性的东西来，这就是所谓的意识的“难问题”。自主性和现象性可以说是人类心灵所独有的特征，是人类心灵与人工智能之间更深层次的差异，它根植于人类个体的肉身性和数字的可共享性之间的根本不同，而这正是两种心灵的异质性的基底。正是这种肉身的存在使人类心灵具有了自发自为的自主性来维持这种存在，也正是这种肉身的运作使人类心灵具有了独特的现象性。

总之，从目前人工智能的进展来看，我们在很大程度上做到了让机器具有认知之心。当然也有些没有做到，如认知里面的现象性。自主之心、现象之心、意识之心，这些都是目前做人工智能很难处理的问题。

4.2　人类意识与机器意识研究的基础假设

意识是人类心智最为神奇的心理能力，也是宇宙中最为神秘的复杂现象。正因为如此，自 20 世纪 90 年代以来，人们再次高度关注意识问题，并有众多的哲学家、心理学家与神经科学家在此领域开展深入的研究工作。与此同时，人们也开始使用计算方法试图让机器装置拥有意识能力，这便是被称为机器意识的研究。下面我们主要讨论人类意识与机器意识相关的问题。

4.2.1　人类意识能力分析

传统上，作为精神现象的最高形式，意识问题一直困扰着无数哲学和宗教界的学者，在早期先哲的著述中有大量有关意识的论述。今天，随着当代脑科学研究的迅速发展，意识开始成为科学研究的对象，并形成了一些初步的意识科学理论。

20世纪初，由于心理学开始从传统的哲学研究中分离出来，意识问题也成为心理学的重要研究对象。特别是德国心理学家冯特创立了实验心理学，使用科学内省方法研究意识问题，很快成为心理学研究意识问题的主流。遗憾的是，随着后来以美国心理学家华生为代表的行为主义心理学派的崛起，由于对意识本身无法进行行为定量研究，因而意识问题也一度遭到冷遇。只是到了20世纪50年代，与计算机科学相结合的心理学信息加工学派得到蓬勃发展后，意识问题开始受到认知心理学的关注。但由于技术和方法上的局限，其依然没有从根本上得到应有的重视。

到了20世纪90年代，国际学术界开始把意识问题作为自然科学多学科研究的重要领域之一，意识问题日益受到自然科学家的重视。比如英国科学家克里克就强调现在是使用自然科学的方法进行意识研究的时候了，并从理论上提出一些设想和假设，设计一些实验，特别是视觉实验，来探索意识问题。

目前意识还是一个含糊不清的概念，不同的领域往往喻指不同的内涵，并且在“意识”（consciousness）、“觉知”（awareness）、“注意”（attention）和“意图”（intention）之间常有相互交叠使用的情况。目前学术界一般认为意识包括：①有意识觉知，如感觉觉知、概括性觉知、元认知觉知和有意识回忆；②较高级功能，如注意、推理和自我控制；③意识状态——意识和无意识。

当代脑科学研究则表明，并非心智的全部活动都与意识有关，在大脑神经活动中存在着大量意识不到的心智活动。现已查明具有无意识的心智过程包括内隐认知、长时记忆、自动过程、遗忘过程、无注意的刺激、程序记忆（技能获得）、语义记忆、阈下加工、内隐学习和记忆、记忆中的想象、习惯推理、熟睡状态和熟悉感等。不仅如此，即使是有意识活动，也存在一个意识程度的刻画问题。不过实际情况要远比这里的图解更为复杂，因为目前我们尚不能确定意识活动本身的归属和性质。因此，如何运用非线性复杂理论来探索意识的自涌现以及意识的度量也是目前意识科学研究的重要方面。

从根本机制上看，我们人类意识能力的基础是神经活动，尽管神经活动本身是意识不到的，也不是所有的神经活动都能产生意识，但正是这样的神经活动能够产生有意识的心理活动，这便形成了人类的意识能力。

根据现有相关科学与哲学研究成果，一种人类意识运行机制大致可以是这样的，物质运动变化创生万物，生物所基于的生理活动支持着神经活动，神经活动涌现意识（有意识的心理活动），意识感受生理表现并指导意向性心智活动的实现，从而反观认知万物之理。这样意识就涉及西方心灵哲学所强调的功能意识与现象意识的区分问题。

更加全面地考察意识问题，简单地将意识区分为功能意识与现象意识是不够的。因为除了心理活动所涉及的神经系统外，主要的心理能力包括感觉（身体感受）、感知（对外部事物的感知能力，包括视、听、味、嗅、触）、认知（记忆、思考、想象等）、觉知（反思、意识、自我等）、情感（情绪感受）、行为（意志、愿望、情欲等）、返观（禅观、悟解）等。此时我们发现，对有意识的心理能力进行最为系统的解析的学说体系并非现在的脑科学研究，而是古印度的唯识学。所以，为了更加精细地考察意识能力，我们需要运用起源于古印度的唯识学理论来加以分析。

唯识学所研究的对象就是心识问题，相当于我们这里界定的有意识的心理活动。如图 4.1 所示，其理论体系主要包括五蕴八识的心法体系。

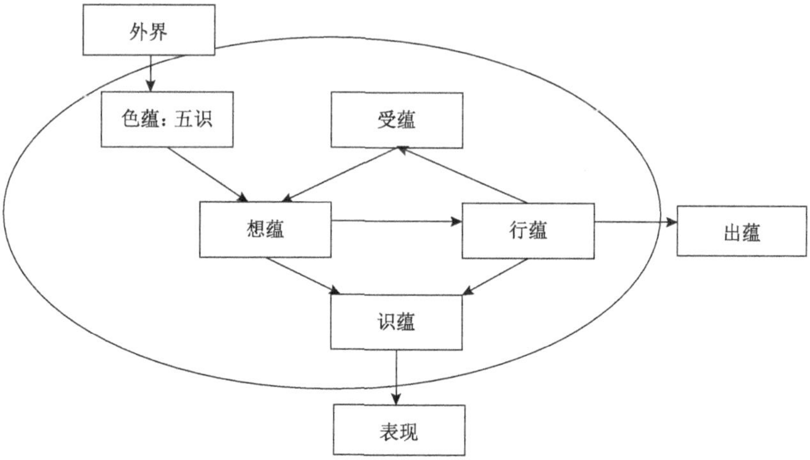

图 4.1　佛教五蕴心理描述体系中的心理能力及其关系

第一，前五识归为色蕴，对应的心法称为色法，相当于当代心理学中的感知，其意识的作用称为五俱意识（所谓“俱”，就是伴随）；如果这种感知是真实外境的感知，则其伴随性意识称为同缘意识，如果是有错觉的感知，则称不同缘意识；如果这种感知活动产生后像效应，则称为五后意识（属于不相应法）。一般而言，色蕴对应的心理活动都是有意向对象的，因此属于意向心理活动。

第二，受蕴是一种心所法（具体的心理能力），主要是指身体与情感状态的感受。注意这里要区分身识中的身体状态感受与色蕴是完全不同的心理能力，身识相当于触觉，是一种感知能力，而身体状态的感受不是感知能力，而是感受身体疼痛、暖冷等的体验能力。受蕴的心理活动，虽然具有意识，但不具有意向对象，因此不属于意向性心理活动。

第三，想蕴是另一种心所法，用现代认知科学的话讲，就是狭义的思维能力，如思考、记忆、想象等。其属于认知的高级阶段，显然属于意向性心理活动。

第四，行蕴也是一种心所法，主要指一切造作之心，用现代认知科学的话讲，包括动机、欲望、意愿、行为等。唯识学中的“行”，与“业”的概念相互关联，一般分为三种，即身业（行动）、语业（说话）和意业（意想），但都强调有意作为的方面，因此行蕴也属于意向性心理活动。

第五，识蕴是整体统一的心法，更加强调的是后两识（第七末那识、第八阿赖耶识）的心法，现代西方的认知科学尚无对应的概念。主要强调的是自我意识，特别是返观能力，即对根本心识的悟解能力。

总之，色蕴是色法（感知能力），受蕴、想蕴、行蕴都是心所法（具体的心理能力），它们本身就是具有意识的心理活动（统归于心法），其中色法的意识作用是伴随性的五俱意识，其他三蕴的意识作用与伴随性的意识则又有不同，称为独散意识（受蕴、想蕴、行蕴所涉及的意识，是一种周遍性意识活动）。

当然，如果所有意识作用出现在梦中，唯识学中则另外称之为梦中意识（做梦时的意识活动，属于不相应法）。在唯识学的五蕴学说中，识蕴比较复杂，是唯识理论特别单列的一种根本心法，除了强调自我意识的末那识“我执”外，更强调达到定中意识的阿赖耶识“解脱”，属于去意向性心理活动。

通过上述分析我们发现，从意向性的角度看，我们的心理能力可以分为无意向性的受蕴，意向性的色蕴（前五识）、想蕴、行蕴，元意向性的意识，以及去意向性的识蕴。其中识蕴是一种特定的禅悟能力，对其性质的认识与禅宗的心法观有关。

至于对于意识本质的认识，目前学术界存在着两种截然不同的态度，迄今依然是一个争论不清的难题。一种态度是积极的，认为科学，特别是脑科学，早晚可以解决意识难题，持这种态度的有美国科学家克里克。当然，根据具体立场不同，持积极态度的人又提出了各种不同的解决策略，从取消论、同一论、还原论，到突现论，形成名目繁多的各种意识解释观点。另一种态度则完全站在对立的立场上，认为采用科学的方法和手段，根本不可能解决意识问题。主要形成的观点包括二元论、唯心论和神秘论等。这些反对观点的共同基点就是美国学者查尔莫斯在《勇敢地面对意识难题》一文中将意识区分为“易问题”与“难问题”，并指出：“（意识的）难问题之所以困难，主要是因为它不是关于功能执行的问题。即使所有有关功能的执行都得到了解释，该问题依然如故。”[①]因此，意识，特别是意识体验不可能还原为神经机制（归根结底是物理机制）解释之上。

综上所述，意识问题无论是在科学上还是在哲学上，目前都还没有建立任何统一的解释理论，我们对于意识的本质、脑活动是如何产生意识的、意识种种表现的神经机制，依然知之甚少。

4.2.2 机器意识研究分析

随着意识研究工作的不断深入，尽管哲学上有着不同观点的争论，但一些有远见的人工智能学者开始充分认识到开展机器意识研究的重要意义。他们认识到机器意识研究不但对于深化人工智能的研究有着重要的推动作用，即使对于科学解释神秘的意识现象也同样具有更为重要的推动作用。正因为有着如此重要的科学意义和推动未来信息技术革新的潜在价值，随着最近十年的研究发展，机器意识现在已经成为广泛关注的热点研究领域，并形成了数量相当可观的研究成果和实验系统。有些成果已经被运用到实际的机器认知系统的开发之中。机器意识研究也就成了人工智能最为

① Chalmers D J. Facing up to the problem of consciousness. Journal of Consciousness Studies, 1995, 2(3): 200-219.

前沿的研究领域。

有关机器意识2006年之前的研究状况，英国帝国理工学院电气电子工程系的研究团队已经做了比较全面的综述。因此，我们这里主要就在此之后国际上有关机器意识的研究概况和发展趋势进行分析。归纳起来，由于对意识的哲学解释不同，目前机器意识研究的主流研究，往往是以某种意识科学理论为出发点来进行具体建模研究和实现的。由于涉及的文献过多，无法一一列举，因此下面我们仅就一些影响较大的典型研究进行分析。

在意识科学研究中，一种较早的理论观点就是用量子机制来解释意识现象，自然，这样的出发点也波及有关机器意识建模的研究。量子理论描述意识产生机制的有效性并不是说物质的量子活动可以直接产生意识，而是强调意识产生机制与量子机制具有跨越尺度的相似性。遗憾的是，迄今为止学术界对此问题尚未达成一致的结论。

在机器意识研究中，第二种有重大影响的理论观点就是全局工作空间理论。全局工作空间理论（global workspace theory）是由美国加利福尼亚大学圣地亚哥分校神经科学研究所的巴斯（Baars）研究员于1988年提出的有影响的意识解释理论。在该理论的指导下，由巴斯、富兰克林（Franklin）和拉马穆尔蒂（Ramamurthy）等组成的研究团队开展了长达20多年的机器意识研究工作，最终开发完成了LIDA（learning intelligent distribution agent，LIDA）认知系统。LIDA主要依据Baars的全局工作空间理论，采用神经网络与符号规则混合计算方法，通过为每个软件主体建立内部认知模型来实现诸多方面的意识认知能力，如注意、情感与想象等。该系统可以区分有无意识状态、有效运用有意识状态，以及具备一定的内省反思能力等，并得到一些应用和扩展。从机器意识的终极目标看，该系统缺乏现象意识的特征，比如意识主观性、感受性和统一性均不具备。

指导机器意识研究的第三种重要意识理论观点是意识的信息整合理论。意识的信息整合理论是威斯康星大学麦迪逊分校精神病学的托诺尼（Tononi）教授于1998年提出的。自该理论提出以来，就有不少研究团队以信息整合理论为依据，主要采用神经网络计算方法，来开展机器意识的研究工作。基于信息整合理论来开展机器意识研究的主要典型代表有英国亚历山大（Aleksander）教授的研究团队和美国海科宁（Haikonen）教授的研究团队所开展的系统性研究工作。Aleksander 教授领导的研究团队长期开展机器意识的研究工作，早期的研究主要给出了有关意识的公理系统及其神经表征建模实现，比较强调采用虚拟计算机来建模意识。近年来，Aleksander 研究团队采取仿脑策略，开始强调信息整合理论的运用，建立了若干仿脑（brain-inspired）意识实现系统，更好地实现了所提出的五个意识公理的最小目标。美国伊利诺伊大学哲学系的 Haikonen 教授的研究团队则主要采用联想神经网络来进行机器意识系统的构建工作，自 1999 年以来开展了富有成效的研究工作。Haikonen 教授在所提出的认知体系模型的基础上，实现了一个实验型认知机器人 XCR-1 系统。应该说，Haikonen 所开展的机器意识研究，虽然其出发点是为了揭示意识现象本性，但却是目前机器意识研究中最为典范的研究工作之一。

在意识科学研究中，也有将人类的意识能力看作是一种高阶认知能力的观点，提出了意识的高阶理论。在机器意识研究中，以这样的高阶理论为指导，往往会采用传统的符号规则方法来建立某种具有自我意识的机器系统。其中，一个比较系统的研究工程就是意大利巴勒莫大学机器人实验室凯拉（Chella）教授用十年时间领衔开发的 Cicerobot 机器人研究项目。该机器人包括一种自我意识的认知结构机制，主要由三个部分构成：亚概念感知部分、语言处理部分和高阶概念部分。这样，通过机器人高阶感知，就形成了具有自我反思能力的机器人。这项研究工作的主要特点是将逻辑形式化方法与概念空间组织相结合，强调对外部事物的一种心理表征能力，并对外部环境进行内部模拟。

在高阶认知观点的自我意识建模研究方面，另一个做出突出贡献的是美国乔治梅森大学的萨姆索诺维奇（Samsonovich）教授率领的研究团队。该团队经过 10 余年的研究，开发了一个基于仿生认知体系 GMU-BICA。在该系统中定义的心理状态不但包含内容，而且包含主观观察者，因此拥有“自我”意识的主观能力。系统实验是用所提出的认知结构模型控制虚拟机器人来完成一些简单的走迷宫活动，表现出具有人类意识能力的相应行为。相比而言，与 Cicerobot 机器人强调自我意识是一种反思能力不同，GMU-BICA 系统则将自我意识理解为“自我”的意识。当然，不管是 Cicerobot 还是 GMU-BICA，与其他强调高阶认知的机器自我意识研究一样，这样的高阶认知模型，往往对心理扫视、主观体验与统一意识等一些意识本质方面的表现，兼顾不足。

总而言之，从上述内容不难看出，机器意识的研究主要是围绕着量子涌现机制、全局工作空间、信息整合理论，以及意识高阶理论等方面展开的。从研究的策略来看，则主要分为算法构造策略（Algorithm）与仿脑构造策略（Brain-Inspiration）两种途径。从具体的实现方法上，主要可以分为三类：一是采用类神经网络的方法，二是采用量子计算方法，三是采用规则计算方法。当然，虽然经过20多年的发展，机器意识的研究取得了众多的成果，大大推进了机器意识的研究进程，但相对于人类意识表现方面，目前机器意识能力的表现还是非常局限的。目前机器意识系统主要具备的能力都是功能意识方面的，偶尔涉及自我意识和统一性意识（很难说是否真正实现了）。可见，意识计算模型的研究还有很长的路要走，特别是内省反思能力、可报告性能力、镜像认知能力、情感感受能力以及主观性现象等，更是需要进一步加强研究和探索的方面。

4.2.3 人机意识之间的比较

对于目前的人工智能研究而言，实际上我们涉及的心智能力，如果按照五蕴分类体系来分析，那么大致只有色蕴、想蕴与行蕴中的部分能力。如果考虑目前有关机器意识的研究，也仅仅涉及五俱同缘的伴随性意识、想蕴与行蕴中的独散意识、识蕴中的自我意识，以及意识活动本身的机制问题。其他像不相应法的梦中意识、五后意识、定中意识、五俱不同缘意识等都没有涉及。

这样一来，根据上面有关心识能力的唯识学分析，对于机器而言，真正困难的机器意识实现问题则是受蕴性独散心识（体验性意识能力）与识蕴性心识两个方面，一个涉及无意向心理活动的表征问题，一个涉及去意向性心理活动的表征问题，都是目前计算理论与方法无法解决的问题。反过来讲，机器最有可能实现的心智能力部分应当是那些具有意向性的心识能力（色蕴、想蕴与行蕴），即唯识学心法中的色法与若干心所法。

很明显，意向性心理活动一定伴随有意向对象，于是就有可能对此进行表征—计算，并完成相关的某种计算任务。因此反过来说，我们认为意向性心理能力是人工智能的理论限度（是上界，但并非上确界），我们能够借助机器实现的人类意识能力，不可能超越意向性心识的范围。这也就是笔者本章的基点，并具体给出如下方面论据的分析。

首先，我们来看心智机器的成功标准。从我们的立场看，如果要构建具有如人类一样的心智能力的机器，成功的标准是起码应该通过图灵测验。主要理由是，由于“他心知”问题的存在，行为表现可能是唯一的判断标准，此时图灵测验也许不失为一种可行的测试途径，关键是“巧问”的设计。原则上，言行交流，也是人类之间默认具有心智能力的唯一途径。再者，根据摩根准则：在没有把握的情况下，宁可选择比较简单的解释。因而，对图灵测验的解释中，也必须注意摩根准则，诸如机器思维或者机器经过思考的行动这类有关心智能力的假设在大多数情况下应该丢弃。

现在我们就来一场图灵测验，看看机器到底会遭遇什么样的困境。为了看清本质，我们的提问异常简单，就是进行如下提问（所谓“多大年纪”思想实验）：你多大年纪？

此时会发生怎样复杂的情形呢？当提问者一而再、再而三不断地重复这一问题时，机器很快就会暴露出其致命的缺陷，就是缺乏不可预见性反应能力。

那么，面对这么简单的提问，机器为什么会无所适从呢？其实这跟机器形式系统的局限性有关。众所周知，图灵机是个形式系统，而哥德尔不完全性定理说明了足够复杂的形式系统不能证明系统内某些真命题。这是否说明人的某些知识是计算机器永远不能得到的？或者反过来说，是否说不是所有的知识都能形式化呢？这样就引出了如下第二个论据的讨论。

从形式系统角度看，确实存在不可计算（证明）的问题，而且是大量的（用数学术语就是几乎处处的），但这些问题对于人类来说同样也是不可计算（证明）的。比如图灵停机问题，如果换成了人，结果是一样的。至于知识，可能首先要分清知识的含义与性质，知识是动词还是名词，要不要考虑元知识。如果这样看待知识，那么肯定不是所有知识都是可以形式化的。因此我们可以发现，问题不在于形式系统是否有局限性，而在于对于意识现象能不能给出一致性的形式描述。

那么，我们可以对人类的意识现象给出一致性描述吗？回答显然是否定的。因为在人类的意识现象中，存在着意识的自反映心理现象：我们的意识活动是自明性的。从逻辑上讲，如果一个系统允许自涉，那么该系统一定是不一致的，也就是说，无法对该系统给出一致性的形式化描述。

其实，人类的心理活动本来就是建立在神经集群活动的自组织涌现机制之上的，因此出现意识的自明性现象是必然的。这也就是美国哲学家普特南给出“缸中之脑”思想实验所要说明的道理。

比如，对于“我们都是缸中之脑”命题，在事先并非知晓这一事实的前提下，使用知道逻辑的反证法，可以明确加以否定。因此，我们人类的意识能力，显然不可能为机器所操纵。这样，由于计算机器形式化能力的局限性，靠逻辑机器是不可能拥有人类全部意识能力的，起码意识的自明性能力不可能为机器所拥有。

进一步，作为第三个论据讨论，我们再来看人类的意义指称能力问题。我们需要明确的问题是：机器能处理符号，但它能真正理解符号所代表的意义吗？如果人的概念依赖于人类的躯体和动机（涉身性认知），那机器怎么可能掌握它们呢？

这个问题主要是指机器是否能够拥有指称能力。塞尔的“中文屋”提出了反对意见。其实这个问题的关键还是要弄清什么是“意义”。如果意义是指所谓抽象的“概念”内涵而非表征形式，那么就必然存在一条语义鸿沟，因为机器内部能够处理或变换的只是不同的形式语言而已。但如果意义是指“行为表现”，那么这个问题就回到了上面图灵测验的第一个论据上去了。

人类语言表达意义不在于语言形式本身，而在于意识能力。正因为这样，才会有许多超出常规的意义表达方式。从根本上讲，我们也不必一一列举种种机器难以拥有的指称能力，诸如矛盾性言辞、元语言表述以及整体性语境等难以一致性描述的状况，而只需指出机器不可能拥有人类的终极指称能力即可。

那么什么是终极指称能力呢？宋代临济宗禅师惠洪在《临济宗旨》中指出：“心之妙不可以语言传，而可以语言见。盖语言者，心之源、道之标帜也。标帜审则心契，故学者每以语言为得道浅深之候。”其中所谓的“心之妙”者，就是终极指的。由于超越了概念分别，所以其是难以用语言来描述的，这就为形式化描述带来了根本的困境。

第四个论据的讨论涉及所谓的预先设定程序的问题。我们知道，目前的机器只能遵循给定的程序（预先设定的程序）运行，这样的话，机器又怎么可能拥有真正的创造性和灵活性呢？也许人工智能的目标就是要让机器的“计算”更加“灵活聪明”，但从目前预先设定程序的机器来看，其显然不可能是灵活的，更不用说创造性能力了。

显然，事情越有规则，机器就越能掌控，这就是预先设定程序的界限。比如，对于表面结构复杂的分形图案，由于其可以靠简单规则加以迭代产生，所以机器就可以靠预先编程规则自如产生。但是对于人类常常出现的出错性，由于毫无规律可循，机器便不可能预先加以编程，机器也就不可能拥有出错性了。人是易于犯错误的，而机器按照设定的程序运行，永远不会出错，这就是预先编程的一个致命弱点，这也是第一个论据讨论中机器无法通过图灵测验的根本原因。

要知道出错性表面上似乎是一个负面品质，但其实质上包含着灵活性和创造性，是一切新事物涌现机制的基础。比如，如果没有生物基因的出错性，自然选择就没有了作用的对象，繁复的生物多样性也就无从谈起。同样，如果没有了思想模块的出错性，文化选择也同样没有了作用的对象，博大的思想多样性同样也无从谈起。可见，出错性是机器难以企及人类心智能力的一个分界线，而这一切都归结为机器的预先编程的局限性。

同样的道理，预先编程问题也带来了机器不可能真正拥有情感能力的新问题，这也构成了机器难以拥有人类心识能力的第五个论据。我们知道，情感从某种意义上讲就是常规理性活动过程中的“出错性”，是非理性的，但基于逻辑的机器是理性的。也许人们会说，非理性的情感在心理表现中是不重要的，甚至是不起作用的。但我们要强调，即使是理性思维，情感和其他非理性因素也在其中扮演重要角色（倾向性指导作用）。如果说理性的认知能力是前进的方向，那么非理性的情感能力就是前进的动力，人类的心理活动中岂可缺少情感能力？而对于机器而言，缺少了情感能力，机器怎么能够像人类一样思维呢？

机器是逻辑的，难以体现情感本性，目前有关情感计算只是实现了情感的理性成分。笔者比较赞同这样的观点：理智是方向性的舵手，情感是驱动性的马达，在航行中情感与理智相互依存。因此，如果情感不能计算，那么也就谈不上实现人类意识的计算，因为情感难以计算的本质就是意识的感受问题。

通过上述对机器实现人类心智能力所面临的种种困境的讨论，就可以进一步引申出机器是否能够跟人类一样拥有意识能力的问题。意识包括功能意识、自我意识和现象意识，其中功能意识大体上均涉及意向性的心理能力，除了前面已经讨论的五个论据外，似乎并不存在特别的新困难。但自我意识和现象意识则不同，由于涉及去意向性和非意向性的表征问题，这便构成了机器心识的最大困扰。

首先我们要清楚“自我意识”不是关于“自我”的意识，而是一种自身内省反思能力。因此，自我意识是意识的核心功能。其次必须澄清那个所谓的“感受质”（qualia）到底指什么。是精神的本性，还是虚构的对象？这涉及哲学基本问题，非常复杂，观点纷呈。机器能否拥有意识能力的核心问题，其实就在于此。

由于涉及心灵的一些本质问题，机器意识研究一开始就引起了哲学上的广泛关注，有专门讨论机器意识研究的哲学基础，也有讨论机器意识所会面临的困难，包括像意识（consciousness）、感受质（qualia）和自我觉知（self-awareness）这些回避不了的、显而易见的“难问题”，以及一些与意识相关的认知加工，如感知、想象、动机和内部言语等上的技术挑战。

那么机器能够拥有这种现象意识状态吗？从意向性角度来看，便可以澄清机器意识的可能性问题。笔者的观点是，凡是具有意向性的心理能力，理论上机器均有可能实现，反之则肯定不能实现。因为一旦缺少了意向对象，机器连可表征的内容都不存在，又如何可以形式化并进而进行计算呢？

通过上述分析讨论，我们发现，机器意识难以达成的主要困境可以归纳为这样三个方面：第一个是形式化要求，特别是一致性要求导致的局限性，使得机器智能局限于具有意向性的心识能力，如色蕴、想蕴、行蕴。第二个则是机器缺乏不预见性的反应能力，智能通过预先设定的程序来应对环境。第三个就是无法拥有终极指称能力，无法实现去意向性的识蕴能力。最后补充一点则是，对于涉及现象意识的感受性能力（受蕴），由于没有意向对象可以作为形式化的载体，因而对其进行计算压根儿无从入手。

于是我们可以很清楚地看到，意向性就是实现机器意识能力的一条不可逾越之界线。用数学的术语说，机器能够拥有的意识能力的上界就是意向性心识能力。当然这并非上确界，因为不可预见性反应能力也属于意向性能力，但从前面的分析中可以看出，目前基于预先编程的机器仍然无法拥有。或许可以期待用更为先进的量子计算机器来突破预先编程能力，但意向性心识能力的边界，依然是无法突破的。

这样，当我们把目前有关机器意识的研究分为面向感知能力实现的、面向具体特定意识能力实现的、面向意识机制实现的、面向自我意识实现的，以及面向受蕴能力实现的五个类别时，就可以同唯识学中意识的五蕴学说相对比，从而更加清楚地认识其中的本质问题所在。

我们的结论是，对于机器意识研究与开发，应该搁置有争论的主观体验方面（身心感受）的实现研究，围绕意向性心识能力（环境感知、认知推理、语言交流、想象思维、情感发生、行为控制），采用仿脑与量子计算思想相结合的策略，来开发具有一定意向能力的机器人，并应用到社会服务领域。

4.3 集体意向性与人工群体智能是否可能

“群体智能”（collective/swarm/crowd intelligence）被喻为是由不同个体的大脑集聚而成的集体脑（a brain of brains），其思想起源于自然界中低等动物与其环境交互协作涌现出的集体智慧（如蚁群筑巢、候鸟迁徙中的导航等）。索罗维基（J. Surowiecki）在《群体的智慧：为什么多数比少数更聪明以及群体智慧如何塑造商业》中这样写道：“在特定的情况下，群体显得比它的成员中最聪明的人还要智慧。为了表现出智能，群体无须只被聪明的人统治。即使一个群体中的大多数人不是特别聪慧或者理性，它仍然可以形成集体的明智决策。”①

在信息革命和全球化浪潮汇聚的21世纪，理解群体智能的重要性显而易见。利用群体智能的有效性和优越性规避人类不必要的错误和灾难，并

① Surowiecki J. The wisdom of crowds: why the many are smarter than the few and how collective wisdom shapes business. Economies, Societies and Nations, 2004, 296: 5.

从新的数字技术和互联网技术中获得更多的资源发展人工群体智能，不但有助于“智能爆炸”时代机器智能的发展，同时也有利于人类人性的进化。我国颁布的《新一代人工智能发展规划》明确提出，研究和开发基于群体智能的基础理论、关键技术和服务平台是迈向人工智能 2.0 之路的关键一步。[①]然而，人工群体智能的迅猛发展一方面向我们展示了某些显著超越人类个体的智能水平，例如在全球应对生态问题的行动中，越来越多的关于气候变化的数据，以及各地区的环境监测、制度和资料都在努力转化为可共享的信息和推理框架的问题，并为全球性的成功决策奠定基础。但另一方面，我们也可以从这种发展中看到一些失衡的可能后果。比如，在健康领域，基于互联网技术的人机协作的疾病诊断和医疗，往往没有专家个体的口头诊断来得准确，更不用说专业的医疗咨询。在经济问题上，一些公司和经济体在处理微观经济问题时往往更容易依赖于有效的信息和算法，但没有证据表明在宏观经济的管理和决策中，这类算法能生成真正可靠的宏观智慧。

在本节，笔者将介绍从自然界到人工模拟的群体智能，并在人工智能的层面反思其基础假设和核心纲领。进而笔者以当代心灵哲学中个体主义与反个体主义的心智观为线索，分析群体智能的载体问题：群体之心只是一种隐喻吗？人机交互的智能载体能够从大脑延展到外在物和环境中吗？最后探讨人工群体智能的发展在多大程度上有助于实现强人工智能（通用人工智能）的终极理论之梦。面对中文屋思想实验的挑战，人工群体智能依旧难以突破传统范式的瓶颈。

4.3.1 群体智能：从自然到模拟

人类对群体智能的发现与关注是社会性自我意识觉醒的一种表现。早在 20 世纪 20 年代，苏联的地球化学家韦尔纳斯基（V. Vernadsky）就曾提出著名的地球三阶段说：第一阶段是由岩石和矿物构成的无生命的岩石圈（geosphere），紧接着是由生物主宰的生物圈（biosphere），最终将进入一个

① 新一代人工智能发展纲要. 2017. http: //www.gov.cn/zhengce/content/2017-07/20/content_5211996.htm[2017-07-20].

新的阶段，即群体思想和群体意识涌现的智能圈（noosphere）。[①]当前，在仿生学、人类学、认知心理学、计算机科学等交叉研究的基础上，群体智能的外延已经从自然群体智能扩展为人工群体智能，也即从自然界简单的动物种群、复杂的人类群体扩展为人工机器群体以及多样的人机交互的智能群体。尤其是随着21世纪智能革命的到来，人工群体智能被证明能够为复杂环境中的决策难题提供一些优于人类的宏观智慧，因此逐渐成为智能研究的前沿领域和重要方向。

近半个世纪以来，群体智能的研究广泛流行于各个学科。但最经典的群体智能原型是大自然和动物界的杰作。康奈尔大学的动物行为学教授西利（Seeley）在20多年的观察中发现，在蜜蜂安家的行为中蜂群的群体智能至关重要。当蜜蜂开始寻找新家时，部分蜜蜂必须从蜂群中分离出来，成百上千的被派出的“侦察蜂”出去寻找新家的位置。有些“侦察蜂”飞行到30英里[②]外的地方去寻找最好的新家，然后返回蜂巢加入蜂群中，它们接下来开始对侦察到的新环境进行评估。一般400～600只蜜蜂会集结在一起摇摆，它们以此方式在群体中传递信息。西利说：“蜂群就是它们做出决定的方式。结果证明这是一个非常复杂的决定。它们正在分解一大堆相互矛盾的变量。”[③]80%的情况下蜂群都能准确判断出最佳位置。这一结果很难想象能够由某一只或几只蜜蜂来完成。在生物学界，研究人员一直感兴趣的是那些简单的有机体是如何相互协作应对环境中的变化，涌现出个体所没有的智能的。

除此之外，社会科学也从不同的角度探索以人群为单元的群体智能问题。例如，政治学家关心广大公众在复杂的选情下如何表现出良好的判断力，最终能形成倾向于民主的统一意见；经济学家研究市场内部的信息模型和决策，希望能通过“无形之手”来聚集不同消费者和企业家的智慧；历史学家研究不同的社会形态是如何创造、收集和传播共同知识的；人类学家对机构（或团体）是如何思考的问题始终抱有研究兴趣；而在社会学

① 参见Reif W E. Biogeochemistry-Biosphere-Noosphere. The Growth of the Theoretical System of Vladimir Ivanovich Vernadsky (Studienzur Theorie der Biologie, Band 4), 2001: 535-538.

② 1英里≈1.61千米。

③ Seeley T D. Honeybee Democracy. Princeton: Princeton University Press, 2010: 46.

中，从涂尔干到米歇尔斯，一直有着深厚的学术传统探究群体或组织机构为什么会超越个体的简单集合。社会心理学家利用调查和观察技术来测量群体智能，他们试图发现群体成员的平均智力和群体最大化智力之间的部分关联性。①

随着互联网+和人工智能 2.0 时代的到来，网络成为各学科、媒体以及产业界聚焦和实现群体智能的巨大试验场。群体智能已不再是自然人智能的聚合，而更多地成为自然人、机器和环境（物理环境和互联网）交互作用的产物。在新近的计算机科学中，研究者使用群体智能这个术语来指代团队间、人与机器间如何协作开发软件。传统知识语境和互联网结合搭建了互联网+的新平台，知识的创造、获取、传递都不再是个体的智力事业，而是在网络、他者和外在环境中组织起来。最典型的例子就是维基百科，它改变了我们惯有的知识生成模式和使用模式，我们形成判断和解决问题的依据已经是嵌入在这样一个平台中的群体智能。同时，基于计算机信息技术和互联网技术的产业发展也将目光投向群体智能：管理信息系统、数据挖掘、决策辅助、创造力咨询等与群体智能开发相关的新兴项目在投资和服务上都有着强势表现。

我国人工智能界的学者在纲领性文章《AI 2.0 时代的群体智能》中详细界定了当前人工智能语境下的群体智能：基于互联网的组织架构，从一定规模自发的个体聚集行为中涌现出来，能够执行挑战性的计算任务。②这一定义强调了人工群体智能与自然群体智能的重要差异：一方面，它们是基于互联网环境下的“线上”聚集，是一种在线的组织和群体；群体组织形式决定着智能的水平，互联网的平台效应使得人工群体智能在某些问题上实现了历史上最高的智能水平；另一方面，人工群体智能的载体是真实的人类智能和机器智能交互作用的智能系统，其真正实现了人机混合、人机交互的认知增强。

① Mulgan G. True collective intelligence? A sketch of a possible new field. Philosophy & Technology, 2014, 27(1): 135-136.

② Li W, Wu W J, Wang H M, et al. Crowd intelligence in AI 2.0 era. Frontiers of Information Technology & Electronic Engineering, 2017, 18(1): 16.

4.3.2 人工群体智能能否捧起“强人工智能的圣杯”

20世纪六七十年代，纽厄尔、司马贺（H. Simon）等人工智能的第一代教父们曾经坚信，“物理符号系统是智能行动的充分且必要的手段。在20 年内，一台机器就能够完成人类能做的所有事情”[①]。这一目标后来被称为“通用人工智能”（artificial general intelligence，也称强人工智能、人工智能的“通用性”）。只有实现了通用智能，我们才可以说人工智能和人类智能处于可以匹敌竞争的水平。博登宣称：“强人工智能无疑是人工智能领域的圣杯。”[②]

然而半个世纪过去，通用人工智能之梦更多地还只是在科幻小说和好莱坞电影中实现。大多数人认为人工智能的极限仅是人类局部的、某领域的智能（即弱人工智能），其整体上不会超过甚至匹敌人类智能。而同时认为人工智能危险极大，再不加控制将会毁灭人类的质疑声也不绝于耳。那么，超越了传统范式的人工群体智能既然在处理复杂问题时甚至表现得比我们自己更智慧，是否意味着它达到了通用智能的水平呢？

哲学家塞尔通过构造“中文屋思想实验”[③]反驳通用人工智能的可能性，他主张即使在行为上看上去具有智能的机器仍不可能理解意义，因为它们只是模拟而没有意识。中文屋思想实验源自塞尔对如下场景的想象：一个完全不懂得中文的人被关在一间封闭的房间中。房间里只有一本中文字典以及一本规则书。他在房间中唯一做的事情就是接受从外面递进来的写满中文问题的字条，然后根据字典和规则书的说明，找到合适的指令，将相关中文字符组合成问题的答案，最后将写成的中文答案传递出去。塞尔认为，房间里的人不认识中文，规则书和字典就是一个中文的处理程序。单凭形式化的计算程序，房间里的人对字条上的意义是不知道的。

中文屋论证的根本论题认为，被执行的计算机程序，它们是纯粹形式的、抽象的或句法的运行，其自身不能够充分地保证那些对于人类认知而言具有本质意义的心理内容或语义内容的出现。在某一特定的硬件上执行

① Simon H A. The sciences of the artificial. 3rd ed. Cambridge: MIT Press, 199: 23.

② 玛格丽特·博登. AI：人工智能的本质与未来. 孙诗惠译. 北京：中国人民大学出版社, 2017: 28.

③ Saerle J. Minds, brains and programs. Behavioral and Brain Science, 1980, 3(3): 417-424.

一个程序可能足够充分地产生意识和意向性，但是这样一种论述已经不再是强人工的了。强人工智能论题的核心认为，执行程序的系统是无关紧要的。只要仅仅假定硬件足够丰富并且足够稳定来传载程序，那么任何的硬件实现载体都是有效的。

简单来说，中文屋论证依赖于两个极其根本的逻辑真理，它们是：第一，句法不是语义。这就是说，一个计算机执行的句法的或形式的程序既不构成，也不足以保证语义内容的出现。第二，模拟不是复制。就像你能模拟暴风雨、五声火警、消化过程等其他任何你能准确描述的东西一样，你也能模拟人类心灵的认知过程。塞尔戏谑地说道："认为一个具备意识和其他心理过程模拟的系统因而也就具备了心理过程，这是和认为在计算机上模拟消化过程因而就能实际消化啤酒和比萨饼一样荒谬可笑的。"①

被执行的计算机程序自身没有办法来保证心灵内容或语义内容的出现。然而强人工智能的支持者们究竟是怎样来想象程序能够确保心灵内容的出现的呢？他们具有什么样的理论图景呢？塞尔说："事实上，他们在观点上的含糊不清正例证了过去的一个世纪里，在试图处理哲学问题时还原论努力的某种重大的失败，我想说一点关于这种还原论的努力。典型的样式是将某一现象（以心灵为例就是行为，以物体为例就是感觉材料）的认识基础视为以某种方式在逻辑上充分确保这一现象的出现。基本的主张是一种证实主义的还原论主张，而图灵测试就是这类主张的一种表达。但是还原论者也想去继续追溯那些首先已经假定被还原了的现象的直觉性概念。一种心理状态或者一个物体直觉性概念在还原论的计划中以某种方式被保留了下来。"②

中文屋提出了这样一个问题：我执行了一个程序，但是我不能理解中文。强人工智能要求一个执行恰当程序的系统必然具有一个心灵。图灵测试给我们提供了一种测定心灵出现的方式，但是实际的情况是这一测试测定的是一系列的计算过程。现在，强人工智能的理论家始终摆脱不了类似

① Searle J R. Twenty-one years in the Chinese room//Preston J, Bishop M J. Views into the Chinese Room: New Essays on Searle and Artificial Intelligence. Oxford: Oxford University Press, 2002: 51.

② Searle J R. Twenty-one years in the Chinese room//Preston J, Bishop M J. Views into the Chinese Room: New Essays on Searle and Artificial Intelligence. Oxford: Oxford University Press, 2002: 60.

于中文屋的梦魇。

人工智能的倡导者具有一种职业的信奉。他们认为是在“创造心灵”（creating minds）。对于这些人来说，在心理上不可能接受强人工智能的方案在原则上是设想错误的这一点。他们愿意相信，强人工智能的失败是由于一些技术的暂时局限；而且仅仅当我们具有了更快速的计算机芯片或者是更复杂的并行分布处理系统，我们就能够克服这一论证。但是，中文屋论证的要义无论如何都与技术的状况毫不相干，它和其基本纲领中的计算这一概念相关。

那么人工群体智能是否能突破传统人工智能的瓶颈，成为捧起强人工智能圣杯的希望呢？笔者认为，人工群体智能的优势仅仅是利用新的技术实现了大数据的在线输入、动态即时的信息更新，使得智能模拟系统从封闭走向开放和涌现，但其智能构造方法本质上仍是以计算为基础的问题求解模型。也就是说，人工群体智能优化的只是基于种群的算法，它并没有改变智能是基于规则的表征—计算系统这一核心假说。哥德尔不完全性定理等数学上的结论揭示了人类思维是计算不完全的，人的大脑很大程度上并不按照计算加工的方式进行思维。[①]人工群体智能也会面临与传统人工智能一样的计算主义挑战，仍然没有理由认为它们就超越了专能而具有通用智能。

另外，虽然群体智能在处理某些问题时已经表现出 1+1>2 的整体效用，但如何超越个体，优化整合出宏观的群体智慧，这是人工智能专家在新的发展机遇下面临的新课题。不难发现，无论在自然界，还是人类社会，个体智能的聚合并不必然产生更高的群体智能。个体的样本大小、认知偏见、情绪类型、外在环境的优劣情况在群体整合中发挥着不同的作用，也直接影响着群体的认知表现。社会心理学的案例分析中充满着大量有关乌合之众产生不良群体意见的真实情况。比如，群体合作中不正当的组织规则、个体成员过度自满的情绪等都会把群体意见引向危险境地。当前，人工群体智能的研究主要集中在对具体算法的优化努力上，对于复杂世界中群体智能模型构成的统一规则并没有足够的认识。因此，我们有理由认为人工

① Thagard P. Cognitive science. https: //plato.stanford.edu/archives/fall2014/entries/cognitive-science/ [2018-09-24].

群体智能与基于单主体的人工智能在智能层次上有着本质差别，但断言人工群体智能已经是一种通用智能，它比传统人工智能更安全仍为时尚早。

4.4 深度学习与意义直接性

近些年，谷歌、微软、亚马逊、百度、腾讯和阿里巴巴等国内外信息技术巨头公司纷纷投入巨资用于人工智能技术的研发与利用，人工智能领域的全球风险投资也从 2012 年的 5.89 亿美元猛增至 2016 年的 50 多亿美元，人工智能和大数据等技术已经越来越广泛地被应用到各行各业中。AlphaGo 屡屡战胜世界围棋冠军的捷报，也像是在宣告人工智能的寒冬已经过去，又一个春天已经来临。当前的人工智能已经可以实现我们以前一直期待的很多功能，如识别图片中的人与物。这一切让我们感到人工智能的梦想已经越来越多地照进了现实，甚至奇点也如库兹韦尔（R. Kurzweil）所预言的那样已经临近了。

但是正如逻辑学家巴尔-希列尔（Y. Bar-Hillel）在人工智能发展的早期所指出的，这种人工智能梦想就要变成现实的乐观主义可能是一种“第一步的谬误”。在这种谬误看来，只要我们在实现人工智能的研究道路上做到了成功的第一步，那么接下来的任何一点改进都可以看作是我们朝最终目标前进了一步。成功的第一步往往让我们误以为最终的胜利指日可待，但实际上早期的一点成功并不预示着最终可以成功，登上一座小的山峰并不意味着我们可以登上最高的山峰。在一小步胜利后我们往往会忽视前方存在的严重问题。德雷福斯在二十年前就细数了半个世纪以来人工智能发展过程中的六个“第一步的谬误”：有效的老式人工智能（GOFAI），表征相关性的框架问题，具备专家专长的专家系统，拒斥表征的 Cog 机器人，表征背景熟悉性的常识知识问题，奇点临近。指向这六个目标的人工智能的设计改进，并没有使得人工智能更加智能，以至最终实现初始的梦想。

而对构造 AlphaGo 至关重要的深度学习在这几年又给大家带来了一种“梦想照进现实”的“第一步的谬误”。在这个人工智能复苏的新时代，深度学习已被广泛用于语音与图像识别、机器翻译、机器人控制和风险管理等领域，宛然已是核心的人工智能技术。深度学习是有着 30 多年历史的反向传播算法的更新版本，它基于一种抽象的神经元模型。神经元层级将一个信号（如声波的振幅或图像的像素亮度）映射到对这个信号的含义的更为明确的高层描述中（如该声波传达的文字或图像中的物体）。反向传播最初只能在两三层神经元中工作，而现在的新版算法可以在更多层级的神经元中工作，使得网络层级越来越深，类似于大脑中相关联的神经元之间的“深度”层级，因而被称为“深度学习”。目前在大数据与机器学习中最为流行的深度学习算法主要包括需要人为标记数据的监督式学习算法和不需要人为标记数据的无监督式学习算法。但这两种算法都只是当代统计学的期望最大化算法的特例。所以基于这两种算法的人工智能都只是统计学算法的展示，而并不能真正具有智能与思维。这种在统计学意义上基于输入的数据和输出的结果进行学习的机制，带来的只是类似行为主义的“黑箱”系统，并不能让我们获得更多对于智能的理解。它实际上还是一种“第一步的谬误”。这种人工智能设计方案仍然是一种新瓶装老酒的做法，由此设计出的一些看起来更为强劲的人工智能实际上只是运行在更快速的计算机上的陈旧算法。它们只是比过去的人工智能可以依赖更为巨大的服务器群的计算能力，以及前所未有的大数据。

深度学习算法的一个经典应用是它能够识别出真实的婴儿和玩偶婴儿。尽管如此，它并不知道这个婴儿的结构以及婴儿在图像中的位置，更无法让一个机器人在立体空间中找到恰当位置抱起那个婴儿，或者去拿一个奶瓶来喂婴儿，或者给婴儿换尿布。所以当前的深度学习算法在理解图像上还根本不具有类似人类的图片理解能力，并且它也根本不是人类大脑中所发生的。人们对它会超越并控制人类的担忧，也是因为将性能表现与实际能力相混淆而生成的无来由的担忧。实际上这是一种由范畴谬误而带来的担忧，即把它所展现出的一些特定的性能表现看成是它所具有的类似人类的能力。

实际上，人类所具有的知觉理解与行动的能力是基于生活世界经验的，而这种经验又是通过意义性与相关性组织起来的。意义性本身是不能通过我们对物理事实赋予意义来构造的，因为我们并不是直接经验到物理刺激再给出它们的情境意义性和相关性的，而是在经验中直接获得意义性和相关性的。而目前的人工智能设计恰恰陷入这种无意义的物理刺激构造意义性和相关性的泥潭之中。因为它们仍然植根于一种笛卡儿主义框架。这种框架有两个基本原则，一是认为大脑通过它的感觉器官被动接收来自外界的输入，二是认为大脑通过在这些刺激信息中抽象出特征，并将它们关联起来构建出关于世界的表征。不管是 GOFAI 之路，还是当前盛行的神经网络进路，都是基于这种框架的。GOFAI 的没落已经让我们领略到了依据这一框架所带来的设计问题，尤其是它所面临的不可解的框架问题。在神经网络进路中，这一框架体现在依据设计者所定义的网络输出的成功与失败来增加或减少模拟神经元之间的连接的权重。由于人工神经网络本身并没有任何目的追寻，所以意义性也是外在地赋予的。而且这一进路的最大问题是怎么理解大脑如何将相关的特征绑定在一起而获得主观体验，即大脑如何将由相互独立的接收器所获得的相互分离的特征组织关联起来。例如，在当前的输入中，黄色是和方形还是和圆形相关呢？这就是神经网络版的人工智能框架问题，即大脑如何将表征当下世界的一些事实与其他事实关联起来。如同框架问题一样，只要心灵、计算机或大脑被当成是被动地接收无意义的输入，并且这些输入需要被赋予意义性和相关性时，绑定问题就不可解决。解决之路就在于将积极主动的有机体直接获得意义性和相关性的做法植入基于神经科学的模型中。

那么人类是如何直接获得相关性和意义性的呢？海德格尔、梅洛-庞蒂和德雷福斯等哲学家认为，我们的身体性技能使我们直接获得相关性并做出反应，并且在对世界的相关变化的感觉与反应中我们的技能会不断加以改进。例如在一间教室里，我们学会忽视教室里的大多数情况而集中精力听课，但是当房间变热时，窗户就会诱使我们去打开它；我们也学会忽视粉笔落下的粉尘而去关注黑板上的粉笔字；我们默认黑板上所写的字是不会影响窗户的，并且我们打开窗户的行动也不会影响黑板上所写的内容。在不断改善我们的背景性技能知识时，我们对教室中的事物和教室布局就越来越熟悉，它们本身也越来越具有意义性，并且当一个行动相关于某个事物时，这个事物就会自动吸引我们去做出那个行动。这样我们就变得越来越善于处理变化的情境。在这种情境中，只有在过去的经验中某事物是有意义的，我们才对它在当前情境中的变化加以反应。甚至当我们感觉到一个重大的变化时，我们也把其他事物视为不变的，除非在我们所熟悉的世界中有些事物已经发生了改变并且需要重新检查。这样，对于有机体来说，就不会出现框架问题。如果我们放弃笛卡儿主义框架所主张的需要将相分离的、无意义的事实和事件相互关联起来的原则，而是看到所有的事实和事件都是在一个熟悉的世界的背景中经验到的，我们就能突破现有的人工智能设计所面临的最大难题。

总的来说，我们直接获得意义性而提升我们对相关性更加敏感的方式，取决于对与我们的需求、身体和心理因素以及社会文化环境等相关的意义性的反应。如果我们不能设计出能够响应环境的意义性的智能模型，那么我们现在所具有的人工智能的梦想将很难照进现实。而如果能够在智能的设计中加入类似我们的身体模型以及我们身处世界中的行事方式，使其具有类似我们所具有的需求、欲望、快乐、痛苦、行动方式和社会文化背景，那么这种人工智能就有可能更好地响应意义性，进而在我们的世界中可以像我们一样智能地思考和行动，甚或在这些方面超越我们。

4.5 小结：涉身机器与延展心灵的可能性

近代以来的西方哲学家把认识心智和智能的本质作为理解自我与世界的“第一哲学”。笛卡儿的“我思故我在”不仅断言了心智（思维存在）和身体（物质存在）的二分，同时也主张心智与具有内省能力的个体思想者“我”之间的同一关系。尽管笛卡儿主义的认识论和心灵哲学长期饱受批评，但笛卡儿对心智理解的个体观念却影响深远。直至20世纪80年代，哲学家、认知心理学家、计算机科学家无论是将智能视为行为（及其倾向）、功能还是生理物理状态，几乎都相信智能的载体是单个的主体或机器：传统认识论关心的是个体的所知；当代心灵哲学、认知心理学以及神经科学的主流理论假设人类智能的边界始于大脑，止于个体；方兴未艾的人工智能最初的工作范式也是设计机器来模拟个体的心智能力。然而在过去的30多年里，越来越多的哲学家、认知科学家意识到，心智和智能的个体观片面强调了单一主体反映和改造世界的能动性，低估了主体在与他者、外部工具的协同交互中展现的智能，忽视了智能本质上也内禀社会性、历史性和文化性。戈德曼（Goldman）的社会认识论研究长期探索人类知识如何通过人际交流、信息交换、社会交往而得到增进。可以辩护信念的理由不仅包括个人的证据，也包括他人证词、认知辅助技术和认知分工等[①]。加利福尼亚大学圣地亚哥分校的认知科学家哈钦斯在借鉴人类学和维果茨基心理学的基础上主张一种“分布式认知”（distributed cognition）的进路，即智能系统具有在多主体和环境间分布的本质。哈钦斯研究了美国海军舰艇上的船员是如何分工执行认知任务的，从而认为团队本身作为一种认知系统提供了比侧重个体的认知模型更为丰富的认知文化和动力学解释。[②]撒加德则通过对科学的实践研究表明，大型科学研究应该被看作是由许多主体和仪器等共同构成的认知系统完成的，这能提供一种比科学的个人主义和原子论方法更丰富的对科学研究本质的理解。[③]

克拉克和查尔莫斯提出的“延展心智观”（extended mind thesis）从外在主义的另一视角诠释了关于心智本质的反个体主义理解。他们认为，心智不仅仅在个体的大脑中，也分布在个体的身体，甚至超出体肤延展至外在环境。[④]从物理空间上讲，智能主体并非只是具有脑结构的生物个体，而是“大脑—身体—工具（机器）—环境”相互嵌入的耦合系统。从历史维度上看，灵长类动物生成智能所经历的 7 万年以上物竞天择的进化史是以种群为单位的；更重要的是，智能本质上已经被塑造成是个体与他者、环境在社会文化座架（scaffolding）下共同的认知实践。

尽管在社会科学哲学、认知科学哲学以及人工智能的研究中，越来越多的研究者都对延展心智、群体心智表现出浓厚的兴趣，但鲜有详尽分析来论证群体心智存在的合理性。有关群体意向性（collective intentionality）、群体之心（collective/group mind）的概念在哲学家的视野中一直是争议不断的术语。有些学者认为，当前对群体智能的标准解释仍然保留着一种心智的个体主义形式。心智的个体主义认为，群体的信念和意图不是某个智能群体的心理状态，而是要由组成这一群体的个体意向状态的组合来

---

① Goldman A, Whitcomb D. Social Epistemology: Essential Readings. Oxford: Oxford University Press, 2001.

② Hutchins E. Cognition in the Wild. Cambridge: MIT Press, 1995.

③ Thagard P. Societies of minds: science as distributed computing. Studies in History and Philosophy of Science, 1993, 24(1): 49-67.

④ Clark A, Chalmers D J. The extended mind. Analysis, 1998, (58): 7-19.

确定。[1]“群体之心”只是一种修辞的隐喻。在本章，笔者试图反驳拒绝承认存在群体之心的观念。反对群体心智的观点根源是传统的个体主义心智观，即心理状态位于心智中，而心智位于大脑中。因为群体没有颅骨结构的大脑，所以他们就不能有心理状态，也不存在所谓的“群体之心”。如果“心智不在大脑中”，那么就消除了接受群体具有心理状态的观点的主要障碍。

① 参见 Bratman M. Shared intention. Ethics, 1993, 104(1): 97-113. 布莱特曼(Bratman)在文中对个体主义形式的集体意向和集体心智做了详细阐述。

5 知觉论的挑战：表征对于认知是必要的吗?

早期认知科学的一个基本假设就是，知觉源于知觉者被动地接受感觉刺激，知觉主体在产生经验状态的过程中是被动的。这种传统的研究进路，一般通过从具体的处境和细节中的抽象，来对知觉和认知这两个领域进行研究。比如大卫·马尔的视觉理论，其首先将视觉过程划分为三个阶段[①]，然后以计算机语言进行形式化描述，继而通过这种形式化的抽象语言来解释视觉过程。该理论已经成为经典信息加工理论的元理论。[②]

经典的信息加工理论认为视觉系统像照相机，知觉者是被动的刺激接收者，这一研究假设得到了认知神经科学的很多经验证据的支持，比如具有代表性的视觉的双系统假说，然而，对这一传统研究方式的质疑从未停止，比如吉布森、特维[③]、瓦雷拉[④]等，特别是近些年来越来越多的理论从

---

① Marr D. Vision: A Computational Investigation into the Human Representation and Processing of Visual Information. San Francisco: W. H. Freeman, 1982.

② Gangopadhyay N, Madary M, Spicer F. Perception, Action, and Consciousness: Sensorimotor Dynamics and Two Visual Systems. Oxford: Oxford University Press, 2010: 1-17.

③ Turvey M, Shaw R E, Reed E S, et al. Ecological laws of perceiving and acting: in reply to Fodor and Pylyshyn. Cognition, 1981, 9(3): 237-304.

④ Varela F J, Thompson E, Rosch E. The Embodied Mind. Cambridge: MIT Press, 1991.

行动和知觉的关系角度，对传统的计算机式的信息加工理论提出挑战。比如赫利的“共享圈模型”（the shared circuits model，SCM）[①]、奥利根和诺伊的感觉运动理论[sensorimotor theory，又名生成主义理论（enactivism）][②]，以及谢林伯格（S. Schellenberg）的能力理论（capacity view）等。

这一系列主张行动与知觉相互依赖的理论之间也存在不少差异：一部分理论从根本上反对知觉中存在认知过程；一部分理论，比如赫托的理论否定表征在解释知觉经验中的作用[③]；一部分理论不反对使用表征等传统的解释工具[④]，只是对其进行涉身化的重新界定，使它们能够放到知觉者与环境互动的情境之中。尽管存在以上差异，这些主张对于传统研究进路的批判体现在它们共同认为：知觉与行动相互依赖；知觉的载体是分布式的，分散于脑、身体和世界。[⑤]

5.1 传统三明治结构认知结构的局限：知觉与行动的分离

知觉的表征理论在当今知觉哲学与认知科学中占有举足轻重的地位。就像更一般的心智表征理论，它是一种非常流行的观点。一般地，心智表征理论认为心智状态将世界表征为某个样子。知觉表征理论则认为我们的知觉将世界表征为某个样子，类似于信念和思想，它“告诉”了我们关于这个世界的事情。一个状态具有通达意识，是指它可被用于诸如推理、行动的理性控制等过程。通达意识是可以在功能上得到定义的。多数人认为当下发生的思想或判断就是一种具有通达意识，但没有现象意识的心智状态。而知觉表征理论通常认为知觉既有通达意识，又有现象意识。表征理

---

① Hurley S. Perception and action: alternative views. Synthese, 2001, 129(1): 3-40.

② O'Regan J K, Noë A. A sensorimotor account of vision and visual consciousness. Behavioral and Brain Sciences, 2001, 24(5): 939-973; Noë A. Action in Perception. Cambridge: MIT Press, 2004.

③ Hutto D D. Knowing what? Radical versus conservative enactivism. Phenomenology and the Cognitive Sciences, 2005, 4(4): 389-405.

④ O'Regan J K, Noë A. A sensorimotor account of vision and visual consciousness. Behavioral and Brain Sciences, 2001, 24(5): 939-973; Noë A. Action in Perception. Cambridge: MIT Press, 2004.

⑤ Gangopadhyay N, Kiverstein J. Enactivism and the unity of perception and action. Topoi, 2009, 28(1): 63-73.

论认为我们应当用意向性来解释现象意识。而意向性又可用功能角色来界定，因此表征理论为现象意识的解释提供了一条自然化的道路。

5.1.1 知觉表征理论与三明治结构

根据对现象意识的解释方式，表征理论可分为不同类型。首先是强弱之分。强表征理论主张以知觉的方式产生的表征对于现象意识来说是充分的，而什么是知觉的方式，则是一个在功能主义框架下就可以得到说明的问题，并不牵涉本体论上新的属性。弱表征理论则仅仅主张知觉状态必然具有表征内容，它允许本体论上新的属性。强表征理论则又分为高阶表征理论和一阶表征理论。我们将探讨高阶表征理论，以及对于表征理论来说非常重要的表征内容的不同理论。

5.1.1.1 高阶表征理论

首先来看高阶理论（higher order theories）。根据高阶理论，一个一阶状态是有意识的，当且仅当有一个适当的高阶状态来表征该一阶状态。也就是说，高阶理论是用高阶状态来解释知觉的现象意识。高阶理论主要包括高阶知觉（higher order perception，HOP）理论与高阶思想（higher order thought，HOT）理论。

根据 HOP 理论，这种适当的高阶状态是类似于知觉的状态。因此传统上 HOP 理论又称为内感觉（inner sense）理论。内感觉理论起源于洛克，当代心灵哲学中则由阿姆斯特朗[①]重新引入，而莱肯[②]则是其更晚近的捍卫者。莱肯认为，我们先天地具有内感觉官能，即一种内部的“扫描器”，而主体的一阶知觉表征是有意识的，当且仅当这种内部扫描器产生了关于该一阶表征的高阶表征。

根据 HOT 理论，适当的高阶状态应为思想或信念。比如，罗森塔尔认为，主体的一阶知觉表征是有意识的，当且仅当主体具有关于该一阶表征

---

① Armstrong D M. Locke and Berkeley: A Collection of Critical Essays. Notre Dame: University of Notre Dame Press, 1968.

② Lycan W G. Phenomenal objects: a backhanded defense. Philosophical Perspectives, 1987, 1: 513-526; Lycan W G. Consciousness and Experience. Cambridge: MIT Press, 1996.

的高阶思想。[①]具体而言，一个有意识的心智状态 M，是这样一种状态，它实际上非推理地导致了主体拥有“我具有状态 M”这样一个信念。一个具有现象意识的心智状态则是符合某些限定条件（如具有非概念内容、充当适当功能角色）的状态，同时，它是某个高阶思想的对象，并且它非推理地导致了该高阶思想。

总体而言，HOT 理论具有 HOP 理论所具有的好处，即它能够解释有意识与无意识知觉之间的不同。有意识的知觉必须要成为高阶思想的对象，而无意识知觉之所以是无意识的，是因为它并不成为高阶思想的对象。这一点类似于 HOP 理论。而 HOT 理论独特的好处在于，它有利于解释我们作为理性行动者的认知地位。具体而言，具有关于自身经验的高阶思想，使得一个生物能够做出事实与显象之间的区分，在一些场合下警惕自己的知觉经验。而关于自身思想、信念和愿望的高阶思想，则使我们能够反思和调整我们的信念、推理和行为。[②]

5.1.1.2 知觉内容

知觉表征理论的核心原则是，知觉是表征的。在当前的语境中，这与知觉具有内容是同义的。类似于一本书的内容是其所传达的信息和意义，知觉的内容是其传达给主体的东西。这是表征理论普遍坚持的。但知觉内容究竟是怎样的，它们有什么特征，这是不同派别有所争论的又一个重要议题。这些争论围绕着知觉内容在几个不同方面的特征。

第一个争论的方面是知觉内容的构成或本质。相关的观点主要包括可能世界内容、单称内容、弗雷格（G. Frege）式内容等。

可能世界内容理论是说，知觉经验的内容是一组可能世界，事物在知觉中显现的样子，就是它们在这些世界当中的样子。比如说，一个人的视觉经验表征了一个红色的立方体，那么这个经验的内容就是这样一组可能世界，在这些世界中，他的面前有一个红色立方体。这种内容理论的宗旨

① Rosenthal D M. A theory of consciousness//Block N, Flanagan O J, Guzeldere G, The Nature of Consciousness.Cambridge: MIT Press, 1997.

② Burge T, Peacocke C. Our entitlement to self-knowledge: II. Christopher Peacocke: entitlement, self-knowledge and conceptual redeployment. Proceedings of the Aristotelian Society, 1996: 96, 117-158.

是，不论在语言、思想还是知觉当中，当一个状态表征了某个情形，这个状态就是把现实世界表征为具有这种情形的这样一组可能世界之一。

单称内容理论是说，知觉具有单称内容。单称（singular）内容又称罗素式（Russellian）内容，它首先是一个语言哲学概念。“N 是 F”（N 是专名，F 是谓词）这种形式的言语所表达的是一个具有结构的命题内容，该命题内容由专名 N 的指称对象及谓词 F 所表达的属性构成。比如说，语句“牛顿是聪明的”，其命题内容“牛顿是聪明的”就由牛顿这个人和“聪明”这个属性构成。也就是说，内容由（世界中的）对象和属性构成，而不是由能够挑出对象的描述构成。

弗雷格式内容是这样的内容，它们由对象和属性的呈现模式（modes of presentation）构成，而非直接由对象和属性本身构成。非常直观地，同一对象或属性可以有多个呈现模式。一个弗雷格式内容是真的，仅当该内容中呈现模式下的对象具有该内容中呈现模式下的属性。

另一个争论是知觉内容的宽窄问题。知觉内容外在论认为知觉具有宽内容，知觉内容内在论认为知觉具有窄内容。

知觉内容外在论是心智内容外在论在知觉领域的一种主张。心智内容外在论是关于心智内容如何确定的一种主流观点，主张某些（甚至大多数）心智内容并非完全由主体的内部物理状态决定，而是由主体内部状态及其所处的自然环境与社会环境共同决定的。内容外在论的反面是内容内在论，即所有心智内容完全由主体的内部物理状态决定。这似乎是一个自然的想法。但心智外在论在心智意向论的前提基础上，因孪生地球（twin earth）等思想实验的语义外在论论证而成为广为接受的观点。

知觉内容内在论的主要动机是，我们似乎有这样的知觉，认为只有那种能够以内在方式得到个体化的状态，才能够对认知科学进行一种适当的说明。比如福多就认为，尽管那些经典论证的确表明许多心智状态至少在大众心理学意义上具有宽内容，但若进入认知科学层面，则需要容纳某种内在性。[①]毕竟，物理上完全相同的主体，在某种重要的意义上，他们在心

① Fodor J A. Psychosemantics: The Problem of Meaning in the Philosophy of Mind. Vol. 2. Cambridge: MIT Press, 1987.

理上也是相同的，因为他们的心智状态具有相同的因果效力。于是，科学要把握这种共同的因素，就需要假定一种由二者的心智状态所共有的窄内容，使得我们能够说明他们在这个意义上有着相同的心智。

5.1.2 知觉哲学争论

简单地说，知觉就是动物依赖其各种身体器官，感知外部世界的能力。根据知觉的不同，动物能够在外部环境下获取不同的感知信息，然后根据自己的目标调整自己的肢体来进行行动。那么，如何解释在一些具体复杂的环境下，动物如何根据目标，做出合适的行为呢？要解决这个问题，就必须要使用一个适合研究该问题的知觉理论。然而，在理论界关于知觉的理论流派很多，因此我们就要列出一些对这些纷繁复杂的理论进行选择取舍的元标准，来找到最适合解释知觉与行动关系的理论。

5.1.2.1 两种不同的知觉观

在传统知觉观看来，知觉与行动是相互独立、各自运行的两个系统。这一观点符合常识，且得到一些经验证据的支持，比如米尔纳和古德尔的双视觉系统加工理论①，发现视觉的脑内加工存在两种截然不同的通道，腹侧通道的加工用于知觉判断和识别的视觉，背侧通道的加工用于指引和调整身体行动的视觉，一些脑损伤患者（如患者 DF 的邮筒投递实验）的行为证据表明，对腹侧通道的损伤并不会干扰背侧通道的加工，也就是说，在视觉系统内，知觉与行动可以分离。但对于患者 DF 在邮筒投递实验中的表现究竟做何解释，也有不少异议，比如申克就认为 DF 的表现说明了自我框架编码与异我框架编码之间的区别②；罗塞蒂则认为 DF 的问题反映的是中心视觉和外围视觉的区分，并非知觉视觉与行动视觉的区分。③

① Goodale M A, Milner A D, Jakobson L S, et al. A neurological dissociation between perceiving objects and grasping them. Nature, 1991, 349(6305): 154-156.

② Schenk T. An allocentric rather than perceptual deficit in patient DF. Nature Neuroscience, 2006, 9(11): 1369-1370.

③ Rossetti Y. Why does the perception-action functional dichotomy not match the ventral-dorsal streams in anatomical segregation: optic ataxia and the function of the dorsal stream//Nivedita G, Michael M, Finn S. Perception, Action, and Consciousness: Sensorimotor Dynamics and Two Visual Systems. Oxford: Oxford University Press, 2010: 163-181.

赫利将关于心灵与世界的传统理解概括为知觉—认知—行动的三明治结构：个体通过知觉接收外部世界的信息，通过认知进行加工处理，再通过行动输出作用于外部世界，知觉、行动和认知虽然存在相互作用，但相互独立分隔。[①]传统知觉观对知觉的理解是孤立于行动、认知和环境的，将知觉看作被动接受刺激的过程，认为知觉者接受刺激，再通过视觉皮层进行快速的信息加工，最终形成视觉经验。例如视觉，传统的解释方案利用视觉系统与照相机的类比，认为视觉系统的工作过程就像照相机拍摄快照一样，以精细的内在表征的形式将外部世界的所有细节提供给知觉者。这种计算主义的传统假定了视觉经验的解释要从计算水平的描述中寻找，是人们预先给认知过程强加上操作过程之后再抽象出来的描述（比如将视觉过程人为地划分为三个阶段，再抽象出不同阶段的特点）。

与之不同的是，生成认知的观点认为传统知觉观解释知觉的时候只关注认知者内部的状态，遗漏了知觉者的自然行动的作用，将认知者与外在世界截然分开，也将知觉、行动与认知分离开来。事实上知觉与行动紧密相关，无法割裂开来。在以上争论中，两个核心的问题是，知觉经验的内容如何产生，以及知觉与行动之间的互相作用。传统的认知观比较侧重于依赖认知神经科学的经验证据，而生成认知的观点更注重行动对于解释知觉经验内容的重要作用；传统的认知观通过经验证据说明知觉与行动可以是相互独立的系统，而生成认知的观点认为传统认知观对于知觉与行动的互动解释不足。

5.1.2.2 知觉经验如何产生

知觉经验是如何产生的？这是知觉哲学的重要问题。传统的知觉观认为知觉是发生在头脑内对外部世界进行表征的过程，知觉经验产生于对表征的加工。比如视觉过程就类似于照相机拍照，将外在世界的样貌细节都记录下来，在视网膜上成像，大脑在视网膜成像的基础上进行复杂的加工最终产生知觉经验。但究竟如何从简单的视网膜成像中产生关于三维的外部世界的丰富的知觉经验内容呢？

---

① Hurley S. Perception and action: alternative views. Synthese, 2001, 129(1): 3-40.

一般的观点认为，视觉信息在脑皮层的某些区域得到组织和加工，在这些皮层位置与视网膜信息之间存在一种对应关系，这些皮层区域很可能是知觉经验产生的场所。这些皮层区域的确存在关于外部世界的视觉信息，但这种对应关系本身并不能对视觉的现象特征进行度量和解释，也无法解释为何这样的对应关系会产生出视觉经验。在这种对应关系与视觉经验之间，还需要额外的环节来补充解释，这便是知觉经验的难题。一些研究试图解决这个问题。比如说通过对盲视患者的研究，推断出视觉意识可能产生于边缘系统前部皮层中的评价系统；还有一些研究认为意识可能与脑在40～70赫兹范围内的相干振荡时所处的特定状态有关，这样就可以把某个时刻的特定意识的知觉捆绑起来；还有研究者认为意识应该是神经元微管里的量子过程。

然而这些解释都不充分，比如即使意识是微管里的量子过程，那么微管里究竟发生了什么才使它能产生意识，而别的物理装置却无法产生？[①]与传统知觉观截然不同的解释则侧重于从行动因素来解释知觉经验的内容。我们可以把它们称作行动中心的知觉理论（action-oriented theory of perception）。

5.1.3 知觉生成观的起源与发展

5.1.3.1 作为知觉生成观先驱的吉布森

吉布森的生态学视知觉论是知觉生成观的先驱。生态学视觉观点将知觉看作知觉主体与环境之间动态的交互作用的产物，抛弃了对知觉的信息加工解释。传统的计算理论认为感觉刺激通过不同层次的视觉加工形成视觉表征。而吉布森认为，到达感觉器官的视觉信息本身就结构化地包含了周围环境的布局，知觉主体在感觉器官的运动中自然而然地习得这种关于环境布局的结构，从而可以直接感知到外界环境的布局，动物还可以直接"看到"外界物体能够提供的与之交互作用的可能性，这种包含在物体之中的可能性被吉布森称为"功能可见性"（affordance）。外部世界本身是充满

① O'Regan J K, Noë A. A sensorimotor account of vision and visual consciousness. Behavioral and Brain Sciences, 2001, 24(5): 939-973.

意义的世界，而知觉总是对这样一个充满意义的世界的知觉，只有当知觉者能够拾取到物体所提供的行动可能性时，知觉对象才拥有意义。

吉布森的观点事实上完全反对知觉中存在认知过程，强调与环境的相互作用使得知觉主体有了知觉，有了意义。生态学的观点抛弃了对知觉的信息加工解释，拒绝诉诸任何内在的认知过程（比如记忆、推理等）来解释感觉信号向知觉经验的转化。根据吉布森的观点，直觉主题可以直接拾取，或者记录下不变的光线阵列结构，来获得知觉。

5.1.3.2 赫利的知觉行动动态反馈系统

赫利认为吉布森完全抛弃内在认知过程的做法走得太远，她认为，脑的活动和环境中的运动都对于知觉经验有着重要的作用。赫利区分了运动带来的两种反馈，一种是外部反馈，也就是身体运动从外界收到的反馈；另一种是内部反馈，有时被称为输出神经感知副本（efferent copy），就是自身产生的内部反馈。身体的运动，不只是像吉布森说的那样，充当了改变光线阵列变化的原因，从而对改变知觉经验起到工具性的作用。运动输出和感觉输入之间是一个循环反馈的关系。赫利认为认知、知觉与行动三者密不可分，在动态的互动之中形成一个共享圈，是一个连贯的整体和连续的序列。

赫利认为知觉与行动意向的内容都产生于运动输出与感觉输入之间的动态反馈系统。在亚人层面，联结感觉输入与运动输出的动态反馈循环圈使得感觉输入与运动输出之间具有交互依赖性。而在人的层面，由于知觉主体具有视角上的自我意识，可以追踪到自身运动所引发的后果和感觉反馈，即可以追踪到知觉—行动—知觉的这一动态循环过程，所以这种循环过程也将主体与周围环境联系在一起，将知觉与行动关联在一起。

按照赫利的观点，虽然在亚人层面和人的层面之间不能做简单的对应，但解释知觉经验的关键离不开亚人层面上感觉运动输入输出的动态反馈循环圈，同时在人的层面上，所经验到的也总是系统地依赖于所做的行为。

5.1.3.3 诺伊与谢林伯格的知觉观

诺伊的感觉运动理论则更激进地认为在某种程度上，行动部分地构成了知觉经验的内容。行动对于知觉的重要作用体现在，在行动中所产生的感觉运动技巧（或者感觉运动知识）为知觉经验直接提供了内容。知觉并不是接受刺激和加工表征的过程，而是对感觉运动知识（技巧）的实际运用。感觉运动知识指的是知觉者具有的关于外界刺激随自身运动共变的规律的内隐知识。

谢林伯格的能力理论（capacity view）认为行动对知觉的影响主要体现在行动可以形成在异我框架中进行自我定位以及感知物体内在本质属性的能力。

能力理论首先将物体的属性划分为情境依赖属性和内在属性，而对于内在属性的认识必须借助于情境依赖属性——在认识情境依赖属性的基础上从自身当下的视角中抽离（abstract）出来。这种"抽离"需要一种在异我框架中感知事物的"实用知识"，即知觉对象从区别于当下视角的其他视角也可以被感知到。显然，这种"实用知识"需要借助于在不同的情境下自我定位的能力，而自我定位的能力只能通过行动（act）的能力来获得。

5.1.3.4 新知觉观的涉身倾向

总体来说，引入行动因素，并将之作为解释知觉本质和知觉经验内容的关键，颠覆了对知觉的传统认识，可以避免传统观点在解释知觉经验时遇到的难题，由于知觉的本质不再被看作消极被动的信息接收、加工的过程，因而也就无须对信息加工的过程和知觉经验之间的空白做出解释，同时，行动中心理论对经验内容的解释对于一部分经验证据也具有一定的解释力。

尽管在对正统知觉观批判的程度和理论具体主张上存在差异，但总体来说，生成的观点都反对将知觉看作局限于头脑中的过程，认为知觉的载体不仅是脑，还是整个身体；反对将知觉看作被动的接受和加工过程，而是将知觉看作动态的探索过程，或者是动态的循环反馈过程；反对将知觉与行动看作各自独立的系统，认为知觉与行动相互依赖，紧密不可分割。并且，根据生成认知的观点，应该打破知觉与行动、心灵与世界之间清晰严格的边界，因为心灵和认知总是依赖于身体行动和外部环境的，甚至在某种意义上，它们本身也可以延展到环境之中。

5.2 功能可见性：吉布森的生态知觉理论

功能可见性是吉布森生态知觉理论中最为重要和核心的概念。吉布森通过生态光学和生态心理学的各种理论研究和实验数据，说明了功能可见性效应的存在，该概念对于知觉—行动耦合的解释具有合乎认知科学证据的逻辑论证。

5.2.1 作为动物生存手段的知觉—行动

动物之所以被称为动物，是因为动物具有各种各样的运动能力，这种能力实现的条件各种各样，但结果只有一个，就是将动物的身体从一个地方转移到另外一个地方去实现某个目标。这样一来，我们就能看到大自然里各种各样动物的运动，比如人的行走、猎豹的奔跑、海豹的潜水、老鹰的飞翔、青蛙的跳跃和蜥蜴的爬行等。有些动物除了利用自己身上的肌肉与骨骼进行位置移动之外，有时还会运用气流、温度和风向等自然条件辅助自己的行动，以便到达更远的区域。而数万年来，物种通过与自然界的不断交互活动，各自维持着他们在自然界中的生存和繁衍。然而，动物与外在自然世界进行交互（即生存、繁衍、发展）的唯一手段，只能依靠自身的行动来达成。

5.2.1.1 知觉与行动的四个维度

向当下外部环境的目标对象做出合适的、恰当的行动，这件事对于动物的生存与发展来说至关重要。在某些极端的情况下，能否做出合适的行动这件事甚至会关系到个体生命的生存安危。那么，我们很自然地就会关注到这个问题："动物是如何进行行动的？"

动物要进行各种各样的行动，其实不光需要身体骨骼与肌肉的协调运动，更需要对外界感知信息的获取，通过动物的知觉系统进行处理后，动物才能根据外部不同的环境条件和信息，来采取有针对性的行动。那么，这样一个问题又摆在我们面前："动物的知觉，如何指导个体的行动？"

然而，这样的问题显然比较宽泛。通过很多传统的心理学实验[如黑灵错觉、彭佐错觉（Ponzo illusion）等]我们知道，知觉有正确的知觉（对某些对象做出合理的判断）和错误的知觉（即错觉或幻觉，不能正确地辨认对象或对某些对象做出不合理的判断）之分；而动物根据知觉的正确与否，也相应地会产生合理的行动和错误的行动（即失误）。因此，对于知觉与行动的关系来说，大致存在着以下四种情况：①知觉正确，随后产生正确的行动（最普遍的情况，保证了我们正常的生活，比如对地面的知觉，我们可以据此进行正常的站立、行走和奔跑等）；②知觉正确，随后产生错误的行动（比如对足球方位产生正确感知，但由于身体条件或其他外在因素，在行动上出现失误，比如运动员踢球时由于脚滑等事件影响动作的做出，从而一脚踢空等）；③知觉错误，随后产生正确的行动（“歪打正着”等极其罕见的小概率事件）；④知觉错误，随后产生错误的行动（这个相当普遍，有很多视觉研究的案例，比如错觉图片导致被试错误行动）。

这四种情况都会在动物的日常生活中被体验和经历到。然而，动物日常所经历到最多的情况，则是能够提供其正常生存和生活的知觉运动模式，即正确的知觉，引导了正确的行动，所有的行动都刚刚好能够适配周围的环境条件，比如猎豹可以在地上奔跑，鱼儿可以在水里畅游。因此，如果我们要将这种刚刚好的知觉运动匹配模式进行形式化，以期之后应用于人工智能机器人，让它们的行动也能像动物运动这样与环境无缝结合的话，那么就应该将研究重点聚焦在以上知觉与行动四种组合中的第一种情况。因此，我们所要研究和解决的问题是：“我们怎么知道，自己能否对外部世界中的对象做出合适的行动？”对于这个问题的解决，依照当前认知科学中的研究进路（具体如认知心理学、实验心理学、实验哲学等理论方法），我们可以将上面这个问题细化到具体可分析的层面，即“动物如何凭借知觉，获取所处当下环境中目标对象的意义？”

举例来说，我们在家中常常会养些宠物陪伴自己。那么，我们身边的小猫小狗，是如何通过自身的知觉，知道自己能否跳上厨房里的餐桌，然后去偷吃桌上那根透着浓郁肉香的腊肠呢？同样，对于我们人类来说，这个问题也是如此。比如，在周末去逛超市的过程中，我们是如何知道，自己能否够得到超市高高的第五层货架上摆放的那袋薯片或锅巴呢？

首先，让我们将注意力转移到上面超市购物的案例中。面对居于高处的薯片或锅巴，想要解决如何把它取下来扔进购物车这个问题，我们都会想到简单的试错法去试一试：我们先踮起脚尖够一下，发现还是够不着，这是第一次试；接着，我们就跳起来，试着在跳起的最高位置，抓住这个时机，将薯片或锅巴够下来，这是第二次试。假设我们第二次试错时，成功地解决了这个问题。

确实，试错法可以帮我们解决很多生活中的类似问题。然而，通过试错法所学习到的经验，虽然很直接，但这种办法并不是在任何情况下都会奏效。那么，我们是如何做出这种合适的行动的？当然，在回答这个问题时，许多因素必须被考虑进去，包括汽车的距离和接近速度、马路的宽度和自己行走的速度等。要理解这样一个行动是如何做出的，就需要对我们的知觉做出考察。

5.2.1.2 新知觉—行动理论的七个特征

基于这个目标，根据法容、莱利和特维[①]对运动中感知行为的解释，我们认为只有符合以下几个特征的知觉理论，才是我们所要使用和进行讨论的理论工具：①该理论应该关注聚焦于知觉的成功，而不是失败，因此，一些关于诸如错觉、幻觉、错误表征等的研究理论，则不在我们的考虑范围内；②该理论应该着重于考察人们是如何感知到那些世界中与自己的行动目标紧密相关的属性的；③该理论应该能够认识到，知觉与行动、信息与环境这两两之间紧密的耦合（coupling）关系，因为许多熟练的感知行动都会具有这一特性；④该理论应该能够认识到，移动（movement）在知觉中扮演着极其重要的角色，即移动对知觉的影响，这种重要性，就像知觉在移动中所扮演的角色一样；⑤该理论应该清晰、直观、易理解，而且能够比较容易地进行形式化，使之可以应用在计算机对人的行动模拟和人工智能主体机器人上；⑥该理论应该能够解释，随着行动的不断学习和重复训练，机器人行动的成功率可以不断地提高；⑦该理论除了可以解释动物在大自然中的知觉与行动关系和应用到人工智能机器人的行动模型上，它还能解释新技术下人所遇到的知觉与行动的新的问题，比如在虚拟现实、增强现实与混合现实条件下的知觉与行动之间的关系和影响。

---

① Fajen B R, Riley M A, Turvey M T. Information, affordances, and the control of action in sport. International Journal of Sport Psychology, 2009, 40(1): 79.

5.2.1.3 对知觉的一个适当定义

当说“感知这个世界”的时候，我们到底在表达什么？对于“知觉”（perception）一词，只要在互联网或在各大百科全书中检索该词条，就会显示出各种各样，甚至相互冲突的定义和解释。并且，即使在严格的学术著作与论文文献中，“知觉”这个术语也具有五花八门的意义（可参考洛克、笛卡儿、康德、胡塞尔和梅洛-庞蒂等的文献）。然而，我们无意淹没于各种互相冲突的概念中做一些复杂的解释。所以，在开始我们的讨论前，有必要给出一个清晰且直观的知觉定义。

在本书中，“知觉”这一术语将根据生态心理学家吉布森的论述，被定义为：所谓知觉，就是行动者对来自外在环境的信息进行直接的“拾取”（pick up），并使用该信息来完成一个任务或一个目标。①

在详细地解释“拾取”这个术语之前，笔者首先要对两个术语进行简短的区分，即感觉（sensation）与知觉（perception）。

所谓感觉，就是一种刺激，它来自感觉器官对外在环境的探测。该刺激（光波、声波、振动等）继而由感知器官转换成生物电流能量。伴随着这种过程，神经处理就出现了，这些电子脉冲就被转换成一个（比如那种关于外在环境的经验的）知觉结果（percept）。进而，当一个刺激被神经记录后，感觉就出现了。

根据沃尔夫②的论述，当某人意识到对上述刺激的探测时，知觉就出现了。哥德斯坦则把知觉定义为“意识的感觉经验”（conscious sensory experience）。③

从传统认知心理学的立场来讲，这就是知觉如何被定义的过程。然而，当知觉与行动相关时，这个定义并不适合作为知觉理论的基础，因为它不能合适地解释知觉与行动之间的密切关系和交互耦合机制。然而，知觉与行动无疑是紧密相关的，并且这两者的定义应该根据对方互相进行定义。因此，“意识的感觉经验”并不能为这种定义的方式提供正确的道路和方法。

① 在这个定义中，“拾取”这一术语，在之前的文本中从来就没有出现过，然而这个词在本书定义之前就被使用了。简单地说，就是感知者能够对环境信息的直接获得。

② Wolfe J M, Kluender K R, Levi D M, et al. Sensation &Perception. Sunderland: Sinauer, 2006.

③ Goldstein E B, James B. Sensation and Perception. California: Wadsworth Publishing Company, 1984.

为了寻求恰当的定义知觉与行动交互作用的理论基础，我们有必要追溯学界对知觉进行研究的不同传统和范式。

通常对知觉进行研究存在两种范式：第一种是间接知觉论（indirect perception theory），或者称为“建构论的”（constructive）；第二种则是直接知觉论（direct perception theory），或者称为“生态式的”（ecological）。在下一部分，我们将转入对这两种理论范式差异的比较。

5.2.2 直接知觉论

赫尔姆霍茨和黑灵两位心理学家提供了两种理论类型的原初区别。赫尔姆霍茨作为一位经验主义者，认为人们是通过经验来看这个世界的，比如，根据与外部世界之间的交互活动和经验体会来进行。然而作为一个先天论者，黑灵[①]则相信感知这个外部世界的先天观念（innate ideas）和先天机制（innate mechanism），知觉可以通过生物经年累月遗传而形成的器官和中枢神经系统固定下来，比如，先天的习得和经验。

5.2.2.1 直接知觉与间接知觉的区分

简单地说，间接知觉论认为，知觉是一个建构的过程，其中来自感觉的信息被组合起来，然后构成知觉。从这个观点中，我们也不难看出，这个观点隐含着一个主要的理论假设，即单独的感觉信息不足以详细地说明知觉，感觉材料必须要通过心理活动加工后才能被转换为知觉。

而直接知觉论则持这样一种观点，即我们与周围的外部世界之间存在着直接的连接，比如，环境提供给我们全部必要的信息，而我们与环境中间，并不存在类似于表征等理论假设的媒介物。这一理论的支持者认为，知觉系统已经进化到使人工智能机器人可以直接从环境中拾取（pick up）其所需的相关信息。举例来说，在视觉的案例中，周围的环境光中的扩展模式，就包含了关于正在靠近物体的相关确定信息，比如捕食者或猎物的出现信息。因此动物可以精确地感知到这样的模式，这是一个进化上的优势。下面我们首先对支持间接知觉论的实验证据进行分析。

---

① Hering E. Outlines of a Theory of the Light Sense . Hurvich L M, Jameson D trans. Cambridge: Harvard University Press, 1964.

支持间接知觉论的最强证据，来自实验中人为设置或描画的自然环境下并不存在的二维图像，这些图像会导致一部分被试产生某些错觉。这些研究认为，在一个刺激与已经产生出来的感知之间，并不存在直接的链接。因此一个反对直接知觉的论证，与刺激和知觉对象之间的关系有关。间接知觉论者认为，在一个刺激与一个知觉结果（percept）之间，并不存在着一对一的直接关系，而必定存在着一些指涉的关系。具体来说有：单一刺激，产生多个知觉对象（或结果）；多个刺激，产生单一知觉对象（或结果）；单一刺激，产生幻觉或错觉。下面将具体说明以上三种情况。

首先，模糊图像（ambiguous figure）就是这样的例子，它可以由一个刺激产生出多个知觉对象。例如，一个像内克尔立方体（Necker cube），或者年轻女孩/老妇脸型图和薛罗德楼梯（Schröder staircase）等会使人产生歧义的图像，对这些图像的知觉似乎在（通常是两个）可替换的图像之间摇摆不定，一个知觉或解释会完全排除另外一种的存在，而另外一种也似乎一直在维持着自身的存在性。

这种模糊图像的存在，就可当作对间接知觉论进行支持的证据。支持间接知觉理论的建构论者认为，一个单独的刺激可以导致多个知觉对象。观察者会做出选择，来决定哪个知觉对象或解释被观察并且被注意到。因此，在某个刺激与某个知觉对象之间，并不存在一对一的关系投射，即知觉在这个案例下并不能直接与对象发生交互关系。

其次，对间接知觉理论有利的证据，还来自多重刺激可以引出单一的知觉对象。要解释一个单一的知觉对象是如何被构造出来的，首先需要解释知觉恒常性这个概念。知觉恒常性涉及，人们常常会将一个熟悉的对象看作具有一个标准的形状、颜色、距离或光亮的趋势，无论这个对象出现任何观察角度、距离或光亮的改变，该对象还会与人们当初看到的样子是相同的。举个例子，正在慢慢接近的汽车，我们会看到这辆车越来越大，但正常人不会认为这辆汽车本身的体积正在变大。

最后，单一刺激，却得出了错误的知觉对象，这么一个知觉结果，就是幻觉或错觉。彭佐错觉和缪勒-莱尔错觉（Müller-Lyer illusion）便是经典的案例。

直接知觉理论认为，知觉是直接的，它不需要任何心理表征或心理计算。吉布森和他的一大批拥护者如策梅洛、梅斯（Mace）、肖（Shaw）、特维和沃伦（Warren）等学者都推进了这一研究进路的发展。吉布森于 1979 年出版的最后一部著作《视知觉的生态进路》（*The Ecological Approach to Visual Perception*），则为直接知觉论的概念框架提供了三个主要原则。

首先，世界的信息可以被直接地感知，而不需要任何心理表征推理或数据编译。

其次，知觉是作为引导行动而存在的，而非那种仅仅是为收集外部刺激并进行加工推理的角色而存在。

最后，知觉所获得的引导行动的必要信息是由外部环境来提供的。

作为对传统认知理论挑战的反叛者，直接知觉理论从诞生之初就一直遭到激烈的反驳。我们知道，对于间接知觉的三个主要的论证是，一个单一刺激，可产生多个知觉对象（知觉结果）；多个刺激，可产生同一个单一知觉对象（知觉结果）；刺激可以产生错误的知觉对象（知觉结果）。而直接知觉论者必须对每个论证一一做出回答和反驳。

第一，一个刺激可以用多种方式来感知。这些情况典型地包括在穷尽所有光学信息的条件下来观察一个图像，知觉系统已经形成了这样的功能，即从外部环境中提取相关的特征信息。这个回答可以解释为什么一个如鲁宾瓶一样的图像，可以被感知为两个人的侧脸，这两种知觉对象（知觉结果），或许在某种程度上与我们的生存息息相关。

第二，多个刺激如何能够导致一个单独的知觉对象（知觉结果）。间接论者据此认为，某人只能觉知到一个物体对象的不同表现，因此它的实际属性必定是推测出来的。这个论证意味着承认我们可以学习着去将物体对象的真实属性与我们所拥有的多种知觉联系起来。举例来说，我们看见视网膜上有一辆汽车的形状，根据这个形状，基于对汽车的先前经验，可以进一步通过推理，推测出这次出现的汽车的真实形状。相反，直接知觉论则认为，我们根本就不具有知觉的这样一个“两阶段进程”（two-step process），我们实际感知到的，本来就是物体的真实属性，并且观察视角的改变并不能改变这个属性。

第三，幻觉是依赖于直接知觉的。沃伦认为，知觉的觉知（perceptual awareness）应该被视为是与幻觉/错觉等一样的东西，而幻觉/错觉现象都是根据对直接知觉的捕捉而得来的。[①]举个例子，彭佐错觉和缪勒-莱尔错觉对一个（能够探测出3D物体对象的）知觉系统表现出了某信息2D光学模式。这些证据表明，如果被试者允许去探索外部环境的话，那么大多数错觉效果都会消散。并且，有很多心理学研究如布鲁斯维克等也指出，缪勒-莱尔错觉并不是普遍的，这一点体现在人种的差异上，比如欧洲人、亚洲人和非洲人对该错觉的测试结果并不统一，因此他们认为，人类的生活经验会使得某些在别处产生的错觉在这里不会出现。[②]

另外，我们还可以追问，既然间接知觉理论认为，信息首先要被收集起来，然后一些推理进程才会出现，那么这里存在一个麻烦，这个问题在视知觉上就尤为明显。[③]举例来说，随着时间信息被收集，并且推理过程出现，来自感觉中的新信息可能会不断涌现出来。因此，知觉将先于事件的发生而出现，它并不是某些我们主观能够体验到的东西。

可以看出，人们对直接知觉的研究的理论框架一直存在争论。然而，研究的重点并不在于考察直接知觉与间接知觉支持者之间的论辩历史。因此，面对要解决的中心问题"通过知觉，我们是怎么知道可以成功做出某个行动"，我们有必要去系统地梳理直接知觉理论的发展过程与趋势，而直接知觉理论的核心概念就是功能可见性（affordance）[④]。

5.2.2.2 什么是功能可见性

功能可见性理论诞生于吉布森对视知觉的研究。虽然在他之前的理论都使用了物理学或光学去解释知觉，但吉布森认为，一个合适的生态理论框架是必要的；并且，如果与环境隔离开来研究知觉的话，肯定会导致对知觉的错误理解。更进一步说，他相信知觉出现于表面、媒介物和实体这个层面，而非物理学的粒子与原子之类的层面。因此，他的研究便关注于这个生态的层面，即对关于适合完成目标和任务的视知觉的研究。对吉布

---

① Warren W H. Direct perception: The view from here. Philosophical Topics, 2005, 33(1): 335-361.

② Brosvic G M, Dihoff R E, Fama J. Age-related susceptibility to the Müller-Lyer and thehorizontal-vertical illusions. Perceptual and Motor Skills, 2002, 94(1): 229-234.

③ 因为视知觉会与知觉的当下环境交互的时机因素联系比较紧密。

④ affordance由于是一个吉布森自己生造的词语，因此很难有中文准确的对应词来翻译。目前有可供性、示能性、机缘、能供性等译法，但都不尽如人意。本书使用"可供性"一词的翻译，是因为这个词简单明了，不易引人误解。

森来说，对于知觉研究来说，我们与其去解决或追问“一个动物是如何能够很好地探测一个确定的光的波长”这种问题，还不如去解决“一个动物是如何能够决定它所可能做出的行动”这样的问题。

“环境的功能可见性，就是提供给动物的东西，它或者是好的，或者是坏的。”[①]吉布森创造出这个术语，就是为了去恰当地描述由环境提供给动物进行一些行动的可能性。举例来说，一个苹果，就能提供给动物“可食用的”这样的功能可见性；平坦的道路就能提供给动物“可行走的”功能可见性；一座山峰，就可以提供给动物“可攀登的”功能可见性。这个概念描述了动物能够在环境中进行交互的行动可能性。因此，外部环境能否提供给动物可获得的可用资源，就是一个关于动物当下生存的关键问题。如果能将这种行动可能性进行理论建模，那么就有可能应用于人工智能的行动学习与训练方面，使得机器人的行动更加类似于动物，可以处理实时环境下的各种自然情况，比如崎岖的路面等。

随着认知科学（主要是神经科学、行为心理学与认知心理学方面）的发展，福多式的那种建构知觉观，即将知觉看作是一种通过内在表征的心理推理活动过程的那种间接知觉理论，不断受到那种吉布森将知觉看作是对外界意义的拾取的直接知觉理论的挑战，而且直接知觉理论在新近的神经科学与实验心理学的实验中也获得了很多实验证据与观察数据的支持，因此本书采用了直接知觉论的理论范式，并在此理论范式下进行拓展研究。

5.2.3 直接知觉为什么能够存在

在吉布森看来，直接知觉与间接知觉最大的区别就是，对外部环境的直接知觉并不需要中介物在知觉过程中进行活动，比如心理表征、心理图像等这样的理论假设符号。所谓直接知觉，就是从环绕光阵列中得到信息的过程。这个活动过程，被吉布森称为对环境信息的直接“拾取”。

间接知觉论的理论假设，是知觉需要中介。但是这样一来，知觉的形成是否合理就值得怀疑。假设你对一把椅子产生了视知觉。按照间接知觉论，那么你的知觉之所以能够产生，是因为你在心里产生了一个对椅子的

---

① Gibson J. The Ecological Approach to Visual Perception. New York: Psychology Press, 1986: 127.

心理表征，这个表征的内容与实际的椅子在某些方面存在着同一性，那么你就知觉到了这把椅子。我们可以用命题表示出这种过程：

a. 你看见了一把椅子，也就是说，你对这把椅子产生了视知觉；

b. 这个知觉的产生，依赖于在你的心中有一个关于椅子的心理表征；

c. 这个心理表征之所以能够存在，依赖于关于一个真实的椅子的知识，否则这个心理表征就是臆想，而不具有合理性；

d. 如果你具有关于一个真实的椅子的知识，那么这种知识的来源必定是你的知觉。

然而，这里存在着问题。在这个典型的心理表征理论解释中：根据 b，我们知道，知觉的产生依赖于中介（即关于椅子的心理表征）；但是根据 c，我们知道，这种知识则又依赖于对具有真实的椅子的知觉才能形成，否则关于椅子的心理表征就是毫无根据的臆想；再根据 b 和 d，知觉依赖于表征，而这种表征的内容（即关于真实椅子的知识）又依赖于你的知觉。这样一来，我们就不难看出，在表征知识的来源与知觉的形成之间，就形成了一种循环论证。

面对这种循环论证，我们应该如何解决？吉布森的看法是放弃这种模式，而采取视觉是直接的这种生态心理学立场。那么，这种直接知觉的模式是否具有解释力？是否有强有力的证据来支持呢？

随后，为了对其直接知觉立场的支持与确证，吉布森就开始了一项对深空知觉的实验。在第二次世界大战期间，吉布森受美国空军委托，对飞行员在航行时对空间的感知能力进行训练与研究。

在传统的知觉理论看来，视网膜受到光学刺激后产生的图像是二维的，但物理空间是三维的，然而人与动物在观看某个物理对象时所得到的就只能是二维信息，这样一来，关于立体的空间深度信息就被忽略了。因此，在对飞行员实际的训练中，就必须使用一些比如颜色、线条、纹理等关于深空的线索来对飞行员的视觉进行提示。但是这种提示的实际应用效果并不好，吉布森发现很多飞行学员在这些提示下还是没有产生真正的三维视觉，所以在飞行时也无法依赖深空线索来获取三维信息。因此，吉布森放弃了通过深空线索来获取三维视觉这样的思路，认为“三维空间”这个数学概念，其实与物理意义上的“时间”一样，都是纯粹的数学抽象，人和动物对深空与时间的测量完全不是这种模式，因此这样的数学概念对于知觉的贡献几乎为零。

如之前我们所讨论过的，在生态心理学家看来，所谓物理学的时间就是从环境布局改变、实物本身改变、环境中某事件发生和自身移动等事件改变中抽象出来的，而人与动物对时间的感知，则是通过对上述事件的改变的经验而得出的。而动物对深空的感知，同样如此，吉布森认为人和动物在与实际的环境产生交互时，其视觉系统所看到的都是环境的表面、实物的表面和媒介的表面等，所以其视知觉其实就是对各种外在的表面上的环绕光阵列进行知觉，而这些环绕光阵列的结构信息中本身就已经包含了目标对象的全部三维信息，因此传统知觉进路中那种单独对某物体或空间深度的知觉其实根本就不存在。

5.3 直接知觉理论的感觉运动理论

本节主要讨论吉布森的生态世界观，以及基于这个世界观的生态光学理论。[①]而在技术层面的问题上，吉布森所要解决的实际问题是：我们如何使用视觉系统观察我们周围的环境？我们如何能看到这个或那个具体的东西是干什么用的？我们如何使用视觉系统与身体协作去驾驶一辆车、坐在沙发上、上楼梯或者那些穿针引线的小行为？当我们运动的时候，这时的视觉又是怎样的？这种动态的视觉跟我们静止时的视觉又有着怎样的不同？

5.3.1 居所：动物与环境的本质关系

我们知道，自然科学知识可以对我们所生活的这个世界做出不同层面的描述。举例来说，在天文学的层面上，这个世界只是浩瀚宇宙中太阳系的一个小行星；在佛教中，这个世界只是六道轮回中的一环，如此等等。那么，在生物学的意义上，这个世界又是被如何描述的呢？

---

① Gibson J. The Ecological Approach to Visual Perception. NewYork: Psychology Press, 1986.

吉布森认为，生物学首先是用来区分生物与非生物的，而作为生物的动物，又可以根据动物学来进行更为详细的区分，比如肉食动物与素食动物、陆生动物与水生动物等。这些分类方式，绝大部分都与动物所栖息生存的环境有关。而环境，就是围绕在动物周边的事物，这些事物包括了其他动物、植物和其他非生物物质等。

运动或移动，是动物与其所处环境的唯一交互方式。很明显，通过各种运动，动物与它们当下所处的环境产生了交互。吉布森就认为“动物”和“环境”这两个术语是不可分割的配对，即我们一提“动物”，就必然是某个具体“环境”中的“动物”，而提到“环境”，也必然是那种栖息着某些“动物”的“环境”，即吉布森所说的“每一个术语都暗示着另一个。没有环境围绕，动物根本不会存在。同样……环境这个词也暗示着，某个动物生存在其中”[①]。

这样一来就会产生问题：如果环境按照上述定义的话，那么还没有生物存在之前的地球，是否能被称作环境呢？

对于这个问题，吉布森的答案是否定的，他认为这个地球是一个物理的实体，因此也是一个潜在的环境，它给生命进化提供了潜在的可能。因此，他将这个时期的地球称为“世界”，而不是“环境”。

遵循这个思路，作为研究物理世界的物理学，显然就不能对环境与动物的交互性做出精确且详细的说明。因为物理学中的术语，比如能量、时间、空间、物质等这样的术语，并不能精确地解释生物栖息和物种生存等概念。进一步说，每个动物都是环境中的一个感知者和行动者，但不是物理世界中的感知者和行动者。换句话说，动物并不能以物理单位和量度来感知世界，因为动物并不是物理测量仪器，而是具有动物自身的生物量度。换句话说，动物要使用自身的生物能力测量这个世界。

5.3.2　量度：生态世界与物理世界的差异

动物对环境的生物量度，与物理学对外部世界的科学量度这两者之间到底有着哪些具体的区别呢？吉布森在区别动物环境与物理世界之间的差异时，其主要思路是，两者量度单位概念的差异，导致了两者在核心概念

① Gibson J. The Ecological Approach to Visual Perception. NewYork: Psychology Press, 1986: 8.

上的巨大不同。

总的来说，物理世界包括了从基本粒子到宇宙星系的一切物质，它们存在的大小可以根据一般物理单位（毫米、米等）甚至极端的物理单位（纳米、光年等）来进行衡量。但是，这些极端的量度却并不适合去测量动物所栖息的环境，环境中普通的事物可以通过一般单位进行测量，比如一座山的海拔或一棵树的高度等。

对绝大多数生物而言，它们所生存繁衍的环境，就是地球的表面。而各种地表之间，又因为具有不同的纹理、起伏、视野，因此也就存在着不同的地表结构。在对这些地表结构进行测量的时候，动物会用自身的内在尺度去丈量周围的环境，并寻找出跟自身比例相符并且有利于自己生存的环境，如土拨鼠寻找一座丘陵、猴子寻找一片森林、蜻蜓寻找一处洼地等，所有这些东西，都是地表环境的结构单元部分，这被吉布森称为“我们这个世界的形状或形式”。

随后，吉布森根据这些地表单元的位置，又使用了一个术语来描述——“嵌套”（nesting），即表示小的地表单元嵌套在一个大的地表单元里。举例来说，峡谷就嵌套在山脉里，森林又嵌套在峡谷中，而植物细胞又嵌套在树叶里。不难看出，这就是一个从上到下的层级，小的单元总是嵌套在大的单元中。这种层级观在现代物理学中体现得尤为明显。但是，物理中的粒子世界或天文世界这种量度的范围并不适合心理学研究，因此，吉布森认为，心理学的研究范围应该限于适合于动物生存的生态层级中，比如动物与人类的栖息环境，以及与人类的感知系统之间的交互上面，毕竟人类与动物的感知器官并没有能力去探测粒子或星系等那么极端的世界。

基于动物感觉器官的限制，动物只能基于自身生物能力探测到极其有限范围内的环境情况。比如，我们可以感觉到水里的鹅卵石有多重、有多光滑，却感觉不到这块石头被水侵蚀了多少岁月；同样，我们爬山时可以感觉到脚下地面的坚实，却感觉不到山间岩石如何被风化。这种环境改变的速率，确实是在物理学中可以得到精确的表达的，但在动物的知觉能力范围内，也确实是无法做到的事情。

针对这种地表环境的改变，吉布森提出了三个重要的概念：布局（layout）、持久（permanence）和改变（change）。后面这两个术语后来被吉布森以数学术语“不变性”（invariance）和“变性”（variance）来进行同义代替。

所谓环境“布局”，在吉布森看来就是指环境的地表形状，而地表形状有时会具有“持久”的性质，但在某些情况下也会发生“改变”。举例来说，我们所住的卧室环境的布局中，有些就有“持久”的性质，比如天花板、墙、地板和房间位置等都是持久不变的，但是屋内的家具、桌椅板凳的排列却是可以改变的。与此同时，吉布森也强调了，“持久”并不是永远不变，因为万物不可能永远恒常。因此，所谓“持久”或“不变”的事物，只是在时间上保存得比较长而已。

从表 5.1 的比较中，我们可以看出动物环境与物理世界量度的差异。

表 5.1　量度差异对照表

项目	物理表达	生态表达
时间	物理单位（秒、分、时、年等）	动物可感受到的环境或事件的改变
空间	物理单位（坐标、光年等）	动物当下所生存的周边具体环境

因此，某个地方要能称为环境的话，则必须有某些动物在那里生存，而且其中的布局也不会有极端的情况出现。同理，我们也就可以知道，动物在环境中的运动，与物理学中物体在空间运动这个概念之间是存在差异的。因为在具体环境中，物理世界中那种理想的纯粹加速、光滑平面等根本就不存在。

5.3.3　结构：作为动物居所的环境

作为动物所生存的环境，吉布森认为不能用物质、空间等这样的物理术语来描述，所以他用了三个术语来描述地表环境的结构，分别是实物（substances）、媒介（medium）和表面（surfaces），而这三个术语所描述的对象，对于生活在具体环境下的动物的行动，有着极其重要的作用。在这一部分中，我们将会对这三个术语进行详细的解释。

5.3.3.1　实物

这个概念对应的是物理学中的物体概念。在环境中，还有一部分事物，可以阻挡光线与气味的穿透，而动物也不能在这些事物中进行移动。因此，这种事物就被吉布森命名为实物（substance），而气体状态的那种事物则是非实物（insubstantial），液体则处于这两者的状态之间。实物在环境中有很多，比如石头、树木、金属等，而且环境中的各种动物本身也算是实物的一种。

作为时刻都要面对的对象，动物也对实物进行了区分，而这种区分原则就是动物对其做出某一行动后的效果。动物对不同的实物进行某种行动，也会得出生理性（比如疼、冷、热等）或者行为性（可行走、可饮用等）不同的效果，举例来说，动物为了生存必须进食，那么哪些实物是可食用的、哪些实物是有毒不能食用的，就必须通过实物在媒介中的表现（气味、形状、颜色等）进行区分。

实物可以按照很多规则来进行区分。按照对动物行动的阻力来区分，可以分为硬度、黏度、紧度、疏度等；按照可塑性来区分，可以分为弹性、固定性等。当然，吉布森也知道，所有这些性质都可以用物理学中的基本粒子引力等理论来解释，但没有必要以这些术语来分析实物。因为动物对实物性质知识的获得，并不需要物理学来解释。举例来说，燧石的可燃性和陶土的可塑性，在人类还没有化学、物理、数学等学科之前，我们的先辈就已经获得了这些实物的性质，并且创造性地使用，才产生了如此光辉灿烂的文明。

同理，环境中实物的改变，会同时在化学上和结构上发生改变。而在这里，用分子化合作用来对实物改变进行解释是不必要的，因为生态学中的实物改变的解释，与物理化学中物质分子运动作用这种解释并不在一个讨论的层面上。这是因为，在实际环境下，动物并不具有能够感知分子化合运动的器官，因此也感知不到物理学和化学层面上的反应，它们只能感受到实物形状、存在与否等这样结构上的改变。

5.3.3.2 媒介

媒介这一术语，相对应的物理学术语是空间。但是，吉布森强调媒介又不同于空间概念。其根本差异在于，动物所处媒介中的位置（自身的观察点）是唯一的。动物在媒介中移动的路径、根据动物的观察点所获取的信息，在不同的观察点上是不同的。因此这并不同于物理空间中某点上所存在的声光波动、化学挥发物的信息。

众所周知，气体与液体相较于固体来说，最重要的一个特征是某个实体可以通过气体或液体进行移动，因此气体和液体是生态学意义上的“非实体”，吉布森将其看作是可提供动物进行移动活动的媒介（medium），并且认为媒介具有以下六个特征，即可行动性、可视性、可传递性、可扩散性、可呼吸性和可参照性。

环境媒介给动物提供了可行动性、可视性、可呼吸性和可参照性这四个特性，并且给环境中的事物（声、光、味等）提供了可传递性和可扩散性这两个特性。由此可见，媒介这个术语在吉布森的理论中占有极其重要的地位，甚至于他说，“如果我们理解了媒介这个概念，那么我就可以认为，我们就进入了一条思考知觉与行动的全新道路”①。吉布森认为，自然所提供的所有这些功能可见性，对于动物的进化与生存繁衍来说都是必需之物，它们是稳定的，在整个动物的进化历史中都恒常地存在着，因此具有不变的（invariant）特性。为了生存，动物感知器官一般都可探测到这些功能可见性的存在。同时也必须注意，这种不变性并不是说媒介是永远均匀和稳定的，比如大气的刮风和狂风暴雪、海洋里的海啸和洋流等，都是在媒介中时刻变动的，而这种变动并不是那种吉布森所谓的不适合动物生存的“急剧改变”（rapid change），在媒介中这种程度的变动并不会危及动物的生存，而且很必要。这是因为，在这种环境的动态平衡中，动物可以根据自身的情况而进行适应性行动，比如青蛙、蛇和熊等动物的冬眠，红嘴鸥、大雁等候鸟的迁徙，等等，甚至于有些动物为了防寒而进行的筑巢等活动。

其实，我们也可以看到，动物的活动并非无目的随机走动，而是受它们对外界事物的感知（看、听、嗅等）所影响，而进行的有目的或受控的行动。按照吉布森的观点，由于有了光亮（illumination），动物才可以看见；有了声音，动物才可以听见；有了气味，动物才可以嗅见。因此，媒介中就包括了反射光、振动和挥发性事物的信息。而通过对这些信息的探测，处于具体环境下的这些动物才能引导和控制自身的活动。

① Gibson J. The Ecological Approach to Visual Perception. NewYork: Psychology Press, 1986: 17.

5.3.3.3 表面

吉布森认为，在动物的感知系统下，其所生存的环境主要由空气、水和土地这三种事物组成。土地提供给动物最基本的支撑场所，在土地上动物可以做出各种动作和各种行动，并且还将水分成了大海、河流等。而空气则覆盖在土地与水体之上。很明显，这三者之间都有着很明显的界限，这种界限，就被吉布森称为表面（surfaces）。这样一来，这三种事物在吉布森那里，对应为描述环境的三要素：媒介、实物和表面。这三个元素都可以发生改变或具有持久性。而且，吉布森认为对于研究知觉与行为来说，用这些术语来描述环境给动物提供的事物这个功能，要比使用纯粹的物理学术语（时间、空间、物质等）要好，因为这些术语在表述上更为合适与恰当。

在环境中的表面，具体来说就是：①水与空气之间的界限，比如海面、湖面等；②水与土地之间的界限，比如海底、湖底等；③土地与空气之间的界限，比如地面，这对于陆生的地表动物来说，是最重要的活动场所，它为动物提供了知觉与行动的场所。

在媒介、实物与表面这三个术语中，吉布森认为表面这个术语处于重要的核心地位，这是因为，首先，表面是动物的主要行动区域，给动物的活动提供了可能；其次，光线可以在表面进行反射或被吸收，使得动物的视觉成为可能；再次，表面是化学物质挥发的主要区域，动物可以触摸、闻嗅；最后，表面是区分媒介与实物的重要界限。

这样一来，吉布森使用了全新的术语对环境进行了细致的描述，而这种使用非物理术语描述的本意在于，心理学研究的对象就是动物，而动物就生存在这样一种生机盎然、五彩缤纷的环境中，而不是物理学术语描述的“空间”中。

5.3.4 对意义和信息的直接知觉

在这一部分中，知觉将是我们的核心问题。实际上，吉布森对知觉进行了生态学式的考察，并确立了知觉的三原则：首先，知觉是直接的；其次，知觉的目的在于去行动；最后，知觉是对事物功能可见性的知觉。[①]接

① Gibson J. The Ecological Approach to Visual Perception. New York: Psychology Press, 1986.

下来，我们将对吉布森的这三个关于知觉的根本性原则进行详细的论述。

5.3.4.1 知觉是直接的

吉布森认为，动物在环境中的知觉是直接的，这就意味着，知觉并不是那种使用表征进行心理推理活动得出的结果。换句话说，动物在环境中直接地去感知某事物时，并不存在中间联系感知者与被感知物的中介，即表征。因此，感知这件事情并不单单属于动物一方，而是动物与被感知物这个系统的一部分。无疑，所谓直接知觉，就是从环境中直接获取动物所需的信息，那么这种知觉是如何可能的？它是否存在于动物与环境这个交互系统中？然而，要回答这些问题，就必须首先回答这些环境提供给动物的信息到底是什么这个问题。

信息作为知觉的直接对象，即吉布森所说的环境中的"信息"这个术语，实际上与香农信息理论意义上的"信息"一词的含义并不相同，因为两者使用的标准与术语都不相同，所要面对的问题也不尽相同。所以，吉布森认为，"非常不幸，知觉所获得的信息，并不能以定义克劳德·香农的信息那样的方式，对知觉信息进行类似的定义和测量"[①]。

吉布森认为，信息在环境中普遍存在，环境中除了实物、对象、表面和能量之外，信息也属于环境的一部分。但是，信息却不能被测量和量化，它只能存在于环境中实物或对象的周围。因此，我们基本可以认为，吉布森所说的信息，就是环境中的一种关系特征，即光线与环境之间的关系。

综上所述，我们可以将吉布森对信息的看法总结为以下几点：①对环境的知觉信息，并不是香农信息理论中的那种信息，两者具有明显的差别；②在吉布森的理论中，信息就是环境中的能量（光、声等）形式与实物和表面之间的一种关系；③动物本身其实也是环境中的一部分实物，因此我们的身体与环境也会产生一些关系；④环境中的能量形式，也与环境中的实物一起包含了那种动物可以感知到的信息，即那种环境提供给动物行动可能性的信息；⑤既然环境中包含了关于动物行动可能性的信息，因此动物就会直接使用这些信息来引导自身做出合适的行动，而不需要进行任何

① Gibson J. The Ecological Approach to Visual Perception. New York: Psychology Press. 1986: 243.

心理表征处理这样的推理活动。

5.3.4.2 行动：知觉的目的

从上一部分中，我们知道动物的知觉可以直接从环境中获得其行动的信息。因此知觉的意图和目的，就是产生行动，并对行动进行一定的控制，使其可以完成目标。在这一部分中，我们将会回答两个问题：第一，知觉与行动之间有什么交互关系？第二，知觉本身，是否就算动物的一种行动呢？

让我们先回答第一个问题。从上文我们得出，知觉毫无疑问直接服务于行动的执行。然而与此同时，行动也会对知觉进行支持和影响。这里有两个案例，前者说明了知觉可以引导行动，后者可以说明行动也在影响着知觉的发生。

第一个案例，让我们考虑一下蜜蜂采蜜时的情况。在自然界中，蜜蜂头顶触角上的感知器官具有灵敏的嗅觉，因此可以探测到某朵花的气味，那么该蜜蜂具有了对这朵花的知觉信息，并且这种信息会引导它扇动翅膀飞过去进行采蜜活动。与此同时，蜜蜂身上的器官也可以感知到这些电场，而且蜜蜂在嗅到花朵气味的同时，也可以在花朵上留下正电荷，别的蜜蜂可以借由它来判断这朵花值不值得去开展采蜜行为。从这一案例中，我们可以很容易看出，蜜蜂身上的知觉，对其行动具有明显的引导作用。

为了说明行动同时也会对知觉具有影响与支持作用，让我们进入第二个案例。考虑一下我们自己在书店买书时的情况。设想你现在正拿着一本厚重的字典，如果你是一个完美主义者，那么你肯定想买一本外观和装帧都无破损的字典。当你在检查这部字典的全部外观有无破损时，你的手部肌肉就会持续用力，而且还要不停地翻转这本字典，反复仔细地看，确保不会有哪个角折损了没看出来而造成购买时的疏忽大意，买后追悔莫及。

实际上，通过上面这个案例，我们可以很明显看出，你用手指握着字典并且手臂不停地通过摆动和扭腕来翻转着字典，因为这样你可以看到字典封面的各个角落，这也就意味着，通过行动，才能对目标具有一个完全的感知，因此在这个意义上，行动实际上起到了揭示目标物的感知结构的作用。同样类似的证据还来自凯尔曼（Kellman）等对婴儿知觉所做的心理学实验①，在实验中婴儿被要求去看一块积木的不同翻转侧面，人们来观察婴儿是如何从该物体的翻转中探测到该物体不变的三维结构的。婴儿通过摆头来开展对该积木不同侧面的探测，同时婴儿的座椅也会进行一个圆弧运动，来增强婴儿的这种多侧面探测行动。

婴儿被固定在小车上，按圆弧移动着观察一块积木的各个侧面。很明显，通过动态处理来获得对目标物的充分感知，这种探测机制其实与我们用手指和腕部肌肉来翻转字典的行动如出一辙。而这种动态处理机制，实际上表明了知觉本质上也是一种行动。

而且，通过这种动态的探测，我们发现知觉的信息就处于所要施加的行动之上，从这个角度看，知觉与行动是非常紧密地联系在一起的，因为知觉就是一种行动，并且这种行为是直接为更好的知觉而服务。这样一来，知觉与行动的紧密耦合，再加上对功能可见性信息的直接拾取，就允许动物根据自己的知觉来直接引导自己的行动，因此并不需要心理表征理论中的符号假设。

5.3.4.3 知觉是功能可见性信息的拾取

第三个原则实际上就是前两个原则的结果。如果知觉是直接的（即那种非推理性的），并且对行动做出了引导，那么就可以说，在环境中必定有充足的信息为这种行动的成功提供可能。在吉布森看来，这种为行动提供可能的信息，就是目标对象事物的功能可见性信息。

但是，功能可见性的出现，使得人们对这一概念出现了不少误解。实际上，对于功能可见性的本质与精确定义，在认知科学界里还存在着不少的分歧。因此，功能可见性是一个相当具有争议性的概念。在认知科学家那里，功能可见性普遍被假设为一种由环境所提供的客观特性，所以功能可见性实际在某种意义上独立于动物而存在着。但是，这种做法使我们很难去精确地解释功能可见性到底是哪类具体的东西。因此，我们不妨首先将功能可见性信息看作是一种可以直接知觉到的行动机会；在接受这第一印象之后，我们会在后面对功能可见性这个概念进行一种新型的定义与形

① Kellman P J, Short K R. Development of three-dimensional form perception. Journal of Experimental Psychology: Human Perception and Performance, 1987, 13(4): 547.

式化，以期求得对功能可见性这一具有现象学特色的概念的精确解释。

综上所述，本部分佐以实验证据，详细解释了吉布森理论中知觉的三原则。

5.4 新的知觉—行动观对世界意义的理解

作为哲学的一个永恒主题，知觉同样是当前认知科学中的一个热门话题。无论是对于哲学，还是对于认知科学，有一个共同的与知觉相关的关键问题：知觉在认知中具有什么作用？

梅洛-庞蒂的知觉现象学将知觉放入了一种整体的形而上学框架中去考察。知觉的首要性论题则赋予知觉一种形而上学的首要性。对于认知科学来说，知觉的形而上学的首要性则意味着知觉概念对于建构整个认知构架的核心性，即一个合理的认知架构的建构首要地依赖于一个健全的知觉概念。相对于这样一种理论可能性，我们有必要重新返回去阐明知觉的首要性这一梅洛-庞蒂命题。这种阐明对于我们形成一个健全的知觉概念，乃至建立一个合理的认知架构，均具有重要的理论意义。

塔兹（S. Todes）继承了梅洛-庞蒂的身体作为知觉主体的思想。相对于梅洛-庞蒂，塔兹明确了我们的身体结构（直立的、左右对称的、向前朝向的）在结构化知觉经验时具有的作用。在他从身体的角度对知觉的说明中，比较有代表性的是他基于身体运动对空间和时间表征的说明。

总而言之，梅洛-庞蒂和塔兹的知觉现象学理论，为我们对认知的理解提供了一种不同于传统计算主义的、相较于当前涉身认知诸理论更为深刻的理论可能性，对于他们提供的理论资源的深入理解，对于建立一个健全的知觉理论乃至一个合理的认知架构，均具有重要的理论意义。

5.4.1 知觉的首要性论题

1946 年，梅洛-庞蒂在法国哲学协会做了一个题目为“知觉的首要性及其哲学结论”的报告，报告简要地介绍了他在《知觉现象学》一书中的观点，尤其是提出了知觉首要性（the primacy of perception）论题，强调知觉经验是一种首要的经验形式，其他形式的经验预设了知觉形式的经验。

在当前的认知科学中，涉身认知理论强调知觉在认知中的重要性，试图以一种基于感知运动的从下而上的理论框架替代传统的表征—计算主义的理论框架。对于这一论题，不同的学者有不同的理解，比如，内格尔认为知觉的首要性是一个认识论论题；卡曼（T. Carman）则否认《知觉现象学》提出了一个认识论理论。[①]我们应该如何理解梅洛-庞蒂的这一论题呢？这一论题与当前认知科学（特别是涉身认知观点）对知觉的强调是否一致？基于梅洛-庞蒂早期的一些文本（《行为的结构》《知觉现象学》《知觉的首要性及其哲学结论》），我们将对这一论题进行考察。

5.4.1.1 感知事物及其属性

在我们通常的知觉经验中，各种各样的事物向我们呈现。这既包括人、动物、树木等各种自然物，也包括建筑、交通工具、生活用品等各种人工物。我们生活在各种事物中间。用更加诗意的语言可以说，同我们一样，各种事物是我们所生活的世界的居住者。

被感知事物被预设的统一性意味着我们相对于它采取不同于当下的、其他视角的可能性，以及它相对于这些不同视角的同一性，即该事物作为一个统一的整体在不同的视角下保持同一性。一个事物在不同视角下的同一性，即该事物相对于知觉者采取这些不同视角保持恒常性。一个事物在不同视角下的恒常性，则意味着该事物相对于知觉者具有客观性。在通常的事物感知中，被感知事物作为一个客观的、统一的对象向知觉者呈现。

在我们通常对事物的知觉经验中，我们不仅将事物感知为一个统一的整体，而且将事物感知为具有大小、形状、颜色等属性。存在一个与属性感知相关的现象：知觉恒常性（perceptual constancy）。知觉恒常性指在距离、方位、光照等因素变化的情况下，我们将事物感知为具有恒常的大小、形状、颜色等属性。例如，在光照条件发生变化的情况下，我们仍然能够将一个事物的颜色感知为恒常的；在与一个事物的距离发生变化的情况下，我们仍然能够将其大小感知为恒常的；在相对于一个事物的方位发生变化时，我们仍然能够将其形状感知为恒常的。

---

① Taylor C. Merleau-Ponty and the mystery of perception. Philosophy Compass, 2009, 4 (4): 630-638.

在事物感知中，我们预设了被感知事物的统一性。换言之，在通常对一个事物的不同知觉经验中，我们预设了被感知事物的同一性或恒常性。在属性感知中，大小、形状、颜色等属性作为其所属事物的特征被感知；大小、形状、颜色等属性的恒常性预设了其所属事物的恒常性。作为一种物质性对象，事物是我们知觉的首要对象，在感知事物时，我们感知到其大小、形状、颜色等属性。总而言之，在知觉中，事物及其属性作为客观对象被直接给予，并且这种给予揭示了一种本体论次序：大小、形状、颜色等属性的存在从属于事物的存在。

5.4.1.2 行为的结构

我们看到，在对事物及其属性的感知中，事物及其属性作为客观的存在直接被给予；并且由于属性的恒常性预设了其所属事物的恒常性，大小、形状、颜色等属性的存在从属于其所属事物的存在。对于梅洛-庞蒂来说，知觉中事物及其属性的呈现方式与知觉者的身体运动相关联，被感知事物的统一性与知觉者身体的统一性相关联。

知觉经验的组织形式与相关联的身体运动形式相互蕴含。如同我们相对于被感知事物的身体运动预设了被感知事物的统一性，我们对于被感知事物的知觉经验预设了我们身体的统一性。通过身体运动，我们的视角在观察中会不断变化，在这个过程中我们的身体保持同一性。换言之，我们的所有身体运动预设了我们身体的统一性。正是凭借一个能动的、统一的身体，我们将对于一个事物不同的知觉经验把握为关于同一事物的统一的知觉经验。换言之，正是由于在我们相对于一个事物移动身体或操作该事物的过程中，我们的身体具有统一性或保持同一性，关于该事物的不同知觉经验才是同一事物对于我们作为同一主体的不同呈现。由于相对于一个事物的不同的知觉经验在知觉者相对于它的身体运动过程中获得，关于该事物的不同的知觉经验预设的知觉者身体的统一性体现为知觉者的身体在运动过程保持同一性，换言之，知觉的所有身体运动预设了其身体的统一性。

我们相对于一个被感知事物的身体运动预设了该事物的统一性，我们对该事物的知觉经验预设了我们身体的统一性或者在运动过程中的同一性。知觉经验与身体运动相关联，知觉者身体的统一性与被感知事物的统一性相关联。

知觉者的知觉经验与其身体运动相关联，并因此为其身体行动提供了一种可利用的结构。在与知觉者外在可见的身体运动相关联的意义上，知觉经验不完全是一种内在的、私人的组织形式。实际上，作为一种意识状态，知觉经验正是通过与身体运动相关联而具有了可理解性。脱离知觉者外在可见的身体运动，我们将无法理解与之关联的知觉经验的组织形式。因此，梅洛-庞蒂认为，心理现象既从内部对于行动者，又从外部对于观察者是可见的。“心理现象（the mental）可以还原为行为的结构。由于像从内部对于行动者（actor）是可见的一样，这个结构从外部对于旁观者是可见的。”①

5.4.1.3 知觉作为原初的经验形式

知觉中使事物及其属性得以显现的组织形式实际上与相应的身体运动形式相关联。事物及其属性在知觉中的显现为我们可能的身体行动提供了一种可利用的结构。作为存在的事物与作为我们在世存在形式的我们的身体相关联。在这一部分，我们将考察其他形式的经验与知觉经验之间的关系。我们将发现，其他形式的经验预设了知觉经验，并因此是关于事物的。

知觉经验是存在向我们显现的原初模式，其他形式的经验由于预设了知觉经验，因而构成了存在的呈现样式。在知觉是存在向我们显现的原初模式的意义上，知觉的首要性论题是一个形而上学论题。具体来说，这一论题是一个既包含认识论维度，又包含本体论维度的形而上学命题。一方面，知觉经验是我们认识事物的原初模式，其他形式的经验由于预设了知觉经验因而是关于事物的，在这样的意义上，这一论题是一个认识论命题。另一方面，知觉是存在显现的原初模式，并同时向我们揭示了一种本体论次序——属性的存在从属于事物的存在，在这种意义上，这一命题又是关于本体论的。从认知的角度看，知觉是有机体认识事物的原初模式，其他认识事物的方式预设了有机体的知觉能力。因此，涉身认知对知觉在认知

① Merleau-Ponty M. The Structure of Behaviour. Alden L F trans. Boston: Beacon Press, 1963: 221-222.

中的重要性的强调与知觉的首要性论题的认识论维度相一致。梅洛-庞蒂以富有诗意的语言这样表达这一论题："通过'知觉的首要性'这些语词，我们是指：在事物、真理、价值之中，知觉经验构成了我们的在场；知觉是一个初生的逻各斯；在所有独断论之外，知觉教会我们审视客观性自身的真实条件；知觉向我们号召知识和行动的任务。"①

5.4.2 身体结构与时间—空间秩序

现象学家梅洛-庞蒂、塔兹和心理学家吉布森均强调身体行动在我们的认知中的作用，认为认知形成于动物通过身体行动与周围环境打交道的过程中。他们的观点与当前认知科学中的涉身认知思潮相呼应。实际上，相比于传统的计算主义观点，他们的观点为我们理解认知提供了一种不同的理论可能性。特别地，在《身体与世界》（*Body and World*）一书中，塔兹论证了我们的身体运动与空间和时间表征之间存在一种功能性和结构性关联。通过我们结构化的身体有方向的运动，我们形成结构化的空间—时间表征。塔兹的观点实际上为涉身认知提供了一个深刻的理论范例。

5.4.2.1 身体结构与空间秩序

在我们的日常思维中，我们通常将空间表征为三维的（前—后、左—右、上—下三个维度）、连续的（空间的不同部分是连续的而非间断的）、统一的（空间的不同部分均属于一个整体的空间）等。我们的身体具有一种直立的、左右对称的、前后指向的结构。塔兹认为，正是基于我们身体的结构，我们将空间表征为具有相应的结构，如三维的、连续的、统一的等。

塔兹继承了以胡塞尔、海德格尔、梅洛-庞蒂等为代表的现象学传统，特别是梅洛-庞蒂的知觉现象学思想，将他自己的观点称作实践知觉现象学（phenomenology of practical perception）。类似于梅洛-庞蒂和吉布森，塔兹认为，现实世界中的知觉者是与环境打交道的实践知觉者（practical percipient）或能动知觉者（active percipient）；在身体活动的过程中，知觉

① Merleau-Ponty M. The primacy of perception and its philosophical consequences//Leonard L, Toadvine T . The Merleau-Ponty Reader. Evanston: Northwestern University Press, 2007: 101.

者满足自身的需求，并形成对周围世界的认知。我们的身体在我们的认知中具有一种重要作用。显然，同其他物理对象一样，人的身体是世界中的一个物理对象。如果我们仅仅将我们的身体看作一个物理对象的话，我们将会忽视我们的身体在我们的认知中的重要作用。塔兹认为，一方面，同其他物理对象一样，人的身体是世界中的一个物理对象；另一方面，不同于其他物理对象，人的身体是世界中的物质主体。我们以身体的形式处在世界之中，并且以身体活动与周围世界打交道，在这样的意义上，我们的身体是物理世界中的身体主体。通过身体行动与周围世界打交道是我们形成认知（包括空间认知）的起源。我们以身体的形式存在于空间中，使得任何向我们的身体呈现的对象即知觉对象必然以空间的形式向我们呈现。

在我们的身体有方向的运动过程中，我们形成空间表征。我们的身体结构与我们自我中心的空间表征的结构相关联。由于我们对自身身体的姿势、朝向以及各肢体的位置和运动有一种直接觉知，当在环境中运动时，我们结构化的身体构成了一个原初的参考坐标，我们周围的事物相对于这一原初的参考坐标被定位。在我们有方向的运动过程中，我们的身体指向赋予我们所处的水平空间一种前后左右秩序，即凭借身体指向，我们将水平空间表征为具有一种前后左右秩序。凭借身体在重力场中的垂直定位，我们赋予垂直空间一种上下秩序，即我们将垂直空间表征为具有一种上下秩序。凭借直接的整体的身体觉知，我们将我们的身体运动表征为连续的，并相应地将与身体运动相关联的空间表征为连续的。空间的连续性同时意味着空间的统一性，即不同的空间部分属于一个统一的空间。我们的所有身体运动都预设了我们身体的统一性，即我们的身体在运动过程中保持同一性。在身体运动过程中，我们身体的统一性和空间的统一性相关联。

5.4.2.2 身体指向性与时间秩序

在我们的日常思维中，我们通常将时间表征为具有一个过去—现在—未来结构的、连续的、统一的、单向不可逆的等。我们的身体具有一种前后不对称的结构、一种前后指向性。这似乎是两个毫无关联的事实。然而，塔兹论证这两者之间实际上存在一种关联：正是凭借我们前后不对称的身体的运动，我们的身体运动和我们的时间表征之间有一种功能性关联。

与梅洛-庞蒂和吉布森相比，塔兹的特别之处在于强调我们的身体结构在认知中具有的作用：我们的直立的、左右对称的、前后指向的身体在我们的认知中具有一种功能性和构成性作用。就时间认知来说，作为能动知觉者，我们在身体运动的过程中形成我们的时间表征，我们的时间表征与我们的身体运动相关联；特别地，我们身体的前后不对称结构与我们的时间表征结构相关联。实际上，塔兹的现象学观点与当前关于认知的基于生物进化的自然主义观点相一致，因此我们可以在自然主义的框架内去理解和重构塔兹的观点。

同吉布森一样，塔兹认为，对于能动知觉者来说，抽象的时间本身是不可感知的；我们的时间认知基于对环境中事物运动变化的感知；环境中可感知的事物运动变化的发生次序构成了时间实在性的基础。这样，基于对环境中可感知的事物运动变化的发生次序的感知，我们形成我们的时间认知。

根据涉身认知的涉身性论题（embodiment thesis）："认知的许多特征是涉身的，在于它们深深地依赖于主体的物理身体的特征，以至于主体超出大脑的身体在主体的认知过程中发挥一个重要的因果作用或物理构成性作用。"[①]我们看到，塔兹基于身体运动对空间和时间认知的说明，实际上为涉身认知提供了一个深刻的实例。特别地，对于"认知以什么具体的方式依赖于身体"这一问题，塔兹的观点提供了一个明确的答案。由于我们的身体觉知与空间—时间表征相关联，我们对自身结构化的身体的觉知意味着我们的空间—时间表征具有相应的结构。在我们的身体结构与对空间、时间和事物的认知结构之间，存在一种功能性和构成性关联。在这种关联的意义上，认知本质上是涉身的。对于认知是在动物行为的层次上，还是在神经元以及神经系统活动的层次上被驱动这一问题，涉身认知的观点倾向于支持认知是在动物行为的层次上被驱动的，认知是动物作为完整的行为个体具有的功能。对于现实中的认知者即涉身行动者来说，身体构成了一个认知动力功能系统。

① 斯坦福哲学百科全书. embodied cognition 词条. https: //plato.stanford.edu/entries/embodied-cognition [2020-08-18].

5.5 小结：从涉身—生成论看知觉—行动

知觉与行动是认知科学研究的重要领域。对于“知觉如何指导个体的行动”这一问题不同立场的回答，产生了诸多知觉行动理论。这些理论大致可以分为两类，即间接知觉理论和直接知觉理论。间接知觉理论认为，知觉是通过心理表征对感觉材料的加工等心理处理机制来赋予事物意义的，因此间接知觉理论又称为建构论，心理表征概念在间接知觉理论中必不可少，并且处于相当核心的地位。这种传统的知觉理论随后遇到了“知觉的面纱”（即心灵不可直接通达外部世界）、“快照”式表征与三维物理世界等诸多理论矛盾。为了解决这些矛盾，直接知觉理论认为意义并不是心灵通过心理表征等心理处理机制所产生的，意义本来就存在于外部世界的事物之中，我们无非就是在使用知觉能力来“拾取”或“探测”这些事物的意义，并且依据自身的生物能力对外部环境特征采取合适的行动。

可以看出，传统的知觉行动理论研究还处于对世界进行二元划分（心理的、物理的）的理论窠臼当中；然而，新的直接知觉理论则以涉身认知的倾向打破了传统的二元论式的理论风格，并且这种直接知觉理论还得到了来自认知科学最新的研究实验证据与数据的支持。在“阿特拉斯”等涉身机器人大放异彩的今天，涉身倾向的新知觉理论势必会对传统的认知科学知觉研究进路形成重大的理论挑战。

6 语义学挑战：概念和语义是涉身的吗？

概念在人们的思维世界和理智生活中占有极其重要的地位，所以从古希腊的柏拉图到中世纪的阿奎那（T. Aquinas），再到近代的洛克、休谟和康德，从分析哲学的鼻祖弗雷格到解释学大师伽达默尔，关于概念的探讨始终都是饶有兴趣的话题。诚然，概念研究在当代面临着一个新的历史境遇。一方面，由于认知心理学的兴起和大量神经科学实验的介入，概念研究从一种哲学家纯粹的思辨方式逐渐演变为理论与实验并重的取向，而且随着认知科学的深入发展，从经典表征—计算的认知范式到涉身—基底认知纲领的转变，概念不再是哪一门学科的专属研究领域，它已经成了心理学、语言学、神经科学、哲学、人类学以及计算机科学等交叉研究和对话的焦点之一。另一方面，概念研究的课题也从传统哲学对概念本质的关注渐渐扩展为在多学科视角下对概念的结构、概念的获得和使用的探究，还包括概念在语言学习、知识辩护、命题推理中作用的考察，以及概念与思想内容和先验知识之间关系的研究，等等。今天，可以说，关于概念的问题已不再能寻求一种单一的解决之道，相反，只有在整体上把握与人类认知相关的语言、心灵和世界的关系，才能真正把握概念的本质。

本章从近代以来哲学和心理学关于概念问题的探究入手，以当代哲学和心理学中最为流行的两种理论——概念的能力说和表征说为中心，以经典认知科学关于概念结构的四种理论为线索，展现当代概念研究的基本假说和主要进路。进而以涉身认知对经典认知科学和传统哲学的挑战为背景，分析以莱考夫和约翰逊为代表的涉身语义学对传统概念理论的超越，特别是对色彩概念、抽象概念的身体基础予以了回应。最后，引入了“扁虫新大脑”的生理学实验对概念的“涉身性”进行了初步界定，并总结了涉身概念与基层范畴、非基层范畴之间的联系。笔者认为，人类的概念并非只是外部现实的反映，而是被我们的身体、大脑，特别是感觉运动系统所塑造。

6.1 经典概念论和语义理论假说

6.1.1 近代以来的概念研究

概念研究始于苏格拉底和柏拉图的对话，关于什么是“正义”、什么是“美”、什么是“善”、什么是“知识”的追问，开启了概念考察的哲学传统。可以说，从苏格拉底和柏拉图对一个抽象概念的考察、亚里士多德关于如何对一个概念或词项（term）下定义的说明，到洛克、休谟、贝克莱等对概念来源的经验主义阐释，以及康德对概念和范畴的理性探究，直至弗雷格对含义和指称的经典的语言分析，展现了哲学视域中概念研究的历史线索。然而，经过 2000 多年的发展，当代的概念研究除了继承概念的哲学分析传统，又从实验科学中获得了丰富的养料，尤其是心理学和认知语言学的工作促使哲学必须以一种新的面目重新审视传统的概念问题。在这一部分，我们着眼于探讨概念研究在当代百余年中的成果和进展，将从 19 和 20 世纪之交的文献考察开始踏上我们的概念研究之旅。这里“当代”的提法也许是粗略的，它仅仅提示我们：第一，下面要展开的概念研究的历史在时间上的起点是 19 和 20 世纪之交；第二，我们所关心的对概念的认识不仅仅是一种纯粹的哲学思辨，当代的概念研究兼具一种哲学的眼光和科学的品格，体现了哲学家和科学家之间的一种互动。

20 世纪前后在概念研究方面的标志性人物当首推弗雷格。他在 1891～1892 年发表的《函数和概念》（1891 年）、《论概念和对象》（1892 年）、《含义与指称》（1892 年）三篇论文中建立了关于概念、含义、指称（意谓）

的理论，尤其是他提出借助区分含义和指称两个层面来解决概念同一性问题的思想对后世的研究影响深远。之后，罗素的《论指称》（1905年）、维特根斯坦的《逻辑哲学论》（1921/1922年）、卡尔纳普（R. Carnap）的《世界的逻辑构造》（1928年）等都在哲学和逻辑学上发展了关于概念的研究。另外，虽然在20世纪上半叶认知心理学在传统的心理学学科中并不占据主流地位，但概念作为一个新兴的经验研究课题已经被一部分心理学家所关注。相关的文献显示①，19世纪末20世纪初已经开始涌现出一些涉及概念的心理学实验，尽管这些实验的大部分结果今天已不再被提及和使用，但是这些实验的设计目标却奠定了当代概念心理学研究的基本方向。这些实验研究，有的是考察被试在阅读或聆听一个词概念（lexical concepts）②时的意识内容，有的在于发现人们如何在接触一个外在对象时获得一个概念，还有的关注人们对概念的使用。

1916年，心理学家菲舍尔（S. C. Fisher）出版了第一部心理学领域关于概念研究的专著《普遍化抽象的过程及其结果和普遍的概念》，在书中她从实验心理学的视角回应了哲学史上关于概念来源的争论，认为本质上，概念的问题和抽象性问题紧密相关，研究概念就是要研究当我们在思考一个抽象概念或普遍概念时有什么样的心理内容。1920年，著名的行为主义心理学家胡尔（C. L. Hull）第一次引入行为的实验数据对概念的形成和学习进行分析，其著作《概念演化的定量分析》是当代心理学中运用客观的量化方法得出有关概念的结论的首部经典。菲舍尔和胡尔的研究都侧重于把概念等同于定义，在他们看来，获得和学习概念事实上就是从经验中掌握它们的定义。其后，真正推进这种定义研究的是斯默克（K. L. Smoke）。他在20世纪30年代的行为主义实验中，用“富有洞见的行为”（insightful

---

① 对20世纪上半叶心理学概念研究状况的详尽介绍可参见 Machery E. 100 years of psychology of concepts: the theoretical notion of concept and its operationalization. Studies in History and Philosophy of Science Part C: Studies in History and Philosophy of Biological and Biomedical Sciences, 2007, 38(1): 63-84.

② 词概念是指一类借助语词来表达的概念。我们普遍掌握和日常使用的概念大部分都是词概念，如树、毛衣、橘子等。按照玛格里斯等人的说法，词概念就是具有语词形态的概念（word-sized concepts）。哲学和认知科学家福多在论及概念问题时常把词概念作为概念中最典型的形态，因而也常在行文中的大多数地方以词概念代替概念。参见 Margolis E, Laurence S. Concepts. https: //plato.stanford.edu/archives/sum2019/entries/concepts[2020-08-18].

behavior）彻底取代了菲舍尔和胡尔在研究中所预设的概念定义中的心理要素。另外，斯默克还在实验方法上创造性地引入了“否定证据”（negative evidence）的观念，借用反例来归纳出学习一个概念的充分必要条件。这一研究进路至今在概念心理学中仍然广为流行。

20 世纪 50～70 年代是当代概念研究的重要转折期。这不仅因为在哲学上维特根斯坦的《哲学研究》（1953 年）的问世打破了传统意义理论的独断，一种理解语言意义的“家族相似”（family resemblance）的观点为概念的相关研究提供了新的范本；而且，蒯因著名的论文《经验主义的两个教条》（1953 年）也直接对概念的定义理论（definition theory）提出了强烈的质疑。牛津的经验主义哲学家普莱斯（H. H. Price）在《思维与经验》（1953 年）中提出把概念视为一种倾向性（disposition）的基于经验的理论。同时，由于乔姆斯基的革命性工作，认知主义取代了激进行为主义，在心理学上占据了突出地位，作为人类认知核心要素的概念问题也逐渐成为认知心理学家工作的重中之重。这一时期具有时代意义的成就是 1975 年罗什和莫威斯（C. B. Mervis）合作完成的《家族相似：对范畴内在结构的研究》一文，他们在实验的基础上回应了维特根斯坦“家族相似”的理论，反对传统心理学默认的概念的经典定义论，提出了后来主导概念研究范式的原型论（prototype theory）进路。尽管 20 世纪 50 年代之后，经典定义论的局限被越来越多的哲学家和心理学家所发现，但仍需注意到，皮亚杰在 60 年代进行的探究儿童如何形成和获得概念的研究仍然是在定义论的框架内开展的，因为在他看来，定义论对于解释儿童心智的发展有着明显的优势。

也许，不夸张地讲，最近 40 年是概念研究发展史中最为激荡人心的时代。大量认知科学和心理学实验的成果与哲学的反思及理论建构产生的合力催生着一种更为丰富、解释力更强的概念研究体系的形成。人们期待在这种新的体系中，既应当对传统哲学中概念来源的经验主义和理性主义的争论给予回应，也应当对心理学上关于概念的本质和结构提出的定义论、原型论和理论论之间的竞争态势做一种反思，更应当对概念与心理内容、外在世界之间的关系做出最基本的说明。

从总体趋势看，当前的概念研究不仅已经从一种以学科划分为界的领域研究转变为以问题研究为导向的多学科间的交流，而且也向学者展现了远比 100 年前更为丰富的研究问题域。我们可以通过下面几本具有里程碑意义的著作一览当前国际上概念研究的现状及其呈现于我们的焦点问题。1981 年史密斯（E. Smith）和麦丁（D. Medin）出版了《范畴和概念》一书，评论了经典的定义论、原型论和范例论（exemplar view）等主要的研究进路；1992 年皮考克（C. Peacocke）出版了当代哲学中第一本系统研究概念的专著《概念研究》，构建了一个概念—真—指称的统一解释框架；1998 年，哲学家、认知科学家福多发表《概念：认知科学哪里错了》[①]，深刻影响了心理学、认知科学以及哲学界对概念是什么的看法，并从此确立了在心理表征理论的背景下概念研究的基调。20 世纪 90 年代以来，概念已成为心理学家无法绕过的最重要的问题之一。知名心理学家凯尔（F. Keil）、布鲁姆（P. Bloom）、布鲁纳、凯瑞等都在概念问题上有所论述，玛格里斯（E. Margolis）和劳伦斯（S. Laurence）依据哲学和心理学上的研究成果编撰了《概念：核心读物》（1999 年），并提供了一篇十分有价值的综述性导读。2002 年墨菲出版了《概念大书》（*A Big Book of Concepts*），以一种宏大叙事的方式再现了 20 世纪 80 年代之后概念研究的几乎所有问题和观点，并对未来的研究前景做了展望。普林茨的《装备心灵：概念及其知觉基础》（2002 年）、马舍里（E. Machery）的《无概念行事》（2009 年）以及凯瑞的《概念的起源》（2009 年）则代表了当今最前沿的一批研究成果。

6.1.2 概念的能力说

6.1.2.1 皮考克的心理能力论

如果说概念是存在于心理世界的，那么概念是心理世界中何种意义的存在？有一种传统的观点认为，概念是认知主体所拥有的一种心理能力，是一种辨别和再认识事物的能力。例如，当我们有“台灯”这个概念时，我们就具有了把台灯和书桌上的其他事物区别开来的能力；当然还可能具有另一种能力，即当我们再次看到桌子上的台灯时，即使桌子上原有的其他东西都被移走了，我们仍旧能认识到我们看到的东西是台灯。

皮考克的概念理论正是沿着上述心理能力说的思路发展起来的。他认

① 此书是 1996 年他在著名的洛克讲座上所做的系列演讲。

为，既然概念是获得概念时所表现出来的心理能力，那么解决概念本质问题的关键就是要解释什么是获得概念的心理能力需要满足的条件。因此，关于概念本质的理论在皮考克那里也可以被理解为一种探求概念获得的条件的理论。皮考克的观点表达为，概念的获得条件就是某人在获得一个概念时所具有的一种能力，这种能力使得这个人能持有某种命题态度，其中这种命题是包含了这一概念的命题。[①]比如，我们获得关于“台灯”这个概念的获得条件，就是我们在获得这一概念后能够拥有类似“我们相信桌子上的台灯是蓝色的”这样一类命题态度时的能力。换言之，只要我们能拥有这样一类命题态度，我们就能说获得了“台灯”的概念。因此，皮考克主张，概念理论就是一种概念获得的理论。

在皮考克的代表作《概念研究》一书中，他把个体化概念（individuating concepts）作为概念研究的出发点。所谓个体化一个概念，就是把这个概念和别的概念明确区别开来，也就是要给出这个概念特有的给定条件。

我们知道，弗雷格曾在《含义与指称》中讨论了经典的同一性问题。大家熟知的例子是，尽管事实上“晨星”和“暮星”所指称的是同一个对象，但是它们在语词的含义上并不相同，得出这一结论的理由在于我们对于“晨星”和“暮星”的命名方式是不一样的，我们关于“晨星是早上最亮的那颗星”和“暮星是早上最亮的那颗星”这两个命题可以做出不同的判断，一个为真，一个为假。因而“晨星”和“暮星”的指称虽然相同，但通过替换得到的两个命题的真值却不同，或者说两个命题的命题内容不同。皮考克在解释个体化概念的过程中也借鉴和改造了弗雷格的同一性原则。他相信弗雷格重审同一性问题的结论至少启示着我们，仅仅考虑从指称对象的层面出发，我们无法保证能在所有情况下明确把一个概念和别的概念区分开。

皮考克这样来描述个体化一个概念的条件：“C 和 D 是两个不同概念的充分必要条件是，对于一个包含了 C 和 D 的命题，如果在出现 C 的地方部分或全部用 D 去替换，得到包含了 C 或 D 的另一个命题，那么这两个命题的命题内容肯定是不同的。其中很可能原来的那个命题是有信息内容的，

① Peacocke C. A Study of Concepts. Cambridge: MIT Press, 1992: 5.

而替换之后的命题却没有信息内容。”①

我们可以通过一个简单的例子来说明这个原则。假如“现在”和“中午 12 点”是两个不同的概念。在“现在是中午 12 点”这个命题中，如果用“现在”去替换“中午 12 点”在命题中的位置，命题就变成了“现在是现在”。显然，原来的命题“现在是中午 12 点”是有信息内容的，而“现在是现在”这个命题除了同语反复外没有表达任何信息内容。它的信息内容与“现在是中午 12 点”的信息内容完全不同。因此，依照个体化概念的原则，“现在”和“中午 12 点”是两个不同的概念。

从上述分析中我们已经知道什么是个体化一个概念需要满足的条件，而正如之前皮考克的理论所假定的那样，概念是获得概念的主体所表现出的一种心理能力，具体来说是一种区别辨识不同概念的能力。而能够个体化一个概念恰好就是这种区别能力的反映，因此，个体化一个概念需要满足的条件其实也是获得这个概念需要满足的条件。更进一步说，也就是规定了这个概念在本体论上的地位。皮考克对他的思想的表达就是从个体化一个概念的条件过渡到获得一个概念的条件，进而表明概念获得的条件（possession conditions）是整个概念理论的决定理论（determination theory）②。研究概念的本质就是探明概念的获得的能力所满足的条件。

我们借助两个特定概念“合取”和“红”的例子具体说明如何理解皮考克所强调的概念获得的条件。例如，我们要获得“合取”（合取记作∧）的概念，就必定应当有不由自主地（primitively compelling）做出如下形式的推理的能力，P，Q→P∧Q，P∧Q→P。而具有做出这些形式推理的能力，就是我们已经掌握了获得“合取”这个概念的条件。

另一个例子是关于颜色概念的。例如，“红”是这样一种概念 C，当主体获得“红”这个概念时他就必定能满足下述条件。

（1）在正常的知觉条件下，他必定有一种倾向，相信他在看到某一对象 X 后拥有经验内容 X 是 C（记命题“X 是 C”为 CX）。而且，这种相信的倾向必定能恒常地归属到感知这一对象的知觉状态中，即当他下次再看到

① Peacocke C. A Study of Concepts. Cambridge: MIT Press, 1992: 2.

② Peacocke C. A Study of Concepts. Cambridge: MIT Press, 1992: 17.

对象X时，他仍然有相信“X是C”的能力。皮考克用“知觉—指示的呈现模式”（perceptual-demonstrativemode of presentation）来表达这种感知模式。

（2）在非知觉的情境下，“当他认为这一对象具有引起上述（1）中的那种倾向的属性”[①]时，就必定会倾向于相信CX。

我们可以这样来概括上面的条件，概念“红”就是某一主体在满足下述两个条件时所获得的概念：①主体倾向于依据一种对于红色对象的知觉经验做出判断“X是红色的”；②当他知道这个对象是红色的，也知道“红”是指涉某种属性的，他必定会相信①中所提及的那种知觉对象X是红色的。他就有了关于“X是红色的”这个命题的命题态度，即他相信“X是红色的”这个命题是真的。看来，依照皮考克的理论，概念的本质都是由概念获得的条件给定的，并且概念的本质是由概念系统中的概念之间的推论作用来刻画的。换言之，概念的本质是由这些概念与其他概念之间的推论关系确定的。下面我们即将指出，正是这一点为皮考克的理论留下了隐患。

6.1.2.2 心理能力说的困难

尽管皮考克的概念获得理论在20世纪90年代受到学界的高度关注，但批评之声不绝于耳。对皮考克概念理论最有影响的批评来自哲学家福多。在福多看来，皮考克的概念获得理论无疑承诺了一种认识论上的分析—综合的二元区分。[②]

在哲学史上，关于分析命题和综合命题的讨论历史久远。康德曾在《纯粹理性批判》中清楚地界定：一般的命题都由主词和谓词组成。分析命题是一些能赋予主词属性的陈述，并且这些属性都已概念地包含在主词的概念之中。康德的定义规定了分析命题首先是一种主谓结构的陈述，主词是命题陈述的对象，谓词是该命题的内容。并且分析命题中的谓词所表达的属性都已包含在主词的概念中。因而，分析命题其实是对主词的一种定义。与分析命题不同的是，康德认为，综合命题的谓词所陈述的属性必定不能完全包含在主词的概念中。分析与综合的截然二分在康德及其后很长一段时间内成为哲学共同体的普遍共识。

---

① Peacocke C. A Study of Concepts. Cambridge: MIT Press, 1992: 6.

② Fodor J. Unpacking a dog. London Review of Books, 1993-10-07: 14-15.

然而，到了 20 世纪 50 年代，哲学家蒯因向这种观点提出了强烈的挑战。蒯因对历史上所有关于分析命题和综合命题的定义做了一番考证，他把分析命题区分为两类：一类是逻辑上永真，即满足逻辑同一律的命题，例如 a=a、“中国是中国”这样的命题；另一类是可以通过同义词替换还原为逻辑真值的句子，例如“单身汉是未婚的男子”。蒯因承认第一类命题是分析命题，他对第二类分析命题的定义则提出质疑。他认为，在形而上学意义上康德对第二类分析命题的界定不清晰。如果说“单身汉是未婚的男子”这一命题是分析的，那么按照康德分析命题的定义，“单身汉”（主词）和“未婚男子”（谓词）是可以相互替换的，而且替换后这个命题的真值保持不变。但问题在于同义词的替换将导致一个必然的后果，即定义的无限循环（circular definition）。也即，我们要定义“单身汉”这个概念的时候，必须要先对“未婚男子”有准确的定义，但为了能正确地对“未婚男子”下定义又须依赖于“单身汉”的概念，正是因为定义和同义词之间的相互依赖，所以蒯因认为，在这一意义上分析命题是不存在的，所以分析与综合的二分也是缺乏根据的。①

福多认为，在皮考克的概念理论中首先预设了“对于某个概念一定存在它的分析命题式的定义”这一假定。福多认为，尽管皮考克对于批判蒯因的立场有诸多质疑，但他也没有给出论证分析性定义存在的理由。福多的反驳思路可以重构如下：按照皮考克的观点，获得了某一概念的人也许会相信一些包含这一概念的命题所具有的命题内容。例如，人们获得了“狗”的概念可能会相信“狗的叫声是狗发出来的”这一分析命题。但产生这一信念的能力并不是必然由获得“狗”的概念后才具有的。从另一角度来讲，任何关于由“狗”概念构成的命题，对其命题内容的规定，都要假定一种特定的对“狗”的概念本身不依赖于经验的分析，由此就必须要假设“狗”概念具有分析性的定义，这就预设了有分析—综合的截然二分。

福多的上述反驳给皮考克的理论带来了一定的危险，尤其是在概念同一性问题的处理上。福多认为，皮考克的理论如果要能提供一种对于人们如何共享同一概念的说明，就必须要承认分析—综合的区分是合理的。因

① 参见蒯因. 从逻辑的观点看. 江天骥, 宋文淦, 张家龙, 等译. 上海: 上海译文出版社, 1987: 19-43.

为一定要存在着不依赖于经验的对于概念 C 的分析命题，凭借它们我们才能决定不同主体是否共享同一个概念 C。反过来，如果承认这一区分是不合理的，那么在皮考克的理论框架下解释概念的同一性也就没有了认识论基础。这是由于，依照蒯因倡导的整体论观念，包含某个概念的命题和关于其他概念的命题是缠绕在一起的，为了获得某一个特定的概念，我们必须倾向于做出什么样的推论，或者我们要相信包含这个概念的什么样的命题的内容，这本身是不确定的。这是因为，任何两个主体对于某个特定的概念都可能具有两种不同的信念（例如聋哑人也有“狗”的概念，但一般常人都相信狗会叫，但某些聋哑人可能并不这样认为）。因此，离开了分析—综合的区分，皮考克无法提供依据同一个命题判断两个人是否共享了同一个概念。如果承认分析—综合的区分，皮考克就必须对于蒯因的批判提出反驳。

我们可以这样来理解皮考克和福多之间的理论交锋。按照皮考克的理论，概念 C 的个体化涉及所有有 C 参与的推论。而福多认为皮考克的观点要么是整体论的，要么必须依赖于分析—综合的区分。但上述两种选择都有着明显的理论代价。如果皮考克选择前者，那么由于整体论蕴含了每个人自身的信念网都自成一体，所以没有两个人可能共享任何信念和推论，同样也不可能共享概念；如果皮考克强调他的理论需要以分析—综合的区分为前提，那么除非他能够给出对于这种区分成立的独立的辩护，否则我们难以认同他的概念获得理论的合理性。

倘若退一步，我们假设分析—综合的区分是有根据的。在这一假设下，皮考克理论的说服力仍然值得怀疑。具体来说，皮考克认为的概念的本质由其获得条件确定这一点也是有问题的。因为这种说法暗含了如下可能，即概念的获得条件是由这个概念与其他概念的关系来决定的。果真如此的话，那么似乎确定这个概念的获得条件将不可避免地陷入一种循环的过程。我们从下面这个简单的例子中可见这种循环的问题。

依照上述分析，皮考克事实上假定了，概念的本质都是由概念获得的条件给定的，并且概念的本质是由概念系统中的概念之间的推论作用来刻画的，即概念的本质是由这些概念与其他概念之间的推论关系确定的。假设我们有三个概念 C_1、C_2、C_3，为方便起见，我们仅假设 C_1 的本质是由

其与 C_2 的关系给定的，C_2 的本质是由其与 C_3 的关系给定的，那么 C_3 的本质是由什么决定的呢？当然，某种程度上它应当是由 C_1、C_2 共同来决定的。因此，说 C_3 的本质是由它与在同一个概念系统中的其他概念之间的关系给定的，也就默认了在解释概念 C_3 的本质时遇到了循环的问题。因此笼统地说，除逻辑概念外[①]大多数概念都是由它与其他概念的关系来决定的这一说法显然是存在问题的。皮考克必须给出更精细的分析。

皮考克理论遇到的最后一个困境是福多和汉纳（Hanna）在回应皮考克的个体化概念的问题时提出的。按照皮考克制定的个体化概念的原则，若 C 和 D 是两个不同的概念，当且仅当，对于一个包含了 C 和 D 的命题内容（propositional content），如果在这个命题中 C 出现的地方部分或全部用 D 去替换它，得到另一个包含了 C 或 D 的命题，那么这两个命题的内容一定是不同的。其中所包含的信息内容是不同的。这里隐含的问题在于，这一个体化原则实际上有可能把在此之前我们已经认定是相同的概念区分为两个不同概念。

我们可以在典型的配对之谜（mates puzzle）中展开这一讨论。例如，汉纳以英文中的 furze 和 gorse（英文都表示荆豆）的例子做了如下说明[②]。furze 和 gorse 显然是两个概念，但这两个概念指称的对象荆豆却共享同一种物理的微观结构，具有黄色的、带刺的性状等。没有人会对到底 furze 是不是 furze 感兴趣，但一定有很多人想知道 furze 究竟是不是 gorse。换句话说，存在着两个包含这两个概念的命题，它们表达的是完全不同的思想，我们在其中的一个命题中 gorse 出现的地方都用 furze 来替换，那么一个是有信息的，另一个则没有。结果按照皮考克对于概念个体化的原则，furze 和 gorse 是两个不同的概念。但是，它们的确共享同样的微观结构，因此它们至少具有某种程度的同一性，那么，皮考克如何解释这种同一性呢？因此可以说，皮考克个体化概念的方法过于苛刻了。

最后，假定皮考克关于概念是获得概念的主体所表现出的一种能力，那么如何获得这种能力、获得这种能力的机制是什么，在皮考克那里似乎

① 皮考克在《概念研究》一书中以逻辑联结词——合取概念为例谈及相关问题。

② 参见 Hanna R. Review of a study of concepts. The Philosophical Review, 1994, 103(3): 541-544.

语焉不详。

6.1.3 概念的表征说

6.1.3.1 福多的信息原子论

当我们进一步知道概念是心理世界中的存在时，我们还需要回答概念是心理世界中何种意义的存在。哲学家、认知科学家福多的概念研究自然也是从这一问题开始的。但值得注意的是，福多并没有在心理能力的层面讨论概念，他坚定地从心理表征论出发来解释概念的本质。心理表征论是当代认知科学的主流观念。这一学说把心灵看作是一个由心理表征构成的系统。在概念问题上，它将概念视为类比于语词或图像的心理表征。福多的概念理论就是这种表征主义进路中最为典型的代表。

在某种程度上，福多的理论也可以被认为是对我们上面提到的皮考克理论的一种回应。换言之，福多的出发点就是要否定皮考克假定的概念获得问题先于概念本质问题的观点，否定研究概念的本质就是研究概念获得的说法。

按照福多的主张，承认概念获得的优先性地位是当今概念哲学中的方法论转向[①]，这种转向暗示了拥有一个概念就意味着具有一类能力。皮考克的概念理论就是这种转向典型的表现，它标志着与视概念为心理个例的传统理论公开地对立。

福多的概念理论通常被冠以“信息原子论”的标签。这一理论具有语义和语法两个层面的含义。首先，从语义上说，概念内容是具有信息的（informational），因为“内容是由某类规则性的心灵—世界关系构成的”；而且获得一个概念至少部分是由这类规则性的心灵—世界关系所决定的。[②]福多的这一观点又可以被解释为是对推论作用语义学（inferential role semantics，IRS）的一种取代。由于推论作用语义学暗含整体主义，而且整体主义又与强调意向个例实在地位的意向心理学（intentional psychology）无法兼容，所以福多一以贯之地反对推论作用语义学。

① Fodor J. Concepts: Where Cognitive Science Went Wrong. Oxford: Oxford University Press, 1998: 2.

② Fodor J. Concepts: Where Cognitive Science Went Wrong. Oxford: Oxford University Press, 1998: 121.

其次，从语法层面上分析，福多的概念理论是原子式的，因为“大多数的词概念（涉及单个词项的概念）都没有内在结构”[①]。大体上讲，这也意味着对任一概念的获得都不取决或依赖于获得其他概念。如果是这样的话，并且如果内容确由规则性的心灵—世界的关系来确定，那么福多也就真的不能赞同推论作用语义学。

正如信息原子论一样，福多的整个概念理论也有语义和语法两个版本。当一个概念具有某种内容的时候，它也同时具有某种“呈现模式”（mode of presentation，MOP），概念的呈现模式是概念内容的载体（vehicle），这一作为载体的“呈现模式”是“在大脑中的”，而且是能够被“功能地个体化”的。福多还用一种“思想语言”（language of thought）来刻画这类表达模式。他认为，关于思想语言假说的独立证据在于它能够提供对于弗雷格之谜和配对之谜的一种统一的语法层面的解释。具体来说，“晨星是暮星”和“晨星是晨星”（或“furze 是 furze”“furze 是 gorse”）这两个命题的不同在于它们涉及不同的呈现模式，也就是对于金星（Venus）的不同的心理表征。在语法的层面区分两个概念涉及的是呈现它们的不同的个例符号。

6.1.3.2 心理表征说的困难

概念的信息原子论认为，人们在心理上表征任何一个特定的对象都存在多种呈现模式，因而这些呈现方式或模式能成为部分个体化概念的条件。我们知道，人们表征一个对象的方式可能因人而异，而且同一人在不同的时间表征的方式也会不同。例如，人们可能用一种某一时刻的视觉表征来表征汽车，也可能用汽车的功能属性与其他属性的结合来表征汽车。我们关于“汽车”的概念共享的不仅包括概念的语义方面，也包括我们表征这些内容的模式。我们能凭借不同的方式表征同一事物，说明了它们是解释深层的弗雷格之谜、配对之谜的候选答案，但是这并不能推出这些方式也是可以共享的，甚至它们就是概念的核心特征。我们能用不同的方式来表征对象这一点和福多所接受的下面的主张间就产生了冲突：①MOP 部分个

① Fodor J. Concepts: Where Cognitive Science Went Wrong. Oxford: Oxford University Press, 1998: 121.

体化概念；②在大多数情况下概念都是可以共享的；③概念共享的相似性解释原则上是没有希望的。

因为 MOP 是概念个体化的部分条件，所以对某一相同类型的对象的不同表征暗示了获得的可能是完全不同的概念。那么极有可能的情况是，不同的个体表征世界上某个对象的方式是不同的，尽管仅仅只是细小的差别。如果是这样的话，除非福多乐意承认 MOP 的相似性而非同一性即概念共享的充分条件，否则的话，概念的公共性和共享性问题在他那里也难以解决。显然这里存在一个两难。如果承认，福多又和自己反对整体论、捍卫同一性而非相似性的立场相左；如果不承认，那么概念在福多那里实际上就不可能被共享。

似乎有一种办法可以使福多规避上述难题，即主张 MOP 是被它们的功能作用来个体化的，这意味着共享同一种功能作用的不同的心理表征其实是同一个 MOP 的不同个例。也就是说，事实上 MOP 只是福多使用的一种策略。按照福多的思想，MOP 其实是一种决定这个概念内容或个体化这个概念的近端的心理原因，在某种程度上，它们是被功能个体化的。如果 MOP 既在大脑中又是被功能个体化的，那么 MOP 的同一性条件就能由当你获得这一 MOP 时所出现的东西构成。[①]

下面这段话为福多所谓的“功能个体化”提供了进一步的阐释：心理对象事实上（ipso facto）适用于心理过程的近端原因；并且至少某些心理对象是由它们所引起的不同的心理过程来区分的，这一点是合理的；也即心理对象是在功能上区别开来的。……“你具有哪种 MOP”的问题和“当你具有某种 MOP 时你心里所显现的是哪种功能状态”的问题必须获得同样的解答。[②]

所以，对于两个在功能上不同的心理对象（如 MOP）而言也即它们会引起两种不同的心理过程。这也意味着 MOP 的不同是基于它们的功能作用的不同或因果作用的不同。福多曾明确表示：“大体上说，我所意谓的某个载体的功能作用就是它在推论中所起到的作用；更严格说来，也即我所

① Fodor J. Concepts: Where Cognitive Science Went Wrong. Oxford: Oxford University Press, 1998: 20.

② Fodor J. Concepts: Where Cognitive Science Went Wrong. Oxford: Oxford University Press, 1998: 19-20.

意谓的它在（特定的）心理过程中所起的因果作用。”[①]

福多这一主张的问题在于，他想要论证因果作用能个体化 MOP 其实并不成立。福多自己也承认，“就像其他的符号一样，载体是按照其语法和语义的性质而不是按照他们的因果作用来个体化的……在类型上相同的载体的个例在它们的因果作用方面可能不同。因为一个个例能起什么作用不仅取决于这个个例所属的是哪种类型，而且取决于其个体化过程发生时的当下情境”[②]。我们从福多的上述论点中就可以得出：相同外延的 MOP 能凭借其语法属性得以个体化，而因果作用并不在 MOP 的语法属性之中。再者，类型相同的载体也可以具有不同的因果作用。换句话说，因果作用实则不能个体化 MOP 的载体。相同的说法也可见于福多自己的表述：“下述说法对我而言似乎是合理的，即你能具有两个信念，它们是关于同一对象的并且它们共享同一载体，其差异仅在于它们的载体所起的推论或因果作用不同。例如，这一情形发生在两个使用同样的载体去表达同样内容的个体身上，但这两个个体在其背景理论，尤其是在他们所认为的同一性陈述的成真条件方面是不一样的。”[③]

从这里我们可以看出，即使内容和载体都相同的信念也会由于其相同类型的载体所产生的不同因果作用而有所不同。这里再次强调一下，相同类型的载体会具有不同的因果作用。因此，即使两个拥有信念的个体所具有的载体相同，但也可能具有不同的功能作用。显然这里福多无法回到他之前断言的功能作用能个体化 MOP 的结论上。

从另一方面说，即使我们假定因果作用或功能作用能个体化 MOP，还有另一与功能作用相关的困难威胁着福多的概念理论。阿迪帝（Aydede）曾指出：福多自己反对的“人际共享的功能或计算作用”其实正是他自己提供的 MOP 的个体化标准。所以福多认为 MOP 是由它们的功能作用来个体化的时候，他也否认功能作用能在不同的“大脑”间共享的结论。结果，

① Fodor J. A Theory of Content and Other Essays. Cambridge: MIT Press., 1989: 168.

② Fodor J. A Theory of Content and Other Essays. Cambridge: MIT Press., 1989: 167.

③ Fodor J. A Theory of Content and Other Essays. Cambridge: MIT Press., 1989: 168.

他对于 MOP 个体化的解释是以牺牲概念的公共性为代价的。[①]

在福多的概念理论中，如果一个思想的内容是由其功能作用来决定的，如果一般人们在他们相关的认知判断上有所差异，并且“如果我们遵从意义整体论且通过意向状态之间的认知联系的总和来个体化意向状态，那么显然实际上就没有两个人曾处于同样的意向状态之中”[②]。除了使用功能作用外，福多还可能诉诸什么方式去个体化 MOP 呢？如前文所提及的，他认为我们还可以借助 MOP 的语法和语义性质。我们已经说过，福多所说的“语义性质”是由规则性的心灵—世界关系决定的 MOP 所承载的内容。显然概念的内容并不能彻底解答弗雷格之谜和配对之谜。所以，假定载体的语义性质并不是题中应有之意，那么能个体化 MOP 的“语法性质”到底是什么呢？

到目前为止，我们可以这样来概括福多的观点：首先，概念是一种心理表征，而且获得一个概念就是说某人“个体化”了一个概念的类型。福多认为正是符号类型的物理实现完成了个体化概念的工作。换言之，如果我们认为这种符号类型是思想语言，且这一语言是普遍的，那么似乎概念类型的物理实现就应是普遍的。如果真是这样的话，福多为了满足概念的公共性的要求，就要诉诸 MOP 的语法性质去个体化 MOP。这一进路等于就是接受了一种概念的同一理论。更令人沮丧的是，福多接受这一理论将会带来严重的后果。我们基本都会承认如下事实，即两个人可能在不完全相同的因果历史条件下拥有同样的概念。所以，福多还必须要解释不同的主体共享同一个概念所分享的东西是什么，否则他采用语法进路去个体化 MOP 仍旧导致人际不可能共享任何概念的荒谬结论。

我们说福多的概念理论包括了信息的语义论和概念的原子论，上文中我们已经提到了信息语义论可能会遇到的理论困境。接下来我们转向概念原子论。同样，概念原子论也面临非常多的问题。在此，我们仅分析两类困扰概念原子论的难题。福多把原子论解释为“大多数的词概念都没有内

---

① 参见 Aydede M. Fodor on concepts and frege puzzles. Pacific Philosophical Quarterly, 1998, 79(4): 289-292.

② Fodor J. A Theory of Content and Other Essays. Cambridge: MIT Press, 1989: 57.

在结构"[①]。这意味着获得任何一个概念都不依赖于对其他概念的获得。他进一步认为,"关于概念之间相互联系的直觉是一种规范的错觉",并且"分析性的直觉也是被误导的"。[②]显然,这些论述表明福多否认概念具有分析性,也即概念建立在我们的分析性直觉之上。那么,福多如何去解释我们关于概念之间的相互联系的直觉呢?

尽管福多承认关于分析性直觉的存在,但是他却坚称它们并不表明词概念的构成结构,而只表明一种关于概念获得者对概念的内容可取用的认知性质。更准确地说,分析性的直觉涉及的是那些"具有唯一标准(one-criterion)的概念",或者是那些只有一种决定方式来判定它们的正确使用的概念。例如,福多这样来解释"单身汉是未婚男子"这一命题在直觉上的分析性:"除了能判定约翰是男子并且未婚之外,我不能想象我如何能判定他是不是一名单身汉。"[③]简单来说,福多认为,成为一名单身汉蕴含着未婚并且是男子的意义,这是关于单身汉、未婚、男子这些属性的事实,但这不是关于概念的一种事实(即这并不暗含概念"单身汉"就蕴含概念"未婚"和概念"男子")。从另一方面来说,"狗是动物"这一命题也并不是分析的,因为在此有许多种获得关于概念"狗"的属性的认知通道。

在笔者看来,福多对于分析性直觉的解释不幸走向了其整个概念理论的对立面。第一,有理由相信为了获得一个特定的概念人们应该能够正确地使用它。我们认为这是一个较真正意义上获得概念相对较弱的条件。第二,为了把"单身汉"这个概念运用到对象X上,人们必须要能决定X是不是未婚且是男子。第三,为了决定X是不是未婚且是男子,人们必须要能进入关于未婚且是男子这些属性的认知通道。但是除了借助于概念以外我们怎么能够进入对于这些性质的认知通道呢?第四,为了通达关于未婚且是男子的这些属性的认知通道,人们就必须要获得概念"未婚"和概念"男子"。因此,为了获得"单身汉"的概念人们就必须要获得"未婚"和"男性"的概念。而福多在此之前反复强调获得任何一个概念都不需要依赖于对任何其他概念的获得。这一事实岂不是使其理论内部自相矛盾了吗?

① Fodor J. The Elm and the Expert. Cambridge: MIT Press, 1994: 121.
② Fodor J. The Elm and the Expert. Cambridge: MIT Press, 1994: 86.
③ Fodor J. The Elm and the Expert. Cambridge: MIT Press, 1994: 84.

福多概念原子论的又一麻烦出现在说明范畴化的认知过程中。一个对象被范畴化为单身汉仅当他同时被范畴化为未婚和男子。这使得我们不得不重复福多的论断，即决定约翰是不是单身汉是基于决定他是不是同时是未婚和男子的属性事实。福多概念理论的第二个限制性条件是："概念是范畴并且通常被当作范畴来使用。"[①]决定约翰是不是单身汉涉及决定约翰能不能被划归到概念"单身汉"中。为了完成这一范畴化过程，人们必须要决定约翰是不是能同时划归到"单身汉"和"男子"上。假定使用概念"单身汉"的能力构成了获得这一概念的过程，那么似乎人们必须要获得概念"未婚"和概念"男子"才能获得"单身汉"的概念。我们认为所有这些问题都可以归结为：如果概念具有客观满足条件的范畴而且成为一个单身汉的性质蕴含了未婚且是男子的性质，那么为什么会认为相关的概念不能反映这些性质之间的关系呢？

福多概念原子论的第三个问题是由巴克（K. Bach）提出来的，巴克把矛头指向福多对词项语言实体（lexical linguistic）的定义[②]。巴克认为，按照福多的说法，概念没有定义这是有悖常理的。关于定义，福多认为大多数词概念（那些我们能用单个词项来表示的概念）都没有定义。也就是说，许多词项难以定义是因为它们在人际以及个体内部与一些不同但又相关的概念关联在一起。

笔者认为，巴克质疑福多从自然语言中的词项的正确定义缺乏共识就过渡到词概念没有定义这种推导过程是不能成立的。因为完全有一种可能，对于标准定义缺乏共识是因为不同的个体把不同的语言类型和不同的概念关联在一起。注意这种可能性和下述两种情形中的任何一种都是一致的：①词项的语言实体具有定义，尽管关于正确的定义是什么尚没有达成共识；②关于正确定义的意见不一致这一事实暗含了这类词项实体本没有正确的定义。如果福多的结论正确的话，也即词概念是没有定义的，那么福多至少还需要补充证据以取消上述两种可能性。

---

① Fodor J. Concepts: Where Cognitive Science Went Wrong. Oxford: Oxford University Press, 1998: 24.

② Bach K. Review of concept: where cognitive science went wrong. The Philosophical Review, 2000, 109(4): 629.

6.2 身体在概念和语义生成中的作用

当传统哲学和经典认知科学在回答概念本质和概念结构的问题陷入诸多困境时，以涉身认知为代表的第二代认知纲领尝试在新的视角下回应概念问题。其中，最具有代表性的研究是莱考夫和约翰逊从隐喻问题入手以涉身语义学的视角重审概念问题。

6.2.1 莱考夫的涉身隐喻理论

涉身语义学（涉身认知语义论）①是指以莱考夫、约翰逊为代表的认知科学家为说明隐喻本质所提出的一种涉身认知的进路。自 1980 年之后，对隐喻本质的解答大多是在这一框架下提出的，我们可以把这一时期之后的研究称为涉身认知语义论的研究。20 世纪六七十年代的语言学之战②（the linguistics war）标志着对隐喻本质说明的新转向，因为这场争论的核心分歧就是隐喻的使用及其本质的界定。

莱考夫强调隐喻在语言学和认知科学中的作用，力图说明语义而非语法的重要性，而语法正是乔姆斯基所建构的“深层结构”（deep structure）的基础概念。乔姆斯基认为，意义是从我们所使用的语词的次序中衍生而来的，并且人类的认知应被看作是基于符号表征的计算活动③。按照乔姆斯基所建立的语言学传统，语法是形式问题，与主体的理解过程无关；“语言之涉及人类理解活动的任何一个面向都被排除在语法研究之外”④。乔姆斯基显然不认同莱考夫关于隐喻研究的核心观点。两人在论点上的对抗实际上是传统的认知科学哲学研究纲领与新一代认知科学哲学研究纲领之间的对抗⑤，尽管最初引发的是现代语言学研究内部的对抗。但后来，哲学家戴

---

① 涉身认知语义论是本书对以莱考夫和约翰逊为代表的隐喻理论的统称，这包括了莱考夫和约翰逊的隐喻认知理论、福考纳和特纳的多空间概念整合理论。莱考夫、约翰逊、福考纳、特纳等人强调认知的涉身性，他们的理论是以隐喻认知的“涉身性”来挑战客观语义真理观的隐喻认知研究。

② Harris R A. The Linguistics Wars. Oxford: Oxford University Press, 1995.

③ Harris R A. The Linguistics Wars. Oxford: Oxford University Press, 1995: 368.

④ George Lakoff, Mark Johnson.我们赖以生存的隐喻. 周世箴译. 台北: 联经出版事业股份有限公司, 2006: 305.

⑤ 传统的认知科学哲学的基本假设是认知是可计算的；而新一代认知科学哲学则认为认知是涉身性的。

维森也参与到这场争论之中，以鲜明的观点与乔姆斯基站在同一战线上。回顾一下，戴维森主张的是“隐喻即语词的意义，即它们的字面意义，仅此而已，不存在其他的更多意义”①。

莱考夫和约翰逊以对隐喻的研究试图确立推理和情感之间的关联。他们认为，如果不存在情感，人类将没有动力去进行推理，生物体将丧失其基本意识功能。莱考夫更进一步指出，认知科学和脑科学研究已经向我们表明，推理过程基本上发生在意识层次之下，推理过程远比我们想象的要复杂得多②。莱考夫和约翰逊以隐喻为研究窗口，主要是吸收了来自梅洛-庞蒂的现象学内容来建立其涉身概念以修正西方传统的真理观，他们所确立的四个结论可以总结如下：第一，心智是涉身性的（embodied）；第二，认知具有无意识的（unconscious）特征；第三，人类的思维大多是隐喻式的（metaphorical）；第四，隐喻是与经验对应而产生的，并且不是以任何相似性为基础的一种现象，其中人类的概念系统分为两类——突现概念与隐喻概念。

平克③认为，莱考夫的论证是认知相对主义的，并没有真正说明自然之实在物的特征。平克把语言定义为人类的本能（instinct），主张语言是人类生物学意义上的适应，是人类进化的产物而已，他把语言看作人类传递信息的意向（intention）。

但是，莱考夫以大量的实证研究表明：我们的思想、思维过程都是隐喻性的。莱考夫和约翰逊的涉身语义论的中心假设是，“我们的概念系统原本是隐喻性的，我们运用隐喻性语词来理解世界、思维并且运作，隐喻不仅能用于理解还可以有意义并且可判定为真”④；“常规隐喻遍布我们的概念系统之中，是我们理解活动的基本机制”⑤。通过生动的隐喻，他们试图说

① Donald D. What metaphors mean. Critical Inquiry, 1978, 5(1): 31-47.

② Lakoff G, Johnson M. Metaphors We Live By. Chicago: University of Chicago Press, 1980.

③ Pinker S. Block that metaphor! The new republic online. http://pinker.wjh.harvard.edu/articles/media/2006_09_30_thenewrepublic.html[2013-05-01].

④ George Lakoff, Mark Johnson. 我们赖以生存的隐喻. 周世箴译. 台北: 联经出版事业股份有限公司, 2006: 278.

⑤ George Lakoff, Mark Johnson. 我们赖以生存的隐喻. 周世箴译. 台北: 联经出版事业股份有限公司, 2006: 292.

明意义不是客观的，而是与涉身体验[①]息息相关的，是与我们的理解相关的。

莱考夫和约翰逊试图通过隐喻的研究在客观主义与主观主义真理观中开辟第三条道路，以期在真理与理解之间架起桥梁。这种把隐喻看作人类理解的核心，把隐喻看作我们理解、关联世界的基本机制的看法，使得他们对于隐喻本质的说明与西方哲学传统下的核心观点大异其趣，也必然与当代英美分析哲学以表征—计算为基础的心灵哲学立场相对立，从而也使隐喻的本质成为认知科学哲学和语言哲学交汇处引起激烈争论的问题。

与莱考夫和约翰逊隐喻映射理论几乎同时产生的，还有福考纳和特纳等人于 1995 年提出的“多空间概念整合理论”（multi-spaceconceptual blending theory），这一理论是另一个具有影响力的理论，其目的是要替代莱考夫和约翰逊模型，强调概念整合（conceptual blending）在隐喻生成机制中的核心作用。福考纳和特纳理论的基本假设与莱考夫和约翰逊的哲学假设大致是相同的，目的都是试图摆脱哲学传统中的客观语义理论的束缚。

莱考夫和约翰逊认为，隐喻性语言不应仅仅关于狭义认知[②]研究领域中的一种研究现象，还应被纳入广义认知[③]这一更深层次的研究领域。莱考夫和约翰逊指出，如果人类经验本质上是与大量的隐喻相关的话，那么我们的经验与隐喻在很大程度上是由我们的身体在与世界的交互中塑造而成的，在这种意义上，认知是涉身的，这种涉身认知是传统的认知主义框架所不能解释的问题。

莱考夫和约翰逊提出的隐喻认知模型所依赖的背景假设，实际上是要改写西方哲学传统中的中心假设是客观语义（semantic objectivism）理论，在该理论框架下已然无法说明以涉身认知为基础的非命题结构

① 莱考夫和约翰逊的“涉身”概念是指：“隐喻是把那些高高在上的、乏味的抽象可能性转化为更接近我们的关于‘快乐、疼痛、高兴和自责’等的身体实在(bodily reality)。”参见 Lakoff G, Johnson M. Philosophy in the Flesh: The Embodied Mind and Its Challenge to Western Thought. New York: Basic Books, 1999: 576.

② 狭义的认知，通常是指对主体某个心理功能进行内在加工的过程。这些心理功能包括注意(attention)、记忆、语言的理解和使用、学习、推理和问题解决等。参见 Sternberg R J, Sternberg K. Cognitive Psychology. Belmont: Wadsworth, Cengage Learning, 2009.

③ 广义的认知，则指的是主体处理信息、知识和决策的一种技能，认知过程可以是自然的；人工智能意义上的有意识行为，也有可能是无意识行为。参见 Blomberg O. Concepts of cognition for cognitive engineering. International Journal of Aviation Psychology, 2011, 21(1): 85-104.

（nonpropositional structures）和隐喻结构（figurative structures）在语义理论中的地位，即无法对非命题内容和隐喻内容的意义给出合理的解释。

莱考夫和约翰逊在其著作中以大量的笔墨批判了西方传统的客观真理观：①真理是绝对的；②隐喻只是修辞学所产生的幻觉，隐喻是探索抽象真理的破坏因素[①]；③意义是客观而且非肉身性的，与人的理解无关[②]；④自然语言的语义理论是以真值论为基础的，与人们理解与运用语言的方式无关[③]；⑤句义可由句子各组成部分之含义及句子的结构获得[④]。

莱考夫和约翰逊认为客观语义理论无法解释居于人类概念系统核心的隐喻这一现象[⑤]。莱考夫和约翰逊在批判客观语义理论时，将它的种种弊端称为“顽固的谬误”（persistent fallacies）[⑥]：第一重谬误是将隐喻视为语词性的而非概念性的；第二重谬误是认为隐喻是以相似性为基础的；第三重谬误是认为所有的概念都是直陈性的（literal），而非隐喻性的（metaphorical）；第四重谬误是理性思维不可能靠我们的大脑与身体的本质而形成。

通过指出客观语义理论的四重谬误，莱考夫和约翰逊将客观语义理论的缺陷集中在“与我无关”这一立场上。他们认为，客观语义理论剥离了作为“主体”理解的参与，从而认可客观、绝对真理的存在性。莱考夫和约翰逊认为，客观语义论者“从不考察一个主体如何将某物理解为真”这种做法，是错误的。他们所要建立的新的哲学世界（philosophical universe）是关于“主体如何将某事某物理解为真”的哲学世界，并由此发展了一种新的涉身真理论（embodied truth theory）。此后，鉴于其理论的内核，我们

① George Lakoff, Mark Johnson.我们赖以生存的隐喻. 周世箴译. 台北: 联经出版事业股份有限公司, 2006: 292.

② George Lakoff, Mark Johnson.我们赖以生存的隐喻. 周世箴译. 台北: 联经出版事业股份有限公司, 2006: 293.

③ George Lakoff, Mark Johnson.我们赖以生存的隐喻. 周世箴译. 台北: 联经出版事业股份有限公司, 2006: 293.

④ George Lakoff, Mark Johnson.我们赖以生存的隐喻. 周世箴译. 台北: 联经出版事业股份有限公司, 2006: 293.

⑤ 在莱考夫 1980 年的著作中，列举了大量的例子来说明无处不在的隐喻。这些实例都是其理论模型稳固的证据。笔者也认同这一论题：隐喻是人类概念系统中的核心概念；隐喻性思维在人类概念系统进化中起着核心的作用。实例请参见 Lakoff G, Johnson M. Metaphors We Live By. Chicago: University of Chicago Press, 1980.

⑥ Lakoff G, Johnson M. Metaphors We Live By. Chicago: University of Chicago Press, 2003: 244.

将以莱考夫和约翰逊为代表的隐喻解释理论称为“涉身语义论”。现将理论中的四个核心论题总结如下[①]。

莱考夫和约翰逊论题之一（真理观）：不存在客观绝对的真理（absolute truth），在人类认知中占绝对地位的是人类经验与理解，而非客观真理。

莱考夫和约翰逊论题之二（概念系统的本质论题）：我们的常规概念系统大部分是隐喻性建构的。

莱考夫和约翰逊论题之三（基底论题）：可直接了解的始源概念（the prime candidates for concepts）是简单的空间概念。空间概念是我们与自然环境互动的前提基础，由这种互动方式突现而来的概念是我们生活中最基本的概念。

莱考夫和约翰逊论题之四（经验对应论题）：隐喻是与我们涉身的经验对应（correspondences）而非以相似（similarities）为基础的一种现象。

6.2.2 色彩概念的身体基础

什么能比色彩更简单、更显豁？天空是蓝的，嫩草是绿的，鲜血是红的，太阳和月亮是黄的，色彩似乎包含在事物之中。蓝的是天空，绿的是草，红的是血，黄的是太阳和月亮。我们看见色彩，但这其实是错误的，正如另一件我们看见的错误：太阳从静止的地平线边上钻出来。事实上，天文学告诉我们是地球围着太阳转，而非太阳围着地球转。所以认知科学告诉我们色彩并不存在于外部世界。在这被给予的世界中，我们的身体和大脑涉入其中并创造了色彩。

我们对色彩的经验由四个因素的组合共同创造：反射光的波长，光射条件，另外两个是我们身体的条件，即视网膜上感知三原色的视锥细胞（吸收长、中、短波长的光）以及连接这些视锥细胞的复杂神经网络。

这里有一些关键的事情要记住。物体表面的物理属性之一——反射率（即对长、中、短波长的光的反射能力）——与色彩有关。物体的反射能力是不会变的，但被物体反射的现实的波长却是会改变的。以香蕉为例，香

① 基于莱考夫和约翰逊的上述论题，参见 Lakoff G, Johnson M. Metaphors We Live By. Chicago: University of Chicago Press, 1980.

蕉反射出的光的波长取决于照亮它的光：是白炽灯光还是荧光灯光？是晴天或雨天的日光还是雾天或傍晚的日光？在不同的条件下，香蕉折射的光波会有极大的不同，然而香蕉的颜色却相对恒定，看起来差不多。因此，色彩不仅仅是对颜色的知觉，同一物体颜色的统一性取决于大脑对光源变化所做弥补的能力。更进一步来说，色彩同光反射并没有一种一对一的对应关系，两种不同的反射能被看作是同一种红色。

另一关键的事实是光不是色彩。可见光是一种电磁波，就像无线电波，在某一特定的频率中震动。只有当电磁波对我们的视网膜起作用的时候，我们才能看见。当周围的光射条件合适且产生了被大脑的神经网络加工的电脉冲信号时，我们才看见某种特点的颜色。这一在我们内部产生的定性经验就被我们称作“色彩”。

有人可能会假设颜色是我们内在对外部现实中物体表面反射性质的一种表象。如果这是真的，那么色彩的性质以及色彩的分类就会是反射以及反射类别的表象，但这并不正确。色彩概念有其内在的结构，有些色彩是“有焦点的”。比如，“红色”这一类颜色包含着正红、偏红和次红，又包括紫红、粉红和橘红等。这种“正一偏”的结构是大脑中神经系统的色彩波段回应的结果。焦点式的、正的颜色与最大化的神经反应相对应。这种关系也适用于其他颜色，红色相对于绿色、蓝色相对于黄色等对色关系则是关于我们神经网络的事实，而并非关于物体表面的反射性质。颜色并非只是对外部反射的内在表象，也不是外在世界的事物或实体。

概言之，我们的色彩概念、它们的内在结构以及它们之间的关系紧密地与我们的涉身性相联系。它们是四种互动的要素的产物：光射条件、电磁波的波长、视锥细胞与神经过程。我们所见的颜色，如血的红、天空的蓝并不在外部世界的血液或天空中。确实，天空甚至都不是一个物体，它并没有一个供颜色存留的表面。而缺失了物理表面，天空甚至都没有能够被探测的颜色表面反射率。天空是蓝的还因为大气过滤了阳光，只让一定波段的光得以通过，而那些通过的光中，蓝光可能更多一些。其效果就像那种带色的灯泡只让那些特定波长的光通过玻璃一样。因此，天空的蓝与画布上涂上去天空的蓝背后的机理原因大不相同。我们知觉到的蓝并不能被构造为外部世界中的一种“事物”，同样也不是“蓝性”或波长反射。

色彩概念是“互动的”；它们产生于我们的身体、大脑、物体反射性质、电磁波之间的互动。色彩不是客观的，在玻璃与天空中并没有独立于视网膜视锥细胞、独立于神经系统和大脑的绿色或蓝色。但色彩也不是全然主观的，它们不是想象的臆造，也不是大脑即时的创造。

既然色彩不是世界中的事物或物质（实体），那么形而上的实在论就不攻自破了。“红”这个词的意义不能只是一个词与世界中的一个事物的关系（比如，光波的集合或表面反射率）。一个对红的概念结构具有充分解释力的理论——其中包含对红为何具有其结构（有正红、紫红、橘红等）的解释——不能仅仅从物体表面的光学性质出发来构建。因此，既然视锥细胞与神经网络是具身的，那么“红”的内在概念性质也相应是涉身的。

主观主义在其不同的变化形式（彻底相对主义与社会建构主义）中也同样无法解释色彩，因为色彩是由我们的生理机制和外部世界共同创造的，而非我们的文化。这不是说色彩的意义在不同的文化间没有差别。差别显然是存在的。毋宁说，色彩是我们的生理机制与世界互动的机能。进化始终着力于身体的限制：只有一部分波长段的光透过了大气，只有一定的化学成分对短、中、长波段有反应，等等。我们在这些限制中进化出了现有的色彩系统，同时这使我们能够在世界中正常发挥作用。植物生命对我们的进化也相当重要，所以把绿色的东西归入一种颜色类别对我们生产与繁衍有明显的价值。同样的道理也适用于血液和红色，水、天空和蓝色，太阳、月亮和黄色。我们有我们的颜色概念是因为制约进化的身体限制使得具有色彩系统成为一种进化优势从而能在某些关键方面运作得更好。

当然，色彩不只是让我们能够认知世界中的事物。它是大脑进化的一个方面，在我们生活、文化、审美和情绪等多方面扮演着重要的角色。仅对色彩做外部实在论的解释或者内在表象论的思考都是不够精确的，它们更丢失了色彩在我们生活中的大部分作用。

至少自洛克开始，哲学家就意识到颜色是物体的交互性质，洛克称为“第二性”，并不存在于物体自身之中。洛克将“第二性”与“第一性”相对照，第一性是独立于观察者客观存在于物体之中的性质。第一性被视为具有形而上的意味，用以判定何为真实的，而第二性被视为依赖于观察因而对客观实在不具有基本意义。

但是放弃将色彩作为一种形而上的“第一性”在哲学上有深远的影响。它意味着放弃真的符合论，即“真”存在于语词和形而上的、客观的、真实世界的、独立于任何观察者的对应关系中。因此，既然在世界自身中没有色彩，那么像“血是红的”这样一句我们都认为是真的句子，按照符合论来看就不会为真。正如我们将要看到的，色彩只是冰山一角。洛克认识到的“观察者依赖”（perceiverdependence）是一个普遍现象。认知科学和神经科学认为我们所知的世界并不包含洛克意义上的“第一性”，因为我们能够经验并理解的事物的性质都受到神经修饰（neural makeup）、身体交互活动和我们的目的以及兴趣的重要影响。对真实的人类而言，“唯一的实在论就是涉身实在论”①。

6.2.3 抽象概念的身体基础

一个感知概念“害怕”（fear）是如何产生的呢？在不断重复的打雷场景中，一般而言，存在着一个复杂的过程：从简单手势的使用，比如用手作出“雷电”形的挥动，最原始的象形字为这种猜测证实，比如。在接连不断的语言实践中，开始产生“雷”“怕”这样的概念。古人开始把两个知觉符号放在一起使用，以表达一种观念：“雷”使得内心产生“怕”的感觉。“怕”这一感知概念的使用是基于“雷”这种自然现象发生时所导致的外部观察和内在学习产生的。在这一阶段中，“意象图式”发挥着关键的作用，因为个体在感知概念的产生过程中，必须不断地回忆“打雷场景”，回忆一种内在的知觉感受性，“怕”这一概念已然在手语的使用中根深蒂固。但是“怕”是区别于基础概念“雷”这样的知觉符号的。“怕”这一概念经过抽象的、更为复杂的深度心理整合逐渐成为一个隐喻性概念。

一般而言，“意象图式”（image schema）是我们进行概念化与概念分类的基础，是语义结构形成的基础。语词意义的生成与理解，在很大程度上依赖于“意象图式”。在隐喻式认知中，通过第三阶段的内在学习，自然现象与身体的感知体验经心灵加工形成意象图式，是形成原型、概念化、

① Lakoff G, Johnson M. Philosophy in the Flesh: The Embodied Mind and Its Challenge to Western Thought. New York: Basic Books, 1999: 29.

范畴化和抽象化的基础。这是人类认知过程的重要部分。

“图式”这一概念，在康德那里，是知觉与概念化的联结[①]。莱考夫和约翰逊认为“意象图式”是先于语言存在的，是知觉与涉身的基础[②]。戈登夫斯（P. Gardenfors）在发展其认知模型论中说明，认知模型主要是意象图式的，而非命题式的[③]。在戈登夫斯看来，认知过程中的“意象图式”通常被隐喻式地转换为语义结构。这就使得“意象图式”成为语义结构中的重要内容，并且大部分的“意象图式”是与肌肉运动知觉经验紧密相关的。

兰格克（R. Langacker）则宣称“意象图式”大部分是抽象概念化的，是构型的（configurational），是基于日常的身体经验的。如此一来，“意象图式”在我们的心灵生活中起着核心的作用。兰格克强调“意象图式”的涉身性，认为通过“意象图式”，主体以其为基础可以隐喻性地映射到其他的概念域[④]。因此，“意象图式”是先于语言存在的，是涉身的；“意象图式”在主体进行隐喻式认知中起着重要的作用。

主体为了获取关于“雷电”这一现象的感知，为了解释个体所觉知到的相似的“身体反应模式”，通过心灵的自我学习，感知概念逐渐开始产生，而这一过程依赖于主体不断地回忆“打雷场景”。随着“意象图式”在主体知觉体系中稳定以后，一种相似却又天真的认知模式开始储存于大脑的记忆之中。在不断出现的“雷电”自然现象中，这一“意象图式”不断地修正和重建，直至主体可以隐喻式地将其映射到其他的概念域。此时，一个感知概念“怕”就产生了。因此，基于“意象图式”，知觉符号借助于主体的想象与内在学习，是对关于“雷电”这一现象产生的内在知觉的抽象化。我们经常使用的隐喻，比如“大发雷霆”，是上述抽象化隐喻映射的结果。

当一个概念被映射到另一个概念领域时，尤其是从较具体的概念域（雷电概念域）到较抽象的概念域（害怕概念域）时，“意象图式”的使用是涉身的隐喻式认知的核心。“意象图式”的使用可能是自发的、无意识的、有

---

① Kant I, Smith N K. Immanuel Kant's Critique of Pure Reason. London: Macmillan, 1929: A137.

② Lakoff G, Johnson M. The metaphorical logic of rape. Metaphor and Symbol, 1987, 2(1): 73-79.

③ Allwood J S, Gärdenfors P. Cognitive Semantics: Meaning and Cognition. Vol. 55. Amsterdam: John Benjamins Publishing, 1999: 23.

④ Langacker RW. Grammar and Conceptualization. Berlin, New York: Mouton de Gruyter, 2000: 3.

意识状态下的、简单的、完形的（gestalt）。莱考夫和约翰逊在其著作中使用 OVER 这一例子来说明“意象图式”的使用，关于 OVER 的抽象映射涉及不同的轨道（trajectors）、路标（landmarks）和道路（paths）[①]。

为了清晰地说明这一概念，本书采用约翰逊的定义：“我们为了能够对那些与我们有关的、有意义的经验进行理解和推理，必定存在一些关于我们的行动、知觉和概念的模式、秩序。一个‘图式’就是关于这些模式、秩序、形状和规则的，抑或是那些进行中的活动。作为有意义的结构，这些模式主要自我们在空间中的身体运动层面产生，这包括我们的基本身体运动、我们与外界物体的交互和我们的感知觉交互。这些[涉身的]‘图式’是组织我们的经验和理解的动态结构，认识到这一点是非常重要的……一个‘图式’包括一些小数量的部分、关系；这些内容在比较模糊的情况下组织和形成我们的很多知觉体验、意象和事件。‘意象图式’在心理组织层面运作，其运作介于抽象的命题结构与特定的具体形象之间。”[②]

隐喻不仅仅是一种语言现象，隐喻的使用允许我们基于涉身体验和已有的知识来理解那些我们可能从未体验过的新现象，或者知觉经验内容。我们的常规概念系统大部分是通过隐喻性建构实现的。这一实现过程是涉身交互的，主体在已具备的知识背景的基础上，通过复杂的心理模拟（mental simulation）、想象（think）、情感与虚拟感知创造出一个新的感知空间整合实现。

在语言共同体的使用和个体的交互[③]中，一个隐喻性概念的产生是涉身的隐喻式认知的结果。人们产生的“怕”不是一般意义上的概念，他们关于“怕”的内在感官是超越于雷电的，因为附带产生的，还有对他人的担心和自身的迷惑。当人们忽略自然现象引起的存在时，他们尝试使用各种方式来解释那些疑惑的事件，通过那些较熟悉的场景或者状态去解释那些不熟悉的场景或者状态，以对神秘的自然现象给出一种合理的解释。

---

① Lakoff G. Women, Fire, and Dangerous Things: What Categories Reveal about the Mind. Chicago, London: University of Chicago Press, 1987: 440-491.

② Johnson, M. The Body in the Mind: The Bodily Basis of Meaning, Imagination, and Reason. Chicago, London: University of Chicago Press, 1987: 29.

③ 因此，我们所指的“涉身”概念就包括了个体之间的交互，包括了语言的使用。

亚里士多德的“分异”概念可用于对抽象化过程的进一步解释。“分异”是指根据某些条件在同一属中对不同的类进行区分。比如，“乡愁”是一种对于家乡的怀念之情，可归为“感觉”这一大类，我们可以想象这一概念类中“相思病”“乡愁”“针扎到我的手后所产生的厌恶感”等。对“乡愁”这一概念进行分异，就可把它定义为“当一个人远走他乡时所经验到的一种不同于家乡的、不快乐的感觉”。为了使我们的表述更加生动，我们会倾向于使用“乡愁”这一语词来隐喻性地说明一种体验。因此，“分异”是与“抽象”（abstraction）相生的。某一概念或者体验经过分异后，会成为一种抽象性概念，这实际上与我们现在所使用的“衍生”（derivation）这一概念相似，指的是名称转移的意义形成的过程。“分异”即指在原初的概念上增加一些其他的概念以实现意义变化（meaning shift）。针对前文中笔者所描述的隐喻式认知模型中的第五阶段，由雷电这一自然现象所产生的主体的“恐惧感”到“天神的发怒”，就是人类认知能力中的概念分异能力。这标志着抽象概念的衍生，分异与抽象是很难区分的。

6.3 概念论的新经验主义回归

6.3.1 普林茨的概念经验主义

在对上述隐喻式交互认知理论进行一番考察之后，我们将转向一种新的概念理论。尽管这种理论尚在不断地建构和完善之中，但它已经表现出较于传统理论的各种优势。而且，这种理论正是我们所倡导和辩护的一种基于知觉经验的涉身语义模型。这种经验表征主义的概念理论可以追溯到英国经验论的传统之中，然而在当代，哲学家普林茨最早开始了这样一种理论的重建。

在《装饰心灵》（2002 年）中，普林茨提出了一种经验表征主义的概念理论，这是一种基于知觉优先于概念的理论。他认为感觉在因果上先于概念，概念都能在知觉中找到它们的来源。我们首先将普林茨概念理论的要点概括如下：①概念是知觉表征的复制物；②概念是模块性的（modular）；③概念是“探测者”（detectors）；④概念是“代理类型”（proxytype）。

第一，在批判性地分析了许多理论之后，普林茨把概念刻画为“知觉表征的复制物或复制物的组合”[①]，意思是说知觉在主体的记忆中被储存。因而在主体的认知资源中包含大量的与知觉表征相关的信息，之后即使在原始的刺激不在场的情况下这些信息也可能被激活，这些信息使得知觉表征能够回到“它们原初的表征系统中”[②]。

第二，对于普林茨来说，感觉是具有样态性的（modal），每一种感觉都使用它们自身独特的表征编码系统。“例如，视觉与光的波长相关，听觉与分子运动的频率相关，气味与分子的形态相关，等等。”[③]他反对所谓的“共同编码理性主义”（common-code rationalism）和“核心编码理性主义”（central-code rationalism）的观点。前一种观点认为，知觉和认知共享同样的表征编码系统；后一种则认为感觉是模态性的，而认知使用完全不同于感觉的编码系统。[④]因此，概念是用表征的编码表示的一种简单的或复杂的心理表征，同时这种表征也是指向我们的感知系统的。普林茨还在针对上文提到的福多的信息原子论理论缺陷的基础上发展了对于概念内容的解释。他认为，福多的观点的优势在于能够提供一种对于意向内容（intentional content）的说明，但是他坚持的概念的原子构成说则难以解释所谓的认知内容（cognitive content）问题。认知内容问题的典型表现就是弗雷格之谜，即如何对晨星和暮星进行同一性说明。结果，普林茨的办法就是继续坚持福多的信息语义学的进路，但放弃概念的原子论。

第三，普林茨经验主义的概念理论主张概念是“一种内在的结构化的探测（detection）机制”。为了进一步说明他的观点，普林茨借助德雷斯克的字母探测机（letter-detecting machine）的例子首先区分了“探测者”和“显示者”（indicators）。字母探测机有 26 个字母键，每个字母键上都有一个相应的小灯泡。当一个特定的字母被探测到的时候，字母上的小灯泡就会亮起。在这样一个例子中，字母键就是起到了探测的作用，而小灯泡起

① Prinz J. Furnishing the Mind: Concepts and Their Perceptual Basis. Cambridge: MIT Press, 2002: 108.

② Prinz J. Furnishing the Mind: Concepts and Their Perceptual Basis. Cambridge: MIT Press, 2002: 108.

③ Prinz J. Furnishing the Mind: Concepts and Their Perceptual Basis. Cambridge: MIT Press, 2002: 119.

④ Prinz J. Furnishing the Mind: Concepts and Their Perceptual Basis. Cambridge: MIT Press, 2002: 119-120.

到的是显示的作用。普林茨认为，探测者和显示者的区分能表明他的概念理论和福多的概念理论之间的区别。按照福多的观点，概念就像是小灯泡。当外界属性被探测到的时候，小灯泡就会亮起，而按照普林茨的观点，概念是探测属性的字母键，因而概念不再是单纯的显示者而是探测者。

为了进一步说明概念是一种内在结构化的探测机制，普林茨自然会反对概念内部无结构的说法。例如，在比较结构化和无结构的两类概念理论时，他曾这样表述：原子论和结构化的概念理论一样都要求概念是一种探测（的机制），它们都认为把概念理解为是一种“探测者是更为经济的”。除此之外，与单纯的显示者不一样的是，探测者“更直接地参与到确定概念内容（content-conferring）和外在世界之间的因果关系的过程中”[①]。因而，结构化概念的内在属性，尤其是关于概念内在结构形式的属性是与概念的内容相关联的，而无结构的概念正因为没有这种内在的结构，缺乏这类内在的属性，所以其内在属性与概念内容的确定没有关联。按照普林茨的说法，结构化的探测者比无结构的显示者“要更符合某些特定的规则”。[②]

第四，普林茨的概念理论的最后一个要点是关于代理类型的。概念被称作是一类“代理”（proxies），这是指概念代表着它所表征的某类范畴（categories）。而且作为代理的概念或者是在认知中被激活，或者是在认知中发起或指导某类行动。简言之，说概念是代理类型意味着概念是那类“来源于知觉的、在工作记忆（working memory）中被激活的用于表征范畴的表征个例”[③]。

根据以上四点，我们可以这样来概括普林茨经验表征主义的概念理论：概念是一种结构化的、多模态的（multi-modal）表征物，它们是在工作记忆中被激活的用于表征范畴的知觉复制物（copies）。

6.3.2 对概念经验主义的质疑

由于普林茨的概念理论把概念的本质定位于一类知觉表征，所以它最可能面临的指责是如何说明概念的公共性问题。我们一般认为，概念都具

① Prinz J. Furnishing the Mind: Concepts and Their Perceptual Basis. Cambridge: MIT Press, 2002: 124.
② Prinz J. Furnishing the Mind: Concepts and Their Perceptual Basis. Cambridge: MIT Press, 2002: 125.
③ Prinz J. Furnishing the Mind: Concepts and Their Perceptual Basis. Cambridge: MIT Press, 2002: 149.

有不同程度的公共性，也就是说，我此时的“狗”的概念和彼时的“狗”的概念共享大部分的信息内容，而且我的“狗”的概念和你的“狗”的概念也是可共享的。只有这样我们自己思维世界的推理过程以及我们和他人之间的交流才得以可能。然而，在普林茨的概念理论中，概念是一类代理类型，它们来源于知觉表征，因而如何理解不同的多模态的知觉表征物能成为同一个概念呢？例如，在一种情况下我们看到关于狗的一幅图片形成了关于狗的视觉表征进而产生出“狗”的概念，在另一种情况下我们听到犬吠声形成了关于狗的听觉表征进而也产生出“狗”的概念，这两种“狗”的概念是不是同一的呢？当然，我们获得的不可能是两个完全不同的“狗”的概念。问题在于，普林茨的理论如何满足概念的公共性要求？

普林茨在建构其概念理论的同时也意识到了这一问题，并且试图做出强有力的回应。普林茨认为，首先，一个概念的内容在某种意义上可能就是它的公共信息。例如，两个不同个体都拥有的某个概念所表征的相关内容能够为这两个人的进一步交流提供公共的基础。严格来说，不同的人在不同的情境下使用的关于同一个外在对象的代理类型的确是不同的，但是不同的代理类型可以共享同样的内容。普林茨论证说概念的公共性问题与情境密切相关：“代理类型满足（概念的）共享性要求的最大障碍在于代理类型本身所具有的情境敏感性（sensitivity）。人们表征一条狗的方式依赖于人们是在极地冻原（arctic tundra）上思考一条狗还是在中央公园（central park）里思考一条狗。人们思考一头大象的方式取决于人们是身在马戏团还是在动物园，或是在狩猎的征途中。”①

由此可以猜测，当不同的个体处于同样的情境中时，他们获得的同一个概念共享的信息内容就可能会更多。而且，当人们处于完全不同的情境中时，经验表征主义的概念理论所面临的问题才会越发严重。但普林茨巧妙地借助“缺省代理类型”（default proxy types）的说法来化解其理论在面对概念公共性和共享性问题时可能遭遇的尴尬境地。普林茨说：“一个缺省代理类型是当人们被要求在无特定情境的状况下思考一个范畴所个体化的一种表征。当没有规定任何情境时，我们会使用与范畴的个体交互

① Prinz J. Furnishing the Mind: Concepts and Their Perceptual Basis. Cambridge: MIT Press, 2002: 153.

作用最常出现的那类表征。（据此）我们推断缺省代理类型是相对稳定的、广泛共享的，并且它们通常是引导日常的范畴导向（category-directed）行为的原因。”[①]

在说明缺省代理类型的过程中，普林茨引入了概念的原型论作为背景。把缺省代理类型和原型（prototype）联系起来基于如下事实：一个缺省代理类型所表征的特定范畴的某些属性恰好就是构成相关原型的典型的属性（集合）。但与原型有所不同的是，代理类型不局限于原型所表征的那些表面的或可感知的属性，它也包括某些科学理论蕴含的抽象的属性。而且，一个原型中的信息通常被假定是非语言的。但普林茨特别提到缺省代理类型还“可能包含某些（范畴）语词的表征（例如，‘狗’、dog、chien 等是中文、英语、法语对‘狗’概念的不同的语词表征）”[②]。

当然，即使普林茨认为自己的理论可以利用缺省代理类型的提法来满足概念的公共性的要求，但是他也承认缺省代理类型并不能被不同的个体完全共享。由于不同的个体所具有的背景知识、理论知识具有很大的差异，而这些知识本身会对个体具有的缺省代理类型产生一定的影响，所以缺省代理类型在不同的获得者那里仍旧有着或大或小的差别。另外，缺省代理类型还包括那些构成某一概念的原型的属性，而这种原型所表征的典型性属性也会因人因时而变化，所以缺省代理类型也会表现出相应的变化。

6.3.3 概念经验主义语义模型的前景

普林茨的概念理论以其经验主义的取向闻名，同时也难以避免地要面对经验主义的概念理论所固有的困境与难题。按照普林茨的概念的代理类型论，我们的概念作为一种代理类型来源于知觉表征。但是不清楚的是：知觉表征所表达的属性都是对应概念的内在属性吗？因为一个知觉表征可能对应着多个不同的属性，哪些属性才是相关概念的内容呢？例如，我们每个人对于“狗”的代理类型是不一样的（按照普林茨的理论我们每个人的“狗”的概念也是不完全相同的），因为我们每个人关于狗的感知经验表

① Prinz J. Furnishing the Mind: Concepts and Their Perceptual Basis. Cambridge: MIT Press, 2002: 154.

② Prinz J. Furnishing the Mind: Concepts and Their Perceptual Basis. Cambridge: MIT Press, 2002: 156.

征千差万别。假设存在着概念“狗 1”“狗 2”“狗 3”等，它们表征了的属性有“长着毛的”“有眼睛的”“会叫的”等。但是由于概念“狗 1”是个体看了一幅狗的图片后得到的知觉表征和代理类型，所以概念“狗 1”没有包含“会叫的”这样一种属性；类似地，概念“狗 2”“狗 3”可能也缺少某类属性。所以，普林茨的理论仍旧没有清晰地告诉我们“狗”的概念中一定包含哪些属性，换句话说，根据代理类型论，普林茨还没有给出如何确定“狗”概念的内容的确切答案。

概念经验主义语义模型的前景倡导在概念研究的方向上回归经验。表面上看，这种回归是在传统经验主义和理性主义的摇摆中试图回到经验主义一方，在经验主义的进路下研究人类概念乃至整个认知的起源、发展和构成基础；但实质上，这种努力并非简单的回归，而是在厘清了传统经验主义和理性主义长期争论的实质，在借鉴了当代认知科学的前沿进展，以及对流行的各路概念理论的哲学困境进行反思的基础上，做出的一种自觉的理论选择。具体来说，基于知觉经验的概念研究一方面克服了传统经验主义对概念抽象性问题解释的不足，指明了受理性主义支配的主流认知科学研究在抽象符号表征主义的假设下对概念本质的理解陷入困境；另一方面也澄清了流行的知觉经验的概念论与非概念论哲学争论中的论证疏漏，真正把概念和经验的问题摆在整个概念研究的突出位置上并予以有益的回应。因此，尽管概念经验主义语义模型仍处于理论建构的初期，但可以预见虽然这项研究将富有挑战但前景广阔。

6.4 镜像神经元：隐喻的涉身性认知机制

本节将使用一个生理学实验对本书所指的“涉身”概念进行界定。通过这一实验，在人类记忆模式中，记忆不单单储存于大脑/心灵的各个“模块”之中。此后，我们的讨论将转到梅洛-庞蒂的“身体图式”（body schema）概念上，以说明所要定义的广义、深度“涉身”概念是在何种意义下被使用的。

6.4.1 扁虫新长出的大脑

2013 年，塔夫茨大学（Tufts University）的生物学家瑟勒（K. Thurler），

利用最新技术对叶状软体蜗虫（flatworms）进行的实验，说明了这种扁虫能够将记忆储存于大脑之外的身体部分[①]。研究者把切除大脑的扁虫放置于适宜的环境中，两周后它们会重新长出大脑，这些新的扁虫能够恢复之前的记忆。这一实验说明，扁虫的很大一部分记忆是储存于其身体细胞组织当中的，而不仅仅在大脑中。对于像扁虫一样的生物，这一实验很好地说明了它们的记忆与大脑—身体之间的互动。扁虫这一类生物，具备很好的自我修复能力，当大脑被切除之后，在适宜的环境下，仍会长出新的大脑，而新的扁虫仍然对其旧的生活习性保持一贯性。

扁虫实验是这样进行的：将定量的扁虫切除大脑，并把它们分成两组，放置于具有不同生长环境的两个容器中再生。两周以后，把再生完全的扁虫分别放置于不同的环境中进行喂养。结果发现，那些在相似的环境中生长的扁虫要比那些置于光下生长的扁虫觅食时要快一点。当把两组扁虫放于一个新的环境下进行喂养四天后，把它们再重新放回原来所处的环境中，一些扁虫在与其再生环境相似的场景中表现出惊人的觅食速度；而那些在与其再生环境的设置相差较大的环境下的扁虫，它们的觅食速度却不怎么样。关于那些具有再生大脑的扁虫是如何获得对其再生环境的记忆的，这是个谜题。但是这一实验说明了扁虫的记忆不仅仅储存于大脑中。

我们需要更进一步的实验解释扁虫的感知觉神经系统与特定记忆之间的关系。我们当然不可能在人类中进行这样的实验，但是这使得我们猜想：阿尔茨海默病，到现在为止是一种无法治愈的系统退行性疾病。这种疾病主要集中于65岁左右发病，临床上表现为各种认知功能的障碍。这种疾病的早期和晚期症状是大不相同的，但整体上都表现为认知能力的衰退。阿尔茨海默病多发生在人的老年时期，机体的整体衰落是这一病症的诱因。当下主流的神经科学实证研究说明，阿尔茨海默病是一种大脑的神经细胞死亡的神经性疾病。整体上来看，这是行为与认知能力的异常衰退，以及行为与认知能力无法实现交互运行。笔者想说明的是，按照当今的研究成果，阿尔茨海默病以一种缺失的形式说明了大脑的机体损伤所诱发的人类

---

① Thurler K. Flatworms lose their heads but not their memories.http://now.tufts.edu/news-releases/flatworms-lose-their-heads-not-their-memories[2013-07-20].

机体与环境的无法交互，包括人类机体与其自身的无法交互。正是这些交互的缺失，导致机体的整体认知能力的丧失。

6.4.2 “身体图式”构造概念的机制

通过“扁虫实验”，我们可以看出“隐喻的涉身性”这一概念实际上与梅洛-庞蒂的“身体图式”概念是一致的。梅洛-庞蒂发展了康德关于经验的核心论题。康德在其知识论[①]中强调了经验的创造性和变化的本质；强调经验不是被动的感受，而是带来某些特定的存在，比如颜色、声音和材质（texture）。在康德经验论题的基础上，梅洛-庞蒂进一步说明这种具有创造性和变化的经验根植于作为条件的物理性存在（physically immersed beings）[②]。虽然梅洛-庞蒂的著作中并没有提出任何的隐喻理论，但是他的现象学内容被莱考夫和约翰逊吸收并作为涉身隐喻映射模型的理论依据。

借助于梅洛-庞蒂的“身体图式”概念，本书将说明莱考夫和约翰逊与梅洛-庞蒂的涉身概念的不同，实际上也是本书所使用的“涉身”概念与莱考夫的这一基本概念的区别：本体论与经验论的差别。

对于感知与刺激的关系，笔者倾向于康德的解读。感知，在经验主义者看来，是由于外部的刺激而发生的。建立在这种客观主义认知论基础上的解释，心灵在获得“一条黑色的鱼”的内在经验时，是被动地通过某种刺激引起的。这种刺激即独立于嘴、耳朵等其他感知觉器官的眼睛。“我”所看见的，实际上是“我的眼睛”所看见的那条鱼。这一知觉体验的发生，甚至与身体的其他感官部位无关。当“我”喝某种干红葡萄酒时，“我的味觉器官”告诉“我”，“红酒使得‘我的味觉器官’产生了关于红酒的苦涩知觉体验”，而非“我”这一个体的概念。康德宣称，这种外在的刺激能够成为某种知觉体验的“刺激”，是由于主体具备了合适的可接受性条件（sensory receptivity）[③]。

---

① Kant I. Critique of Pure Reason. Smith K trans. London: Macmillan, 1929.

② Cazeaux C. Metaphor and Continental Philosophy: From Kant to Derrida. New York, London: Routledge, 2007: 57.

③ Cazeaux C. Metaphor and Continental Philosophy: From Kant to Derrida. New York, London: Routledge, 2007: 58.

阿尔茨海默病中期的患者可能已经无法说出喝红酒这一体验，整个身体拒绝对外部世界的大部分回应。康德所说的“可接受性条件”实际上是指“使得主体能够把可能的经验性内在体验转译为主体能够第一时间产生的刺激”的条件。因此，感知觉的可接受性是指使得“刺激”显现并产生的一种能力。看见，不仅关涉“眼睛”；听见，不仅关涉“耳朵”；闻到，不仅关涉“鼻子”。在笔者看来，看见，是“我”所能看见；听见，是“我”所能听见的。

6.4.3 梅洛-庞蒂现象学的亲缘

梅洛-庞蒂在其现象学中继承了康德在解释知觉建构中“刺激”的主动性存在[①]。但是隐喻是如何在知觉建构与刺激之间产生关联的呢？简单地回答是：隐喻在知觉产生和主体意义建构中的贡献。康德所说的“转译”实际上是隐喻性映射。通过这种映射，我们获取新的观念以期理解人类自身的知觉体验。对于这一问题，笔者认为，人类心灵在初始阶段是基本空白的。笔者所说的“空白”是在如下意义上使用的：心灵“是一张白纸”。我们通过那些外部存在不断地印在我们的感知觉的体验，积累我们的知识，并在我们（us）中产生简单的观念，比如白色、硬和甜[②]。

洛克关于经验的独特性说明，并不存在先天观念，存在的是关于世界的直接体验（direct experience）。但是，洛克关于经验的非还原性论证显然为我们设置了一个难题：知觉被概念化为简单观念，而经验的独特性是这一类知识的基础，但经验的独特性与知识理论之间的关联是什么呢？洛克排除了隐喻性语言的作用，等于说我们的知觉体验与简单观念之间是本义的转述。这就很难解释我们是如何把知觉体验进行概念化以及对这类概念进行分类的。因此，洛克与康德的观点不同。在洛克那里，关于知觉体验的概念化实际上就等同于直接体验本身；而康德则认为经验是具有意向性的，“经验必然是关于某物的经验”[③]（experience is necessarily experience of something）。

---

① Merleau-Ponty M. Phenomenology of Perception. Smith C trans. London: Routledge& Kegan Paul, 1962.

② Locke J. Essay Concerning Human Understanding. London: Penguin, 1997.

③ Cazeaux C. Metaphor and Continental Philosophy: From Kant to Derrida. New York, London: Routledge, 2007: 61.

梅洛-庞蒂通过考察“觉知”（awareness）这一概念来说明现象学意义上的“身体”概念。觉知是一个硬币的两面：一面是某种被觉知的经验；而另一面是使得主体获得觉知的事物或对象。这两面是同一种世界—创造过程的部分。这种世界—创造过程发生在我们的身体：“我的身体是所有物体/对象进行编织的布料，并且，它至少与一个被感知的世界相关联，是我‘理解’的一般工具。”①

因此，在梅洛-庞蒂的知识论中，“身体”这一概念是核心部分。他对身体做了重新定义，身体不再是一个经验意义的讨论对象，而是一个本体论的条件，是一个“身体图式”（body schema）。他认为，“身体是意识与世界在其中各自为对方开放的意向结构（a framework of intentionality）”②。

身体，不仅是我们形成一个合理的知觉理论的中介或工具，而且是一个在主体与世界的交互中起着主动性作用的本体存在。本书所指的“涉身的身体”这一概念，正是梅洛-庞蒂的“身体图式”这一概念。在语言形成的初期，身体作为主动的本体存在，其内在感知推动着与周围世界的交互，推动着基本语言概念系统的形成。在这一意义上，语词的使用不仅是一种表达与沟通的手段，同时语词还指涉实在物，并塑造实在物。这与康德的著名论题“概念不仅指涉实在物，同时也塑造着实在物”③是一致的。

根据梅洛-庞蒂的说明，感知觉不是我们能持有的实在物，而是意识与世界双向吸引的一种关系。这条鱼是黑色的，这一黑色不仅仅是一个数据、一种计算符号，而且是在感知接近那条鱼时，身体所呈现的东西。因此，“知觉”是在以下意义上被使用的：“感知器官和可感知的对象并非是两个具有某种关系的外在术语，知觉不是经由可感知的对象对于感知器官的侵入。应该这样来看，因为我的凝视对向了颜色，手的运动对向了物体的形状……当我注视着蓝色的天空时，这并非是在抵消作为天空的这一物体；在我的思想中并没有天空，或者延伸出某种关于蓝色天空的这一观念，这种观

① Merleau-Ponty M. Phenomenology of Perception. Smith C trans. London: Routledge& Kegan Paul, 1962: 235.

② Merleau-Ponty M. Phenomenology of Perception. Smith C trans. London: Routledge& Kegan Paul, 1962: 206.

③ Cazeaux C. Metaphor and Continental Philosophy: From Kant to Derrida. New York, London: Routledge, 2007: 6.

念在我之中思考（it thinks itself within me），我就是天空与我的结合，而关于蓝色天空的观念开始自我产生；我的意识里充满了那无限的蓝色。”[①]

乍看起来，这似乎表达的是一种唯心主义的观点。唯心主义的解释认为认知主体进行自我表征，这个实在世界的存在仅仅是一个认知系统内部法则的外部反映。与此不同，梅洛-庞蒂呈现的是一种双向的交互世界，为了实现知觉体验，认知主体必须把自我看作感知器官的一部分，主动地嵌入认知场景中，使主体的意识导向某种可感知的对象。因此，梅洛-庞蒂所指的“涉身”概念是指身体的意向性特征，这与本书所指的“涉身性身体”的概念是一致的。本书采纳梅洛-庞蒂的“身体图式”概念，当笔者谈及身体时，指的正是梅洛-庞蒂的“身体图式”。这一概念表明，在认知体验中身体的作用远远超越了仅仅将身体作为一个生物实体的身体，也超越了解剖学上的身体部分之间的关系；这为言语行为创造意义提供了基础。而莱考夫的“涉身”概念，实际上是指概念系统所依赖的神经生物学基础，是经验意义上单向的且还原的。这一点正是本书要避免的。

需要说明的是，梅洛-庞蒂所指的“涉身”概念是指在意识状态下的知觉体验。但是如果假定人类的知觉体验大部分是在无意识状态下发生的，那么这是否与梅洛-庞蒂的“涉身”概念违背呢？这就使得本书对梅洛-庞蒂所指的“涉身”概念进行了一点修正：当某种观念在我之中思考时，或者我的意识里充满了那无限的蓝色；或者我的觉知/注意力在无意识状态下导向我，使得我获取那无限的蓝色。

6.5 小结：涉身的概念生成机制和语义框架的经验主义建构

6.5.1 涉身语义框架的基本纲领

笔者认为，首先，人类的概念并非只是外部现实的反映，而是被我们的身体、大脑，特别是感觉运动系统所塑造。我们通过考察色彩概念和抽

① Merleau-Ponty M. Phenomenology of Perception. Smith C trans. London: Routledge& Kegan Paul, 1962: 214.

象概念来辩护上述命题。之后，我们将运用神经模式的研究来论证：一定的人类概念以及概念推理形式都借助了感觉运动系统。为什么我们的概念反映了如其所是的世界？为什么我们心智里的概念、范畴符合世界中的种类？其中的一个理由就在于我们进化形成了至少一类重要的范畴，它们最适宜我们对实体和一些在自然界中非常重要差别的身体感受。这些概念被称为“基层概念”或“涉身概念”。

第一，基层概念与非基层概念的区别是基于身体的，也就是说，基层概念基于心理图像（mental images）、格式塔知觉（gestalt perception）、运动模式（motor programs）。正因为如此，基层概念的属性被身体所实现而非被独立于身体的心智所决定。

第二，在一定的身体大脑和环境条件下，基层概念所在的基层是人们与世界互动最优的层次。基层概念的属性对应于物理存在和物体的部分—整体结构。格式塔知觉是关于部分—整体结构（overall part-whole structure）的，心理图像亦然。运用运动模式来与物互动很大程度上也取决于它们的全体的部分—整体结构。更重要的是，一些东西能够运作的功能，因其运作被我们所知，也同样在很大程度上依赖于部分—整体结构。这也是为何在基层概念结构中主体的概念使用是最好的。

第三，基层概念告诉我们为什么形而上实在论被那么多人所接受，以及其正确与错误所在。形而上实在论似乎在基层概念层次发挥着作用。如果你只看基层概念的例子，即你与世界互动得最好的情况，那么你会发现我们的概念范畴与世界里的种类相契合。当然，“基层”并不只是关于物体。也有基层动作，即那些我们有便捷的心理图像和运动模式的动作，如游泳、走路和抓。我们也有基层社会概念，像家庭、俱乐部和棒球队，亦有基层社会动作，如论辩。同时，也有基层情绪，如高兴、愤怒和悲伤。

第四，基层的性质解释了科学知识稳定性的重要方面。对基层物理对象、物理动作和关系来说，人类的概念范畴与世界中事物的区分之间的联系是十分准确的。我们能够设想科学仪器拓展了基层能力。望远镜、显微镜、照相机和精巧的探测仪等各种设备拓展了我们基层知觉、想象和干预的能力。这类仪器使我们能够极大地拓展我们心智中概念的范围来适应世界中重要的区别。

总而言之，我们的概念产生于神经存在的事实，产生于我们身体能力的自然本性，产生于我们与世界互动的经验，产生于我们与世界最佳互动的演化历程。

6.5.2 对“符号落地问题”的再回应

无论是隐喻式交互认知还是新经验主义的概念理论，它们的理论承诺都表明，概念所负载的内容或信息是在各种知觉表征系统中得以编码的（encoded）。也就是说，概念的内容就其实质而言，在编码形式上具有和知觉内容相同的基础。而且，我们使用概念或进行概念化的过程本身也是重新激活知觉状态或操作这些知觉状态的过程。然而，当我们反观经典的认知主义纲领支配下的概念研究方案时，我们发现它们所遵循的是抽象符号表征主义的基本假设。这种假设首先认定，作为认知主体输出部分的认知和输入部分的感知具有不同的运作机制，感觉运动系统负责接受、处理外在的感官刺激，大脑中央系统负责接受、处理来自感官的知觉内容或信息最终形成认知。其中，两类不同的加工处理的差别在于，大脑中央处理系统是利用变形（amodal）机制加工编码信息的，而感觉运动系统的通道是以特定的样态（modal）式的方式处理信息的。或者简单来讲，处理知觉信息的机制是样态式的，感觉器官在加工形成视觉、听觉、触觉、嗅觉、味觉时分别有着独特的编码形式（样态），而大脑在综合处理这些知觉信息的过程中却利用变形的机制。其次，依据抽象符号表征主义的基本假设，中央处理系统把这些信息整合在一起，按照一种新的不同于任何知觉样态的编码形式对信息进行处理。变形机制中常见的形式就是计算机中二进制（0 和 1）的算法。

建立在抽象符号表征主义之上的典型理论是福多在 20 世纪 70 年代发展起来的心理模块说（modularity of mind）。心理模块说认为，人类的感官知觉内容是模块化的，它们具有封装性和领域特定性，不同的知觉样态（视觉、听觉、触觉等）都有自身独特的编码形式，不会和其他的样态相混合。而中央处理系统加工的认知信息是非模块化的，通过加工它们被转换为变形的符号，因此是通用的，不具有领域特定性。①

承诺符号表征主义基本假设的学者都坚持认为，在编码形式和处理机

① 参见 Fodor J A. The Modularity of Mind. Cambridge: MIT Press, 1983.

制上，概念系统和知觉系统是截然不同的。刻画概念认知的表征形式是变形的（例如，语言的形式），它们在语法的层面上都是抽象符号按照一定规则的操作和计算。然而这样一种概念研究的传统一直没有能够充分解释语法层面的符号操作是如何与语义层面的概念内容关联起来的。如果说我们把概念看作是抽象的符号，把概念与概念之间的关系看作是变形符号之间的计算关系的话，那么这样的概念是如何和它们所要表征的外在世界或可能世界中的对象联系起来的呢？

20 世纪 80～90 年代塞尔提出的著名的中文屋论证与哈纳德提出的人工智能哲学中的“符号落地问题”之间的争论就从一个侧面反映了符号表征主义的概念研究所面临的普遍的理论困境。

正是在上述背景下，20 世纪 90 年代，由心理学家劳伦斯·巴萨罗领导的研究小组开创的关于知觉表征方面的研究[①]试图在有效解决上述难题的情况下提出一种新的以知觉表征为基础的概念理论和认知的观念。他们在一系列的论文中指出：①并没有直接的神经科学证据可以证明抽象符号表征主义所依赖的变形符号真的会在认知处理过程中出现；②虽然感知状态在处理信息时都是样态式的，但是它们仍能借助选择性注意，将相关信息储存在长时记忆中并在以后适时地提取；③概念在表征形式上可以和知觉经验共享同样的机制，即概念认知具有和知觉经验相同的编码形式。因此，巴萨罗等人在概念的研究上回归经验主义承诺的取向有效地破解了抽象符号和外在世界、感知经验之间如何相关的难题，他们提出了一种新的以知觉表征或经验表征为基础的概念研究框架。

认知科学哲学的最新发展无疑是使用“涉身”这一概念来解释“符号落地问题”。SGP 提出了形式符号系统如何产生语义解释的问题。经典的认知科学家认为“心/脑之间的关系”就是“程序/计算机之间的关系”，心灵对于大脑是自洽的。福多[②]甚至认为神经生物学研究与心理学无关，其心灵的表征理论把心灵看作一个具有心理表征功能的符号系统；这些符号系统是“思想的语言”。福多的经典表征理论把心灵看作“信息处理装备”，只

① 参见巴萨罗自己的研究综述：Barsalou L W. Continuity of the conceptual system across species. Trends in Cognitive Sciences, 2005, 9(7), 309-311.

② Fodor J A. The Language of Thought. Cambridge: Harvard University Press, 1975: 17.

是它不在计算机中运行，而是在大脑中运行。在心灵表征理论的倡导者眼中，心灵是一台语义引擎（semantic engine）。至于其是如何发动的，计算隐喻下的经典假设并没有说明。塞尔提出的中文屋思想实验①对 SGP 问题有很好的论述，并清晰地反驳了“心灵是语义机器”这一隐喻。

我们并不主张彻底摒弃计算隐喻下的经典假设，而是试图将其作为方法论基础与涉身隐喻论题相调和，从而说明形式符号系统的语义解释本身具有系统的内在性，符号承载语义；同时还要说明语义不仅是寄存在我们头脑中符号的语形变换，还是作为“身体图式”的自我进行涉身认知体验的结果。这种涉身认知体验的结果是包含语义内容的，是我们关联世界、理解世界的基本方式之一。

因此，表征—计算纲领下的认知科学不应被彻底抛弃。经典的认知科学的方法论值得借鉴，但是必须要把身体作为重要的信息源放置于程序建构过程之中。正如塞尔的中文屋思想实验所表明的那样：符号的意义不是仅仅通过符号之间的关系获取的；意义的获取必须要参考其他的变量，而身体图式占据首要的地位。

我们在前面的论述中已经清楚地看到，在历史向度上，审慎的涉身语义框架虽然与传统的英国经验主义之间有着某种承继的渊源，但它不同于传统之处在于吸收了当代认知科学和心灵哲学中的表征主义观念，因而与传统上洛克、休谟和贝克莱式的经验主义有所不同；在理论向度上，这一研究框架虽然与抽象符号的表征主义共享某些表征主义的某些基本假设，但它又在理论内核上超越了经典的符号表征主义。

① 参见 Cole D. The Chinese room argument. http://plato.stanford.edu/archives/sum2013/entries/chinese-room[2013-12-10].

7　认识论挑战：知识可以被彻底自然化吗？

当代认知科学对知识论产生了巨大的影响。认知科学的一系列经验研究成果，为自然化知识论的立场提供了理由与证据。这种立场质疑了知识论应该建立在某些先验原则之上的传统看法，坚持知识论原则都可以也应该被经验研究说明。在这些经验研究中，认知科学对人的认知能力、功能和结构的研究是至关重要的。在本章，我们首先展示知识论领域里对自然化进路最主要的质疑，如果这些质疑正确，那么认知科学研究对知识论就不是必要的。我们重点讨论自然主义者如何能够成功地回应这些质疑。我们的结论是，自然主义者完全有可能成功地回应这些质疑，从而为认知科学对知识论的必要性做出令人满意的辩护。之后我们讨论认知科学的研究如何帮助我们以崭新的方式理解知识的一个例子。自然化知识论的一个重要的论据是，由于人类的认知资源是有限的，所以任何知识论标准和规范的使用是否合理，都必须考虑到认知主体的认知能力以及运用这些标准和规范的语境因素。而认知科学对助勘式规则（heuristic rules）的研究，为理解认知主体的认知能力与运用知识论标准规范的语境因素提供了有力的帮助，因而是理解知识，特别是科学知识的形成与建立的认知过程中不可或缺的资源。

7.1 自然化知识的规范性依据和先验性依据

英文的“知识论”（epistemology）一词在1854年被苏格兰哲学家费里尔（J. F. Ferrier）首次使用，用来指称对认知的科学研究，也就是我们今天所说的认知科学。[①]然而，令人感到吊诡的是，在当今的哲学界中，坚持认知科学是知识论不可或缺的组成部分的观点还是会遭遇相当大的阻力。认知科学对当代哲学的革命性影响在很大程度上展现在知识论领域，特别是展现在对自然化的知识论所提供的支持上，而自然化的知识论也许可以看成费里尔式的知识论的当代版本。自然化的知识论（naturalized epistemology）或自然主义知识论（naturalistic epistemology）存在着诸多不同的版本。尽管各版本在许多根本性问题上看法并不一致，但却共有如下立场：独立于经验科学将无法获得令人满意的知识理论。

我们不妨把这个知识论立场称为自然主义立场（naturalistic position，NP）。令人满意的知识理论需要对什么是知识、人类如何做才能有效地获取知识，以及知识的目的、来源和种类是什么等问题给出具有说服力的解答。纵观哲学史，无论是柏拉图、亚里士多德、中世纪的托马斯主义，还是近代的理性主义、经验主义、康德哲学、实用主义，以及当代各种哲学流派，无一不在寻找着令人满意的知识理论。尽管到目前为止还未能找到一个能令所有人都感到满意的知识理论，但这并不妨碍哲学家把寻求令人满意的知识理论当作知识论的最重要的目标。NP反对以独立于经验科学的方式来追求令人满意的知识理论。所谓“独立”一词并不意味着知识论与经验科学没有联系。任何非自然化的知识论都不反对令人满意的知识理论应该能够应用于经验科学，并从经验中获取证据，因而必然地与经验科学密切相关。这里所说的“独立”是指构成知识理论的成分不能来自经验科学。在这个意义上，独立于经验科学的知识理论的建构和完成是自主的，而不依赖于经验科学。

---

① Fuller S. The Sociology of Intellectual Life. Los Angeles, London, New Delhi: Sage, 2009.

认知科学对当代知识论革命性的影响大致可以从它对 NP 的支持关系上体现出来。首先，在 NP 与各种反对意见的争论中，认知科学为 NP 提供了大量的证据支持。其次，如果 NP 正确，认知科学与其他相关科学一起，将会成为令人满意的知识论的构成成分。然而，由于 NP 有许多不同版本，各种版本对反对 NP 的论据的回答也有很大的差异，因此，认知科学与具体的 NP 版本的支持方式也相应有所变化。我们将通过分析两个反对自然化知识论的论据以及 NP 各种版本对这两个论据的回答，来展现认知科学对具体 NP 版本的支持关系。我们把这两个反对自然化知识论的论据分别称为规范性论据（argument of normativity，AN）和先验性论据（argument of the apriori，Aa）。规范性论据质疑 NP 是否能够保留知识论的规范性，其讨论大多在知识分析的研究进路中展开。先验性论据质疑传统的哲学反思的方法在 NP 中的地位，其讨论更多涉及更为广泛的研究领域，如科学哲学、实验哲学、对合理性的哲学和心理学研究等。[①]我们先看第一个论据。

7.2 自然化知识论与人类认知溯源

7.2.1 蒯因的自然化知识论

尽管自然主义立场可以在休谟、杜威、桑塔亚纳等人的哲学中找到根据[②]，但当代英语哲学界对 NP 的研究常以蒯因发表于 1969 年的《自然化知识论》一文为讨论的起点。蒯因指出，尽管 20 世纪上半叶现代逻辑的发展给逻辑实证主义提供了革命性的概念分析工具，但并不足以达成笛卡儿式的知识论所追寻的目标，即以清晰明确的基础性真信念为起点，通过逻辑和集合论所提供的分析工具推出知识，或推出具有确定性的信念系统。

① 本书并不涉及其他一些对 NP 的批评以及相应的回应，例如 NP 是否陷入恶性循环论证，蒯因对传统知识论的批评是否针对了知识论界的主流，等等。这些批评对理解 NP 并非不重要，只不过与 NP 和认知科学的关系并不直接。而且，如果 NP 能够对规范性论据和先验性论据给出合适的回答，那么对这些批评也不会缺乏回应的资源。

② Keil G. Naturalism// Moran D. The Routledge Companion to Twentieth Century Philosophy. London, New York: Routledge, 2008: 254-307; Rysiew P. Naturalism in epistemology. http://plato.stanford.edu/entries/epistemology-naturalized[2020-08-18].

难以达成笛卡儿式知识论的原因在于现代逻辑的革命性发展未能消除休谟式的经验主义哲学所指出的问题，即人类的感觉经验是可错的，因而无法成为清晰明确的基础性起点。相反，现代逻辑的革命性发展通过分析哲学和语言哲学让我们更为清晰地看到观察语句所描述的只是观察对象的现象而非对象本身。逻辑实证主义使用现代逻辑工具对知识结构最为精致的建构之一表现在卡尔纳普的《世界的逻辑构造》一书中。此书试图展现如果感觉经验能够以某种方式形成被科学共同体所接受的观察语句的话，现代逻辑便能够以这些语句为基础建构出整个科学知识体系。然而，在蒯因看来，卡尔纳普的这种合理性重构尽管在哲学分析中有助于我们厘清一些技术细节，但却难以成为令人满意的知识论理论。其中最为主要的原因是卡尔纳普的逻辑构造无法处理私人的感觉经验如何因其所带有的客观性特征而被科学共同体所接受，同时科学语句也难以完全被翻译为科学共同体所接受的观察语句。也就是说，在现代逻辑工具的帮助下，从感觉经验之中仍然难以推出确定性的知识。

蒯因认为知识论应该放弃笛卡儿式的对确定性的追求以及卡尔纳普式的合理性重构，而代之以对感觉经验如何形成对外在世界认识的过程的直接研究。这种研究无法通过哲学的先验分析来进行，而是需要依靠经验科学。因此，蒯因坚持知识论应该成为心理学因而也成为自然科学的一个分支，并称这种知识论为“自然化知识论”。自然化知识论十分鲜明地坚持自然主义立场。[①]蒯因宣言式的文章迅速引导了许多学者系统地展开自然化知识论的工作。这些学者一方面考察科学研究和日常生活中典型的被当作知识的具体例子，并试图从中分析知识的一般性质；另一方面，他们从不同的学科和理论视角，对一系列与知识生产过程相关的因素进行了经验研究，这些因素包括认知机制、知识产生和传播的社会影响、认知能力的生物演化以及神经科学基础，换言之，这些经验研究力图探求对处于我们的身体、心理、生物、社会状态下的认知主体来说知识是如何可能的。不难看出，认知科学在这些工作中扮演着重要的角色。

---

① Quine W V O. Ontological Relativity and Other Essays. New York: Columbia University Press, 1969: 69-90.

7.2.2 规范性质疑的论证结构

然而，蒯因的 NP 在提出之后便受到质疑。其中有两个重要的质疑一直困扰着 NP，并影响着我们对 NP 与认知科学之间关系的理解。第一个质疑坚持 NP 放弃了知识论规范，因而无法成为令人满意的知识理论。我们把这个质疑称为规范性论据，其论证结构如下：

AN-1：令人满意的知识理论是规范性的，即能够提供一个区分满足的知识论地位（epistemic standing，ES）和不满足的知识论地位的标准。

AN-2：经验科学只提供知识产生过程中律则性(nomological)关系的描述，而不涉及 AN-1 中所要求的规范性维度。

结论：经验科学无法形成令人满意的知识理论。

前提 AN-1 中所说的“知识论地位”指可以使信念成为知识的因素。也就是说，一个知识论地位应该满足以下条件：

S 相信 p，ES → S 知道 p

也就是说，认知主体 S 持有信念 p，当具有某种知识论地位时，p 就能够成为知识。AN-1 要求 ES 是规范性的，即要求 ES 既能决定 S 的信念 p 是否能够被看作知识，也能够决定两个相互竞争的信念 p1 和 p2 中哪个更有资格被看作知识。在多数知识分析的理论中，知识被定义为被辩护了的真信念。按照这个定义，ES 需包含为真条件和辩护条件，而辩护又是典型的规范性过程。AN-2 认为经验科学如认知科学只是对认知过程与机制的律则性关系或因果关系的描述。比如，认知科学只能描述视觉器官在特定环境中由某种刺激产生某种视觉感觉，但这种描述不具备知识论地位，因而难以判定某一视觉感觉在知识论层面上是否成立，或是否优于其他视觉感觉。如果 AN 的结论正确，那么不难看出 NP 难以成立。

7.2.3 回应1：否认知识论的规范地位

自然主义立场对规范性论证的一种可能的回答是直接否定 AN-1，即否认一个令人满意的知识论需要规范性的知识论地位。这种否定坚持认为纯描述性的自然化知识论完全可以成为一个令人满意的知识论。蒯因的自然化知识论被提出后，许多学者从不同视角已经看到其中自然主义立场很可能意味着纯描述性的特征。在这些学者看来，在蒯因的自然化知识论中，传统知识论的规范性概念如辩护、证据等，都被一些因果律则性关系所替代，因为其完全失去了传统知识论对规范性的要求。[①]

不难看出，否定 AN-1 的纯描述性的自然主义立场是一种替换性的立场，即如果它成了，那么作为哲学的知识论就有可能变成经验科学的附属甚至无须存在。这种取消知识论的对立性的立场不乏支持者。比如，罗蒂、费耶阿本德和一些不避讳极端相对主义的科学社会学者，都坚持辩护和真理的概念从根本上来看都是由社会性的而非知识论的规范来决定的。[②]然而，对于绝大多数哲学界的学者来说，否定 AN-1 的纯描述性 NP 及其替代性后果是难以接受的。就像考布里茨指出的，不具备规范性的知识论，就像失去了丹麦王子身份的哈姆雷特。[③]

7.2.4 回应2：考布里茨和戈德曼的替代性方案

事实上，蒯因在后期也宣称自己的自然化知识论并没有否定知识论规范性的意图，而是要自然化知识论规范性。他认为知识论规范就如同工程中的各种规范，是为达成某些目标（如真、预测）而使用的有效工具。当其中的参数被确定了，其看起来才像是描述性的。[④]蒯因这种对 AN 的回答策略坚持 AN-1 而否定 AN-2，即承认令人满意的知识理论要能够给出具有规范性的知识论地位，但并不认为经验科学只能对刺激反应过程做出律则

① Grandy R. Epistemology naturalized and "epistemology naturalized". Midwest Studies in Philosophy, 1994, 19(1): 341-349; Lehrer K. Theory of Knowledge. Boulder: Westview Press, 1990; Kim J. What is naturalized epistemology?//Tomberlin J E. Philosophical Perspectives 2. Atascadero: Ridgeview Publishing Co., 1988: 381-406; Harvey S. Justification, discovery and the naturalizing of epistemology. Philosophy of Science, 1980, 47(2): 297-321.

② Rorty R. Philosophy and the Mirror of Nature. Princeton: Princeton University Pres, 1979; Feyerabend P. Against Method. London: Verso, 1975; Collins H, Yearley S. Epistemological chicken//Andrew Pickering . Science as Practice and Culture. Chicago: University of Chicago Press, 1992: 301-326.

③ Kornblith H. Naturalistic epistemology and its critics. Philosophical Topics, 1995, 23(1): 237-255.

④ Quine W V O. Reply to white// Hahn L E, Schilpp P A. The Philosophy of W. V. Quine. La Salle: Open Court, 1986: 663-665.

因果性描述而无法涉及具有规范性的知识论地位，相反，具有规范性的知识论立场只有通过自然化的方式才能获得理解。对于如何自然化知识论规范性，蒯因未能对自己的建议予以系统的发展。而许多 NP 的支持者试图从不同视角给出自然化知识论规范性的理论。其中以考布里茨和戈德曼的理论最为著名。

考布里茨认为自然化知识论应当把知识当成一个自然现象来研究，而不像传统知识论那样忙于研究知识的概念。在化学中，对铝元素的概念研究对理解铝元素的基本性质帮助不大。要理解铝元素的基本性质需要化学家对各种含有铝元素的物质直接进行实验，然后对实验结果进行分析。同理，知识论学者也应该直接考察日常生活和科学中被我们看作典型的知识现象，看看它们所共有的是什么，所突现出来的就是知识的真正的特征。[①]以这种方法探求知识的基本性质，与化学研究中探求铝元素的基本性质没有本质上的区别。因此，知识与铝元素一样，是个自然类。对于 AN-1 所要求的知识论规范，考布里茨认为可以把它们看成人类获取真信念的可靠的机制，而该机制是人类在演化过程中得以正确行动的工具。[②]人和动物共有一些获取知识的可靠机制。这些机制对理解人和某些生物体的生存具有因果说明作用。通过研究可靠的获取真信念的机制，知识论可以给出对知识论地位的刻画，因为这些机制不仅展示了知识如何运作，而且教会人们需要怎样做才能以更有效的方式获取知识。因此，知识论是彻底经验的、自然化的。但自然化并不妨碍知识论的自主性，因为知识论有自己独特的研究问题，即对知识论地位的刻画。

对于 AN-2，考布里茨与蒯因一样，反对经验科学只能对刺激反应过程做律则因果性描述而无法涉及知识论规范性的看法。他认为既然知识是通过可靠机制获取的真信念，那么，自然化的规范性知识论立场就需要通过经验研究来说明为什么求真是知识论的目标。在考布里茨看来，知识有其实践性基础（practical grounding），也就是说，获取真信念有工具性价值。真信念不必是求取知识的唯一价值或目的，求取知识还可以有其他价值，

① Kornblith H. In defense of a naturalized epistemology//Greco J, Sosa E. The Blackwell Guide to Epistemology. Malden: Blackwell, 1999: 158-169.

② Kornblith H. Knowledge and Its Place in Nature. New York: Oxford University Press, 2002.

如追求好的推理、追求幸福等。然而，无论求取知识的过程选择哪种价值，都需要有一个可靠的认知机制来判断哪些手段可以真正有效获取相应的价值。正因为这个实用性理由，求真就成了知识论中特别重要的目标。

戈德曼是最早把知识看作可靠的机制产生出的真信念的学者之一。由于认知主体不必对自己认知机制的可靠性拥有明晰的理解，戈德曼的知识论也是一种外在主义知识论。这个知识论的自然主义立场十分鲜明，它坚持知识论的规范性概念如辩护、保证（warrant）等都是可靠地产生并保持信念的心灵和计算过程的结果。值得注意的是，戈德曼的知识论并不反对 AN-1，它认为知识论的规范性标准来自认知机制的可靠性，而理解认知机制的可靠性则需要认知科学的帮助。[①]戈德曼不认同考布里茨对知识概念分析的否定，而是认为知识论研究应采取两步走的方式：首先，概念分析决定认知过程的关键轮廓以及相关的概念；其次，心理学和认知科学决定哪种认知过程可用并且可靠。与考布里茨一样，戈德曼也反对 AN-2，并坚持具有规范性的自然化知识论。[②]在他看来，哪些认知过程更为可靠既是科学问题又是规范性问题。知识论规范以及对其概念的分析都应该通过后验的和经验的研究来进行。比如，断定一个认知主体是否具有知识，是研究一个心理学实验中的被试如何拥有可靠的认知机制的过程，而不是一个运用类似数学或逻辑直觉那样的概念判断过程。

考布里茨和戈德曼的自然主义立场对认知科学的依赖是显而易见的。两者都依赖认知科学来解释日常生活和科学活动中的可靠的认知机制。考布里茨还强调演化知识论和演化心理学对知识论规范性概念如真理、推理、证据等概念的说明。而戈德曼则更倾向于使用社会知识论和社会心理学等研究资源来揭示社会性因素对各种知识论规范的形成和变化的影响。当然，考布里茨和戈德曼的自然主义立场以及对 AN-2 的回答都遇到了批评与质疑。比如，内在主义者质疑戈德曼的自然化知识论会因其外在主义特征而无法照顾到认知主体的知识论责任，从而最终难以逃脱 AN-2 的指责。[③]另一些学者则质疑考布里茨以工具理性的方式来理解知识论规范过于狭隘，

---

① Goldman A. Pathways to Knowledge: Public and Private. Oxford: Oxford University Press, 2002.

② Goldman A. Epistemology and Cognition. Cambridge: Harvard University Press, 1986.

③ BonJour L. Against naturalized epistemology. Midwest Studies in Philosophy, 1994, 19(1): 283-300.

认为还存在着其他种类的知识论规范无法被考布里茨的理论说明。[①]对于这些质疑，考布里茨和戈德曼两位学者也都做出了回应，由于涉及的问题如内在主义和外在主义之争、知识论合理性（epistemic rationality）等颇为复杂，所以目前尚未在哲学界形成压倒性共识。但是，对考布里茨和戈德曼两位学者的批评并未完全成功的事实也表明，对于规范性论据 AN 所提出的质疑，自然主义立场通过对前提 AN-2 的回答，还是能够找到为自己辩护的资源的。

规范性论据还有一个重要的子论据在此不妨略加讨论。一些学者倾向于把知识论的规范性要求与自然主义立场的关系放在怀疑论的背景下来考察。这并不令人意外，因为令人满意的知识论一般都会被要求能够回答或处理怀疑论的质疑。因此，AN-1 中的规范性的知识论地位也被要求能够回答和处理怀疑论质疑[②]这个以怀疑论问题为背景的规范性论据（argument of normativity in the context of skepticism，Ans），可以表达为：

Ans-1：令人满意的知识理论中规范性的知识论地位应该能够区分可以回答怀疑论质疑的知识论主张（epistemic claim）与无法回答怀疑论质疑的知识论主张。

Ans-2：NP 所依赖的经验科学正如笛卡儿、休谟等哲学家早已指出的那样，难以避免怀疑论的质疑。

结论：NP 无法形成令人满意的知识理论。

不难看出，AN 与 Ans 所讨论的问题有所不同，对一个问题的回答不必与另一个问题的回答相关。对于前提 Ans-1，一些 NP 的辩护者主张不予接受，因为怀疑论是无法在哲学中被彻底解决的。如果你试图解决它，就会接受它的前提，而一旦接受它的前提，就必然会接受怀疑论。而是否解决怀疑论对辩护 NP 来说并无多大帮助，因为既然传统知识论也无法解决

① Kelly T. Epistemic rationality as instrumental rationality: acritique. Philosophy and Phenomenological Research, 2003, 66(3): 612-640; Siegel H. Laudan's normative naturalism. Studies in History and Philosophy of Science Part A, 1990, 21(2): 295-313.

② Stroud B. The significance of epistemology naturalized. Midwest Studies in Philosophy, 1981, 6(1): 455-471; Fumerton R. Skepticism and naturalistic epistemology. Midwest Studies in Philosophy, 1994, 19(1): 321-340.

怀疑论的问题，那么自然化知识论也就不会在面对怀疑论问题上比传统知识论更占下风。[①]另一些 NP 的辩护者更倾向于从否定 Ans-2 入手来正面回答怀疑论问题。比如，蒯因认为怀疑论是科学内部问题。当科学使人们看到表象与实在的差别时，怀疑论问题便自然地产生了，而这个问题也需要用科学自身的发展来解决。[②]戈德曼也坚持怀疑论是科学研究中的问题，依赖经验科学的自然化知识论要比传统知识论在解决怀疑论问题时更具有优势。[③]总之，无论是在对 Ans-1 还是在对 Ans-2 的回应中，NP 都可以找到为自己辩护的资源。

7.3 自然化的科学实践与科学知识

7.3.1 先验性质疑的论证结构

NP 在回应规范性论据时所提出的理由是防御性的，可以用来说明为什么 NP 不会被规范性论据推翻，却难以用来批评传统知识论的弱点，并以此来展示自己优越于传统知识论的地方。而回应另一个质疑 NP 的论据即先验性论据时，NP 的回应理由则会是攻击性的，因为它可以直指传统知识论的弱点。造成防御性和攻击性回应之间差别的根本原因是，围绕着规范性论据的讨论常常在知识分析的研究传统中进行，而且讨论也常常在内在主义与外在主义的争论背景下进行。NP 所提出的理由一旦被反对 NP 的学者归为外在主义资源而难以处理内在主义擅长处理的问题时，传统知识论便总会在内在主义理论资源中找到自己的安身之处。[④]而当我们转入先验性论据的讨论时就会发现，讨论不再局限于知识分析传统和内在主义与外在主义之争的语境中，而是不可避免地进入科学哲学、实验哲学和认知科学的研究中，而这些研究正好相应于“知识论”一词最初被费里尔创造出来

① Kornblith H. In defense of a naturalized epistemology//Greco J, Sosa E. The Blackwell Guide to Epistemology. Malden: Blackwell, 1999: 158-169; Kitcher P. The Advancement of Science. New York: Oxford University Press, 1993.

② Quine W V O. The nature of natural knowledge//Samuel Guttenplan . Mind and Language. Oxford: Oxford University Press, 1975: 67-81.

③ Goldman A. Epistemology and Cognition. Cambridge: Harvard University Press, 1986.

④ Brandom R. Insights and blindspots of reliabilism. Monist, 1998, 81 (3) : 371-392.

时所指称的研究领域。同时，NP 对先验性论据的回应也会直接批评传统知识论，就像在蒯因的原始论文中所做的那样。

所谓先验性论据可以表达为：

> Aa-1：知识理论作为一种哲学理论，在其建设中使用大量的先验性的资源来说明获取知识的过程。NP 的知识理论也不例外。
>
> Aa-2：知识论中先验性资源运作时其正误标准独立于经验科学。
>
> 结论：NP 的知识理论无法不使用这些独立于经验科学的先验性资源，因而是站不住脚的。

所谓先验性的资源在传统知识论中主要指两方面：一是知识论合理性，如推理规则、证据和理论之间的关系、说明和预测规则等。许多哲学家认为这些规则最终来自先验的数学和逻辑规则；二是一些知识论直觉（epistemic intuition）和反思，如对真理、证据、辩护、保证的概念的直觉性理解，它们常常被用在一些假想案例如盖梯尔问题中来进行反思。先验性论据认为坚持 NP 的知识论无法避免使用这些先验性的哲学分析资源，因而是自我拆台的（self-defeating）①。

7.3.2 对先验直觉的自然化说明

对于 Aa-1，最为直接的反驳是否定先验性资源的存在。无论是先验语句、先验知识、先验辩护，还是先验性的直觉，都存在着不同种类的刻画方式，而没有一种刻画方式不存在问题。②普特南和基切尔等哲学家对先验性的标准做出分析，并论证这些标准无法被满足，因而所谓的先验语句或先验知识在本质上来说都是不存在的。③与传统知识论所坚持的纯粹概念分

① Kaplan M. Epistemology denatured. Midwest Studies in Philosophy, 1994, 19(1): 350-365; Almeder R. On naturalizing epistemology. American Philosophical Quarterly, 1990, 27(4): 263-279; Siegel H. Empirical psychology, naturalized epistemology, and first philosophy. Philosophy of Science, 1984, 51(4): 667-676.

② Casullo A. A Priori Justification. Oxford: Oxford University Press, 2003.

③ Putnam H. There is at least one a priori truth.Realism and Reason: Philosophical Papers.Vol. 3. Cambridge: Cambridge University Press, 1983: 98-114; Kitcher P. The Nature of Mathematical Knowledge. New York: Oxford University Press, 1983.

析不同，一些自然主义支持者坚持所谓的先验性的资源都可以被经验科学的资源替代。我们提到考布里茨以工具性价值来说明知识为什么要以真为目标。在先验性论据 Aa 的支持者看来，考布里茨的论证是个先验性的反思过程，因为它使用了如下推理：无论你追求哪种知识论价值，为了实现这些价值，都要去追求真信念。然而，考布里茨自己并不认为追求真理是知识目标这个结论是先验反思的结果，而认为它是人类认知能力演化的一个结果，因而并不依赖于先验反思。也就是说，在 Aa-1 的支持者看来知识理论中使用先验性哲学分析资源的地方，NP 的支持者会坚持这些地方其实都可以用自然化的资源来处理和理解。在这种局面下，争论就变成以先验的方式和以经验的方式在说明同一个知识理论论证过程或概念，特别是传统知识理论中明显地使用反思或直觉的地方，相互竞争哪一个说明更为彻底，更为圆满。我们不妨通过几个例子，来理解自然主义者如何说明传统知识论以先验方式来说明的地方。

第一个例子是，考布里茨并不否认获取知识的过程需要使用反思和直觉，但他认为反思和直觉过程完全可以用自然化的方式来理解。眼前晃过一只小动物，我们直觉地认为它是一只松鼠。这是常见的依赖于直觉的认知过程，但这完全可以是个后验的过程，是在我们对周围动物环境有所了解的情况下做出的快速判断。反思过程不可避免地要使用推理，而推理标准常常是数学和逻辑标准，其有效性是先验地建立起来的。考布里茨认为尽管推理标准有其先验性，但认知过程中对它们的使用却并不要求认识到它们的先验有效性，而是要求考量它们是否能用、是否好用、是否可靠等。这些考量并不依赖于先验因素。[①]考布里茨的这个观察蕴含着多数自然化知识论都乐意接受的两个重要后果。其一是对认知过程中推理原则的语境主义（contextualism）态度。这个态度认为在某个语境适用的推理原则在另一个语境中未必适用。其二是一个对知识论规范性更为宽泛的理解。根据这种理解，知识论规范不应该还原为推理规则的逻辑和数学的有效性，还要考虑这些规范在特定语境中是否适合使用及其使用是否可靠。不仅如此，就像我们将在 7.6 中详细讨论的，许多知识论规范并不是逻辑和数学规范，

① Kornblith H. Knowledge and Its Place in Nature. New York: Oxford University Press, 2002.

而是近期认知科学研究中所揭示的助勘式推理工具。

第二个例子是对数学知识的经验主义的理解。数学一向被看作是先验知识或以先验方式辩护的知识典型。经验主义则坚持数学知识是通过经验的方式获取与辩护的。密尔（J. S. Mill）认为算术和几何中的基础命题都可以在知识论层面上直接地通过观察和归纳概括来获得辩护，而非基础性的数学命题可因与基础数学命题相关而获得辩护。[①]蒯因认为所有数学命题都是一个具有说服力的整体性理论的一部分，该理论包括科学和方法论原则。在普特南看来，蒯因的整体论对分析与综合的二分的批判并不彻底，但对先验知识的批判则十分成功。[②]在更一般性的意义上，贝纳塞拉夫（P. Benacerraf）指出，我们最好的真理理论为数学语句中的抽象实体提供了为真条件，我们最好的知识论要求令人满意的知识理论提供认知主体和（满足为真条件的）知识所指称的实体之间的因果关系。然而，抽象实体难以进入这个因果关系中。由于先验知识建立在必然真理和指称抽象实体的语境为真条件中，所以先验知识是否可能就成了问题。[③]而经验主义对数学的理解则完全不受这个问题的影响。当然，贝纳塞拉夫所说的因果关系也许过于狭隘。对于数学经验主义立场来说，可以用更为广泛的自然化知识论所要解释的认知主体与认知对象之间的关系来替代贝纳塞拉夫所说的因果关系。

第三个例子是德雷斯克对证据和理由概念的自然化的处理。德雷斯克辩护一种与诺奇克的可靠主义有所区别的可靠主义的知识论。按照诺奇克的可靠主义，认知主体 S 知道 P 当且仅当 S 的信念 P 追寻（track）属实的 P。所谓“信念 P 追寻属实的 P”是指假使 P 不属实，那么 S 将不会相信 P；同时，假使 P 属实，那么 S 将会相信 P。[④]这种可靠主义是外在论的，因为它只要求 S 的信念 P 追寻属实的 P，而不要求 S 一定要意识到自己的信念 P 追寻属实的 P。在诺奇克的可靠主义知识论中，知识只依靠追寻属实的信

---

① Mill J S. A system of logic. Toronto: University Toronto Press, 1973. 亦见严复译《穆勒名学》，乙部，篇五《论满证所以明必然之理者》，篇六《续前所论》，商务印书馆万有文库本，第 2 册，1931 年，第 72-105 页。

② Putnam H. “Two dogmas” revisited.Realism and Reason: Philosophical Papers.Vol. 3. Cambridge: Cambridge University Press, 1983: 87-97.

③ Benacerraf P. Mathematical truth. Journal of Philosophy, 1973, 70: 661-679.

④ Nozick R. Philosophical Explanations. Cambridge: Harvard University Press, 1981.

念的可靠过程来刻画，而不需要证据和理由等这些传统知识论的概念。德雷斯克认为诺奇克的可靠主义会引发一系列难以应付的反例，比如，它会把一些很明显的经验知识排斥在知识范畴之外。假设张三看到一只小狼狗，觉得它可爱还与它玩了一会儿。这个事实使得张三相信自己看到了一只小狼狗。由于整个获取信念的过程是可靠的，那么张三的信念应该被看作是知识。但是，假设张三对犬科动物的知识与大多数非专业人士一样，并不十分完整，他有可能在面对一条小狼时还把它当作是小狼狗。如果存在着这种可能性，那么按照诺奇克的可靠主义，张三相信自己看到了一只小狼狗就不是知识，因为他无法满足自己的信念追寻真理的要求，即不能满足如果看到的不是狗，自己就不会相信它是狗的要求。然而，张三相信自己看到小狼狗的信念建立在他的知觉和行动之上，该信念有足够的理由被看成是知识。德雷斯克认为能够成为可靠主义的切入点的，是证据追寻真理，而不是诺奇克所认为的信念追寻真理。按照德雷斯克的证据追寻真理的观点，如果 S 因证据 E 而获取知识 P，那么除非 P 属实，否则将无法得到证据 E。

满足证据追寻真理的条件，张三相信自己看到一只小狼狗的信念就可以成为知识。不难看出，德雷斯克的可靠主义引入了诺奇克的可靠主义中所没有的证据的概念。然而，证据这个知识论概念在德雷斯克的知识论中并不像在传统知识论中那样，形成以先验的逻辑关系来表达的辩护理由。在德雷斯克看来，以先验的逻辑关系来表达的辩护理由永远无法避免盖梯尔问题。在他的知识论中，证据是以外在主义和自然化的方式被理解为认知信息产生和流动过程中的一种特征的：S 相信 P，是因为信息 P 因果地引起 S 的相应信念。当信息 P 的载体，如知觉、记忆和证言等，为信念 P 提供满足追寻真理的证据时，则可被看作知识。也就是说，当张三看到一只狼狗，因此形成自己看到狼狗的信念时，那么，他的信念是知识，只要知觉形成的证据追寻真理，即假如 S 没有看到狼狗，他将得不到那里有一只狼狗的信息。之所以说这个过程是自然化的，是因为整个过程是一个信息产生和流动的因果过程。之所以说这个知识论过程是外在主义的，是因为 S 自己不一定会意识到证据追寻真理的过程，他只需在没有任何证据显示自己的知觉被欺骗时，承认（assume）知觉给出的信息。[①]在这里，证据这个知识论概念完全被自然化了。

7.3.3 知识论中的先验性资源的调用依赖经验科学

上述这些例子，无论是考布里茨对反思和直觉的否定，对数学的经验主义理解，还是德雷斯克对证据和理由概念的自然化理解，都直接或间接地形成了对 Aa-1 的质疑。围绕着这些质疑还存在着大量的争论，在学界并未形成共识。这也是 Aa 继续存在的一个原因。我们不准备对相应的争论做进一步考察，而是把注意力转向对 Aa-2 的质疑，并引出如下立场：即使对 Aa-1 的质疑不正确，也就是说，即使先验性资源在知识论中起到规范性作用，它们的作用也无法在独立于经验科学的情况下得以完成，因而，NP 仍然站得住脚。我们在下面要论证，起码有三个理由可以为这个立场进行辩护：第一，在知识论中对先验性资源的运用需要经验科学的帮助；第二，实验科学对直觉多样性的讨论意味着认知科学在说明知识论直觉问题时不可或缺；第三，有限的合理性理论意味着一个对于人类有用的知识论必须要考虑到认知主体的认知能力的局限以及认知能力运作的语境条件。这就意味着，没有认知科学帮助的先验资源无法在令人满意的知识理论中独立地起到规范性作用。

我们先看第一个理由。卡祖罗（A. Casullo）指出，先验资源在知识论中如想起到规范性作用，就要能够被完全地阐释出来（fully articulated），否则只能作为一个神秘的理论假设而难以说服意见不同者，尤其是经验主义者和自然主义者。完全地阐释出一个先验的知识论资源，比如先验辩护，需要满足以下三个要求：①起码在现象层面上，提供信念被先验地和非推理地辩护时认知状态的一般性描述；②解释先验辩护的信念属于哪一类信念；③提供先验辩护得以发生的条件。[②]许多支持先验资源在知识论中起到规范性作用的学者，即 Aa-1 的支持者们，从不同的理论视角入手，企图找到满足这三个要求的方式，但均难以令人满意。卡祖罗认为经验方法可以

---

① Dretske F. Knowledge and the Flow of Information. Cambridge: MIT Press/Bradford, 1981.

② Casullo A. A Priori Justification. Oxford: Oxford University Press, 2003.

有效地满足上述三个要求。这表现在以下四个方面。

第一个方面是，认知科学的研究有助于我们在现象层面上区分不同种类的认知状态。先验论支持者一般都会认为一个先验的认知过程，如柏拉图的《美诺篇》中那个奴隶孩子获得正方形两倍面积的过程，与一个经验的认知过程，如塞麦尔维斯（I. Semmelweis）找到引起第一产科病房比第二产科病房的产褥热比例高的原因的过程，在现象层面上是两个不同种类的认知过程。否则的话就需要解释为什么同一种类的认知过程会依赖哪种标准可被区分为先验的和经验的。第二个方面是，认知科学会有助于我们理解以先验方式辩护一个信念的心理状态。知识论对先验辩护的说明不能只停留在展示一个信念如何在原则上被先验地辩护，而是需要说明一个被先验辩护的信念是如何实际上被先验地辩护的。这个说明不可避免地要涉及先验辩护的心理状态。第三个方面是，经验科学，尤其是认知科学有助于我们理解先验辩护具有导真性的（truth-conductive）而非导误性（error-conductive）的特征。一般来说，知识论辩护过程，无论是先验的还是经验的，都应该是导真性的或起码不是导误性的。也就是说，辩护过程应该使得被辩护的信念更有理由被看作为真，而不是更有理由被看作为伪。在卡祖罗看来，理解以先验的方式建立并持续的信念如何导真而不导误需要依靠经验研究，其中在这些经验研究中认知科学无疑是重要的组成部分。第四个方面是，以上各方面的经验研究有助于回答如何满足先验辩护的三个要求，而且为先验论者提供进一步完善先验论的资源。比如，一旦分清了各种先验辩护过程所拥有的信念类型，将有助于先验论理论更为清晰地区分经验的成分和非经验的成分。再如，对先验过程的心理状态以及导真过程的经验研究，有助于先验论者更为清晰地表述他们所追求的对先验辩护过程的非因果性的说明。如果卡祖罗的分析正确，那么，先验性资源在知识论中的运作就不能如 Aa-2 所说的那样独立于经验科学，尤其是独立于认知科学的研究。

知识论中先验性资源的运用无法独立于经验科学的第二个理由来自实验哲学对知识论直觉的研究。Aa-1 的支持者认为知识论辩护过程依赖大量的知识论直觉。一些知识论直觉的例子包括“2+3=5”，作为知识的信念必须是真信念，盖梯尔问题反驳了知识是经过辩护的真信念的观点等。一些反对 Aa-1 的自然主义者直接否定直觉在知识论辩护中的作用。比如，考布里茨认为直觉并不是知识论辩护的来源，而只是在辩护过程中提供了一些大众化的概念信息。对知识论重要的是概念所指的内容，而不是概念本身。直觉可以让我们专注于研究对象，比如在研究某种酸时，不会把注意力转移到周围的家具上。一旦注意力集中在研究对象上，直觉的任务就完成了。[①]

考布里茨的看法是否正确，值得深入研究。然而在这里，我们暂且先不讨论这种反对 Aa-1 的论据以及它所引起的争论，而是把注意力集中在另一种自然主义的策略上。这种策略承认 Aa-1 即直觉在知识论辩护中的作用，却反对 Aa-2 即认为对知识论辩护中的直觉的理解无法脱离经验科学。这种自然主义的策略体现在围绕着对知识论直觉的实验研究所引起的争论上。一系列实验研究表明，在不同文化与社会背景中，一些在西方哲学中看起来十分基本的知识论直觉并不一定会被接受。比如，一系列心理实验表明，对于单纯的外在主义的可靠过程是否具有辩护作用，来自东亚文化的被试明显地要比来自西方文化的被试更倾向于采取怀疑的态度。然而，如果外在主义的可靠过程不是由物理过程而是由社会性约定建立起来的，那么，来自这两种文化的被试之间的差异就会变小。同样，实验也表明在面对受到盖梯尔问题干扰的信念时，很大一部分东亚文化的被试认为这些信念是知识，而相比之下，只有少数来自西方文化的被试认为这些信念是知识。[②]这个区别也意味着，正是由于某些直觉上的差别，来自东亚文化的学生要比来自西方文化的学生更难于理解围绕着盖梯尔问题所展开的知识分析和相应的哲学探讨。

如果实验哲学确实表明了人们对知识论标准的直觉会有很大差别，那么，传统知识论不可避免地会受到怀疑。毕晓普（M. Bishop）和特劳德（J. D. Trout）指出，传统知识论认为自然化的知识论是纯描述性的，但实验哲学的研究结果表明传统知识论才真正是描述性的，因为传统知识论只选取了一部分不具备代表性的少数人群的直觉。真正的规范性知识论应该放弃

---

① Kornblith H. Intuitions and epistemology//Stephen Hetherington. Epistemology Futures. Oxford: Oxford University Press, 2006: 10-25.

② Weinberg J, Nichols S, Stich S P. Normativity and epistemic intuitions//Knobe J, Nichols S. Experimental Philosophy. Oxford: Oxford University Press, 2008: 17-45.

传统知识论研究策略，从“改良性心理学”（ameliorative psychology）的研究成果中探讨人类是如何获取更好的推理能力的。这种自然化的方法当然可错，而且离不开直觉。然而，这种自然化的方法也意味着，扶手椅上的哲学直觉不必然成为知识论权威。[①]当然，实验哲学的研究结果并非不容置疑。一些学者指出实验结果并不可靠，人类的直觉并不像实验哲学工作者所宣称的那样有这样大的差别。[②]另一些学者则认为，即使实验哲学所展示的认知直觉的多样性是存在的，那些偏离标准知识论的直觉其实是错误的直觉，因而无法形成对传统知识论的威胁。[③]不难看出，这些质疑不仅针对使用实验哲学研究结果来为自己辩护的自然化知识论，也同样针对实验哲学本身的合法性。然而，这些对实验哲学的质疑并未说服实验哲学的支持者，相关的讨论还在继续。值得注意的是，我们有理由继续讨论知识论中的先验性直觉的运用是否独立于经验科学的支持。由于一系列证据显示了认知直觉的多样性，而我们又必须判断以各种方式展现出来的认知直觉多样性是真的多样性还是对直觉进行研究的研究者的幻觉[④]；所以如果不是幻觉，我们又要接着判断这种多样性是否具有知识论上的意义，而做出这一系列的判断难以脱离经验科学的帮助。

最后我们来看一下第三个反对 Aa-2 的理由。简单地说，如果可被先验辩护的推理规范在其应用过程中必须考虑到认知主体的认知局限的话，那么，这些规范在知识论中的运用就无法脱离那些帮助我们识别这些规范是否适用于特定认知主体的经验科学，尤其是认知科学。推理过程中所运用

---

① Bishop M A, Trout J D. Epistemology and the Psychology of Human Judgment. Oxford, New York: Oxford University Press, 2005.

② Nagel J. Intuitions and experiments: a defense of the case method in epistemology. Philosophy and Phenomenological Research, 2012, 85(3): 495-527; Boyd K, Nagel J. The reliability of epistemic intuitions//Machery E, O'Neill E. Current Controversies in Experimental Philosophy. New York: Routledge, 2014: 109-127.

③ Sosa E. A defense of the use of intuitions in philosophy//Bishop M, Murphy D. Stich and His Critics. Malden: Blackwell, 2009: 101-112; Williamson T. Review of Joshua Alexander, experimental philosophy. Philosophy, 2013, 88(3): 467-474.

④ 值得注意的是，认知直觉的多样性并不是实验哲学的研究结果，而是社会心理学、比较人类学甚至科学史研究中常出现的现象。比如，劳埃德发现古希腊科学传统与中国科技传统的不同很大程度上源自两个传统对一系列认知概念如颜色、空间、分类、能动、因果、推理等不同的直觉，见 Lloyd G E R. Cognitive Variations. Oxford: Clarendon Press, 2007.

的逻辑和数学规范一般被看作是被先验辩护的。即使对数学的先验论解释最终被证明优于对数学的经验主义解释，也仍不意味着被先验辩护的逻辑和数学规范在知识论中的运作可以脱离经验科学，这是因为人类对这些规范的运用无法脱离自身的认知能力的界限。

7.4 自然化的德性知识和技能知识

7.4.1 关于人类理性能力的心理学

早在20世纪上半叶，对人类理性能力的心理学研究就已经发现人类在进行推理时常常并不像哲学家期望的那样使用逻辑规范。[①]当时多数学者认为这是人类的推理过程受到外在因素如社会、文化或心理因素等干扰的结果，并不意味着人类的推理规则不遵循逻辑和数学规范。

然而在20世纪下半叶，大量的实验表明大多数人在面对大多问题时都不使用逻辑和数学规范。著名的例子包括沃森的翻牌实验、卡尼曼（D. Kahneman）等人设计的合取谬误实验等。[②]这些实验说服了许多心理学家和哲学家以新的方式看待人类认知过程中的推理规则的运用。[③]比如，一些学者认为人类的推理规范不必一定是形式化规则，也可以是本身带有系统

① Woodworth R S, Sells S B. An atmosphere effect in syllogistic reasoning. Journal of Experimental Psychology, 1935, 18(4): 451-460; Chapman L J, Chapman J P. Atmosphere effect re-examined. Journal of Experimental Psychology, 1959, 58(3): 220-226; Henle M. On the relation between logic and thinking. Psychological Review, 1962, 69(4): 366-378.

② Wason P C, Johnson-Laird P. Psychology of Reasoning-Structure and Content. Cambridge: Harvard University Press, 1972; Evans J S B, Newsted S E, Byrne R M J. Human Reasoning: The Psychology of Deduction. Hove: Erlbaum, 1993; Kahneman D, Slovic P, Tversky A. Judgment Under Uncertainty: Heuristics and Biases. Cambridge: Cambridge University Press, 1982; Stein E. Without Good Reason. Oxford: Clarendon Press, 1996; Stanovich K E. Who is Rational: Studies of Individual Differences in Reasoning. London: Lawrence Erlbaum Publishers, 1999.

③ 也有少数未被实验结果说服的学者。比如，科恩就认为人类无法背离规范性推理原则，因为这些原则来自人们对于什么是好的推理的直觉，而这个直觉又来自人们的推理能力。在他看来，心理学实验所展示出的对推理规范的偏离实际上都是被试因某些原因无法正确运用推理规范的结果，见 Cohen L J. Can human irrationality be experimentally demonstrated?The Behavioral and Brain Sciences, 1981, 4: 317-370。然而，之后更多的实验从不同角度显示人类在许多认知过程中系统性地偏离哲学家所认定的推理规范，支持科恩的观点的人越来越少。

偏差（bias）的助勘式（heuristics）规则，或表征空间结构心灵模型。[①]另一些学者认为人类的推理能力是演化的结果，而演化过程中各种推理规则都与不同的实践性目的相关，因此，推理规则的运用受到语境中各种因素的影响或是对语境敏感的。也就是说，在一个特定语境中，与特定推理规则相关的实践性目的出现时，理性的认知主体便倾向于使用该推理规则；而当相关的实践性目的在一些语境中显得不很明晰时，认知主体则倾向于忽略该推理规则。[②]这种对人类使用推理规则的语境主义理解是对 Aa-2 的一种质疑。因为语境主义的理解意味着，人类使用一个被先验辩护的逻辑规则是否适当的标准会受到语境因素的影响。值得注意的是，对语境因素的理解无法独立于经验科学。

7.4.2 认知限度与知识的合理性

其中对我们的讨论来讲最为重要的一个语境因素是人类认知能力的局限性。切尼亚克（C. Cherniak）指出，人们在面临实际问题时，常常无法使用完整的逻辑体系来进行思维。不仅因为人们的记忆、推理所用的时间有限，而且有时甚至难以彻底地检查自己的信念系统是否融贯。[③]认知科学家司马贺指出，在传统的合理性观念中，一个合理的决策被理解为达到目的的最佳手段，即决策者在各种手段中使用博弈论计算出达成目标的最佳手段并按此手段行动。司马贺的研究表明，人们在生活中大多数的决策都是在信息不完整、计算资源有限和深受语境影响的情况下做出的。一个理性的决策主体，无论是个人还是团体（organization），都难以找到达成一个目标的所有手段，并在这些手段中计算出可以使利益最大化的选择。在司马贺看来，单纯地使用推理规则而不顾决策主体认知局限和语境因素将难以充分地理解决策过程的合理性。

---

① Gigerenzer G, Selten R. Bounded Rationality: The Adaptive Toolbox. Cambridge: MIT Press, 2001; Johnson-Laird P N. Mental Models. Cambridge: Cambridge University Press, 1983.

② Cheng P, Holyoak K J. Pragmatic reasoning schemas. Cognitive Psychology, 1985, 17(4): 391-416; Cheng P, Holyoak K J. On the natural selection of reasoning theories. Cognition, 1989, 33(3): 285-313; Barkow J H, Cosmides L, Tooby J. The Adapted Mind: Evolutionary Psychology and the Generation of Culture. New York, Oxford: Oxford University Press, 1992; Evans J S B, Over D E. Rationality and Reasoning. Hove: Erlbaum, 1996.

③ Cherniak C. Minimal Rationality. Cambridge: MIT Press, 1986.

在一个更具现实性的合理性模型中，决策者在有关目的和手段的信息都不完整的情况下做出决策。这个决策过程满足最低限度的充足性却并不一定需要找到所有达成目的的手段，也不一定需要比较每个手段所带来的最大利益。司马贺把这种合理性模型称为有限合理性（bounded rationality）模型。①在这个模型中，理性的决策者无须总是计算利益的最大化，而是大量使用助勘式认知资源。这些助勘式认知资源会向决策者暗示，一旦某种选择满足最低限度的充足性，那么就做出这种选择。②建立在利益最大化原则之上的合理性模型无须顾及决策者的心理和语境状况，却常常要求决策者具有无限的认知和计算能力。而有限合理性模型中的最低限度的充足性标准则由决策者的认知能力的限度、所在的社会群体中其他成员的决策等各类语境因素确定。尽管司马贺自己对有限合理性的理论的处理还是引起了不少争论，但有限合理性的洞见获得了许多学者的认同。③

有限合理性的洞见意味着合理的认知主体，在使用逻辑或数学规则时，其使用是否合适的标准不能仅考虑这些规则的先验辩护，还要考虑认知主体的认知能力与运用这些规则的语境因素，因而它为否定 Aa-2 提供了理由。在后面的部分中，我们会讨论认知科学如何以人类有限的认知资源来理解科学知识的例子。

总之，我们通过检查对自然化知识论的基本立场的两个质疑，即规范性论据和先验性论据，来探讨辩护 NP 的可能性，以及认知科学与自然化知识论的关系。我们的讨论表明，对于规范性论据，自然化知识论可以找到自我辩护的理由。只不过这些理由多数是防御性的，因为是否接受这些理由常常决定于我们是否接受NP的前提，因而未必能够被反对NP者接受。而对于先验性论据，自然化知识论在辩护过程中展示了更为积极的势态。无论是对知识论中先验资源的直接否定即否定 Aa-1，还是试图自然化先验资源的策略即否定Aa-2，都对非自然化的传统知识论提出了根本性的质疑，

① Simon H A. Bounded rationality and organizational learning. Organization Science, 1981, 2(1): 125-134.

② Simon H A. On how to decide what to do. The Bell Journal of Economics, 1978, 9(2): 494-507.

③ Gigerenzer G, Selten R. Bounded Rationality: The Adaptive Toolbox. Cambridge: MIT Press, 2001; Alvarez J F. Bounded rationality in dialogue interactions. Studies in Communication Sciences, 2005, 5: 119-130.

而这些质疑又常常建立在认知科学所提供的论据或证据之上。因此，在对先验性论据的讨论中，我们可以更为清晰地看到自然化知识论与认知科学之间相互支持的关系：一方面，自然化知识论强调认知科学是建设令人满意的知识理论不可缺少的资源；另一方面，认知科学为自然化知识论的合法性提供了大量的甚至是决定性的论据或证据。

在皮亚杰的时代，哲学家对他使用心理学资源来研究知识论问题大多持赞赏性态度。尽管存在着许多在技术性问题上与皮亚杰理论的分歧，但却很少出现今天反对NP的学者们在反对认知科学通过自然化的方式介入知识论时所展现的在方法论和本体论上深刻的戒惧与敌对。简略地思考一下引起这个现象的原因，会有助于我们更为深入地理解本章所讨论的知识论与认知科学之间关系的哲学蕴含。皮亚杰对一系列认知和知识论过程如"知道""相信""知觉""因果推理"等的心理和行为研究在当时绝大多数的哲学家看来是心理学研究。这些哲学家并不反对心理学研究与哲学研究具有一些重叠的研究领域与研究对象，并且认为心理学对这些认知和知识论过程的研究会为知识论研究提供原始材料和证据。同时，他们大都坚持认为对认知和知识论过程的心理和行为研究与对知识论地位的概念分析是两种完全不同而且相互独立的研究方式。知识论对心理和行为研究的对立性使得当时大多数哲学家对皮亚杰的研究持欢迎态度显得顺理成章。然而，NP 的产生则改变了局势。NP 的支持者会倾向于认为认知科学以及认知科学的早期拓荒者皮亚杰对认知和知识论概念的心理过程的经验研究并不只是发生学或描述性研究，而是本身就是一种知识论研究。NP 的这种看法在传统知识论阵营中所引发的紧张情绪可以从规范性论证和先验性论证中透露出来。在这种紧张情绪下，当代认知科学与知识论的关系就远比皮亚杰的认知心理学研究与当时的知识论之间的关系更具哲学意义。

7.5 涉身的知者与延展的知识

7.5.1 助勘式的科学推理模型

我们讨论了一系列为自然化知识论辩护的理由。其中一个对认知科学来说最为重要的是反对 Aa-2 的第三个理由，如果可被先验辩护的推理规范在其应用过程中必须考虑到认知主体的认知局限的话，那么，这些规范在知识论中的运用就无法脱离那些帮助我们识别这些规范是否适用于特定认知主体的经验科学，尤其是认知科学。我们也看到认知科学的研究成果为这个理由提供了最主要的证据。在后文中，我们将讨论认知科学的研究成果如何让我们重新理解知识论规范，以及这种自然化知识论立场应用在科学哲学研究领域中的一些具体例子。

前面我们提到有限合理性模型在最近二三十年引发出许多认知科学学者开始对助勘式规则产生兴趣。而助勘式规则的概念正在引起科学哲学界的逐步重视，一些学者认为这个概念可以让我们更好地理解科学知识和科学合理性。比如，温萨特（W. Wimsatt）认为，从纯粹建立在算法上的科学合理性观转变为依赖于助勘式规则的科学合理性观，"会使科学哲学更加贴近科学实践而无须向彻底的描述主义投降，而且，它还会通过经验推理过程的特点、局限和偏差与心理学建立联系"[①]。在温萨特指出的研究进路中，认知科学无疑成为其中不可缺少的组成部分。本部分将讨论这个进路的各种特征及其在科学哲学中的可行性。科学哲学在 20 世纪 60 年代之前与知识论相互重叠，关系极为紧密。卡尔纳普、波普尔、蒯因、普特南、古德曼（N. Goodman）、塞拉斯等学者的科学哲学研究，在他们自己看来就是知识论研究。[②]而当知识分析把知识定义为被辩护的真信念（justified true belief）之后，知识论开始与科学哲学各说各话，处于分离状态。自然化的知识论则为科学哲学与知识论的重新融合提供了平台。认知科学无疑是这个平台的最为重要的支柱之一。

由于对助勘式推理规则在不同的研究领域里产生过许多不同于认知科学领域里的理解，我们首先梳理出一个在之后的讨论中所需要的助勘式推理概念。其次讨论一些数学和物理学领域中所使用的助勘式认知工具，并从中引出助勘式结构的概念。这个概念以一种更具一般性和统和性的方式

---

① Wimsatt W. Re-engineering Philosophy for Limited Beings—Piecewise Approximations to Reality. Cambridge, London: Harvard University Press, 2007.

② 这也说明了为什么蒯因的自然化知识论的文章在内容上讨论的绝大多数都是科学哲学问题。20 世纪 60 年代后仍持类似看法的科学哲学家还包括拉卡托斯和劳丹。

来理解助勘式资源的知识论作用，同时也为建立在助勘式资源之上的科学合理性模型提供了初步建构的资源。这种从具体的实践语境中寻找和辨别出其中的知识论规范的方式，是自然化科学哲学和自然化知识论所常用的方式。最终的目的仍然是展示当代认知科学对助勘式结构的研究有力地促进了我们对科学知识获取中的知识论规范性特征的深入理解。

7.5.2 助勘式推理与算法

在心理学领域里，助勘式推理是一种大多数情况下正确但有时也会出错的推理。按照一般的推理规范，助勘式推理的错误之所以产生是由于某种偏差，即助勘式推理出错的方向在很大程度上是可以预见的。推理者一般可以知晓一个助勘式推理在哪些语境中比较可靠，在哪些语境中比较容易出错。而如何判断一个助勘式推理的偏差或可能出错的方向，则依赖于对特定助勘式推理规范的理解。让我们看一个例子。

7.5.2.1 卡尼曼论助勘式推理的心理机制

在对助勘式推理的早期研究中，实验心理学家和认知科学家卡尼曼、特维斯基（A. Tversky）及其合作者们对一种“代表性助勘式”（the representativeness heuristic）进行了研究。[①]他们通过一系列心理实验展示，这种推理被运用在使用对象 A 与对象 B 的相似性来进行的概率性判断中。比如，他们向被试出示一些人物照片，或提供一些有关这些人物的信息，并让被试判断这些人中哪些是哲学老师或哪些是银行职员。多数被试会通过对比所接受的信息与自己常用的范型（stereotype）之间的相似性来做出判断，甚至会忽视一些为概率赋值时需要遵守的概率计算规则。而且，研究者们还能够很好地预测被试因使用范型而出错的倾向，也就是说，能够预测代表性助勘式的偏差。这种预测能力非常重要，它是使用可错的助勘式推理来建立可靠的合理性机制的基础。使用助勘式推理来建立可靠的合理性机制要求改变传统的合理性理论对助勘式推理的一个误解，即认为助

① Kahneman D, Slovic P, Tversky A. Judgment Under Uncertainty: Heuristics and Biases. Cambridge: Cambridge University Press, 1982; Gilovich T, Friffin D, Kahneman D. Heuristics and Biases—The Psychology of Intuitive Judgment. Cambridge: Cambridge University Press, 2002.

勘式推理的偏差是人类认知局限性的表现。这些偏差的结构与特性自然是心理学的研究对象，但并不具有认识论层面上的规范性意义，因为人类的知识是通过可以避免偏差的推理规则来获得的。本部分的一个目的就是要展示，即使人类使用一些没有偏差的推理规则，大多数的知识也仍然是通过具有偏差的推理获得的，因而，理解助勘式推理及其偏差有助于我们更好地理解人类的合理性。在这个意义上，偏差有其非常重要的规范性意义。

认为偏差没有知识论层面上的规范性意义的看法来自一种传统观点，即认为我们不应该使用认知科学或其他科学资源来说明知识论规范的观点。这是一种反对自然化知识论的观点。从这个观点出发，偏差自然无关紧要，因为任何知识论规范都只能用逻辑和数学的结构分析来说明，而偏差的任何功能也都必须还原到逻辑和数学的形式结构的分析中。人们常常把这种形式结构分析称作算法（algorithm）。回答什么是算法与回答什么是助勘式推理一样，并不十分容易。在某种意义上算法有个清晰和精确的定义。算法是一种为完成特定任务而产生的一组意义明晰的指令。算法要保证自己在被正确使用时一定会得到正确结果。一般来说，只要正确使用，算法会带来决定论的结果，即其结果具有完全的确定性和可预测性。①从形式化的立场出发来刻画作为数学对象的算法，这本身并没有任何问题。但对于科学合理性以及建立在科学合理性之上的科学知识来说，从形式化立场来刻画的算法并不够用。如果我们反思在科学研究领域中算法概念以及与其相关的助勘式推理的不同使用，就会产生对这些算法如何作为形式化对象而具有认识论规范的疑问。在讨论这个问题之前，我们还需要对算法与助勘式推理的区别做出一点考察。

7.5.2.2 助勘式推理的算法

对于如何准确地理解算法有着不少争论。如果我们想用算法的概念来定义助勘式推理，这些争论无疑是至关重要的。在计算机科学中，算法概念常与程序的概念相区别。存在着不同的对算法和程序的区分方式，而这些不同也会引起对助勘式推理的不同理解。在心理学中算法概念直接与助勘式推理相区别，后者被认为是快速解决问题的思维捷径，尽管有时会出

① 也存在着对算法的非决定论的刻画，如 Helmert M. Understanding Planning Tasks—Domain Complexity and Heuristic Decomposition. Berlin, Heidelberg and New York: Springer, 2008.

错。所谓思维捷径也是相对算法而言的。尽管数学和计算机科学对算法有着清晰的定义，但在心理学和社会科学领域中却没有对算法和助勘式推理的统一而清晰的刻画。不同研究领域中对算法以及助勘式推理的不同刻画，不会影响两者所起到的知识论功能，而只意味着它们的知识论功能并不一定具有单一的本体论结构。

以下的讨论要展示从知识论的角度出发，助勘式推理以及它所携带的偏差是一组甚至比算法还要基础的认知资源，因为它们刻画了人们的认知能力及其应用时同语境之间的关系。人类在有目的的或出于某种价值指引之下的行动中，使用助勘式推理的频率要远高于使用算法。认知到这一点不仅对正确理解科学知识至关重要，也是正确理解科学哲学中许多问题所不可或缺的，因为它帮助我们理解如何给出在哲学上令人满意的科学说明理论，帮助我们理解还原论如何成为科学研究中的一个知识论目的。我们来看一些助勘式推理在不同的科学研究领域中的应用，从中得出一些助勘式推理的一般性特征，并以此形成具有合理性的助勘式结构的概念来刻画更具一般性的助勘式知识论规范。

7.6 小结：科学实践中的助勘式推理

7.6.1 数学知识中的助勘式推理

上文曾提到，在数学以及大量使用数学方法的科学研究中，算法是一系列可以被计算机编程的指令，这些指令使得我们可以用机械的方式解题。也就是说，只要我们亦步亦趋地严格按照指令操作，算法就可以保证我们得到正确答案，而无须做出其他种类的决策。从小学开始我们就学习各种算法，如加减乘除、开平方、开立方等。

解如下一元三次方程“$x^3 + 2x^2 - 7x - 14 = 0$”，存在着被称为“卡尔丹公式”的算法。只要按照该算法推导下去，并保证推导的每步不会因为心理疏忽而推错的话，就会得出正确的结果。当然，使用这个算法通过手算来求解常常是较为烦琐的。而且，求解比一元四次方程更为复杂的方程，则不存在类似的算法。然而，学校里的老师和绝大多数的数学教材除了介绍一些算法外，都会把绝大部分的精力放在教我们使用一些助勘式方法来求解方程上。上过中学的人都知道找公因式的方法，使用这个方法求解上述一元三次方程则无须使用“卡尔丹公式”。只需把它换成“$x^2(x+2)-7(x+2)=0$”，然后再换成“$(x^2-7)(x+2)=0$”就可以很容易解出。[①]然而，并不是所有的方程都能够找到公因式。找公因式的这种方法有的时候好用，有的时候就不好用了。面对一个一元多次方程，经过一番考究，我们也常常能够判断出找公因式的方式是否能用。有时，为了解一个方程，我们会用上不止一种助勘式方法。尽管助勘式方法未必能够保证解题成功，但仍可以解决相当一部分方程式，而无须使用更为烦琐费时的算法。

一个问题如果存在着解决它的算法，在原则上就可以用机械的方式解决它。然而，有时候计算过程过于漫长，甚至花费一个人整个生命的时间也未能算完。有时候使用算法解决一个并不太难的问题（即可判定性问题），也可能会使目前速度最快的计算机要花费整个宇宙生命的时间来解决它。[②]因此很多时候，即使我们拥有解决一个问题的算法，但出于实践的考虑，使用助勘式方法是比使用算法更为合理的。

一个算法对问题的解决依赖于该问题的逻辑结构。用“卡尔丹公式”解决一元三次方程的每一个步骤都是数学或逻辑等式，其中没有任何含混的地方。从一个华氏温度转化为相应的摄氏温度就是这样的过程。而助勘式方法则与此十分不同，它只在某些情况下给出正确或接近正确的答案。

---

① 一些算法辩护者会争辩说，在上述通过寻找公因式的助勘式方法来解决“$x^3+2x^2-7x-14=0$”的每一个步骤，无论是从“$x^3+2x^2-7x-14=0$”到“$x^2(x+2)-7(x+2)$”，还是从“$x^2(x+2)-7(x+2)$”到“$(x^2-7)(x+2)=0$”，都可以用算法来说明。笔者想强调的是，这种说明并不意味着求公因式的助勘式方法就可以还原到算法分析。当一个一元多次方程式可以通过求公因式的助勘式方法来求解时，求解的每一个步骤的确都可以使用清晰的数学算法来说明。但值得注意的是，使用求公因式的助勘式方法成功地求解“$x^3+2x^2-7x-14=0$”只是该助勘式方法应用功能的一部分，尽管这一部分可以被算法说明，但算法无法说明该助勘式方法应用功能的其他部分。这些无法说明的部分包括，在面对一个一元多次方程式时，寻求公因式的方法是否合适？为什么求公因式的助勘式方法对有些多元方程式好用，对另一些则不好用？正是因为这些无法被算法说明的部分，使得求公因式的助勘方法在本质上无法被还原为算法。看待这个问题的另一种方式是，算法可以说明求公因式的助勘式方法对“$x^3+2x^2-7x-14=0$”的求解，只是在该助勘式方法能够成功使用时才能得以实现，而在该助勘式方法并不适用的多元方程式中则无法实践。这个事实意味着算法的说明力从属于该助勘式方法，与后者相比是第二性的。

② 见 Cherniak C. Minimal Rationality. Cambridge: MIT Press, 1986.作者举的例子是使用丘奇定理来处理命题验算。在原则上我们可以使用真值表来计算一个决策过程，但即使是个简单的决策过程，也可能会引起计算上的难以应付(computationally intractable)。切尼亚克区分了逻辑上的可判定性与实践上的可判定性，并坚持人类的合理性受限制于实践上的可判定性。笔者十分赞同他的观点。

答案能否正确则取决于要去解决的问题的性质，取决于处理问题的方式，也取决于我们所想要的答案的类型，而所有这些都很难用某些固定的规则来确定。应用助勘式方法的一个重要问题是在面临具体问题时，需要决定使用哪个（些）助勘式方法。找公因式的助勘式方法并不能解决所有一元三次方程，因为一部分一元三次方程难以找到好用的公因式。没有哪个助勘式方法在所有的情况下都好用。

算法的一个基本特性就是它的正误标准独立于应用时的物质条件。演算一个数的平方根无论是在纸上用钢笔或铅笔，还是在沙地上用小木棍，其结果都应该是一样的。与算法的这个特性不同，有些助勘式认知工具在很大程度上依赖于应用时的物质条件。我们来看个例子。计算平方根、指数、对数和三角函数的一种方式是使用计算尺。在 20 世纪 70 年代电子计算器流行之前，计算尺是理工科学者和工程师常用的工具。仔细考察它的工作原理就会发现，它是个典型的助勘式工具，其计算结果也可以看成是一种助勘式推理的结果。计算尺是由固定的定尺、可滑动的滑尺以及帮助读数和对齐数字的滑标组成的，其中定尺和滑尺上分别按 y = lgx（即 C、D 尺）和其中的 y（即 L 尺）刻度。由于两数积或商的常用对数等于这两个数的常用对数的和或差，即“lga*b = lga + lgb”及“lga/b = lga–lgb”，这就使得定尺和滑尺刻度的可加减性可以用来近似地计算两个数字的乘或除。[①]之所以说是“近似地”，是因为计算的结果是使用者在滑标的帮助下所看到并估摸的刻度值，其中必然含有误差。计算尺以对数的刻度为基础（即 C、D 尺）与平方（即 A 尺）、立方（即 K 尺）、正弦函数（即 S 尺）和正切函数（即 T 尺）相对应，可以用来做倒数、平方、乘方和三角函数的近似计算。我们来看一个相对简单的操作：计算“$3.35^{3.38}$”。

（1）移发线到 D 尺 3.35，读 L 尺得 0.525。因为 3.35 的位数是 1，所以首数是 0，即 Lg3.35 = 0.525；

（2）用 C 尺、D 尺计算，得 3.38 * 0.525 = 1.775；

① 用米尺来做机械加减的方法如下：拿两个普通米尺并排靠拢对齐刻度。如果要计算“3 + 4”，可抽动第一支米尺，使它的始点对准第二支米尺的刻度 3。在第二支米尺上找出与第一支米尺的刻度 4 相对齐的刻度，即“3 + 4”的结果 7。如要计算“7 – 4”，可把第一支米尺的刻度 4 与第二支米尺的刻度 7 上下对齐，沿第一支米尺的始点在第二支米尺上便可读出结果为 3。

(3) 移发线到 L 尺 0.775，读 D 尺得 5.95，因首数是 1，所以真数的位数是 2，即 $3.35^{3.38} = 59.5$ ①

即使我们忽略这一段文字中一些技术概念，也不难看出求解过程中的一些特征。这个具体的求幂过程被分成了三个子问题，每个子问题都通过操作相应的标尺来计算。也就是说，每个子问题都遵循自己的计算和操作标准，尽管一些标准在三个子问题中是共有的。每个子问题的解决都带有自己的偏差。比如，如果滑标停留在某一标尺最小刻度的中间，操作者只能对数值做出大致的判断。因而，子问题越多或操作步骤越多，则出错的可能性就越大。而且，偏差部分地决定于计算尺的物质材料、制作的精美度以及使用者的操作能力。比如，热胀冷缩有可能增大阅读刻度时的误差，误差值也会随着子问题和操作步骤的增加而增加。

计算尺的例子带给我们两个重要的观察：第一，助勘式推理不仅是一种心理认知层面上的推理和推理规则，在一个更广泛的层面上，它同时也是一种认知方法、认知策略和认知工具。因此，在后面的讨论中，我们会根据具体问题，使用“助勘式方法”“助勘式工具”“助勘式原则”等表达，以照应这些更广泛的层面。第二，并不是所有的助勘式推理的成功运作都像计算尺那样依赖于使用时的物质条件。比如，解决上面提到的一元三次方程的助勘式方法的成功运作就无须依赖物质条件。然而，要点并不在于物质条件是否必要，而在于助勘式推理与算法的一个重大区别是前者要成为一个合适的认知规范需要某种人为性的支持（artificial implementation），而算法仅依赖于有效的逻辑和数学规范。这些人为性支持有些是物质性的，有些则不是。上面提到解方程时找公因式的助勘式方法就依赖于所要求解的方程是否拥有可被人辨识的公因式，而这就是一个非物质的人为性支持的例子。更一般地说，与算法的一个根本性差异就在于，助勘式推理或助勘式认知工具的个体化及其应用依赖于某种人为性支持。

7.6.2 经典物理学知识中的助勘式推理

下面我们来讨论助勘式认知工具在物理学中的应用。一些学者认为物

① 钱立豪. 计算尺的使用与原理[M]. 上海：上海人民出版社，1976: 85.

理学中的助勘式认知工具都可以还原为算法。我们要指出这个观点站不住脚。然而，物理学中的确有一些助勘式推理可以还原为算法。我们先看一个例子。

物理学从古希腊开始就在使用一种可被称为“最小作用原则”（the principle of least action）的助勘式说明方式，即在说明一个物理现象或性质时，应该在说明项中预设最少的运动。欧几里得和亚历山大的希罗（Hero of Alexandria）都认为在说明光的性质时，需要预设光线在两点中以最短的距离进行传播。[①]亚里士多德也用同样的原则来说明行星的圆周运动。他认为行星之所以做圆周运动是因为围起一个封闭面积的线段中圆周曲线最短，因此，不难论证如果以相同的速度运行扫过相同面积所用的时间最短。到了 17 世纪，费尔玛（Fermat）指出如果假设两点之间光线传播的路径是所遇到的阻力或所需要的时间最小的路径的话，将会很好地说明一系列光的现象，包括折射定律。他深信最小作用原则是表征自然现象和规律的普遍原理。后来莱布尼茨和莫泊丢（P. M. de Maupertuis）也运用这个原则，即假定光的行进会使某个量取最小值，来说明各种光学定律。[②]莫泊丢认为最小作用原则揭示了自然的终极因以及上帝的存在。不久，欧拉（L. Euler）和拉格朗日（Lagrange）则提出最小作用原则及其解释无须与终极因挂钩，而是可以从公式中推出来。这种消去物理学及其他科学中目的论说明的策略收获了相当丰硕的成果，时至今日仍然有它的市场。使用公式来重新解释目的论过程，使得该过程可以通过机械的步骤分析出来。也就是说，被最小作用原则说明的自然现象可以被还原到某种算法对该现象的描述中。[③]这种还原论的一个重要后果是拉普拉斯的决定论。大致来说，拉普拉斯的决定论坚持未来的任何状态都可以通过算法决定，该算法一旦获知起始状

① McPeak W. Advancements in optics, 700-1449//Schlager N. Science and Its Times: Understanding the Social Significance of Scientific Discovery.Vol. II. Detroit: Gale Group, 2001: 274-277.

② Wolf A. A History of Science, Technology, and Philosophy in the 16th, 17th and 18th Century. London: George Allen & Unwin Ltd, 1935.

③ 用科学史家沃尔夫的话说：“分析力学的各个基本公式并没有给我们提供关于机械过程本性的任何新信息，它们只是在人们已熟知的一些原理之上建立的。不过，它们提供了用标准方法分析地处理各种特殊情形的手段。不然的话，这些特殊情形就不得不逐个予以考查。”见 Wolf A. A History of Science, Technology, and Philosophy in the 16th, 17th and 18th Century. London: George Allen & Unwin Ltd, 1935.引文参考周昌忠等人的译本。

态中的所有粒子及粒子间的物理状态，那么就可以机械地推出未来某一时间点上所有粒子及粒子间的物理状态。拉普拉斯的决定论是莫泊丢理论的一种变形，并放弃了关于上帝的那一部分。它把莫泊丢理论中以最小作用原则来说明的部分还原到微分方程的描述。在这种描述下，所有的物理过程都被还原为机械过程，而无须任何目的论预设。

在这个例子中，最小作用原则是一个标准的助勘式工具，被科学家用来描述和说明目的论系统中的物理行为（即可以从终极因中推出的行为），同时，最小作用原则可被以微分方程表达的算法说明，而这些算法又可以从某些自然定律中推出。在物理学和其他学科中的确存在着这种可以还原为算法的助勘式认知工具。这使得一些学者认为助勘式工具尽管可以帮助科学家找到对问题的近似解决，或在某些情况下精确地解决问题，但要彻底地解决问题仍需要找到可以还原助勘式工具的算法。从这种还原论的视角出发，助勘式工具只是一个从属于算法的辅助工具。我们曾经看到，在数学和计算机领域里，对算法的定义并不统一。不同的研究纲领可以拥有对算法的不同理解。也许有人会认为在物理学中算法的概念足够清晰和精确，可以还原物理学中的助勘式认知工具。这种看法把物理学看作最为基本的知识领域，因为物理学是寻找算法最为基础的领域。然而，这种看法值得怀疑。

美国物理学家杰洛赫和哈特勒曾指出，作为算法的理论可以机械地从理论中推出检验或预测的结果，但一些物理理论无法满足这个要求。[①]比如，如果理论预测的误差界限为 5%，那么在做实验前就要建构相应的数据模型，确立相应的统计显著性差异，以便判断最终的实验结果是否支持理论或是不是理论成功的预测。如果误差界限改为 1%而理论可以作为算法的话，那么只需对之前的数据模型中的参数和统计显著性差异略做修正即可。然而，许多物理学理论并不是算法，当改变误差界限后，甚至整个问题都需要重新定位，即需要构造新的模型，采用新的近似和评价方法。在这种情况下，难以找到从理论机械地推出检验或预测结果的方式。这就意味着

① Geroch R, Hartle J. Computability and physical theories. Foundations of Physics, 1986, 16(6): 533-550.

在这些不是算法的理论中，助勘式方法将作为概念的和技术的工具来推出理论的检验或预测结果。杰洛赫和哈特勒指出量子力学就是这种非算法的理论。

7.6.3 量子力学知识中的助勘式推理

量子力学的测量是物理学哲学的中心问题之一。该问题产生于对同一物理系统状态的不同解释。薛定谔方程描述了量子态的演化，然而测量的结果却难以展示方程所描述的系统状态。按照方程的描述，某种系统状态应是表征该状态的矢量叠加，但测量只显示其中的一个矢量。根据标准解释，测量使得测量前叠加的矢量“坍缩”而还原为其中的一个。然而，坍缩的原因和过程却很难说清。一些学者倾向于认为测量改变了系统的初始状态，然而，如何理解这个改变也很难说清。一种无须假设坍缩的解释认为，世界在每个时刻都在通过量子反应而形成分枝，每个叠加的矢量都表征着正在演化中的不同分支。还有的解释试图利用概率来进行分析。我们并不想深入这些讨论中。①我们感兴趣的是，有一些相关讨论有助于我们理解助勘式工具与算法的关系。

由物理学家兰姆（W. Lamb）提出并由卡特莱特予以发展的观点认为，描述量子态的演化和互动的理论有时可以用概率的方式预测一个物理系统的经典态。然而，并不存在一个普遍性原则来连接一个物理系统的经典态和量子态。有时，两个状态可以有关联，有时则不能。也就是说，有的物理系统只有经典态，有的只有量子态，有的可以具有两种状态，但并没有一种系统的方式来刻画这些状态之间的关系。玻恩试图提供量子态和经典态之间关联的简单模式。但卡特莱特指出，这个尝试难以成功，因为它预设了一种无须考虑具体测量工具的理想化的测量，而在实际的量子测量中，科学家总是通过特定的测量仪器和工具来做出某种预测。忽略具体的测量仪器和工具进而忽略测量的具体语境来理解的测量，“根本不是现实的测

---

① 对该问题的一些经典讨论可参看 Castellani E. Interpreting Bodies, Classical and Quantum Objects in Modern Physics. Princeton: Princeton University Press, 1998.

量，而是更像一个妖怪骑在粒子的背上不需要任何仪器就能知道的东西”[①]。

在兰姆和卡特莱特看来，从量子态到经典态之间缺乏普遍性的推理这个事实正是量子世界中的偶然性的表现。特定的允许科学家成功预测的技术系统在量子层次和宏观层次之间探索着两者之间的因果关系，并“偶然地”建立起这种关系，而这种关系正是世界的因果结构的“历史性”产物。之所以使用“偶然地”和“历史性”这两个词，是因为通过特定技术系统获取的量子态和经典态之间的关系，在另一个技术系统中并不必然会出现。技术系统帮助科学家获取不同层次的物理状态之间的信息，但却难以保证所获取的信息具有不受任何限制的普遍性。在这个意义上，量子态和经典态之间的关系是偶然的。这种对量子态和经典态之间关系的看法意味着助勘式认知工具在物理学最基础的层面上起到不可还原的作用。物理学常常被看成是一个仅由物理概念和物理定律组成的封闭和自足的系统，也就是说，物理学仅通过物理概念和定律就可以做出所有的说明和预测。而兰姆和卡特莱特的解释则挑战了这个封闭和自足的物理观。他们展示了技术系统在形成其他情况均同（ceteris paribus）定律的过程中是不可或缺的，就像存活的有机体是形成生物学定律时绝对必要的（sine qua non）那样。而且，解决量子力学测量问题的一种建设性方式正是把一些物理学定律当作实质蕴涵（material implication），即其中的推理过程依赖于相应的物理系统状态中的技术内容。

兰姆和卡特莱特对量子力学的解释是众多解释中的一种，并非不具有争议性。也许在其他解释中助勘式认知工具可以还原为算法。然而，他们的解释提供了在物理学中助勘式认知工具不可还原为算法的可能性，而在其他学科中，这种不可还原性是相当清晰的。认识到技术因素在理解科学知识的增长中所起到的作用，意味着认识到技术系统和各种实践资源所组成的助勘式认知工具如何在特定的科学实践中以不同方式界定着科学定律的偶然性边界。这个边界之所以是偶然的，部分是由于寻找技术系统和实践资源的偶然性，部分是由于作为助勘式认知工具的技术系统本身所带有

① Cartwright N. The Dappled World: A Study of the Boundaries of Science. Cambridge: Cambridge University Press, 1999.

的偏差。我们把具体实践中的技术系统和相应的实践资源所组成的助勘式认知工具称为“助勘式结构”。上面所看到的数学和物理中的例子展示了助勘式结构是科学实践中重要的知识论规范。

我们从前文可知，数学和物理学中的合理性规范难以还原为算法，许多规范都可以理解为助勘式结构。理解助勘式结构如何形成科学合理性模型并因此成为科学研究中重要的知识论规范则仍需要澄清一些问题。在上面讨论具体例子时，根据不同的讨论对象，我们曾用过“助勘式推理”“助勘式认知工具”“助勘式结构”的表述。在这里我们需要对“助勘式结构”和“技术系统”给出一个更具一般性的刻画。

一个助勘式结构是为了解决特定问题而形成的一组功能性地、人为地和有层次地组织在一起的具有系统性偏差的合理性布局。所谓“功能性”（functional）是指助勘式结构的组成是为了解决某些问题。在讨论计算尺时我们曾提到过“人为性”（artificial）。它意味着助勘式结构是人们为了解决某些问题而创造出来的认知资源和工具。而“有层次”（hierarchical）是说为了解决某一问题，各类助勘式资源以某种秩序或等级组合而形成可以被当作合理性布局的结构。助勘式结构是科学实践的重要组成部分。我们看到计算尺就是一个助勘式结构。实验室中的一组实验设备也是一个助勘式结构，它由不同的次级技术和仪器组成，分别具有特定的功能以解决不同类型的问题、制造不同的现象和探测不同的对象，并被科学家有层次地组合起来去解决新的问题。兰姆和卡特莱特所提到的技术系统可以被看成由实验仪器、工具和技能组成的助勘式结构。这些技能包括收集信念、处理数据、操作仪器的能力。助勘式结构与技术系统的区别只是程度上的。作为助勘式结构的计算尺在本质上来说也是一个技术系统，因为建造计算尺需要许多技术支持，只不过这些技术并不直接影响计算尺的使用，使用者只需知道相应的使用和操作规则即可。与此形成对照的是对电子显微镜的使用，使用者对仪器的工作原理了解得越多、越深入，就越能够熟练地进行操作，看到自己想看的东西。有时，电子显微镜观察的现象要与光学显微镜观察的现象相对照，才能区别所看到的东西是仪器产生的还是观察对象本身所带有的。所以，使用者还需要了解光学显微镜和电子显微镜在技术上的差别。一般来说，一个助勘式结构在使用时，其技术成分并不直接影响使用，即当我们在使用时可以把其中的技术成分当作一个可靠的“黑箱”过程而无须予以考虑时，我们就仅把它看成是一个助勘式结构。然而，如果对其中的技术成分的了解是成功地使用一个助勘式结构所必需的，我们就倾向于把它看成是一个技术系统。

在本节中，我们探讨了当代认知科学研究中所引入的助勘式认知资源的概念如何能够帮助我们看到传统科学哲学难以让我们看到的一些在获取科学知识过程中的知识论规范性特征。在区分了对助勘式认知资源的不同理解之后，通过考察科学实践中不同种类的助勘式认知资源的运作，我们在一个更具一般性的层面上提出助勘式结构的概念，并发现科学实践中存在着大量的助勘式结构的运用。理解这些助勘式结构的成分与功能，是理解科学研究中的知识论规范必不可少的部分。而理解助勘式结构的成分与功能很大程度上依赖于认知科学对各种助勘式认知资源的研究。从自然化知识论和自然化科学哲学的视角看，助勘式结构的运用并不是一件令人惊奇的事。事实上，助勘式结构的运用也为自然化知识论和自然化科学哲学提供了正面的支持论据。从整个第 7 章的研究中我们不难看出，认知科学不仅与自然化知识论关系密切，而且这种密切的关系有着十分重要的哲学意义。正是认知科学对自然化知识论的支持，使得认知科学之后的知识论得以找到一条与之前知识论相比非常不同的、极具革命性的研究进路。这种革命性的后果是认知科学之前的心理学研究所不具备的。

8　伦理学挑战：道德心理学审视

自从认知科学诞生以来，它就对哲学研究的各个领域产生了重大影响，伦理学也不例外。大体上说，我们至少可以发现三种主要方式来设想认知科学和伦理研究之间的关系：第一，认知科学的研究极大地丰富了我们对道德认知和道德动机的理解；第二，神经科学、进化生物学和心理学的发现要求我们重新反思道德客观性的本质和来源；第三，伦理研究在某种意义上仍然具有相对的超越性或自主性，因此，当我们将认知科学的研究成果应用到伦理学领域时，就有必要对人性和人类条件进行一般性的哲学反思，以此来评价有关应用的前景。如果甚至在认识论的领域，就像某些哲学家所声称的那样，认知规范不能被完全“自然化”，那么，在伦理生活的领域中，道德规范也不能被完全“自然化”，因为道德规范关系到人类生活的价值领域以及人对生活的意义的认识和承诺。我们人类凭借这种认识和承诺而部分地得以超越了我们所生活的自然世界，或者说超越了人类作为一种动物的单纯生活状况。当然，这样说并不是要否认对人性和人类条件的经验研究能够为现实的伦理生活提供有益的指南，然而，同样重要的是，我们需要极为明确地认识到经验研究对于伦理探究的限度。本章将选取两个典型案例来探究认知科学与伦理学之间错综复杂而又富有成效的联系。第一个案例关系到认知神经科学对于人类伦理的冲击，第二个案例涉及个性心理学和社会心理学中的境况主义（situationism）实验对美德伦理学提出的所谓“挑战”。

8.1　神经伦理学：科学与哲学的互动

8.1.1　认知神经科学的伦理含义

如果我们认为所有重要的人类行为都与我们称为“心灵”的那种东西具有紧密联系，并把大脑理解为人类心灵的（物质）基础，那么认知神经科学就具有了重要的伦理含义。首先，从理论性的方面来说，它帮助我们理解人类意识和道德的生物学或神经生理基础，甚至理解我们的创造性的来源以及具有宗教情感的能力，由此就促成了人类的自我认识和自我理解。其次，从实用性的方面来说，一旦我们通过神经科学的研究发现了精神活动的物质基础，我们就可以通过对后者进行干预、治疗甚至强化（enhancement）来修复和提高人类的精神活动能力，例如治疗困扰人类的阿尔茨海默病或者修复新生婴儿的遗传缺陷。神经科学家阿迪纳·罗斯凯斯最早用“神经伦理学”（neuroethics）这个术语来表征一门学科[①]，并进一步把神经伦理学分为两个分支：神经科学的伦理学（the ethics of neuroscience）和伦理学的神经科学（the neuroscience of ethics）。前者探究出于各种目的对大脑的观测和干预所带来的伦理问题，例如对精神治疗药物的使用、对大脑的深度刺激、干细胞移植、通过基因工程来强化人类能力，等等。人的精神活动和精神能力取决于作为其物质基础的大脑，这是神经科学研究已经揭示出来的一个根本事实。

因此，通过对大脑及其物理活动进行各种形式的干预，就可以在一定程度上影响人的精神活动和能力（尽管我们现在还不能说所谓的“心灵”完全是由封闭在人类头盖骨中的大脑来决定的）。某种药物能够影响大脑中神经元的连接及其活跃程度，因此就可以对记忆和情绪等精神活动产生影响，例如，使用催产素据说可以增强人们彼此信任的倾向。通过观测某种类型的精神活动与大脑中某个神经生理模式的关联，在某种程度上就可以

① RoskiesA. Neuroethics for the new millennium. Neuron, 2002, 35(1): 21-23.

直接通过操纵后者来控制前者。这种可能性带来了关于个人隐私和操纵他人的伦理问题。假若神经科学家最终发现了记忆以及获得和保存信念的神经机制，那么，通过对大脑自身进行干预，也许就可以抹除一个人此前的记忆，并将新的信念灌输给他。在某种程度上这是对人的自我和人格同一性的人为改变，因此会极大地影响人类的自我认识和自我理解。

一旦神经科学家可以从神经科学的层面来探究人类的认知、决策、推理、情感、动机等的神经机制，这些经验研究结果就可以影响原来被认为属于伦理学领域的一些根本问题，例如自由意志和道德/法律责任、道德认知（包括道德推理、道德判断以及道德直观）和道德动机等。因此，伦理学的神经科学主要涉及神经科学如何有助于我们理解道德本身，例如我们进行道德推理的原则、情感和非情感过程对道德思维的影响，以及某些具有伦理相关性的精神活动（比如自由意志和自我控制）的机制及其神经科学基础。

就这两个领域的关系而论，罗斯凯斯自己认为二者尽管有所重叠，但却可以独立地加以探究，而格莱伦则认为伦理学的神经科学涉及更多的理论问题，神经科学的伦理学涉及更多的实践问题。[①]总的来说，前者主要是利用认知神经科学以及相关学科的经验研究成果来处理广泛意义上的伦理学中的一些问题，后者则主要致力于考察认知神经科学和相关学科的实际应用所带来的伦理、政治（政策）和社会问题，因此在广泛的意义上属于应用伦理学。由此可见，神经伦理学的这两个领域实际上具有本质联系：假若我们认为在人类道德和人类心灵之间存在着重要联系，那么对人类心灵的科学研究就可以产生伦理上重要的结果，对这些结果的反思也有助于我们进一步探究神经科学的伦理学。对神经伦理学的哲学探究之所以变得必要，就是因为神经科学的研究让我们有机会理解心灵、主体性和意识并要求我们理解主体性和客体性之间的关系，因此似乎“穿透了人类自

① Glannon W. Brain, Body and Mind: Neuroethics with a Human Face. Oxford: Oxford University Press, 2011: 3. 该领域中的一些典型文献大体上沿袭或遵循了罗斯凯斯提出的概念框架。例如, Clausen J, Levy N. Handbook of Neuroethics. Dordrecht: Springer, 2015; Illes J, Sahakian B S. The Oxford Handbook of Neuroethics. Oxford: Oxford University Press, 2011.

我”。[①]可以说，神经伦理学很好地示范了哲学和认知神经科学之间的一种双向互动关系：认知神经科学的发展在某种程度上改变了对哲学伦理学中一些根本问题的传统理解，在这个意义上可以被认为对哲学提出了“挑战”；另外，哲学以其特有的概念分析和逻辑也促进了我们对认知神经科学的实际应用的反思，特别是在伦理学和方法论方面。

8.1.2 神经科学的伦理风险

尽管神经科学在一定程度上促进了我们的自我理解，但其应用也带来了风险，产生了忧虑。例如，人们担心神经科学的研究会表明人类的一切精神活动都是由大脑中的神经生物机制预先决定的，因此，假若决定论与自由意志不相容，那么人类就没有自由意志，因此就会失去人类因为具有自由意志而被认为具有的尊严。[②]生物医学工程的发展（干细胞移植、克隆以及基因工程的其他运用）也提出了一个具有根本重要性的哲学问题：作为人究竟意味着什么？下面，我们将以生物医学工程对人类能力的强化为例，来简要地说明这个问题是如何出现的，在哲学上又产生了什么样的担忧或问题。

认知神经科学和生物医学的发展已经让人类能力的强化开始变得可能，医药和医疗技术开始超越预防性和治疗性的阶段。抗抑郁剂和某些其他药物可以用来控制情绪和注意，基因编辑技术有望被用来修复婴儿天生的遗传缺陷。如果人造器官可以被成功地研发出来并取代人体衰老的自然器官，那么人类也许就能延长目前的平均寿命。认知神经科学和生物医学的发展及其应用因此会改变我们对人性和人类条件的传统理解，并由此对传统的道德观念产生巨大冲击。我们可以用人类强化方面的两个典型例子来说明这一点：第一个例子关系到对人的物理能力的强化，第二个例子则涉及认知能力的强化。[③]强化指的是，与正常的健康状态相比，甚至在没有

---

① Levy N. Neuroethics: Challenges for the 21st Century. Oxford: Oxford University Press, 2007.

② 参见 Libet B. Mind Time: The Temporal Factor in Consciousness. Cambridge: Harvard University Press, 2004.相关的讨论，参见 Sinnott-Armstrong W, Nadel L. Conscious Will and Responsibility: A Tribute to Benjamin Libet. Oxford: Oxford University Press, 2010.

③ 对人类强化所产生的问题的一般讨论，参见 Savulecu J, Meulen R, Kahane K. Enhancing Human Capacities. Oxford: Blackwell, 2011; Clarke S, Savulescu J, Coady T, et al. The Ethics of Human Enhancement: Understanding the Debate. Oxford: Oxford University Press, 2016.

病态条件需要加以治疗的情况下，通过基因、生物医药或药物方面的干预来改进人的倾向、能力和康乐。从这个定义中不难发现对人类强化的几个明显的，但缺乏充分合理的根据的非议。例如，有些批评者认为强化超越了正常健康的范围，因此也超越了医疗的恰当目的。若进一步考虑到医疗资源严重欠缺的状况，那么超出正常的医疗范围、动用稀缺的医疗资源对部分个体进行强化也是道德上不正确的，正如桑德尔所说的，“基因强化是为了非医疗的目的——与治疗或预防疾病、与修复损害或恢复健康无关的目的——来使用医疗手段”[①]。这个批评的合理性显然取决于两个因素：第一，我们可以对“正常的健康”提出一个明确的界定；第二，我们可以把治疗与强化截然区分开来。然而，一些学者并不认同这种观点，反而认为治疗和强化都有同一个目的，即尽可能提高人们过好生活的机遇，而医疗的目的本身也是按照这个目的来设想的。[②]实际上，很多用于强化的药物或医疗技术原来是为了治疗而发明的。因此，假如认知神经科学和生物医学的发展已经可以用某种方式延长人们的寿命、强化人们的认知能力乃至道德能力、缓解或消除不利于健康的情绪，那么人类强化好像就没有什么道德上可非议的。然而，对一些例子的深入分析会表明问题不是这么简单。

首先考虑一个容易理解的例子：对运动员的运动能力的强化。[③]人们的出身以及自然天资上的差别会对人们未来的生活前景产生影响，因此在某种程度上导致了人们在经济状况和社会地位上的差别。如何通过设计合理的社会和政治制度来缓解或消除因为“自然彩票”（natural lotteries）而在人们之间产生的不平等，历来是伦理学家和政治哲学家所要关心的一个重要问题。与此相比，运动竞技的领域被认为是公平竞争的一个典范，也是将坚毅、勇敢之类的人类美德体现出来的一个领域。在奥运会之类的重要赛事上，一些运动员之所以会因为使用了兴奋剂而受到强烈批评和指责，

① Sandel M J. The Case Against Perfection: Ethics in the Age of Genetic Engineering. Cambridge: Harvard University Press, 2007: 8.

② 例如，参见 Harris J. Enhancing Evolution: The Ethical Case for Making Better People. Princeton: Princeton University Press, 2007.

③ 对这个问题的一个详细讨论，见 Tamburrini C, Tännsjö T. Genetic Technology and Sport: Ethical Questions. London: Routledge, 2000。对于体育竞技中的公平原则的一般讨论，见 Loland S. Fair Play in Sport: A Moral Norm System. London: Routledge, 2001.

就是因为他们违背了公平竞争的基本精神——不管是通过服用兴奋剂来提高技能和运动速度，还是通过实质性的强化来提高大脑的敏捷性或反应能力以及身体的运动机能，都被认为违背了公平竞争的运动规则。如果某些运动员因为使用了兴奋剂或进行了某种物理强化而获奖并且未被发现，那么他们就是靠欺骗得到了他们想要的东西，他们的做法就使得整个运动变得不公正。但是，如果某种物理强化能够提高人们的身体素质，在这个意义上让人类变得“更健康”，而相关技术的发展也会让所有人（只要愿意）都可以得到这种强化并有能力支付相关费用，那又如何？如果这个可能性成立，那么公平或公正问题好像还没有构成对人类强化的致命批评。当然，如果生物医学方面的强化手段不是普遍可得到的，那么运动规则就应该禁止使用这种手段。如果这种手段已经是普遍可得到的并被认为在某种意义上是有益的，那么，为了允许使用这种手段，可能就需要修改运动规则。人类强化的反对者大概只能回答说，这种超出正常健康范围的做法是不可接受的，特别是在医疗资源有限的情况下。然而，在上面提到的那个假设（某种强化是普遍可得到的并且不属于个人昂贵消费的范围）下，这个回答并不充分，因此我们只能转而考察“正常健康”这个概念，因为只有当这样一个概念能够被有意义地界定时，我们才能说什么样的治疗或者对医疗资源的什么样的配置是“必要的”或“不必要的”。一些学者试图按照“平均功能”的思想来界定这个概念：说某人是健康的，就是说他/她在正常情况下能够做一个具有正常人类功能能力的人所做的事情。按照这个定义，残疾人显然属于需要得到治疗的范围，医疗资源应该尽可能对他们倾斜以便让他们尽可能恢复正常的健康水平。但是，就这个概念需要指定“正常的人类功能”而论，就不是很清楚是要按照人类正常的物理—生理能力来指定，还是要加上某些其他东西。在日常意义上鉴定出来的一个“正常的”人类个体做某事的能力，显然并不只是物理—生理能力加上某种平均的人类智力水平，因为一个人的智力水平取决于很多因素，例如，不仅取决于天资和教育，可能也取决于一些其他方面的能力，比如说，一个人在特定情境中的智力水平可能也与情感能力有关。因此，只要我们不是在一种纯粹生物物种的意义上来谈论“人类”，那么甚至以人类作为参考系也无法精确地界定人的“平均的、正常的”功能能力。实际上，只要我们想到人类个体对一种“繁盛的”人类生活的设想和实现是多种多样的，那个概念就更难界定了。[①]如果我们无法明确地界定这个概念，那么我们也不太可能将预防/治疗和强化截然分明地区分开来。如何指定人类的“正常的”功能能力显然不只是一个技术性问题，因为其中涉及的困难实际上反映了我们对“人类健康”的模糊理解。如果医疗资源极其有限，那么优先性确实就应该放在传统意义上的预防和治疗方面，特别是在对人类健康造成严重危害的疾病上。但是，这些实际考虑本身并不意味着在治疗和强化之间存在着截然分明的界限。因此人类强化的反对者必须寻求其他方面的理由来支持其论证。

8.1.3 认知强化的伦理问题

为了看看他们可以寻求什么理由，我们不妨将注意力转向认知强化，即通过神经药理学、基因干预乃至改变大脑中神经元之间的连接等方式来放大或扩展人类心灵的核心能力，例如记忆、智力和注意力。人类染色体计划可以帮助我们认识到基因编码和人类心灵特有的能力之间的联系，因此使得认知强化变得可能。这种强化或者说提高人的认知能力的方式显然不同于传统的方式，例如有意识的学习和训练。因此，如果一些人用这种方式获得了经过强化的认知能力，然后在一定程度上借助于这种能力获得了更好的经济报酬，或者在社会上取得了某种优势地位，那么，从传统意义上说，他们并不是（或者不完全是）他们被认为取得的成就的作者，他们的成功因此就挑战了人们对“应得”的传统理解，也会改变人们看待彼此的方式——或者用斯特劳森的话说，也会改变人与人之间的反应态度，而这被认为是具有主体性和能动性的人类个体的一个本质特征。[②]

当然，人们之间本来就存在各种“自然”差别——在这种差别既不是他们自愿选择的结果，也不是他们能够完全控制的意义上，这种差别可以被认为受制于所谓的“自然彩票”。一个得体而公正的社会或许可以设法缓解自然彩票对人们生活前景的影响，例如在制度设计上采纳罗尔斯的差别

① 例如，参见 Scully J L, Rehmann-Sutter C. When Norms Normalize: The Case of Genetic “Enhancement”. Human Gene Therapy, 2001, 12(1): 87-95.

② 参见 Strawson P. Freedom and resentment//Strawson P F. Freedom and Resentment and Other Essays. London: Routledge, 2008: 1-28.

原则，或者向因为天生残疾而不能像其他人那样“正常”生活的人提供某种基本的福利保障。如果每一个人都有可能受到自然彩票的影响，那么他们应该能够接受这种制度安排。但是，假设在某个特定社会（或者甚至整个人类社会）中，一部分人能够用这种方式来强化其认知能力（在这里，“能够”可以理解为“经济上能够”或“权力上能够”，或二者），其他人则不能如此强化其认知能力，而且认知强化能够以一种前所未有的方式极大地提高人们的认知能力，从而使得那些得到强化的人在总体能力上大大地超过了此前人类的平均水平，因此在某种意义上形成或构成了一个“新的”物种或者所谓的“后人类”（post-humans）。这种可能性会带来一系列需要认真考虑的伦理后果。例如，经过强化的个体或许会丧失对其自我同一性的认识，因此可能有一种自我异化感或者对“本真”（authenticity）的丧失。①即使他们仍然没有丧失这种自我同一性，他们的存在可能会在整个人口中产生各种压迫性的社会等级结构，从而对人类社会的传统价值观产生威胁。②

8.1.3.1 生物医疗技术对人性的改造

这里的忧虑当然是，生物技术的运用可能会改变我们的人性并因此而破坏人类尊严的基础或根据。然而，是否确实如此取决于我们如何理解“人性”以及“人的同一性”这两个概念。在谈到生物医学的应用可能带来的伦理后果时，我们不太可能只是在一种纯描述性的意义上来谈论人，即把人理解为作为生物学上的“人种”的成员而存在的个体，因为不管是治疗还是强化，我们对人的健康以及相关的人类功能能力的理解都已经是规范性的。例如，强化某人在某个方面的能力显然不只是为了让他满足其作为一个生命有机体的基本需要（尽管这种需要是人的功能能力的基础），也是为了让他能够去追求（或者在某种意义上“更好地”追求）自己认为有意

① 关于这个忧虑，参见 Agar N. Humanity's End: Why We Should Reject Radical Enhancement. Cambridge: MIT Press, 2013.

② 福山是这种批评的一个主要倡导者，见 Fukuyama F. Our Posthuman Future: Consequences of the Biotechnology Revolution. New York: Picador Books, 2002. 对这种观点的一个新近讨论，见 Mehlman M J. Transhumanist Dreams and Dystopian Nightmares: The Promise and Peril of Genetic Engineering. Baltimore: Johns Hopkins University Press, 2012.

义的事业或成就。因此，生物医学技术的应用是否像某些批评者所说的那样“使人失去了人性”，这个问题部分地是一个经验问题，部分地是一个概念分析和规范问题。从经验研究的角度来看，如果我们有理由认为人类心灵本身就是进化的产物，因此人类具有什么样的精神能力受到了大脑自身的功能结构及其与环境（包括社会—文化环境）的互动的限制，那么，只要我们在人类克隆之类的事情上采取谨慎态度，就没有很好的理由在根本上拒斥强化。另外，如果强化本身是由人类自身按照认知神经科学的研究和发现以及相关的生物医疗技术的发展来实施的，那么我们就可以通过有关的伦理考虑将强化置于人类所能控制并具有伦理上可接受的结果的范围内。

对人类强化的反对实际上是与某些特定的伦理见解相联系的。人类染色体计划、基因编辑技术和干细胞移植已经使得基因修复（修复通过基因扫描而发现的有重大缺陷的基因）和从基因方面强化胎儿乃至人类克隆变得可能。基因修复或许只是使得有遗传缺陷的胎儿在出生后变得正常（在具有一般而论的正常人类功能能力的意义上），但是，如果相当一部分家庭没有能力为下一代治疗遗传缺陷，而遗传缺陷影响一个人功能能力的发挥，因此影响其生活前景和社会—经济地位，那么，可想而知的是，在经过了一段时间后，社会上就会产生大规模的不平等。这种不平等是否可以得到辩护不是我们现在要讨论的问题，然而，若缺乏必要的制度性手段来加以缓解，它就会像自然彩票产生的不平等那样导致严重的社会问题。同样，如果父母希望通过基因技术来强化下一代在某个方面的能力，例如希望让他们变得更高大、更有智力或者具有更强的社交能力，那么，在经过一段时间后，基因强化技术的普遍使用就会在整个人口中、在能力的分布上产生重大变化。就像在第一种情形中那样，通过基因技术来强化物理能力和认知能力更有可能会导致社会不平等及其后续问题，但是，第二种情形在某些方面显然不同于第一种情形。我们有时候认为，只要社会具有充裕的资源，通过医疗手段将有遗传缺陷的人恢复到正常能力水平应该是道德上可接受的，因为遗传缺陷在某种意义上不是人们能够自愿地或自主地控制的，而社会采取某种方式来修复或缓解因为自然天资而产生的不平等也被认为是道德上可允许的。相比较而言，通过基因技术来强化下一代在某些方面的能力，看来不仅是在用一种更加人为的方式来制造不平等，而且好像也是在“创造”一种在能力上超出人类正常平均能力的新“物种”。不少批评者认为这种形式的强化在道德上是完全不可接受的。

8.1.3.2 反对认知强化的理由

然而，即使某个基因型与某个特定品质具有一定联系，通过生物医学工程对某个或某些品质的选择性强化是否会使得经过强化的个体面目全非，因此不再是“一个人”，实际上是一个格外复杂的问题。这个问题显然有一个经验的方面和一个哲学的方面。从经验的方面来说，我们需要通过经验研究来表明这种形式的强化是否确实产生了至少在生物物种的意义上与人类不同的新个体，即所谓的“超人类”或“后人类”。福山论证说①，单一的基因和表型性状之间的关系是错综复杂的，而且任何基因都可以为多重蛋白质编码，因此，改变任何单一的基因或基因序列有可能会对其他理想品质的表现产生意想不到的坏结果。进一步说，如果表型性状也取决于基因或基因序列与环境的关系，而环境可以发生预想不到或难以控制的变化，那么我们是否能够成功地通过基因技术来修复或强化某个品质就更没有保证了——在极其不幸的情况下，可能还会产生人类自身无法控制的新个体或物种。另外，如果我们仍然可以把强化限制在人类在技术上和伦理上可以控制的范围内，那么经过强化所产生的个体是否仍然是人，或者是否与此前的那个个体是同一个人，就取决于哲学上对人格同一性的讨论了。

有了这个认识，我们就可以简要地讨论批评者提出来反对强化的某些主要理由。正如桑德尔明确地指出的②，从自由主义的批评者的观点来看，强化主要带来了三个方面的伦理忧虑：对自主性、公正性和个人权利的忧虑。第二个忧虑显然与前面所说的不平等相联系，但也在如下事实中进一步反映出来：在医疗资源极其有限的情况下，如果真正有需求的人们因为贫困甚至连常规疾病都无法治疗，那么当有钱人或有权有势者动用有限的资源来强化下一代时，我们就会觉得不公正。在哈贝马斯对生物技术的反

① Fukuyama F. Our Posthuman Future: Consequences of the Biotechnology Revolution. New York: Picador Books, 2002: 74-75, 92-93.

② Sandel M J. The Case Against Perfection: Ethics in the Age of Genetic Engineering. Cambridge: Harvard University Press, 2007.

思中[①]，自主性和个人权利方面的忧虑得到了一个最明确的体现。哈贝马斯对遗传工程的根本忧虑来自西方世界普遍承认的一个区分，即在我们本质上所是的样子和我们能够是或能够成为的样子之间的区分，或者用康德的话说，在“必然王国”和“目的王国”之间的区分。罗纳德·德沃金对这个区分提出了一个很好的表述：

> 我们将自然（包括进化）创造出来的东西……与我们借助于这些基因在世界上所做的事情区分开来。不管怎样，这个区分最终要求我们在我们的本来面目和我们靠自己来对待这份遗产的方式之间划出一条界线。运气和选择之间的这条决定性的界线是我们的道德的支柱……我们很害怕人设计其他人这一可能性，因为这个选项意味着改变运气和选择之前的界线，而那是我们的价值体系的基础。[②]

哈贝马斯当然不认为对人类能力（或者人类生命本身）的强化都会像德沃金所说的那样能够改变人类道德经验的全部结构，但是我们不难理解遗传工程对我们的道德思维和道德经验可能产生的重大冲击。比如说，不管我们如何理解“人的本性”或“人性”这个说法，只要我们认为人性具有某些固定不变的本质特征，而正是因为具有了这些特征，人在某种意义上就有了一种“自然的平等”，那么我们在道德上就不太愿意接受生物医学工程对人类能力的强化，因为这样做产生了一种“人为创造”的不平等。哈贝马斯现在想说的是，当我们将自己看作我们的生活历史的负责任的作者并因此而认为我们具有平等的尊严时，我们必须诉求一个参考点来理解我们所做出的这个道德判断，而我们的自然平等——我们因为被赋予了共同人性而享有的平等——就构成了这个参考点。另外，基因技术的使用至少在某种程度上是要改变我们的内在本性，不像此前科学技术的运用只是在改变（或者在某些思想家眼中，“征服”）外在于我们的自然界。如果我

① Habermas J. The Future of Human Nature. Cambridge: Polity Press, 2003.

② 转引自 Habermas J. The Future of Human Nature. Cambridge: Polity Press, 2003: 28. 关于德沃金的相关文本，见 Dworkin R. Playing god: genes, clones, and luck//Dworkin R. Sovereign Virtue: The Theory and Practice of Equality. Cambridge: Harvard University Press, 2000: 427-452.

们就像哈贝马斯所建议的那样，将出生的时刻看作是把人的“自然”命运和“社会化”命运区分开来的参考点，那么某些类型的强化就会自然而然地产生关于自主性和未来几代人的道德平等的忧虑。按照哈贝马斯的说法，“人感到自由地开始某个新的东西，因为出生本身，作为自然和文化之间的一条分界线，标志着一个新的开始”[①]。

一个人类个体作为生命有机体的自然命运和在社会世界中生活时的所谓“社会化命运”，会因为个人努力和社会条件而变得不同。但是，不管我们自己在一个生命历程中如何变化，只要我们仍然能够把我们自己制作出来的东西和纯粹对我们“发生”的事情区分开来，我们仍然可以在某种程度上维护自己的同一性。在这里，值得指出的是，不管我们如何塑造自己，我们能够成为的样子都受到了我们的本性（人性）的限制。文化或社会固然可以用某种方式影响我们个性的形成和发展，但是，只要我们有了基本的自主性，我们也就可以选择接受或不接受它们的影响。

相比较而言，在哈贝马斯看来，我们的自然命运不是由我们来随意支配的。因此，当父母决定通过基因工程来强化后代时，他们是在用一种单向的方式来决定后代成长和发展的可能性空间，不像正常出生的个体可以选择性地参与对其社会化命运的塑造。以这种方式出生的人类个体就像是用基因编程的方式创造出来的，其个人自主性和自主选择的权利受到了很大损害——这样一个人“看不到程序设计员通过基因组来达成的意图，而这样一个基因组就类似于对其行动范围进行限制的一个偶然环境”[②]。我们或许认为自然选择也是用这种“盲目的”方式形成和塑造了人性或人的自然。然而，哈贝马斯所要强调的是，自然选择在本质上仍然不同于通过基因技术对人性的“改造”。对于哈贝马斯或桑德尔之类的思想家来说，基因技术对人类能力的强化已经暗中破坏了人类个体生来就有的平等。

8.1.3.3 认知强化与人类价值

即使我们承认个人权利和自主性之类的价值，但人类价值总有可能发生冲突，因此我们也不是很清楚对人类能力的强化为什么必定是道德上错

---

① Habermas J. The Future of Human Nature. Cambridge: Polity Press, 2003: 69.

② Habermas J. The Future of Human Nature. Cambridge: Polity Press, 2003: 60.

的。桑德尔之所以不满于自由主义理论家对基因工程的批判性反思，根本原因就在于他认为他们在这个问题上语焉不详，或甚至根本无法回答这个问题。自由主义理论家的反思仍然缺乏必要的深度。例如，考虑记忆强化的问题。认知神经科学和生物医学的发展在将来或许可以发明一种能够消除痛苦记忆或者大大提高记忆能力的药物。对前一种可能性的一个批评是，人类所受到的创伤以及相关的痛苦记忆是人类成长必须经历的一个重要环节，也是使得一个生活是一种人类生活的东西，因此是人类经验的一个本质构成要素。对第二种可能性的批评是我们已经看到的：对认知能力的这种有选择的强化，在经过比较长的时间后就会在整个人类群体当中产生两个“亚种”——那些在认知能力上经过强化的人和那些完全“自然的”人。自由主义思想家会认为这种不平等是不可接受的。但是，如果人类社会已经发展到了能够让所有人的认知能力都得到强化的地步，那又如何？既然不平等的指责取决于一些看似偶然的因素，那么它就不可能具有充分的“穿透力”。桑德尔由此认为，“根本的问题不是如何保证人们能够平等地得到强化，而是我们该不该渴求强化”[①]。换句话说，首先要追问的是，强化人类的做法是不是在正确的轨道上？如果基因工程在某种意义上就像是在“创造人”，那么，只要我们认同“上帝造人”的观念，我们就倾向于认为，利用基因技术来强化人类能力是在“玩弄上帝”（playing god）。但是，假若我们既不相信上帝存在，也不接受这个观念的伦理含义，那么我们也不清楚为什么“玩弄上帝”必定是道德上错的。不过，在桑德尔看来，自由主义理论家之所以难以把握基因工程的伦理方向，或者在有关问题上论证不到位，本质上是因为我们现在需要面对的是“很大程度上在现代世界中已经见不到的问题——关于自然的道德地位的问题，关于人类对待这个被馈赠的世界的恰当姿态的问题”[②]。这些问题之所以差不多在现代世界中消失了，是因为它们接近于神学，从而令现代思想家避之不及。

现在的问题是，如果我们确实接受了现代科学的洗礼，不再认为上帝

① Sandel M J. The Case Against Perfection: Ethics in the Age of Genetic Engineering. Cambridge: Harvard University Press, 2007: 15.

② Sandel M J. The Case Against Perfection: Ethics in the Age of Genetic Engineering. Cambridge: Harvard University Press, 2007: 9.

是人类存在及其意义的根本来源，那么我们如何诉诸类似的观念来说明至少某些类型的强化是伦理上错误的？桑德尔的回答是：人类生命是一种恩赐（giftedness），而当我们采取强化、克隆、基因工程之类的做法时，我们是在用一种人为选择的方式来决定什么样的人将在未来存在，以这种选择来取代纯粹偶然的因素（机遇、自然彩票）所进行的选择，从而就改变了我们人类的本性，并对人与人之间的谦逊和团结造成威胁，由此破坏了人类伦理生活的基本形态。实际上，随着每一场重大的社会变革和科技发展，人类伦理生活的形态都在发生变化，认知神经科学和生物医学工程的发展之所以与众不同，确实是因为这一次要改变的是人性本身，而不只是外在于人类的自然界。人性是什么？它在什么意义上构成了人类道德的一个基础或者限制了人类道德经验的基本形态？①这些问题不再只是哲学家坐在象牙塔中就能回答的，因为在这个时代，当哲学家思考这些问题的时候，他们也必须关注与我们对人性的理解密切相关的经验研究，而后者显然也必须受制于批判性的哲学反思。例如，即使我们借助于进化来表明人类道德在人脑中有其物质或功能基础，道德判断或道德决策在大脑中有精确的功能定位，我们也仍然需要借助于更广泛的人类经验（包括哲学所提供的批判性反思）来判断这种强的还原主义纲领是不是合理地可接受的。②

8.2 关于品格的心理学实验

现在让我们转到另一个重要案例：境况主义实验对美德伦理学提出的批评或挑战。美德伦理学具有悠久的传统，但在近代却让位于功利主义伦理学和康德伦理学。伊丽莎白·安斯康姆在 1958 年发表的一篇文章中被认为标志着美德伦理学在当代的复兴。③在这篇文章中，安斯康姆论证说，功

---

① 近些年对这些问题的一些相关讨论，见 Agar N. Truly Human Enhancement: A Philosophical Defense of Limits. Cambridge: MIT Press, 2014; Harris J. How to be Good: The Possibility of Moral Enhancement. Oxford: Oxford University Press, 2016.

② 这种纲领的一个典型代表是 Churchland P S. Braintrust: What Neuroscience Tells Us About Morality. Princeton: Princeton University Press, 2011. 也有一些比较温和的观点，例如，Tancredi L R. Hardwired Behavior: What Neuroscience Reveals about Morality. Cambridge: Cambridge University Press, 2005.

③ Anscombe G E M. Modern moral philosophy. Philosophy, 1958, 33(124): 1-16.

利主义和康德伦理学在某种意义上都把道德义务作为核心概念，但这个概念的根源在于上帝作为立法者的观念，因此，一旦上帝作为人类道德的立法者的地位被废除了，现代道德哲学就失去了其根基。安斯康姆于是建议我们应该把伦理研究的焦点转移到对人类道德心理的研究。在安斯康姆的启发下，美德伦理学的一些倡导者试图发展一种亚里士多德式的美德伦理学来取代所谓的“现代道德理论”。对于他们来说，为了探究一个道德理论提出的标准或理想是否具有动机上的可行性，就必须放弃“道德本身构成了一个独立自主的领域”这一观点，用对人性和人类条件的经验研究来约束或限制一个道德理论所要提出的规范要求。如果人类本身就生活在经验世界中，是一种真正意义上的理性动物，那么我们就需要一门对人类心理的经验研究保持敏感的道德哲学。例如，对人类的认知结构、自我的构成、品格特性的本质以及制约道德发展的各种过程的经验研究，不仅有助于促进或补充我们通过其他方式获得的自我认识，也会帮助我们构建一个既能引导人类生活又能正视其现实处境的道德理论。不少理论家由此认为，美德伦理学满足了欧文·弗拉纳根所说的“最低限度的心理现实主义约束”：“在建构一个道德理论或规划一个道德理想时，要确信所规定的品格、决策过程和行为对于我们这样的存在者来说是（或被认为是）可能的。”[①]

尽管美德伦理学家普遍认为其理论尊重或满足了这个约束，但一些哲学家却试图表明美德伦理学（特别是亚里士多德式的美德伦理学）是经验上不适当的（empirically inadequate），因此应当予以修改或抛弃。对美德伦理学的这一批评立足于心理学中对“品格”（character）或“品格特性”（character traits）的实验研究。无论是在大众心理学（folk psychology）还是在伦理学中，品格的概念都占据了一个极为重要的位置。假若人们就像没有内在精神状态和行为倾向的“空心人”那样并不普遍具有品格特性，那么我们就无法将人类个体区分开来，甚至无法把自己认定为某个特定的人类个体。若是这样，人与人之间就不可能存在有意义的互动，甚至一个人也无法认定或判断自己在不同时间的行为表现，因为人际互动和自我理

---

① Flanagan O. Varieties of Moral Personality: Ethics and Psychological Realism. Cambridge: Harvard University Press, 1991: 32.

解都取决于“人是具有品格特性的”这一假设。实际上，我们经常按照我们对某人品格的认识来决定是否要跟他深入交往，来说明和预测其行为表现，并在必要时对其行为做出评价或判断，而具有高尚道德品格的人也会被树立为人们学习和模仿的榜样。可以说，假若没有品格特性，社会生活就变得不可能，我们也不可能按照人们所能具有的反应态度来追究责任、调整人际关系并因此维护社会生活的可能性，因为这样做取决于一个假定，即人们是具有相对稳定的品格和个性，因此能够承担道德责任的存在者。品格的概念对于伦理反思和伦理理论化也是必不可少的。实际上，假若没有勇敢、慷慨、善良、同情、审慎、无私、自制、尽职尽责、考虑周到、承担责任、诚实可靠等品质以及与此相应的概念，我们就不太容易设想人类生活的真正可能性。①

因此，品格及其根据不仅长期以来就得到了哲学家的关注，也引起了心理学家的强烈兴趣。然而，自 20 世纪 20 年代以来，特别是在 60～80 年代，心理学中对品格和个性的研究几乎得出了纯粹负面的结果：心理学研究被认为表明并不存在品格或个性这样的东西。早在 20 世纪 20 年代，一些心理学家就提出了这个结论，以至于当时的心理学完全关闭了品格或个性研究的领域。品格或个性的存在问题在 20 世纪 60 年代又被提出，这一次产生了我们所要讨论的“境况主义挑战”或者说“个人—境况之争”：人类行为据说更多地受到了我们所处的境况或情境的影响，而不是像长期以来所认为的那样来自我们内在的心理特性即品格。如果品格只是虚构，那么以品格作为核心概念的美德伦理学就失去了存在的根据。实际上，如果所谓的“境况主义挑战”确实成立，那么整个伦理学以及人类伦理生活可能都会陷入重重危机。所幸的是，这个挑战已经从两个方面得到回应。在心理学中，或者在更广泛地设想的对人类心理的认知科学研究中，20 世纪 90 年代以来的一系列研究试图表明不仅心理特性确实存在，而且有关概念也是有用的。例如，一些跨文化的经验研究揭示了人类个体在心理特性上

① 参见 Miller C B, Knobel A. Some foundational questions in philosophy about character//Christian B. Miller, Furr R M, Knobel A, et al. Character: New Directions from Philosophy, Psychology, and Theology. Oxford: Oxford University Press, 2015: 19-40. 库珀曼从哲学分析的角度系统地讨论了品格及其在伦理学中的地位，见 Kupperman J J. Character. Oxford: Oxford University Press, 1991.

的共性和差别，行为遗传学的研究则表明广泛意义上的个性特征在遗传和进化方面是有根据的。其他方面的研究表明心理特性不仅有助于预测人们在生活中的行为方式，而且实际上可以对其未来生活产生客观影响。①随着研究的深入，从事个性研究的心理学家或认知科学家，包括一些原来倡导境况主义观点的作者，开始认识到境况主义实验在实验设计和实验结果的解释上可能都是成问题的或有缺陷的。②在哲学领域中，具有不同思想倾向的作者也对境况主义挑战做出了各种回应。例如，有些作者表明这个挑战完全不对美德伦理学构成威胁，有些作者则在一定程度上接受了蕴含在这个挑战中的某些见解。③但是，为了恰当地理解和评价他们的回应，我们首先需要对相关实验有一个基本认识。

8.3 基于境况主义的心理学实验

早在 20 世纪 20 年代，研究个性的心理学家就试图通过实验来检测个性的存在及其稳定性。这个时期最著名的实验大概是哈茨霍恩和梅对青少年道德品格的研究。④这个长达五年的研究旨在检测一个单一的品格特性，

---

① 对这些研究发现的一个概述，见 Fleeson W, Furr R M, Jayawickreme E, et al. Personality science and the foundations of character//Miller C B, Furr M. Character: New Directions from Philosophy, Psychology, and Theolog. Oxford: Oxford University Press, 2015: 46-47.

② 对这一点的一个综述，参见如下文章以及该文集中的其他相关文献：Lapsley D K, Hill P L. The development of the moral personality//Narvaez D, Lapsley D K. Personality, Identity and Character: Explorations in Moral Psychology. Cambridge: Cambridge University Press, 2009: 185-213. 在 20 世纪 90 年代以来对个性和品格的经验研究中，两种最有影响的探讨大概是“五大因素”理论和社会—认知理论。前一种理论鉴定出人的个性结构中的五个基本特性(对经验开放、尽责、外向、讨人喜欢、神经质)，试图按照这些特性及其在心理组织中的相对强度来说明人的行为以及人们的个性差别；后一种理论在某种意义上是对前一种理论的补充，试图从社会认知的角度来说明个性的形成及其发展变化。对于这两种探讨的综合性论述，参见 McCrae R R. The five factor model of personality traits//Corr P J, Matthews G. The Cambridge Handbook of Personality Psychology. Cambridge: Cambridge University Press, 2009: 148-161; Lapsley D K, Narvaez D. A social-cognitive approach to the moral personality//Lapsley D K, Narvaez D . Moral Development, Self and Identity. London: Taylor & Francis, 2008: 189-212. 这两本文集大概反映了心理学内部对境况主义的回应，代表了对个性的更加正面的探讨。

③ 如下两部文集典型地表达了哲学家在这方面做出的努力：Snow N E. Cultivating Virtue: Perspective from Philosophy, Theology and Psychology. Oxford: Oxford University Press, 2015; Annas J, Narvaez D, Snow N J. Developing the Virtues: Integrating Perspectives. Oxford: Oxford University Press, 2016.

④ Hartshorne H, May M A. Studies in the Nature of Character. Vol. 1: Studies in Deceit. New York: Macmillan, 1928.

即不诚实，被设想为包括撒谎、欺骗以及偷窃。实验对象是8000多名从五年级到八年级（8～16岁）的学生。在实验设计上，他们特别注意设计不同的环境来检测他们旨在考察的品格特性，因此受试被置于四种不同场景中：第一，在人为设定的考试（与学校作业无关）中通过偷看或问周围同学而进行欺骗；第二，在派对游戏中造假或欺骗；第三，偷走有人留在课桌上的零钱；第四，对自己的行为撒谎。实验结果表明，在跨过不同类型境况的情况下，欺骗行为之间的关联程度很低，比如说，在课题考试中有欺骗行为的青少年在其他类型的境况中未必有欺骗行为。他们由此认为，青少年是否倾向于表现出诚实的行为，好像是由其处境的具体特点来决定的，因此就不能按照某个品格特性来预测他们在跨过不同场合时的行为表现。

哈茨霍恩和梅并未断言人们根本上没有品格特性，事实上，至少在同一种境况的情形中，他们发现受试的行为是高度一致的。不过，他们的实验结果鼓舞了个性心理学中境况主义的基本观念：人们的行为更多地受到了处境的相关特点的影响，正是这些特点，而不是人们被认为具有的内在品格特性，为人们的行为结果提供了最好的预测或说明。①在20世纪60～70年代，境况主义再次激发了心理学家的兴趣，一些哲学家也主要是依据这个时期的实验来批评或反驳美德伦理学的。其中四个最有影响的实验都被认为产生了完全负面的结果，即彻底否认品格的存在。②这些实验试图表明，受试者在不同情境中，面对不同的内部或外部条件，其实际行动或行为倾向并不具有稳定性或一致性。例如，“公共电话亭”实验与“乐善好施

① 对于心理学中境况主义的总结性讨论，参见 Allport G. Traits revisited. American Psychologist, 1966, 21(1): 1-10; Bowers K. Situationism in psychology: an analysis and acritique. Psychological Review, 1973, 80(5): 307-336; Epstein S, O'Brien E J. The person-situation debate in historical and current perspective. Psychological Bulletin, 1985, 98(3): 513-537; Ross L, Nisbett R. The Person and the Situation. Philadelphia: Temple University Press, 1991; Mischel W. Personality and Assessment. New York: John Wiley and Sons, 1968. 也可参见 DorisJ. Lack of Character: Personality and Moral Behavior. Cambridge: Cambridge University Press, 2002.

② 关于这四个实验的原始来源，见 Isben A M, Levin P F. The effect of “feeling good”on helping: cookies and kindness. Journal of Personality and Social Psychology, 1972, 21(3): 384-388; Darley J M, Batson C. From jerusalem to jericho: astudy of situational and dispositional variables in helping behavior. Journal of Personality and Social Psychology, 1974, 27(1): 110-118; Haney C, Banks W, Zimbardo P. Interpersonal dynamics of a simulated prison. International Journal of Criminology and Penology, 1973, (1): 69-97; Milgram S. Behavioral study of obedience. Journal of Abnormal and Social Psychology, 1963, 67(4): 371-378.

者”实验分别表明，人们在捡到硬币后更倾向于帮助他人，而在赶时间去往指定地点做报告的途中则几乎不会停下来帮助有需要的人；“模拟监狱”和“服从权威”这两个著名的实验则表明，那些在个性测试中表现正常的人，在某些特定情境中却会表现出侵犯甚至伤害他人的极端行为倾向。

若上述结论成立，那就会对伦理学领域形成全方位的挑战：一方面，鉴于美德伦理学将品格的培养、形成和发展置于核心地位，该实验结果将严重威胁其作为一门学科的正当性；另一方面，其他伦理理论即使没有将美德的概念置于核心地位，通常也都同意美德的培养对于履行道德上正确的行动是必要的，因而也会遭受类似的质疑。总的来说，境况主义挑战如果成功，就会对人类生活的一个重要部分造成威胁，或者至少要求我们修改自身对于伦理生活之目的和要求的传统理解。

境况主义实验从根本上关系到我们对个性或品格的认识，因而在哲学领域激发了广泛的争议和讨论。有些哲学家（即所谓的“哲学境况主义者”）赞同心理学家对有关实验结果做出的解释，试图从哲学上进一步论证境况主义并阐明其哲学含义。哲学境况主义有强弱两种立场。强的立场认为，品格或个性特征实际上并不存在，即便存在也不具有所谓“跨境况的一致性”。[①]弱的立场则不否认可能存在着在某些情况下保持稳定的品格特性，即所谓的“局部品格特性”（local traits），但依然否认有跨越不同类型的境况而发挥作用的品格特性，即所谓的“全域品格特性”（global traits）。[②]例如，我们不能合理地假定一个人在一切方面、自始至终都是诚实的，但依然可以设想，一个人在某些方面、在某些情境下是诚实的，而在另一些方面、另一些情境下则是不诚实的。

无论采取哪种立场，否认全域品格特性的可能性似乎足以对美德伦理学（尤其是亚里士多德伦理学）产生威胁。首先，如果我们将美德看成一种特殊的品格特性，跨过一系列不同的境况而呈现为某种一致的行动或情

① Harman G. Moral philosophy meets social psychology: virtue ethics and the fundamental attribution error. Proceedings of the Aristotelian Society, 1999, 99: 315-331; Harman G. Skepticism about character traits. Journal of Ethics, 2009, 13(2): 235-242.

② Doris J M. Persons, situations, and virtue ethics. Nous, 1998, 32(4): 504-530; Doris J M. Lack of Character: Personality and Moral Behavior. Cambridge: Cambridge University Press, 2002.

感反应，那么这种美德概念就是哲学境况主义者所谓的“全域的”，因而就会受到挑战。其次，即使我们仅仅将美德理解为某种“倾向”，它也依然类似于全域品格特性，因为按照这种理解，拥有一种美德（例如诚实）意味着，只要有关条件得到满足，行动者就会采取与该美德一致的行动。最后，即使我们对美德概念采取另外一种解释，即认为具有美德就在于具有一种敏锐的道德知觉，而不仅限于具体的行为表现，挑战也依然存在，因为按照境况主义者对认知科学中某些相关成果的解释，有美德的行动者所具有的那种道德敏感性要求某种认知能力，而后者可以随着情境的不同而产生很大变化。境况主义者进一步争辩说，鉴于亚里士多德在《尼各马可伦理学》中对美德提出的界定和论述典型地呈现了上述认识，因此，无论我们对亚里士多德的美德概念采取哪一种解释，都预设了这种品格特性的美德伦理学在经验上是不恰当的。

境况主义者也质疑一种亚里士多德式的实践慎思概念。亚里士多德的美德概念一般来说蕴含了如下思想：具有美德的人能够恰当地认识到其处境的道德上相关的特点，并按照既有的价值承诺，通过实践推理而得出应该如何行动的判断或结论，继而以一种在信念、欲望和情感上保持一致的方式采取相应行动或做出恰当的情感回应。这样一位行动者被认为在其理性能动性方面实现了一种高度的整合——他对自身处境的认识和回应与其价值承诺相一致，由此而保持了一个高度完整的人格。然而按照认知科学中的某些研究，我们的推理、决策和判断并非都受到自己有意识的控制。具体地说，包含推理、决策和判断在内的人类认知，是由两个并行机制共同完成的：一种过程是快速的、不费力的、自动的、无意识的、不灵活的、高度情景化的而且不要求工作记忆；另一种过程则是缓慢的、需要努力的、受到控制的、有意识的、灵活的、非情景化的而且要求工作记忆。[①]简言之，

① 约翰·巴奇(John A. Bargh)等人在20世纪70年代就提出了双过程理论的基本思想，自那时起该理论就得到了大量关注并被认为在哲学特别是道德心理学中具有重大含义(其中一个缘由大概是哲学家长期以来就很关心理解直觉的本质及其在人类知识中的地位)。关于这方面的文献，参见 Wyer R S. The Automaticity of Every Life. New York: Psychology Press, 1997; Evans J, Frankish K. In Two Minds: Dual Processes and Beyond. Oxford: Oxford University Press, 2009; Sherman J W, Gawronski B, Trope Y. Dual-Process Theories of the Social Mind. New York: The Guilford Press, 2014; BrandC. Dual-Process Theories in Moral Psychology. Dordrecht: Springer, 2016.

前一种过程是无意识的，并不受制于理性慎思，而后一种过程则是有意识的，可以理性地加以控制。当然，这两种过程并非完全相互排斥[①]，但有时它们可能产生冲突的结果，使认知处于一种碎片化状态，在这种情况下，行动者实际做出的行动可能就不符合其价值承诺或深思熟虑的理性判断。

根据上述“双过程”理论，梅利特等人认为，在实际行为和评价态度（或规范承诺）间存在着脱节，即“道德脱节”（moral dissociation）。他们进一步认为，这种现象的存在足以表明亚里士多德式的美德伦理学在经验层面是不恰当的，因为后者假设，对于具有实践智慧的人来说，在知觉、感受、判断和行动之间存在着高度和谐的相互关联，而道德脱节的现象则“使得美德伦理学的实践合理性模型变得成问题”[②]。按照这种解释，正是这种无意识的影响让心理学实验中的受试者偏离了其理性慎思或明确的规范承诺，令其只关注境况中道德上无关或者不重要的特点，因此就错失了道德行动的机会。在他们看来，美德伦理学的预设之所以是经验上成问题的，就是因为道德脱节的现象在人类生活中“无处不在”。

8.4 境况主义实验方法论质疑

面对境况主义的挑战，美德伦理学的倡导者大致可以做出两种反应：一种是接受其批评并尝试提出一种符合境况主义研究结果的美德伦理学；另一种则是反击这种批评，或者认为亚里士多德式的美德伦理学能够以某种方式容纳境况主义的经验发现，或者认为二者其实没有关系，因为亚里士多德式的美德伦理学和境况主义心理学使用了完全不同的品格特性（以及美德）概念。在前一种回应中，梅利特发展了一种休谟式的美德伦理学，

① 例如，约翰·巴奇指出：“相当一部分精神过程，包括那些涉及社会生活的过程，显示出了控制和自动性彼此混合、相互转变并产生相互联系的特征。”转引自 Merritt M W, Doris J M, Harman G. Character//Doris J M, Greene J D, Harman G, et al. The Moral Psychology Handbook. Oxford: Oxford University Press, 2010: 372. 这些作者也同意这一点，但是，他们更加强调无意识的自动过程对行为所产生的影响。

② Merritt M W, Doris J M, Harman G. Character//Doris J M, Greene J D, Harman G, et al. The Moral Psychology Handbook. Oxford: Oxford University Press, 2010: 375.

承认美德对于社会关系和社会环境有一种持续不断的、深刻的依赖性。[①]后一种回应则采取了“折中”立场，认为我们的品格本来就是不确定的，或者具有一种“混合”特征。鉴于境况主义者把批评的矛头直指亚里士多德式的美德伦理学，我们将主要考察第二种回应，以便表明：境况主义者实际上并未公正地对待经验研究成果，而且，若恰当地加以解释，亚里士多德式的美德伦理学其实可以得到双过程理论的支持。鉴于此，我们将遵循亚里士多德将美德一般地理解为促进个人幸福或者个人繁盛（eudiamonia）的品质或稳定的行为倾向，因此，美德既可以是关涉自我的（self-regarding）也可以是关涉他人的（other-regarding），因为亚里士多德认为某些重要的人际关系或社会关系对于个人幸福来说也是必不可少的。

8.4.1 经验的方面

我们先从经验研究的角度来审视境况主义者对有关实验所做的解释的恰当性。如何恰当地解释实验结果？这在心理学领域中本身就是一个有争议的问题。实际上，境况主义者对实验结果的解释以及对批评对象的理解都是有问题的。他们特别强调，正是境况变量而不是所谓的品格变量，对行为产生了更大的影响；但对于境况变量与行为之间的具体关系，他们却采取了一种较为僵硬或狭窄的理解。事实上，人类不是无心灵的机器，并不只是机械般地回应外部刺激，我们在大多数情况下必定是通过认识到境况的相关特点而采取行动或做出回应的。而行动者也总是从自己所占据的某个主观观点来解释其处境，这种解释与其知觉、信念、欲望以及评价性态度之间具有本质联系。考虑到这一点，我们就可以看到，境况主义者在以下两方面的预设都是成问题的：第一，除非境况实验的设计者和观察者占据了与受试者同样的主观观点，并具有几乎相同的知觉、信念、欲望以及评价性态度，否则他们就说不上是处于“同样的”状况。然而，正如很多批评者所指出的，境况主义者在设计实验和解释实验结果时往往忽略了这一点——他们要么只关注外在的行为表现，因而未能考虑受试者对境况

① Merritt M. Virtue ethics and situationist personality psychology. Ethical Theory & Moral Practice, 2000, 3(4): 365-383; Merritt M. Aristotelean virtue and the interpersonal aspect of ethical character.Journal of Moral Philosophy, 2009, 6(1): 23-49.

的解释，要么往往假设受试者分享了他们自己对境况的解释。[①]第二，境况主义者理所当然地认为，具体的品格特性应该能够将人们彼此区别开来，就好像某人具有某个品格特性（或者某些品格特性的组合）就排除了其他人具有该特性（或者该品格特性组合）的可能性，或者就好像我们可以将一个人具有的某个品格特性孤立出来，以便考察它在特定境况中的行为表现。然而，从真实生活的观点来看，这种假设显然是不合理的。境况主义者显然是出于方法论上的考虑才不得不做出这种简单化的假设：一旦品格特性被设想为长期的、稳定的倾向，那么，为了检验某个品格特性在跨境况时是否仍然保持不变，他们就只能把那些影响行动者（或受试者）对境况做出解释的因素排除在品格特性的概念之外。这样一来，他们不仅倾向于忽视品格特性和环境因素之间复杂的相互作用，也倾向于割裂各个品格特性之间的内在联系。因此，尽管境况主义者强调他们不是传统的行为主义者，但他们在方法论上显然是行为导向的。

鉴于境况主义者已经以这种方式来设想和解释其实验，我们就不难理解，为什么他们认为某个特定的品格特性在跨过不同境况时，不具备行为上的一致性。换句话说，境况主义的实验结果实际上是我们可以从对品格特性的日常理解中预料到的：只要我们在境况和行为之间插入了行动者的知觉、信念、目标、推理、价值承诺，并认为行动者的回应取决于他们按照后者对境况的认识或解释；那么，不同的行动者在（外在地描述的）"同一"境况中的行为表现就有可能是不一样的，同一个行动者在不同境况中的行为表现也可能是不一样的。然而，这种不一致并不意味着人们根本上缺乏品格特性，而只是要求我们在说明和理解人类行动时要用更加复杂的方式来看待品格特性、境况因素以及行动者对境况的解释这三者之间的关系。实际上，一些心理学家已经认识到早期境况主义研究的这一缺陷，因此呼吁在个性研究中要更加重视行动者内在的心理状态对行为的影响。

① 关于对境况主义批评的这一回应，见 Adams R. A Theory of Virtue: Excellence in Being for the Good. Oxford: Oxford University Press, 2006: 120-122; Fleming D. The character of virtue: answering the situationist challenge to virtue ethics. Ratio, 2010, 19(1): 24-42; Kamtekar R. Situationism and virtue ethics on the content of our character. Ethics, 2004, 114(3): 458-491; Sreenivasan G. Errors about errors: virtue theory and trait attribution. Mind, 2002, 111(441): 47-68.

由此，我们不难回答境况主义者对美德伦理学提出的一个批评。[①]根据该批评，如果我们将品格特性理解为行为倾向，那么境况主义实验就可以表明，不存在跨境况的品格特性。而如果我们考虑到行为和品格之间的联系，是以行动者的心理状态及其对境况的解释为中介的，那么在某种行为表现和某个特定的品格特性之间，确实不存在简单的、直截了当的对应关系。然而，对于实际的人类行动者来说，美德的获得（尤其是在具体的习得过程中）是有程度差异的，我们不能简单地认为，一个人要么完全有美德，要么根本就没有任何美德。此外，大多数普通人并不具有完整意义上的美德。由此来看，境况主义者对美德伦理学提出的批评并不成立。例如，如果一个受试者在实验情境下，为了按时赶到指定地点提交报告，而没有当即对某位摔倒的人提供帮助，这可能不是因为他缺乏同情心，只是因为他在一个“两难”情境下最终选择了遵守承诺并按时履行义务。实际上，即使一个人具有乐于助人的美德，我们也不能由此断言，除非在他碰到的每一个需要帮助的场合他都以同样的方式提供了帮助，否则他就说不上具有该美德。假若他并不只是具有一种单一的美德或品质，而是同时具备其他的美德或品质，而这些美德或品质在特定情形中会提出不同的甚至彼此冲突的要求，那么，只要他在无冲突且有能力予以帮助的情况下总是会提供帮助，我们就可以合理地认为，他具有乐于助人的美德。退一步说，即使境况主义的批评表明，并不存在一种表现形式单一的行为模式或品格特性，这也不会对亚里士多德式的美德伦理学造成实质性的冲击，因为后者并不接受这样一种对具体情境毫不敏感的、单一的品格概念——实际上，这种品格概念反而是它所要反对并试图通过伦理训练来加以克服的目标。

不过，上述解释尽管可以回应境况主义者针对“品格”概念进而对美德伦理学提出的批评，却无法有效地回应双过程理论及其导致的所谓“道德脱节”问题。这个质疑被认为对亚里士多德的“实践慎思”构成了挑战，因为它从根本上质疑了人类行动者能够通过有意识的慎思和努力来实现心理系统的整合或统一。在梅利特等人看来，这意味着理性能力的行使本身

① 关于这个批评，见 Doris J M. Persons, situations, and virtue ethics. Nous, 1998, 32(4): 504-530; 关于回答，见 Miller C. Social psychology and virtue ethics. Journal of Ethics, 2004, 7(4): 365-392; Fleming D. The character of virtue: answering the situationist challenge to virtue ethics. Ratio, 2006, 19(1): 24-42.

也会受到境况的影响，因此传统的品格概念所预设的合理性概念就是“经验上不适当的”[①]。亚里士多德强调理性慎思和理性选择在美德的行使和发展中的作用，但如果实践理性本身无法使我们意识到那些可能对行动产生影响的境况因素并加以控制，并且我们的理性慎思和价值承诺也会受到这种因素的牵制而无法有效地发挥作用，那么认知科学所暗示的那种“认知碎裂”就表明，亚里士多德的道德心理学是经验上成问题的。

然而，即使在人类认知活动中确实有一些因素在有意识觉察的层面下发挥作用，我们也无须得出梅利特等人引出的结论。事实上，双过程理论的倡导者并不认为这两种过程是各自独立地发挥作用的，因为大多数人类行动都是两种过程以某种方式互动的结果。因此，只要我们弄清楚第一种过程运作的机制及其与第二种过程的关系，它被认为具有的那些特征（自动的、无意识的、快速的、不耗费记忆和认知资源的等）就未必会让我们得出“认知碎裂”的结论。就此而论，如何理解“自动性”概念可以说是问题的关键所在，因此我们需要对它加以澄清。

事实上，尽管理论家都将第一种过程称为“自动的”，但他们对于何为“自动性”却有不同看法。大致说来有两种主要观点。[②]第一种观点认为道德知觉自动地产生道德判断，后者以一种无意识的、不受理性反思和控制的方式“突然”出现在我们的意识中。第二种观点则试图用启发法的概念来说明自动性，即认为道德知觉来自某些简单的、高度直观的经验规则，而后者作为启发式设施，一方面来自日常的道德经验，另一方面则往往以一种非反思性的、脱离语境的方式得到使用，因此就可能在实践生活中导致严重错误。[③]这两种理解看来都会导致所谓的“道德脱节”。但是，即使我们承认自动性存在，道德脱节也并非无法避免，因为除了上述两种观点

① Merritt M W, Doris J M, Harman G. Character//Doris J M, Greene J D, Harman G, et al.The Moral Psychology Handbook. Oxford: Oxford University Press, 2010: 360.

② 参见 Lapsley D K, Hill P L. On dual processing and heuristic approaches to moral cognition. Journal of Moral Education, 2008, 37(3): 313-332.

③ Sunstein C R. Moral heuristics. Behavioral & Brain Sciences, 2005, 28(4): 531-573.

之外，还有另一种观点，即所谓的“认知—情感研究进路”。[①]该理论最初用于说明个体行动在同一种不断重复的境况中所体现出来的稳定性及其跨过不同境况时所发生的变化，其大概要点是：第一，行动者的精神状态是彼此联系的，其强度可以随着情境的不同而发生变化；第二，精神状态之间的联系具有特定的组织结构，后者形成了个性结构的内核，并引导和约束精神状态所能产生的影响；第三，产生行为的认知是一系列源源不断的活动，这些活动跨过了由认知状态和情感状态构成的网络，并受制于环境所呈现的种种刺激。这样一种认知系统是缓慢地发展出来的，因此相关认知活动所产生的行为在严格类似的情境中可能也是同样的。不过，在相关特点有所不同的情形中，认知系统就可以通过个性系统而产生一系列不同的活动，从而导致不同的行为结果。[②]如果我们按照“可长期存取的图式”（chronically accessible schemas）这一概念来发展认知—情感理论，并将它应用于道德个性的研究，那么，只要这种图式得以形成并可以存取，它们就可以有选择性地将我们的注意力指向经验的某些特点，促使我们去选择与图式相容的生活目标、任务和情境，最终就可以让我们发展出高度熟练的行为惯例。

认知—情感理论显然对道德个性和道德发展提出了更有建设性也更符合人类心理的论述。如果我们接受了这个论述，那么，即使道德认知和道德行为确实受到自动的、无意识的因素的影响，那也并不意味着理性慎思和实践推理在产生道德行为的过程中完全丧失了控制力。梅利特等人的忧虑或许在于，我们的隐性成见是在有意识的觉察之外获得并被利用的，因此其影响是我们既无法发觉也无法纠正的，在这个意义上也是我们无法控制的。然而，这方面的经验研究表明，事实上并非如此。例如，经过早期的道德教育，人们就能形成可以长期存取的道德图式，因此就可以产生他们在经过道德训练后倾向于产生的结果，或者可以改变与某些境况特点相

---

① 对这条路线的一个具体论述，见 Lapsely D K, Narvaez D. A social cognitive account of the moral personality//Lapsely D K, Narvaez D. Moral Development, Self and Identity. Mahwah: Lawrence Erlbaum Associates, 2004: 189-212.

② 参见 Mischel W, Shoda Y. A cognitive-affective system theory of personality: reconceptualizing situations, dispositions, dynamics, and invariance in personality structure. Psychological Review, 1995, 102(2): 246-268.

关的认知联想模式。[①]不管怎样，我们没有理由认为，心理学中对情境启动、刻板印象激活、道德图式、目标依赖的自动性的研究必定会支持梅利特等人强调的“认知碎裂”论点。尽管隐性成见和境况因素确实会通过人们没有意识到或很难意识到的方式而影响行为，但是道德教育和道德训练，至少能够在一定程度上减小这种影响。实际上，假若道德行动的可能性和范围也取决于制度和环境方面的因素，那么，通过刻意营造一个有利于道德行动的制度和环境，就可以有效地缓解乃至逐渐消除隐性成见的无意识联想可能对行为产生的影响。这些策略都是我们可以通过理性慎思和实践推理逐渐获得的。无论是哲学境况主义者对双过程理论的利用，还是他们对该理论之哲学含义的解释，显然都是片面的，因为只要自动性本身是可以通过心理训练和心理强化而形成的，而它所形成的心理习性在适当条件下也可以由同样的心理过程来修正或调整，那么它就无须成为实践慎思和有美德的行动的障碍。

8.4.2 哲学的方面

境况主义者之所以认为道德脱节的现象构成了对亚里士多德美德伦理学的一个有力挑战，是因为他们认为这种伦理学将一个具有完整美德的人看作其他人在道德发展的过程中所要效法的榜样，并由此将其看作道德正确性的标准，而这不符合认知科学的有关研究成果。然而，我们实际上可以借助亚里士多德对伦理学本质和道德发展的论述来回应这个挑战。亚里士多德的相关论述并非像境况主义者所设想的那么简单。例如，当他将一个有美德的人确立为道德正确性的标准时，他的论述其实是有前提的。首先，在《尼各马可伦理学》中，亚里士多德在多处明确指出，作为一门实践科学的伦理学在本质上并非如理论科学一样精确。[②]因此，当他将有美德的人确立为道德发展的目标时，他并不认为这样一个人在任何情况下都表现出同样

① 参见 Mischel W, Shoda Y. A cognitive-affective system theory of personality: reconceptualizing situations, dispositions, dynamics, and invariance in personality structure. Psychological Review, 1995, 102(2): 246-268; Sauer H. Educated intuitions: automaticity and rationality in moral judgement. Philosophical Explorations, 2012, 15(3): 255-275.

② Aristotle. Ethica Nicomachea. Oxford: Oxford University Press, 1894: 1094b19-22, 1098a25-34, 1145b2-7, 1179b4-20。

的行为方式[1]，也不认为后者提供了某种单一的、不变的行动标准。

其次，在讨论美德的“种差”[2]时，亚里士多德确实提出了“中道”（mesotēs）作为定义美德的“标准”，或者说，作为有美德的人做出选择和行动的理由或根据。但是他立刻就区分了两种中间状态：一种是数学上的中间值，即“相对于对象本身”（kat' auto to pragma）的相等；另一种则是“相对于我们的”（pros hēmas），即在不同情况下、针对不同对象、考虑到行动主体的不同状态与诉求之后、处于“过度”（huperbolēs）与“不及”（eleipseōs）之间的恰当状态。亚里士多德认为，只有后一种“中道”才是在“种”的意义上足以界定美德的东西。从这个区分来看，亚里士多德并没有试图提出一个单一的、普遍有效的美德概念，而从他所举的例子（例如米罗的例子[3]、勇敢者的例子[4]）来看，他甚至反驳了那种单一化的品格概念并明确指出：如果一个人在任何情况下都不加区分地对外部环境做出同一种情感反应和具体行动，那么他很有可能会陷入过度或不及，而不能算作具有美德的人。因此，单纯的行为测度实际上不足以揭示我们的品质或美德，而某种美德的具体化也不应简单化为某种单一的、形式上一致的行动表现。就此而言，境况主义实验的某些结果本来就是我们可以从亚里士多德的道德心理学中预料到的；我们甚至可以认为，在设想和界定品格及其表现形式时，亚里士多德已经有意避免了那种刻板僵硬的“品格”概念。在这个意义上，亚里士多德不仅并未在其道德心理学中采纳所谓的“理想化解释”，即将有美德的人看作是道德上完美的、在每一个境况中都能做出完全正确的行动，反而将有美德的品格设想为一种更加敏感于不同境况的东西。

最后，不论是在其伦理学著作还是政治学著作中，亚里士多德都已经充分意识到，具有完整美德和实践智慧的人只是我们在寻求完善的过程中作为一个抱负来加以追求的理想，因为如何生活得好并不是一个具有先验

---

① 参见 Kraut R. How to justify ethical propositions: Aristotle's method// Kraut R. The Blackwell Guide to Aristotle's Nicomachean Ethics. Oxford: Blackwell, 2006: 84-87.

② 参见 Aristotle. Ethica Nicomachea. Oxford: Oxford University Press, 1894: 1106a22-32.

③ 参见 Aristotle. Ethica Nicomachea. Oxford: Oxford University Press, 1894: 1106b1 及以下.

④ 参见 Aristotle. Ethica Nicomachea. Oxford: Oxford University Press, 1894: 1104a20-23, 1115b24-27, 1149a6 及以下.

答案的问题。而在思考人性的自我完善以及美德所能取得的成就时，亚里士多德对人性和人类生存境况的复杂性有着充分现实的考虑，并在设想其伦理理论时予以尊重。[①]他在《尼各马可伦理学》的开篇和结尾都反复强调，作为伦理学之目的和顶点的政治哲学，其恰当的读者既不是年轻人，也不是那些未受良好教育的人，因为前者缺少经验和行动经历，尚未发展出足够成熟的理性能力，可能遭受欲望或激情的侵扰从而丧失做出并坚持正确判断的能力[②]，而后者则缺少足够的理性能力去识别具体境况中的好与坏，因此就需要接受来自外部的引导和规训（甚至惩罚），需要进行以"习惯化"为核心的道德教育[③]。假若我们不把这个观点简单地看作某种精英主义的道德理想而加以批判，那么我们就会看到，亚里士多德在这里所强调的要点恰恰在于，获得美德与实现道德理想是一件艰难且不寻常的事，它要求的并非只是某种标准化的道德认知以及常规化的行动倾向，而是要始终敏感于道德要求和具体情境，始终努力去做出适合当下境况的最佳选择并加以履行。就此而论，无论是境况主义实验本身，还是这种实验所蕴含的对于美德与人性的理解，都不足以构成对亚里士多德式的美德伦理学的挑战或质疑。

亚里士多德认为，美德作为某种介于过度和不及之间的中间状态，令其拥有者能够卓越地实现其作为人所具备的功能并且处于好的状态[④]。从以上论述可以看出，对亚里士多德来说，美德应被理解为我们所要努力争取的一项成就。也就是说，尽管美德在人性中有其经验基础，在现实中有其实现的条件，但它仍然不是作为对既有现实的描述或者对道德行动的规定，而是作为伦理生活的理想提出来的。就美德的获得以及对品格的道德评价而论，亚里士多德充分考虑到了人性的限度，因此我们可以合理地认为，对他来说，美德确实是一个程度问题。美德伦理学家往往强调美德伦理学超越了自我和他人之间的截然分离。在某种意义上说，这是对的，因为大

---

① 参见 CurzerH. How good people do bad things: Aristotle on the misdeeds of the virtuous. Oxford Studies in Ancient Philosophy, 2005, 28: 233-256.

② 参见 Aristotle. Ethica Nicomachea. Oxford: Oxford University Press, 1894: 1095a2 及以下.

③ 参见 Aristotle. Ethica Nicomachea. Oxford: Oxford University Press, 1894: 第 10 卷第 9 章.

④ 参见 Aristotle. Ethica Nicomachea. Oxford: Oxford University Press, 1894: 第 2 卷第 6-7 章.

多数主要的伦理美德既涉及个人审慎的方面，也涉及对重要的人际关系乃至社会合作之可能性的考虑。但另外，若我们承认美德是一个程度问题，并且将获得完善的美德当作一个理想来加以看待，那么美德伦理学家也无须因为这种美德很罕见而承受指责，因为不管我们从什么角度来设想道德生活，对道德生活的严肃认真的追求实际上都是艰难的。鉴于亚里士多德式的美德伦理学本身就诉诸关于人性的考虑，因此，只要它认识到并承认人性和人类条件能够对美德的获得和行使产生影响，或者甚至施加了一定的限制，我们就无须因为完整的和完美的美德并不常见而抛弃美德伦理学的基本观念，以及抛弃其对美德与好生活之关系的设想。

最终，我们需要回答这个问题：境况主义实验真的构成了对美德伦理学的挑战吗？我们的回答是：如果所谓的“挑战”意味着美德伦理学在经验上完全是不适当的，因而必须加以摒弃的话，那么答案显然是否定的。正如我们已经表明的，亚里士多德式的美德伦理学，充分地尊重了我们对于人性和人类境况的深思熟虑的认识。并且，亚里士多德自己的哲学方法论完全是经验导向的。所谓经验观察能够对伦理学这样的规范学科构成“挑战”的观点，实际上是很令人困惑的，因为不管是社会心理学还是个性心理学（或者甚至一般而论的认知科学）都对人性和人类状况提出了多少观察，它们仍然无法，也不可能取代哲学立足于总体的人类经验而得出的反思。不管经验科学本身是不是价值无涉的，它们所得出的成果只是为进一步的哲学反思提供了基础，其本身并不规定（实际上也不可能规定）人类生活应当是怎样的。比如说，当心理学家试图通过实验来表明我们究竟有没有美德时，他们不可能完全使用物理主义的语言来描述美德，因为美德的概念本身已经包含了规定性的内容。将“勇敢”仅仅定义为“一种轻松地面对身体危险的倾向”是远远不够的，因为我们还需要追问，行动者所面对的那种状况值不值得自己去冒险。但是，经验科学本身并不规定价值的概念，至多只是为我们合理地设想和界定某个价值提供了某些限制。然而，按照我们目前对亚里士多德伦理学提出的解释，这种伦理学还没有到达全然不符合我们的最深的人类经验和哲学反思的地步。即使境况主义者对其实验结果的解释是有根据的，他们也未能表明，人类不可能具有美德或者美德根本就不值得追求。

8.5 小结：哲学境况主义对美德伦理学的双向挑战

在以上论述中，我们试图通过两个案例研究来阐明经验科学和哲学（或经验研究和哲学反思）之间的恰当联系。对人以及人类存在状况的理解长期以来都是哲学家的专利，认知科学的兴起和发展改变了这种局面，在探究人类心灵的本质及其运作方面取得了前所未有的进步。如果我们有理由相信人类道德也是人类心灵的一个结果，那么道德哲学的研究现在就不能无视认知科学所取得的经验结果。作为哲学家，我们很幸运地生活在一个有趣的时代，可以借助于诸多经验研究的成果来促进我们的哲学反思和哲学理解。然而，如果本章的核心论证是可靠的，那么经验研究既没有穷尽哲学理解的范围，实际上也不可能触及哲学反思的深度，因为经验探究本身，不管发展到了什么程度，实际上仍然无法恰当地应对人类生活的复杂性和人类经验的多样性，更不要说处理人类生活的规范性方面了。另外，哲学家确实需要尊重经验科学在探究人类心灵的本质方面所取得的相关成果。例如，境况主义的研究尽管不能表明美德在人类生活中是不可能的，但却恰当地揭示了人类道德生活的脆弱性，因此确实暗示了同情性的理解和宽容在人类生活中的重要性。

9 从道德的演化到演化伦理学

本章的关键词是“道德”。这牵涉到演化论生物学和传统伦理学研究的“学术杂交”产物：演化伦理学。

就像一般意义上的伦理学研究可以大致分为描述伦理学研究、规范伦理学研究以及元伦理学研究一样，一种和演化论相互结合的伦理学研究也大致有这三个层面。

具体而言，描述伦理学层面上的演化伦理学研究的目的，乃在于说明道德在事实上是如何被演化出来的。因为“道德”是一个在自然语言中包含多重含义的名目，所以“道德的演化”这个问题至少还可以被细分为两个小问题：其一，对于直接性的（且未必带有语义内容的）道德情感而言，如何解释其生物学起源？其二，对于那些产生反思性的（并因此摆脱了情感直接性的）道德判断的诸种心理机能来说，如何解释其生物学起源？英国的演化论专家汉密尔顿（W. D. Hamilton）的亲属选择理论试图解答其中的一个问题。这种解答的核心思想是：一个生物学个体之所以会产生针对其亲属的利他主义行为，主要就是因为施惠者和受惠者都分享着相当数量的共同基因，以使得前者对于后者的帮助也可以间接促进自身基因的传播。而对于后一种更为复杂的利他主义行为的产生，美国演化心理学家特瑞弗斯（R. L. Trivers）的“互助式利他主义”模型予以了解释[①]。该模型的核心思想是：施惠者的利他主义行为所带来的代价，是通过施惠者对于来自受惠者的回报的可能性评估来得到抵消的，正如西方谚语所言：“我为人人，人人为我。”很显然，在后一种模型中，利他主义游戏的参与者应当具备相对复杂的心智能力，使得其能够粗疏地评估其针对受惠者的投资所可能产生的回报。

在这些理论资源的基础上，我们认为演化论模型在很大程度上可以对于“人性善恶”的古老哲学辩论产生影响。概而言之，如果卡鲁瑟斯（P. Carruthers）的“大规模模块性假设”[②]至少部分正确的话，那么或许就会有一部分认知模块负责产生某些直接催生利他主义行为的生物化学物质（比如“恻隐之心”的运作，以及“羞恶之心”的运作）。那么，这些模块就在潜能或倾向性的意义上体现了人性中善的一面。当然，也很可能会有其他一些心智模块负责产生类似于嫉妒、仇恨之类的负面情绪，这就体现了人性中恶的一面。但考虑到利他主义行为对于采集—狩猎时代的生存活动所具有的某种压倒性的价值，我们依然有理由认为前面提到的第一类模块比第二类模块能够带来更大的适应性。所以，孟子的“人性善”说恐怕要比荀子的“人性恶”说更接近演化心理学的精神。

9.1 演化论对伦理学研究的意义

本节的讨论将始自对于演化论与伦理学之间关系的最宏观讨论。我们将在本节中说明演化论研究对于伦理学研究最一般层面上的支持意义。

9.1.1 基于“物种认同感”的论证的虚弱性

下面，笔者就不妨模拟演化心理学（或社会生物学）的批评者的口吻，

① Campbell B. Sexual Selection and the Descent of Man, 1871—1971. Chicago: Aldine, 1972: 136-179; Trivers R L. Social Evolution. Menlo Park : Benjamin-Cummings Pub Co, 1985; Trivers R L. The evolution of reciprocal altruism. Quarterly Review of Biology, 1971, 46 (1) : 35-57.

② Carruthers P. The Architecture of the Mind. Oxford: Oxford University Press, 2006.

将他们的批评意见表述如下：小心演化论者！他们消除了人兽之分，把我们这些高尚的绅士说成是穿着西装的野人，把伟大的精神追求还原为交配之刻的须臾快感！他们摧毁道德，质疑文明——他们就是一群有知识却没文化的禽兽！

从“宣传效果”角度考量，这种对于演化论者消弭禽兽之分的指责，的确很能蛊惑人心。毕竟我们的听众都是“人”，因此也都带有人之为人的基本自尊或者优越感——在这种情况下，任何将人类的道德置于生物学语境中予以重估的企图，或许都会对听众的“物种认同感”产生冒犯，并由此丧失其同情。然而，一番对于演化论和伦理学之间关系的最为初步的反思，却会使得任何一个遵循科学理性的读者发现，演化论者并不真的要取消人兽之分。

首先，人科动物和其他灵长类动物之间的心智能力区分，乃是一个基本的生物学事实（而不仅仅是一个社会学事实）。与黑猩猩或者大猩猩相比，我们智人具有不同的遗传学基础，而这一点又带给了我们更大的脑容量、更适应于直立行走的身体、更为灵巧的双手，等等。说得更清楚一点，达尔文主义者所主张的仅仅是：我们和其他的灵长类动物具有相同的演化谱系，且我们智人的上述这些特异性得益于自然选择。但从逻辑上看，这个讲法却丝毫不带有将人的价值贬低为动物的价值的意蕴（这就好比说，假若你知道了张三之所以数学不及格，李四之所以得满分，都是因为王老师给他们判卷的缘故——这条知识显然不足以使得你推出：张三和李四的数学能力都具有同样的价值）。

其次，我们平时所说的“人兽之分”首先是一个价值判断，而不是事实判断，因此即使退一万步讲，我们姑且承认达尔文主义者在事实层面消弭了人兽之分，这也无法使得我们有理由反对价值层面上的人兽之分。

9.1.2 演化论对伦理学研究的印证意义

不过，仅仅说到这一步，我们所看到的演化论和伦理学之间的关系依然是一种消极的关系，也就是说，我们只能够说明演化论并未给我们日常的伦理判断和相关的伦理学体系造成困扰，却并没有说明前者是否能够给后者带来科学的印证（vindication），或是知识论意义上的辩护（justification）。如果我们做不到这一点的话，那么演化论和伦理学研究还就依然是两张皮——谁都不需要谁。

读者或许会问：那为何我们硬是要将它们扯在一起呢？笔者认为有三个理由。

第一，描述伦理学的研究直接和演化论相关。我们知道，所谓“描述伦理学”（descriptive ethics）的任务，就是对于人类实际道德信念和道德行为进行客观的描述以及比较。很显然，如果演化论能够说明人类的道德意识、与道德相关的行为模式以及心理倾向产生的生物学根源的话，那么我们也就能够对“我们是如何具有道德的”这个困惑给出一种因果式解释。这显然能够大大丰富现有的描述伦理学研究的科学细节，并使得其论述具有一种谱系学意义上的纵深感。

第二，规范伦理学的研究也和演化论相关。我们知道，规范伦理学（normative ethics）研究的任务，是对我们在日常生活中用以评判具体人类行为的价值标准予以某种反思，并判断哪套价值标准是值得推荐的。在伦理学研究的诸多分支之中，规范伦理学的“规范性”显然是最强的，因为它直接关涉到了“我们应当持有怎样的价值体系”这个“应然”问题，而不是“我们实际上所持有的是怎样的价值体系”这个“实然”问题。那么，演化论的研究是否能够为规范伦理学的研究带来助益呢？从表面上看，似乎答案是否定的，因为前者关涉到的仅仅是“实然”，并非“应然”——而即使是伦理学的初学者也应当知道，从“实然”中我们是推不出“应然”的。不过，只要我们想得更深、更细一点，我们就会发现二者之间的关系未必就会变得这么彼此产生隔膜。假设现在有三种主要的规范伦理学立场：义务论（deontology）、后果论（consequentialism）和德性论（virtue ethics）。现在我们就不妨评估一下演化论对于道德起源的叙述和每种立场之间的契合程度，并规定：与演化论契合程度最高的规范伦理学立场，就是在物质世界中最容易实现的规范伦理学立场（注意，这里的“契合”不仅仅是指彼此逻辑相容，而且还要求二者在内容上彼此印证）。很明显，如果评估者已经接受了某种物理主义的或自然主义的形而上学立场的话，那么，上述对于“契合度指数”的评估结果就足以让某种规范伦理学的优越性得到体现。[①]从这个角度看，演化论的证据依然可以帮助我们以某种迂回的方式切入规范伦理学的讨论。

第三，演化论的研究成果或许还能够为一些相关的元伦理学争议（meta-ethical disputes）的深入提供帮助。譬如，伦理判断是不是奠基在伦理事实之上的？或者说，压根儿就没有什么伦理事实，而所谓的“伦理判断”，也只不过就是下判断者的一种主观情绪的发布形式？我们可以检验在不同的元伦理学立场下，演化论模型对于特定规范伦理学立场的支持力度，由此反推出各种元伦理学立场自身在自然主义框架中的可接受程度。

综上所述，关于伦理的自然演化的科学知识，将在不同的层面上对伦理学的既有理论内容进行渗透，并由此在一定程度上改变其理论形态。我们不妨就将一种已经吸纳入演化论材料的新伦理学称为“演化伦理学”（evolutionary ethics）。

下面我们先来查看一下这种“演化伦理学”的描述伦理学面相。

9.2 道德情感的生物学起源

我们现在就来看看，演化论的研究成果或思维框架是如何帮助我们描述伦理现象，并在事实层面上解释这些伦理现象的产生的。我们知道，一般提到解释活动，就会牵涉到“被解释项”（explanadum，复数为 explananda）的确定问题（没有被解释对象，何来解释活动）。那么，具体而言，就“道德”（morality）这个笼统的名目而言，又有哪些具体的现象有待解释呢？

9.2.1 有待自然主义者加以解释的道德现象

关于这些有待解释的现象，美国罗切斯特大学的伦理学家费茨帕切克（W. FitzPatrick）在为《斯坦科网上哲学百科全书》撰写“道德和演化生物学”词条时是这么罗列的：

---

① 对物理主义的形而上学立场缺乏同情的读者或许会说，为何一定要预设这个立场是正确的呢？在我们看来，这个立场能够使得我们将人类的道德行为视为某种自然产物，并在此基础上探索其在整个自然界中的地位。相反，倘若我们抛弃这个立场而将人类的道德行为视为某种超验的产物的话，那么，我们也就难以解释人类的道德行为和世界其余部分之间的相互作用了，进而也就难以解释（包含人类行为在内的）整个世界的统一性了。

甲：我们人类具有某种一般的能力，以便给出一些规范性的判断以及指导；而且，我们也有一种在社会生活中运用这些能力的倾向。

乙：我们人类具有特定的情感，也具有从他人的表情或行为中侦测到其有类似情感的能力。

丙：我们人类也具有这样的能力，在特定的环境中体验到某种基本感情，以及被其所触动。

丁：我们人类也具有这样的能力，在特定环境中做出某种特定的道德判断或者道德推理，或具有某种特定的道德感。

戊：在特定的环境中，按照道德推理的结果去实施某种行为。

己：整个社会展现某种特定的规范体系或是实践模式的倾向。①

熟悉伦理学史的读者应当不难发现，上述所列及的“事项甲”大约等于康德所言及的“实践理性能力”（以区别于“理论理性”）；“事项乙”和“事项丙”大约相当于孟子的“四心说”（恻隐之心、羞恶之心、辞让之心和是非之心）所涵盖的内容，而且特别侧重于其中的“恻隐之心”；“事项丁”大约对应于亚里士多德所说的“实践智慧”（phronesis）[以区别于理论智慧（sophia）]②；“事项戊”对应于所有道德判断和道德直觉所触发的行为；“事项己”对应于黑格尔在《法哲学原理》里所说的“伦理”（德文die sittlichkeit，以区别于“道德”，德文为die moralität）。③要将这么丰富的内容都视为某种描述意义上的演化伦理学的解释对象，由此带来的解释任务不可谓不重。而为了减轻我们的工作负担，一项合理的建议就是：找到解释重点，并在此基础上合并同类项。

① FitzPatrick W. Morality and evolutionary biology. http://plato.stanford.edu/entries/morality-biology [2020-08-18].

② 参见苗力田主编的《亚里士多德全集·第八卷》，人民大学出版社1997年版。这里需要注意的是，亚里士多德的“实践智慧”并不完全等同于康德的“实践理性”，因为前者更关涉于个体在特殊境遇中的道德抉择（用儒家哲学的术语说，这看重的是“权”），后者则偏重于对于一般道德律令的遵从（用儒家哲学的术语来说，这看重的是“经”）。请参照朱熹的话：“经者，道之常也；权者，道之变也。”（《朱子语类》卷二十四）。但从逻辑角度上看，实践理性似乎构成了实践智慧的理论前提——因为在对原则变通之前，总得先有对原则自身的理解。

③ 在《法哲学原理》的语境中，“道德”偏向于个体的道德意志的面相，而“伦理”则偏向于社会习俗所构成的集体意志。参见黑格尔. 法哲学原理.范杨，张企泰译. 北京：商务印书馆，1961.

我们找到的解释重点最后被落实到以下两个问题之上：为何我们人类具有道德情感，以便使得我们在不进行道德反思的前提下也能够给出利他主义行为？另外，为何我们人类除了具有道德情感之外，还能够进行道德反思，以便我们能够在某些情况下，可以不受某种道德情绪的左右，而做出某种正确的道德决定？

在笔者看来，对于这两项任务的解释分别牵涉到了人类道德的两个最本质的方面："情"和"理"。从认知科学的角度看，前者牵涉到了某种即时性的、直接性的主观感受的释放——这些感受或许是某种大脑分泌物的伴生现象，其功能作用是直接触发某些外部行为而不必经过其他大脑模块的"中间"处理。而后者（即道德的"理"之面相）则往往会牵涉到大脑中其他的信息处理模块的作用，因此，它可能是某种牵涉到多模块协作的复杂信息处理模式的最终后果。因此，粗疏地说什么"大脑中有一个专门负责道德的信息处理模块"乃是不恰当的，更严格的说法是：就某种更低级的道德直觉的产生而言，或许是有一些模块专司其职；而就负责的道德判断的产生而言，被牵涉入的思维机能还应当包括以下内容。

（1）语言机能：判断者借以对被判断之事进行内部编码和表征。

（2）中央语义处理系统：判断者借以确定内部表征在整个信念系统中的语义地位，即以某种高效的方式区分出信念系统中的哪些部分与之相关、哪些不相关——而与之相关的对象和被讨论表征之间的相关度又是多少（此即对于某种宽泛意义上的"框架问题"的解决或规避，请参看前文相关讨论）。

（3）逻辑推理机能：判断者借以完成道德原则和对于道德情景的内部表征之间的心理连接，比如从"凡老师就必须对所有学生一视同仁"这个前提中推论出"我不应当对某学生的特殊诉求进行特殊对待"这个结论。

（4）"情"和"理"之间的权衡机制：这里需要注意的是，诉诸反思的道德判断并不就是隔绝于道德情感的冷酷判断，相反，它本身可能就是被情感触动的（如一个被贫困山区孩童的悲惨境遇触动的志愿者或许会在惊愕之余，转而反思他接下来该做些什么）；或在某些情况中被相反方向的情感体验所"驳斥"［如在德国电影《窃听风暴》[①]中，负责窃听艺术家德瑞

① 原名为《他人的生活》（*Das Leben der Anderen*），获得第 79 届奥斯卡金像奖最佳外语片奖。

曼（G. Dreyman）的卫斯勒（H. G. Wiesler）上尉，被《好人奏鸣曲》所传达出来的道德情感所触动，最终放弃了他本人对于民主德国国家安全机构的伦理职责]。很显然，“情”和“理”之间的这种既合作又交锋的关系，需要某种信息传播渠道来联系两边的信息处理结果，并用某种相对中立的方式来计算两边的处理结果的权重。否则，这种交锋就会在认知构架中造成无法被消除的混乱，最终使得行动者变成无法真正付诸行动的“哈姆雷特”，并因此丧失对于环境的适应性（如我们在那些“选择困难症”的病患那里所看到的那样）。

从上面的分析来看，复杂意义上的道德判断（而不仅仅是道德直觉），或许是诸多心理机能协同合作的后果——其中有些机能或许牵涉到大脑中所固有的心理模块，有些机能则来自某种自身还是猜测对象的“通用问题求解器”，有些机能则可能不直接来自任何一个特定的功能单位，而是诸多功能单位所组成的某种局域认知架构的“拱肩”或“伴生物”。但不管复杂道德判断的来源是什么，我们都倾向于认为，道德情感均在不同类型的道德判断中扮演了或轻或重的角色，否则我们就很难区分“和道德无关的理性判断”与“在道德理性支配下所进行的判断”了。所以，从这个角度看，几乎所有典型的日常道德判断都应当是大脑不同分区协同工作的产物，而不太可能是由某种具有独特功能的“道德模块”独当一面的（或反过来说，如果我们硬是要假设所有的道德判断都由某个简单模块来产生的话，我们也就会难以解释为何这种所谓的“道德模块”的输出不会像知觉模块的输出那样，具有跨个体的相似性和稳定性了）。

在对我们的“被解释项”做出了这样的处理之后，演化论者的解释任务也就被更清晰地厘定为：任务一——如何解释道德情感的生物学起源？任务二——如何解释和道德判断有关的诸种心理机能的生物学起源？先来看第一个问题。

9.2.2 道德情感的功能解释

这里首先需要提醒读者注意的是，在一种自然主义的框架中，“道德情感”并不代表某种只可意会不可言传的，并具有独立本体论地位的“感受质”（qualia），而就是大脑运作机制的某种副产品（这就好比性欲的产生，乃是下丘脑—神经垂体系统运作的副产品，而味觉的产生，乃是食物中的化学离子、舌头中的味蕾、神经传统系统以及大脑中的味觉中枢相互作用后产生的副产品，等等）。二元论者可以不喜欢这个哲学预设，但是正如我们已经指出的那样，不预设这一点，我们就会破坏物理世界的“因果封闭原则”，并使得道德情感自身根本就无法得到科学解释。

不过，通过寻找道德情感的神经实现机制的方式来将其“自然化”，并不是自然主义者用来解释其存在的唯一路径——我们也可以通过确定这种情感类型在整个人脑的信息处理机制中所扮演的功能角色来为其“祛魅”（否则，对于道德情感的科学研究就会完全受制于神经科学的发展而难以通过“另辟蹊径”来分散研究风险）。

那么，按照这种功能主义的研究思路，道德情感的功能角色是什么呢？

让我们不妨试想有这样两类人：第一类人既有道德情感，又有道德反思能力；第二类人则只有道德反思能力。那么，第一类人在实际生活中能够比后者具有怎样的生存优势呢？答案是显而易见的：在那些相对简单的道德境遇下，前者能够通过道德情感的涌现而相对迅速地做出相应的行为（比如在看到家人受到威胁的时候就毫不犹豫地出手相助），而后者则会在任何一种道德境遇中都慎思推理一番，并因此错过了出手救人的机会。现在假设对于家人的及时救助能够带来救助者的基因的适应性（为何如此，下面马上要提到），那么，兼有道德情感和道德反思能力的个体，显然也会因此更容易将自己的基因散播出去，并成为自然选择游戏的赢家。

一言以蔽之，道德情感产生的客观功能，就是提示情感拥有者应当迅疾做出某种利他主义的救助行动，而且这种提示是在“理由缺席”的情况下产生的（如若对于理由的表征也参与了这种道德意识的构成的话，那么这就不是纯粹的道德感情了）。而这种直接性的道德情感在具有各种文化背景的人类种群中的广泛存在，也似乎暗示了我们：它们就像男性智人对于腰臀比较小的女性身体的性偏好一样，是在采集—狩猎时代（甚至更往前的地质学年代）就已经形成的某种心理适应器，其产生就是为了提高相关物种的适应性。

但自然选择最终选中这种“道德情感发生器”的具体细节又是什么呢？这个问题曾对达尔文本人产生过困扰。他当然知道利他主义行为即使在动物界也是普遍存在的——甚至一只兵蚁，也会为了保护蚁后而“勇敢无畏”地战斗到死！但既然这个兵蚁为此奉献了生命，它自己的适应性也就被取消了，那么，为何自然选择还会偏好于这些甘愿取消自身适应性的个体呢？达尔文所想到的解释是：个体的利他主义行为是有利于群体的适应性的，即所谓的“舍个体保大家”（请不要忘记，兵蚁和工蚁都是不能够生育的，对于群体来说，它们都是“可牺牲的”）。在 1871 年出版的著作《人类的由来》中，达尔文用这种“惠及群体”的思路考察了人类的利他主义行为。他设想了两个原始部落：其中一个充满了具有利他主义行为之遗传基础的个体，另一个则否。他相信，在面对同样的自然环境的考验前提下，前面一个部落所体现出来的适应性会更强一点。这样，他们活下来的机会也就更大一点，因此也就有更多的机会将自己的利他主义禀赋遗传下去。这也就是对为何自然选择最终选中了利他主义者的基本解释。[①]

这个貌似合理的解释在当代遭到了强大的挑战。英国科普作家理查德·道金斯（Richard Dawkins）在 1976 年出版的科普名著《自私的基因》[②]中提出了著名的“内部颠覆”（subversion from within），矛头直指达尔文的种群选择假说。这个反驳的核心思想是：假设一个种群中的大多数成员都有“利他主义”基因，以使得他们的大脑能够在某些道德环境中自动分泌化学物质，催生道德情感，触发直接性的利他主义行为，但是，按照达尔文本人的遗传突变学说，这些群体中总是有可能混入一些不携带利他主义基因的自私自利者（他们会在面对同样的道德情景时而无动于衷）。那么，自私自利者会不会受到群体的排斥，并因此失去其个体适应性呢？通过一些数学模拟计算，研究者发现，自私自利者非但不会受到排斥，相反还会利用利他主义者搭建的“利他主义平台”活得很滋润，最终甚至通过传宗接代来传播自己的自私基因。通过一段时间的繁衍之后，携带自私基因的后代完全可能改变整个种群的“道德成色”，将君子淑女的伊甸园变成无耻之徒的打斗场。这当然不是具有正常道德直觉的人所乐见的。

但我们都知道，在现实世界中，具有正常道德情感的人毕竟还是占人

---

① 参见 Darwin C. The Descent of Man, and Selection in Relation to Sex. London: Penguin Books, 1879: 157.

② 理查德·道金斯. 自私的基因. 卢允中, 张岱云, 陈复加, 等译. 北京: 中信出版社, 2012.

类种群的大多数，因此在现实世界中，自私基因的携带者并没有获得数学模拟所预测到的那种胜利。所以唯一的解释就是：达尔文的整个种群选择理论都错了！

英国的演化论专家汉密尔顿则提出了一个与达尔文相互竞争的新解释模型：亲属选择（kin selection）①。这个理论的数学细节虽然繁复，其核心思想却很简单。试问：你为何要牺牲你个体的适应性去帮助你的家人和亲戚呢？道理很简单：他们身上的基因和你的基因之间的重叠程度，要高于某个家族外成员的基因和你的基因之间的重叠程度！因此，帮助他们，就等于帮助你自己的基因得到传播！

或说得稍微形式化一点，只要在下述公式被满足的情况下，利他主义基因就可以在种群之内传播：

$$b > c/r$$

在这个式子中，b 表示受惠者所得到的好处，c 表示施惠者所付出的代价，r 表示受惠者和施惠者之间的血亲协同系数。举例来说，对于兄弟姐妹来说，这个系数值乃是 1/2；对于父母和子女来说，这个系数值也是 1/2；对于祖父母和孙辈来说，这个系数值就下降到了 1/4；对于叔侄来说，这个系数值就下降到了 1/8，等等。

从上面这个公式中，我们可以得到两个很有趣的推论。

首先，这个公式关心的不是如何计算施惠者的风险投入和其得到的回馈的比值，而是这样一个稍显复杂的问题：是受惠者所得到的好处更大一点呢？还是施惠者付出的代价和双方血亲系数之间的比值来得更大一点呢？很显然，这个公式并没有论及施惠者自己获得的报偿——这就说明相关的机制压根儿就没有顾及对于行为能动者自身利益的计算（这一点亦使得亲属选择模型和下面会提及的互助利他主义模型拉开了距离）。毋宁说，真正的获利者，从表面上看来是施惠者，而从更深的角度来看就是基因：是自私的基因驱动它们的携带者为了它们的传播而貌似无私地牺牲了自

① 这里牵涉的文献有：Hamilton W D. The genetical evolution of social behaviour II. Journal of Theoretical Biology, 1964, 7(1): 17-52; Hamilton W D. Selfish and spiteful behaviour in an evolutionary model. Nature, 1970, 228(5277): 1218-1220; Hamilton W D. Altruism and related phenomena, mainly in the social insects.Annual Review of Ecology and Systematics, 1972, 3(1): 193-232.

身。从这个角度看，我们甚至有理由认为和亲属选择相关的那种利他主义情绪的产生机制是独立于反思性的道德行为产生机制的——因为前者既没有必然地牵涉到对于个体利益的反思，又不必然地接受任何真正的“理由”的驱动，而几乎就是某种“自动机”（需要注意的是，受基因驱动这一点构不成行动的“理由”，而只是某种物理“原因”）。

其次，如果施惠者本身付出的个体代价以及能够获得的好处都是常数的话，那么受惠者和他在血缘上越亲，c/r 的值就会越小，这样一来，b > c/r 就越容易被满足为真，而利他主义行为也就更容易被催生。因此，这个公式就为《论语・子路》中所说的“父为子隐，子为父隐，直在其中矣”这句话提供了一种很好的遗传学解释：由于父子之间的血亲协同系数比较高，因此，在隐瞒父亲罪责针对儿子的代价和针对父亲的收益都是常量的前提下，b > c/r 这个条件就很容易就得到满足，因此，“隐父罪”这个行为也就很容易发生（在这里我们预设“隐父罪”这个行为就是某种会给儿子带来风险，却会给父亲带来额外好处的利他主义行为）。换言之，我们已经初步看到了通过对于道德之生物学根据的研究来印证某种规范伦理学立场的可能性。

但既然提到了儒家学说，对相关知识背景比较熟悉的读者或许马上还会联想到《孟子・公孙丑上》中的这句话：“今人乍见孺子将入于井，皆有怵惕恻隐之心，非所以内交于孺子之父母也，非所以要誉于乡党朋友也，非恶其声而然也。”

孟子说得清楚，我们见孺子入井心生恻隐，不是因为我和他有血亲关系，而就是因为我们皆有善心！汉密尔顿的亲属选择理论如何解释孟子的这段话？

相关的演化论解释其实也不难给出[①]：不难想见，施惠于亲属的利他主义行为产生的逻辑前提是，施惠者能够从非亲属中辨别出亲属来。但这是不是就意味着施惠者的认知架构需要发展出一个特定的模块（如“亲属探测器”）呢？

关于这种幻想中的“亲属探测器”，有一个好消息，以及一个坏消息。

① 参见 Joyce R. The Evolution of Morality. Cambridge: MIT Press, 2005: 21-22.

先来说坏消息：没有很强的证据表明我们智人真的具有这样的认知模块（否则现代人就犯不着发展出专门的技术来进行亲子鉴定了——用鼻子闻闻不就行了吗）。再来说好消息：至少对于生活在采集—狩猎时代的先人来说，纵然没有这样的探测器，一般也不让其碰到“误将非亲戚当亲戚”的麻烦——因为一个采集—狩猎部落中的成员往往彼此都是亲戚，且由于部落的人口总量较小，所以要搞清楚谁是谁的妈妈还是比较容易的（尽管在有些时候要搞清楚谁是谁的爸爸会稍微麻烦一点）。从这个角度看，自然选择是不太可能会帮助我们的人科动物祖先演化出一个专门针对部落外来客的专门探测器的——因为这个探测器用处太少，专门将其演化出来显得有些“不合算”。很显然，由于这种探测器的缺乏，所以在某个特定部落成员看来，“陌生人”和“远亲”的心理表征类型是彼此不可分辨的。这样一来，某个偶然混入该部落的外部落成员，就很可能会被当地人当成远亲来看待，并从该部落的利他主义网络中获得分红。而随着人类进入文明社会，这种视“陌生人”为“远亲”的远古心理机制因为跟不上环境变化的步伐而得到了保留，并使得我们会对和自己毫无血缘瓜葛的“入井孺子”产生恻隐之心，甚至在我们的日常语言中留下痕迹（譬如说，我们在和陌生人套近乎的时候，难道不正喜欢以“兄弟姐妹”相称吗）。或许从基因保存的角度看，在大规模人口群居的现代条件下继续保有这种机制乃是一种“不适应”，但它的继续起效毕竟是一个客观事实。

但汉密尔顿的亲属选择理论显然还不能够解释那些和自主的道德筹划相关的利他主义行为。比如，冒着被别人打击报复的风险而揭发作弊者，以维护整个社会的正气。这样的利他主义行为牵涉到了行为者对于相关处境的复杂内部表征，以及其对于利弊的全面权衡。从这个角度看，他的理论只能够对我们的道德活动中偏向直观和本能的那部分做出解释，而无法处理亚里士多德心目中的“实践智慧”。

不过，这也并不是说反思性的道德活动，不能够像父子之情那样被“自然主义化”。相关的理论尝试主要体现于美国演化心理学特瑞弗斯的工作中[①]。他提出了一个叫“互助式利他主义”（reciprocal altruism）的理论模型，

① Trivers R L. The evolution of reciprocal altruism.Quarterly Review of Biology, 1971, 46 (1): 35-57.

用来解释某些复杂利他主义行为的发生。

该模型的基本思想说来也并不复杂。试问，一只狒狒为何要牺牲睡眠给别的狒狒守夜呢？因为今天我给你做岗哨保护你，明天我就会得到你的保护。有两句西方谚语足以说明互助式利他主义的精髓：一句是“你给我挠背，我就给你挠背”（If you scratch my back，I’ll scratch yours）；另一句则是大仲马的小说《三个火枪手》的台词“我为人人，人人为我”（All for one，one for all）。或说得更学术化一点，施惠者的利他主义行为所带来的代价，是通过施惠者对于来自受惠者的回报的可能性评估来得到抵消的。

别看这个思想说来简单，却可以帮助我们解释动物王国以及人类社会中很多利他主义行为的特征。

首先，它可以用来解释为何在施惠者和受惠者并非血亲的情况下，前者会对后者实施利他主义行为。需要注意的是，虽然在刚才所提到的拓展模式的亲属选择理论中，我们是可以解释我们见孺子入井之后为何会心生恻隐的，但这种解释似乎难以被拓展到所有的非血亲条件下的利他主义行为之上去，特别是牵涉到回报计算的复杂利他主义行为上去（我们不妨设想那些并非出于恻隐之心而帮助别人的行为，如承受损失本钱的风险而给你的朋友的公司注资，等等）。

其次，互助式利他主义可以解释在不同物种之间的互助行为：小鱼儿甘愿承受被大鱼儿吃掉的风险，而跑到其嘴里吃一些依附在其嘴里的寄生虫；而大鱼儿呢，得压抑住吃掉送到嘴边的小鱼儿所引起的食欲，任凭其吃掉自己嘴里的寄生虫，因为对于寄生虫的清理本身就构成了对于上述忍耐的回报。很难相信任何一种模式的亲属选择理论可以解释这种跨物种的互助利他行为，因为即使是一种拓展版本的亲属选择理论，也必须要求非亲属受惠者和亲属受惠者在施惠者那里所产生的心理表征类型是彼此不可分辨的。但就前面的例子而言，谁又会相信小鱼儿的视觉识别系统和中枢神经系统，会原始到分不清一条异种的大鱼儿和一条与其同种的小鱼儿之间的类型差别呢？

最后，这个解释模式还可以很好地解释为何试图利用互惠网络“不劳而获”的机会主义分子不会被自然选择所偏好。我们前面已经看到了，达尔文的原始群体选择理论是无法解释这一点的，而亲属选择理论则在一定程度上规避了这个问题（按照亲属选择理论，血亲关系是激发利他行为的关键性参数，而自私型基因的存在却没有被当作模型的基本参数来处理）。但在互助式利他主义模型中，自私者的出现却被当作一个被认真加以讨论的情况。这种模型的构造者预设了：自私者（特别是那些骗取回报，却不做出任何贡献的"欺骗者"）总会出现，但这些建模者还相信，只要整个游戏共同体在自然选择的压力下演化出了某种针对这些骗子的心理机制——如关于憎恶的心理机制——骗子就很难大规模出现，因为这种心理机制能够促发"以牙还牙"（tit-for-tat）的行为，对骗子的行为进行惩罚，以此改变其收益预期。关于这一点，英国布里斯托大学的科学哲学家奥卡沙（S. Okasha）写道①："就博弈论研究常说的'囚徒困境'而言，'互助式利他主义'的概念和所谓的'以牙还牙'策略是紧密联系在一起的。在囚徒困境中，游戏玩家和多重情景发生互动，而且允许他们根据其对手在上一轮游戏中的决策而调整自身的行为。大致有两类玩游戏的策略——和对手互相合作，或者互相欺骗……若游戏是反复进行的，而不是玩一次的话，那么对玩家来说，最优化的决策的取向就会发生明显的改变。这也就是说，只要和对手再照面的概率足够大，欺骗就不再一定是最优化的选择了。爱克塞尔罗德和汉密尔顿在1981年的论文中做出了一个计算机模拟②，以比较囚徒困境中大量策略的利弊。实验结果表明，'以牙还牙'策略的回报最高。"

不过，从上文的讨论中我们也不难看出，"互助式利他主义"是一种对玩家的心智要求更高的生物学—心理学—社会学游戏（因为它要求玩家对于个体的收益率有一种大致的评估能力，以及对欺骗者有一定的探测能力，等等）。对于相关心智配置要求的讨论，也使得我们进而有机会讨论我们在前文中提出的第二项任务：如何解释和道德判断有关的诸种心理机能的生物学起源？

9.3 与道德判断相关联的心理机能及其生物学基础

如果我们将具有道德判断内容的道德意识的起源视为互助式利他主义

① Okasha S. Biological altruism. http: //plato.stanford.edu/entries/altruism-biological[2020-08-18].

② Axelrod R, Hamilton W D. The evolution of cooperation.Science, 1981, 211(4489): 1390-1396.

模式的话，那么，对于上述问题的回答，就会驱使我们首先去分解出和互助式利他主义行为相关的一些主客观条件，并进而探索这些因素是如何产生的，这些条件又是如何被满足的。可以想到的相关因素和条件有以下几点。

第一，正如奥卡沙的上述评论所指出的，互助游戏的玩家必须有大量的机会重复照面，否则，即使欺骗者被发现，吃亏者也不会有机会对其进行报复。好在在野外环境下，这个条件的满足是相对容易的：就生活在采集—狩猎时代的人科动物而言，同部落甚至毗邻部落成员之间重复见面的概率是很高的，因此作弊者会马上得到惩罚。相反，如果我们设想原始社会已然和现代社会一样由大量萍水相逢的陌生人所构成的话，那么互助式利他主义得以出现的某种基本环境参数就有可能从一开始就付诸阙如了。

第二，所有的游戏玩家都需要有一定的识别能力和记忆能力，以便从重复的行为模式中识别别的玩家的同一性，以及其行为的类型的同一性。否则，我们将很难理解“以牙还牙”策略的施加对象是如何被区别于那些无辜者的。当然，对于那些比较低等的物种（如清道夫鱼等）来说，这个要求或许必须被“打折执行”，即游戏玩家只需要分辨出别的游戏玩家的物种同一性，而不是个体同一性（譬如，只要有一条食肉鱼欺骗了清道夫鱼群，吃掉了其中的一条清道夫鱼，观察到这一点的别的清道夫鱼就会选择不信任所有此类的食肉鱼）。甚至对于智慧远高于鱼类的智人来说，在某些情况下，这种被粗放地执行的“玩家识别策略”依然是非常有用的（比如在第一次世界大战西线的堑壕战中，彼此对峙的德军和协约国军就会达成某种默契，互不相扰，以求共存，这样的策略当然是建立在对于对方的整体识别，而不是对于某个对方士兵的个体识别之上的）。

那么，从演化论角度看，这些识别能力是怎么产生的呢？一种看来最自然的解释就是：这些能力不是专门为互助式利他主义而单独演化出来的，而是为了物种个体对于物理环境的识别而预先演化出来的（比如视觉系统、嗅觉系统的演化），因为对于别的物种或者个体的识别能力来说，归根结底也只不过就是一种更为复杂的物理对象的识别能力。自然选择没有理由放着一种既有的识别能力不用，而去另起炉灶地演化出某种独立的种群识别能力。当然，不容否认的是，互助式社会网络的形成自身也会构成某种环境压力，以迫使某种物理对象的识别能力加强（如智人对于同类智人脸部表情的识别能力就已经被相对特异化了），但这种补强更可能是建立在某种既有的神经识别机制的基础之上的。

第三，为了防止欺骗者的出现，互助式利他主义游戏的玩家可能已经具备了两种能力：第一种是对欺骗性自身的侦测能力；第二种是对已然被识别出来的欺骗者的心理憎恶。与牵涉到互助利他主义游戏的其他环节不同，至少对于人类而言，这两种能力或许已经通过模块而特异化，因为对于成年人而言，对于虚伪承诺的侦测也好，在发现被骗后的负面情绪的产生也好，都具有某种类似于知觉判断的直接性。但需要指出的是，这些机制的存在或许也本是因为别的自然选择压力而产生的，比如女性对于男性的求爱承诺之真诚性的敏锐检测能力，很可能是在性选择的压力下形成的，而智人在发现被他人欺骗后产生的消极情绪，亦很可能和由其他原因而产生的消极情绪分享着共同的神经回路。也正是因为这个道理，相关模块的运作必须和下面即将提到的更多的神经机制的运作协同作用，才能够保证完整的互助式利他主义行为的输出。

第四，游戏玩家需要对自己的收益有一定的评估能力，也具备一定的“他心”揣测能力（即推论对方的预期回报是什么）。就拿清道夫鱼的例子来说，清道夫鱼在为食肉鱼清理口腔的时候，它至少需要知道：它自己要吃什么（答案：大鱼嘴里的寄生虫）；大鱼一般要吃什么（答案：吃清道夫鱼以及别的小鱼）；自己为吃大鱼嘴里的寄生虫而需要冒的风险（答案：被不诚实的大鱼吃掉，这一点可以从前两点中推理而得出）；为什么我要甘愿冒这个风险（答案：因为记忆告诉我，以前这么做的小鱼都活下来了）。

有的读者可能会为小小的鱼类的神经中枢是否能够承载这些语义信息而感到担心，因为我们似乎很难相信鱼类的确有能力把握“我要吃大鱼嘴里的寄生虫”这句话的语义内容和语法结构。但在我们看来，清道夫鱼具有对于“我要吃大鱼嘴里的寄生虫”这一点的语言表征能力并不构成“清道夫鱼要吃大鱼嘴里的寄生虫”这一客观事实成立的必要条件，因为后者需要的，仅仅是视觉神经系统（负责对于寄生虫的识别）、内感神经系统（负责表征身体对于蛋白质的需求程度）以及运动神经系统（负责对于食物的实际捕捉）之间相互协作的某种固定神经回路。同样的道理，对于前述要点丙的把握，也并不真的需要鱼类掌握亚里士多德式的三段论推理，而只需要由大鱼的视觉表征所带来的恐惧感和由缺乏蛋白质食物所导致的饥饿感，能够在其神经中枢的不同部分体现为具有不同功能的神经群的激发。比如，其中一组神经群的激发会导致运动神经群的激发，并促使清道夫鱼去捕食，而另一组神经群的激发却会通过抑制运动神经群激发的方式来压抑其行为。同样的道理，对于要点丁的把握也并不需要鱼类具备人类水准上的经验归纳能力，而只需要其具有模仿被反复重复的过往鱼类之行为模式的倾向（这种倾向也可以被视为某种被后天训练而成的神经回路）。很显然，如果我们遵循经典认知科学的基本思想，而将鱼类的神经中枢视为某种经过自然选择而演化出来的计算系统的话，那么清道夫鱼在做出针对食肉鱼的利他主义行为之前所经历的心智加工过程，就可以被视为某种经过后天经验训练而形成的操作程式。另外，就上面的初步分析来看，我们也有理由认为，对于某种原始的囚徒困境的心理把握，需要相关的动物“玩家”神经中枢的不同部分协同运作，而非某种专门的“利他主义”模块的专有产物。从这个角度看，只要我们能够说明这种协作所牵涉的所有模块的演化过程，我们也就会随之获取对于整个利他主义行为产生机制的演化论说明。当然，在人类的例子中，由于语言机能的出现，道德判断的语义内容第一次可以通过具有“句法组合性”的方式而成为地球生命的心理表征对象，而这也使得人类的道德推理能力具有了一般动物所不及的复杂性和灵活性。但即便如此，互助式利他主义模型的确立依然具有某种针对语言机制而言的发生学优先性，换言之，很可能是语言机能的独立演化利用了早就存在的一些神经回路，并对其加以了某种强化和特异化，而不是反之（否则我们就很难解释无语言的动物的互助式利他主义行为的产生了）。概言之，与“恻隐之心”之类的直接道德情感的产生不同，要说明类似于互助式利他主义之类的复杂道德行为的生物学基础，我们就得牵涉到一个由一大堆演化故事片段所构成的“故事簇”，而不能够诉诸某种点对点式的粗暴解释。尽管对于这个过程的很多细节问题我们还知之甚少，但似乎并没有什么理由去促使我们认定：一种在演化论和神经科学的框架中给出的相关解释方案会在原则上是不充分的。

我们现在就立即来评估一下本章业已完成的讨论所具有的哲学意蕴。

9.4 演化论模型与规范伦理学的对话

前文我们已经指出，在物理主义或者自然主义的形而上学框架中，某种规范伦理学立场或者元伦理学立场的可推荐程度，基本上就可以被视为它和某种主流的自然主义解释（如演化论解释）之间的契合程度。在上面的讨论中我们也已经提到了，汉密尔顿的亲属选择模型，可以比较好地和儒家的“亲亲”学说相互契合，这就说明后者通过演化心理学的“印证”（vindication）而提高了自己的“推荐指数”。由此导致的一个法哲学层面上的推论就是：如果亲属选择理论所描述的那种生物学配置依然存在于我们现代人身上的话，那么我们的法律设置就必须尊重这种生物学配置的运作，而不能够鼓励“大义灭亲”。具体而言，至少在自然主义者看来，中国古代以《唐律疏议》为代表的法律文件对于“亲亲相隐”原则的肯定，是比较符合汉密尔顿模型的精神的，并且有必要在现代条件下予以某种形式的继承（但正如我们大家都知道的那样，我国现行《刑法》并不鼓励亲亲相隐①）。

至于特瑞弗斯对于互助式利他主义模型的讨论，则可能在一定程度上印证了英国式的后果主义或者功利主义的规范伦理学立场，因为这种规范伦理学恰恰是将某种行为付出后的收益视为“当做此事”和“不当做此事”的判准的。而在英国经验论的经典文献《利维坦》中，霍布斯所描述的从原子式个人到假设性的社会网络形成过程（即最早是“人与人之间如狼与狼”，后来大家再渐渐放弃一部分权利让渡给国家以求互利），实际上也可以被视为对于后世的特瑞弗斯模型的某种政治哲学预报。不难想见，如果这些既有的伦理学和政治哲学立场能够和特瑞弗斯相互结合的话，那么相关的理论家就可以论证说：我们所鼓吹的规范性立场本身就已经是自然秩序的一部分，因此就具有某种天生的合法性。

而面对演化伦理学所提供的这些科学资源，最感到落寞的或许是康德式的义务论者。我们现在给出的所有的结论似乎都恰恰构成了和康德伦理

---

① 《中华人民共和国刑法》第三百一十条规定：“明知是犯罪的人而为其提供隐藏处所、财物，帮助其逃匿或者作假证明包庇的，处三年以下有期徒刑、拘役或者管制；情节严重的，处三年以上十年以下有期徒刑。”就量刑的主客观要件而言，并没有一言涉及在被包庇者是包庇者之亲属的情况下，从轻量刑的可能。

学的冲突：康德告诉我们，道德诉求是建立在某种和理论理性不同的理性基础之上的，这种理性叫“实践理性”。但根据汉密尔顿的模型，对于亲属的关爱是一切伦理行为的基础，因此这个基础就不是任何一种反思性的理性，无论是理论理性还是实践理性。所以康德的想法是无法通过汉密尔顿的模型得到印证的。而根据特瑞弗斯模型的精神，虽然理性计算在互助式利他主义行为的产生过程中扮演了非常重要的角色，但从知识论角度看，这种理性毕竟还是工具性的，并被某些更深层的生物学欲望所驱动，而非“自成一类”（sui generis），因此在性质上并不和康德所说的“理论理性”相分殊；再从认知科学的角度看，对于这些理性的执行所牵涉的神经生物学区块可能也早就因为对应别样的环境压力而被演化了出来，因此它们或许并不构成某些特定的“道德理性模块”（某些道德情感的产生机制则另当别论）。因此，康德的伦理学思想似乎也无法通过特瑞弗斯的模型而得到印证。

但康德伦理学的支持者未必会对上面的指责表示服气。他们或许会反诘说：为何一种道德理论的“可演化性”要成为判断该理论之成败的最终判准？这种“可演化性”归根结底都是处在“实然”的层面上，而规范伦理学难道不应当在“应然”的层面上讨论问题吗？难道从“实然”到“应然”的推理，不是已经僭越了描述伦理学的本分了吗？

自然主义者又将如何应对这一看似颇有道理的批评呢？且看下文分解。

9.4.1 对于演化伦理学的五项可能的批评

可能会让康德的支持者感到兴奋的是，谈到“实然”（is）和“应然”（ought）之间的隔膜关系，文献史上一般会提到大卫・休谟在《人性论》中对于相关问题的阐述，这说明即使是作为经验论者的休谟，也已经意识到了道德性质的不可还原性。关于休谟所给出的这个理论立场，美国的著名政治科学教授拉里・安哈特（Larry Anhart）在其著作《达尔文式的政治权利》中是这么描述的：“对于任何一种伦理自然主义的最常见的批判就是，道德价值是不能够从自然事实中被推演出来的。这个论证往往被归在休谟的名下，而根据通常的看法，他已经向我们显示了这么一点，在关于‘实然’的问题和关于‘应然’的问题之间有着这么一条楚河汉界：前者涉及的是自然的领域，而关于‘什么该做什么不该做’的问题则涉及道德的领域。正是因为这种二分法的存在，所以从自然的‘实然’出发推论出道德的‘应然’，就会构成某种逻辑谬误。”①

那么，怎么回应休谟提出的这一挑战呢？作为自然主义者的安哈特在《达尔文式的政治权利》第四章中有些答非所问地指出，休谟本人恰恰是主张从对于道德情感的自然描述中引申出一种规范伦理学立场，因此，学界对于他的流行解读或许并没有切中他的本意。我们并不认为这个回答能够让所有人满意。康德主义者很可能会马上接过话茬说：好吧，我们就因此将“休谟的挑战”重新命名为“康德的挑战”吧，你管这个挑战是谁提出的，反正“实然”就是推不出“应然”！

而可能更让康德主义者鼓气的是，根据某种流传很广的说法，在 20 世纪，和休谟同为英国哲学家的乔治·爱德华·摩尔在其名著《伦理学原理》②中，也持有过一种和休谟的批评非常类似的观点。乔治·爱德华·摩尔之论更多地被归结为对于所谓“自然主义谬误”（naturalistic fallacy）的指控，即认定对于像“好的”这样的价值词的定义是不能够通过像“欢愉”这样的事实性概念来进行的。③今天的学者则更倾向于从一种更宽泛的意义上来理解这一谬误，譬如“不可能从对自然事件的解释和观察中引申出超自然的规范性立场”。很显然，从这个角度发出的对于自然主义伦理学的指责，是非常接近于休谟从“实然—应然”二分法角度所提出的批评的。

那么，如果有人要是沿用这种“实然—应然”二分法来看待演化伦理学的话，他们又具体会说些什么呢？下面就是一些可以想到的批评。

（1）演化心理学鼓吹男性对于腰臀比比值比较小的女性的性偏好的合理性，若我们不坚持维护“实然—应然”二分法，那么这种鼓吹就会导致对于腰臀比比值比较大的女性的社会歧视，使得她们失去婚姻权利。这是男性主义对于妇女权利的肆意践踏，因此从“应然”的角度看，我们得反

① Anhart L. Darwinian Natural Right, the Biological Ethics of Human Nature. New York: State University of New York Press, 1998: 7.

② 乔治·爱德华·摩尔. 伦理学原理. 长河译. 上海：上海人民出版社, 2003.

③ 但根据乔伊斯(R. Joyce)的考证，乔治·爱德华·摩尔的原著中并没有对“自然主义谬误”的直接涉及。参见 Joyce R. The Evolution of Morality. Cambridge: MIT Press, 147.

对之。

（2）演化心理学认为，男性对于性活动的态度更为随便，乃是基于其生物学配子（精子）的产出率高于女性生物学配子（卵子）这一事实。这无疑是为花心男人的越轨行为寻找生物学辩护。但我们都知道，从“应然”的角度看，男人就应当顾家爱妻，不采野花。所以，从“应然”的角度看，我们得反对这种对于男性行为的生物学辩解。

（3）演化心理学认为，暴力活动是提高采集—狩猎时代的人科动物之适应性的一种方式——只要暴力斗争的收益能够抵消其付出的代价。按照这个思路，在今天，只要有人觉得对别人的暴力侵犯的代价能够为相关的收益所抵消，那么，他也就有理由去侵犯别人了。但我们都知道，从“应然”的角度看，这样的侵犯是不被允许的。

类似的反驳还可以举出一长溜。或许还有一些反驳者会指出，即使我们不采用这些经验性的论据，而从纯逻辑的角度来看待问题，我们也会发现，基于演化心理学的演化伦理学自身的叙述方式，包含了某种“自我反驳”（self-defeating），或是“乞题”（begging-the-question）的特性。比如下面的这项批评。

（4）演化心理学不是说我们的心智配置（包括和道德相关的心智配置）主要是针对采集—狩猎时代环境的适应器吗？那么这个事实性解释自身就包含了对于其自身有效性的否定——在今天，采集—狩猎时代的环境已经被工业时代的环境所取代了，而原先适应于旧环境的适应器也就未必适应于新环境了（比如，对于高脂肪事物的癖好会在采集—狩猎时代带来适应性，因为那时候此类事物非常稀缺；但在充满高脂肪食物的现代社会，这一遗存的心理癖好却会带来种种不适应症，如糖尿病、高血压等）。不难想见，建立在演化心理学基础上的演化伦理学也应当很难豁免于这个批评，因为那些适应于采集—狩猎时代的道德情感的产生机制或许在今天已经不适应环境了。从这个角度看，演化伦理学是自我反驳的。

那么，怎么回应以上这四项批评？

9.4.2 对于前述四项批评的回应

先来看前三项批评。在笔者看来，它们都犯下了一项同样的错误：它们都和前面所批评的荀子的言论一样，忽视了人类心智构架的整体性以及使得人类心智之演化得以可能的外部环境的整体性，并在此基础上以偏概全地做出了对于人性的判断。实际上，批评者在这里所给出的前两个例子——男性对于腰臀比比值较小的女性的偏好、男性在短期性策略中所具有的更多的博弈空间——都会在自然选择（特别是性选择）中得到其他力量的制衡。具体而言，尽管在短期性策略的制定和执行过程中，男性一方在理论上或许会获得某种优势，但作为这种博弈的另一方，女方所提供性资源的有限性往往会抵消这种优势。这又是因为，我们知道，按照“费舍尔性别选择模型”，有性别的生物的雌雄比例一般都接近于 1∶1，所以在女性的数量和男性大致相等的前提下，男性对于女性资源的获取必定会在逻辑上面临两个门槛：其他男性的竞争，以及女性自身的性选择。这也就进一步使得男性的“花心”倾向得到了至少三个自然机制的有效遏制：女性在长期求偶策略制定上的保守谨慎态度；（在被猎艳对象已经有配偶的前提下）男性求欢者因为破坏别人的家庭关系而可能承担的心理负罪感（即某种自然演化而出的“羞恶之心”），或者是由于对于自己的偷欢行为遭遇性竞争对手报复的预期所带来的恐惧感（前文已经说过了，这种针对欺骗者的报复乃是维持互惠式利他主义网络之稳定的惯常策略）；以及（在竞争对象是自己亲属的情况下）男性针对其他男性产生的自发的利他主义情绪。很显然，所有这些制衡机制自身都有其相应的演化起源，因此，我们在此并不需要引入某种超自然的“规范”机制来进一步制衡男性的“花心”本性。

同样的道理，在第三个批评中所提到的暴力产生机制，也仅仅会在有限的场合中才会得到启动的机会，并会在很大程度上得到亲属选择机制或者互惠式利他主义机制的制衡。因此，我们也很难抽象地将其单独割裂出来，对其进行规范性评价。所以，综合上面的讨论，我们是不能够从演化伦理学的描述内容中，推演出某种反对现行一般伦理规范的某种“大逆不道”的结论的。恰恰相反，正如我们在上文就已经指出的那样，现行一般伦理规范中的很多内容，都能够通过演化伦理学而得到某种印证。

再来看前面提到的批评（4）。演化伦理学是自我反驳的吗？

这个批评是建立在人类对于脂肪的偏好和道德偏好之间的类比之上的。批评者的思路是这样的：因为我们已经发现了，人类在史前时代形成的对于脂肪的偏好在今天给我们带来了不适应，所以我们也有理由怀疑人类在史前时代形成的道德偏好也会在今天带来不适应。对于这个批评，我们的回应有以下几点。

第一，这个批评预设了在人类本性和已经改变了的环境发生冲突的时候，应当由人类的本性承担冲突的责任。我们不如设想一个与之类似的例子，以此显示这种思路的荒谬性，我们都知道，在采集—狩猎时代，地球大气层中应当不存在着工业污染物，因此，我们的人科动物祖先的呼吸系统也就没有演化出专门的机制用来抵抗有害工业污染物的吸入。但在今天的大都市，二氧化硫、氮氧化物和可吸入颗粒物（比如使用柴油的大型车排放的细颗粒物）的结合体构成了大量的雾霾，由此对人类的健康构成了莫大的威胁。从这个角度看，曾经适应于采集—狩猎环境的人类呼吸系统，已经不适应于当下的工业污染环境了。那么，这个责任应当由谁来承担呢？当然是应当由工业污染所承担，因为改造现有工业环境的成本要远远小于改造人类自身的呼吸系统的生物学结构的成本。同样的道理，在富含动物脂肪的食物唾手可得的今天，我们的脂肪偏好给我们的健康所造成的威胁，也应当通过改变我们的饮食结构来消除，而不必迁怒于我们自身的生物学结构，因为挑起“事端”的乃是社会的饮食习惯，而不是我们的身体。同样的道理，如果我们固有的道德偏好和当下社会的某些风气（比如正气不彰、六亲不认等）发生冲突的时候，我们也应该根据我们的道德偏好改造社会，而不能够为了“适应社会”而放弃本性（更何况本性既然是“本性”，其实至多只能被遮蔽，而不可能被真正放弃）。

第二，即使抛开前一点不谈，在对于脂肪的偏好和对于利他主义的偏好之间建立起类比关系也是不恰当的，因为我们缺乏正面的证据表明，我们的人科动物祖先花费百万年时间演化出来的道德模块现在已经失去了效用。具体而言，恻隐之心过时了吗？羞恶之心过时了吗？辞让之心过时了吗？是非之心过时了吗？或者说，对于血亲的投资偏好过时了吗？互惠式利他主义过时了吗？虽然随着现代社会的人际关系的空前复杂化，采集—狩猎时代形成的用于维护小团体利益的心理配置可能会产生某些不适应性，但是这种不适应性还远远没有达到造成威胁我们原始道德情感之有效性的地步。另外，文明的演化所导致的一些非自然设置的出现，如国家、法律、经济体的出现，亦大大减轻了在史前社会中单纯由个体的道德本能以及原始血亲集团所承担的决策责任，这就一定程度上也为我们的道德本心“减了负”，使其不至于因为突然出现的超级复杂社会网络而变得不堪重负。

9.5 小结：弥合“实然”和“应然”的裂痕

因为篇幅的限制，我们没有涵盖所有对于自然主义的伦理学研究进路所可能发出的批评。其他比较典型的批评意见有：①既然我们无法将丰富的心灵生活指派给动物，因此，我们也就无法像演化论所建议的那样，在动物心灵中寻找人类道德意识的生物学根源；②生物学进路的伦理学没有为自由意志留下地盘，因此也无法对道德的根源做出说明；③生物学进路的伦理学研究蕴含了“基因决定论”；④生物学进路的伦理学研究会边缘化道德情感在道德行为的输出过程中所扮演的角色；⑤生物学进路的伦理学研究无法解释伦理规范的客观性维度。而针对这些批评，我们只能简单地答复如下：①动物心理学的研究已经允许我们将相对丰富的精神生活指派给动物，因此，在动物的意识世界中寻找人类道德意识的演化论根源，并非缘木求鱼；②演化进路的伦理学不一定就要与形而上学意义上的决定论思想相互捆绑，它也完全可以与“兼容论”思想相互匹配，并由此为解决自由意志论与决定论之间的争论做出贡献；③“基因”只能在“潜能”的层面上预测个体的行为取向，却无法在“现实”层面上预报个体的实际行为输出，因此，即使从基因科学那里获得了诸多思想养料，生物学进路的伦理学也与所谓的“基因决定论”毫无瓜葛；④通过引入“非还原主义的物理主义”的思想框架，我们其实能够很好地说明一种基于生物学描述的伦理学是如何安顿道德的主观现象感受的；⑤生物学研究所揭示的自然秩序，其实也能够为道德规范的客观性维度提供某种说明，而且，诸种试图将生物学所揭示的自然秩序与伦理秩序对立的思想实验，其实都是站不住脚的。由此看来，通过与生物学的结盟，伦理学研究非但不会被科学话语边缘化，相反还可能借此获得新生。

在上面几点意见中，第二点值得我们花费更多的笔墨加以说明。从逻辑上看，任何一种认为“自由意志是道德责任的基础”的观点，都必须预先肯定：①自由意志是存在的；②“自由意志是存在的”这个论题与“人类的道德行为可以通过算法来说明”这个论题是彼此不相容的。对于上述联合观点的反驳形式显然有两种：第一，干脆在形而上学层面上不去承认自由意志是存在的（此即“决定论”的观点）；第二，认为“自由意志是存在的”这个论题与“人类的道德行为可以通过算法来说明”这个论题可以同真（此即“兼容论”的观点）。显然生物学进路的伦理学要在自由意志论前防守住自己的阵地，既可以选择与决定论者结盟，也可以选择与兼容论者结盟。

先来讨论其与决定论者结盟的情形。决定论是一种非常强的论点，因为这种观点至少在形而上学层面上排除了任何事物发生的偶然性。实际上，这种哲学观点要得到所有自然科学家（遑论人文科学工作者）的同情，恐怕也是颇有难度的（特别是在科学家面对量子力学所揭示的微观世界的不确定性现象之时）。不过，从思想史的角度看，在生物学进路的伦理学出现之前，斯宾诺莎、拉普拉斯等近代思想家都曾试图否定自由意志。因此，倘若生物学进路的伦理学采用与决定论结盟的策略，那么，意志自由论者所射出的弩箭，十有八九会被此类伦理学家所举起的“哲学盾牌”所阻挡，而并不会伤及其“生物学铠甲”。而意志自由论者仅仅为了击破他们的哲学同行所打造的这块盾牌，就可能会消耗掉其大半的理论弹药。

再来讨论生物学进路的伦理学与兼容论结盟的情形。从总体上看来，目前在英语世界出现的林林总总的“兼容论”思想的持有者，均试图将“自由意志”重新解释为一个可以与决定论框架相互兼容的新概念，以便在极端决定论与极端自由意志论之间开辟中间道路。根据麦克纳（M. McKenna）与寇特斯（J. Coates）为《斯坦福哲学百科全书》撰写的“兼容论”词条[①]，目前英语学界兼容论对于“自由意志”的化解方案可以被粗略地分为四种：①将“自由意志”解释为“做选择的能力”；②将其解释为“在某种层级结构中对欲望进行控制的能力”；③将其解释为“按照一定的价值性原则或理由行事的能力”；④将其解释为社会共同体对于当事人的心智状态的一种外

① McKenna M, Coates J. Compatibilism. http://plato.stanford.edu/archives/win2016/entries/compatibilism [2020-08-18].

部指派。而依笔者浅见，以上四种方案，无一不能在一个关于心智的计算机模型中得到安顿，因为认知科学家完全可以给出合适的算法描述，以说明为何一个心智拥有者可以进行选择、控制欲望、依据价值观行事，并通过外部评价来调整自身的行为（至于“价值观”本身，既可以被处理为系统所必须遵行的先天运算规则，也可以被处理为系统在经过训练后所形成的行事趋向，或两者兼而有之）。换言之，如果我们不去追求对于“自由意志自身”的形而上学地位的哲学辩护，而仅仅满足于解释“自由意志感”自身产生的认知机制，那么，我们就没有理由去怀疑自然主义的伦理学研究对“自然意志感”的说服力（除非有人不相信任何客观化的解释可以用来说明任何一种主观感受，请参看前文对于这种更极端的怀疑论的讨论）。而反过来说，如若自由意志论者硬是要纠结于“‘自由意志感’是否真的可以成为‘自由意志自身’的代用品”这个问题，那么，正如前文已经提到的，这个首先应当被提交给哲学界内部不同意自由意志论的其他同行（譬如主张取消“我执”的佛教哲学家），而不应当被提交给那些试图研究伦理问题的生物学家或认知科学家。由此看来，依据“自由意志问题”发起的针对演化—神经伦理学的反驳方案，其实是将注意力浪费在了与生物学话题本身并不直接相关的形而上学领域内。

10　方法论的挑战：实验哲学及哲学实验引起哲学方法论变革

哲学是反思之学，对哲学自身的哲学反思称为元哲学（meta-philosophy），或哲学之哲学（philosophy of philosophy）。哲学研究的目标是什么？哲学研究有哪些主要的方法？哲学研究的方法对于实现哲学研究的目标而言，是否有效或成功？对这些问题的反思形成了元哲学的基本问题，而对这些问题的不同回答则决定了关于哲学是什么以及哲学应当是什么的基本看法。

对哲学自身的反思始终是20世纪哲学的一个重要论题。一方面是对哲学自身特有的方法及其适用范围和成效的评价与审视：传统的哲学研究方法对于实现哲学探索的目标而言，到底算是成功的还是失败的？另一方面则是需要应对来自自然科学、社会科学和心理科学的种种挑战和挤压：如果科学对于探索世界奥秘并发现真理、对于改良人类的生存状况与社会生活而言，比哲学更为有力和有效，在科学的不断挤压之下，哲学也渐渐丧失传统的地盘并节节败退，哲学还能以何种方式安身立命？是否存在专属于哲学的保留地？在20世纪，几乎所有的重要哲学家、哲学学派和哲学运动，从世纪之初的逻辑实证主义、现象学运动和早期维特根斯坦，到世纪中叶的分析哲学运动、语言学转向和后期维特根斯坦，再到后半段的哲学（方法论）自然主义、后现代主义哲学和罗蒂的后哲学文化思想，都曾试图以不同的方式来回应在哲学方法论及其适用范围与合理目标等基本的元哲学问题上所遭遇的挑战，以缓解所引发的忧虑。

传统上，哲学以“思”和“辩（辨）”为其最主要的活动方式。哲学家通常不像实验科学家那样开展精致的受控实验，对研究对象进行精确的观察与测量；不像社会科学家那样从事深入的田野调查，系统地收集各类数据；不像理论科学家和数学家那样构造严密的数学系统，推导和演算复杂的数学公式；不像计算机科学家那样编写和运行计算程序。哲学家最常见、最重要的工作是进行思考和辩论，思辨而不是实证成为哲学最显著的方法论特征。当然，这并不意味着哲学研究不需要借助经验观察和以数学为代表的形式化方法，只不过是与科学家和数学家相比，哲学家对这些方法的运用和倚重远没有那么严格、彻底和系统化。

有如物理科学、生命科学和社会科学，认知科学的兴起和发展也带来了对哲学方法论的挑战与思考。首先，认知科学的许多研究领域是曾经属于哲学研究的地盘，认知科学的理论和经验研究逐步挤压和取代了传统哲学的思辨方法，成为对相关的基本问题更为可靠、可信和权威的回答，表明传统哲学方法在处理这些问题上具有其局限性和无力感，这在本书前面的篇章中已有充分的展现。其次，认知科学间接地促成了哲学研究方法的变革，如同现代逻辑学和概率论的诞生在20世纪丰富了哲学方法一样，新兴的实验哲学运动力求借助认知科学的研究方法对传统哲学进行改造。

实验哲学是21世纪的新生儿，其基本主张是运用认知科学的实验方法开展对哲学问题的研究。就目前而言，实验哲学最常见的研究是由哲学家采用较为简单的心理学实验方法调查不同人群对于各种哲学问题或哲学概念的直觉，这对传统哲学研究依赖哲学专家从自身的反思活动中获取的直觉，进而进行理论构建和论辩的典型研究进路，提出了严厉的挑战。因为通过实验调查获得的不同人群的直觉若具有多样性，则哲学家从自身直觉出发进行的哲学研究的普适性和权威性，无疑会遭到质疑。来自实验哲学的挑战激起了当今关于哲学方法论的热辩，其焦点在于直觉在哲学研究中的地位，以及通过实验哲学研究获取的多样化的直觉在哲学研究当中应当如何取舍的问题。本章回顾和介绍了实验哲学的兴起和进展，并对围绕哲学直觉所展开的重大争议进行分析，探讨实验哲学纲领给传统哲学方法带来的挑战，进而指出对于直觉这一基本概念需要进行更为细致的分类和界定，从而避免由概念含混所造成的不必要的混淆。

实验哲学是一种新兴的哲学思潮，主张哲学研究不应该仅以哲学家自身的内省直觉作为哲学理论的依据，而应当采用经验科学的研究方法采集并分析常人对各种哲学相关的问题所做出的直觉判断，并由此来反思或构建哲学理论。大约在21世纪初，这种哲学思潮开始部分地得到认可，出现了一些实质性的关于经典哲学问题的实证研究，并在随后的十多年时间里，实验哲学的声势逐渐壮大。

迄今为止，以心理学及其他社会科学的研究方法所开展的实验哲学研究已经覆盖了众多哲学领域，例如认识论、心灵哲学、伦理学与行动哲学[①]、语言哲学[②]以及形而上学[③]等。实验哲学研究发现，不同文化、不同经济地位、不同教育背景，甚至不同性别的被试，在考虑同样的哲学虚构案例时，会产生截然不同的直觉[④]。实验材料的呈现方式以及选项的排列方式也可能改变被试的选择[⑤]。此外，一些实验哲学研究并不关注具体的哲学领域，而

① Nahmias E, Morris S, Nadelhoffer T, et al. The phenomenology of free will. Social Science Electronic Publishing, 2004, 11(11): 162-179; Nahmias E, Morris S, Nadelhoffer T, et al. Surveying freedom: folk intuitions about free will and moral responsibility. Philosophical Psychology, 2005, 18(5): 561-584; Nahmias E, Morris S, Nadelhoffer T, et al. Is incompatibilism intuitive? Philosophy and Phenomenological Research, 2006, 73(1): 28-53; Woolfolk R, Doris J, Darley J. Identification, situational constraint, and social cognition: studies in the attribution of moral responsibility. Cognition, 2006, 100(2): 283-301; Nichols S, Knobe J. Moral responsibility and determinism: the cognitive science of folk intuitions. Noûs, 2007, 41(4): 663-685.

② Machery E, Mallon R, Nichols S, et al. Semantics, cross-cultural style. Cognition, 2004, 92(3): B1-B12; Lam B. Are cantonese-speakers really descriptivists? Revisiting cross-cultural semantics. Cognition, 2010, 115(2): 320-329.

③ Roxborough C, Cumby J. Folk psychological concepts: causation. Philosophical Psychology, 2009, 22(2): 205-213; Hitchcock C, Knobe J. Cause and norm. Journal of Philosophy, 2009, 106(11): 587-612.

④ Weinberg J, Nichols S, Stich S. Normativity and epistemic intuitions. Philosophical topics, 2001, 29(1/2): 429-460; Machery E, Mallon R, Nichols S, et al. Semantics, cross-cultural style. Cognition, 2004, 92(3): B1-B12; Zamzow J, Nichols S. Variations in ethical intuitions. Philosophical Issues, 2009, 19(1): 368-388; Machery E, Stich S, Rose D, et al. The Gettier intuition from South America to Asia. Journal of Indian Council of Philosophical Research, 2017, 34: 517-541.

⑤ Petrinovich L, O'Neill P. Influence of wording and framing effects on moral intuitions. Ethology and Sociobiology, 1996, 17(3): 145-171; Swain S, Alexander J, Weinberg J. The instability of philosophical intuitions: running hot and cold on truetemp. Philosophy and Phenomenological Research, 2008, 76(1): 138-155.

是着重于对哲学直觉与传统哲学方法的分析与批判[①]。

在研究方法上，早期的实验哲学家常常采用问卷调查的方式来收集常人关于一些哲学相关问题的直觉，一般是要求被调查者阅读经典思想实验中的故事并做出直觉判断，以此来观察常人直觉与传统哲学研究中所给定的直觉判断是否一致，并展开一系列的讨论。这种研究方法目前依然是实验哲学的主流，但是，这种直接对目标问题进行问卷调查取样的方法显得过于简单粗暴，也就不可避免地存在不少干扰变量而影响研究结果的可信度。所以，一些研究者尝试进行方法上的改良，例如以内隐联结测试的方式来获得实验参与者的直觉，或者力图以真正的“控制实验”，即进行变量控制而不是简单的抽样调查来获取经验证据。10.1 主要讨论实验哲学的研究内容、方法，以及由此引发的关于哲学直觉的大讨论。

10.1 实验哲学与哲学直觉

目前对实验哲学的研究，触及了道德哲学、知识论、语言哲学等方方面面，下面从道德责任、诺布效应（Knobe effect）、知识论和语言哲学四个方面介绍实验哲学的最新进展。

10.1.1 自由意志与道德责任

在关于自由意志和道德责任的讨论当中，哲学家普遍认为人们是天生的不相容论者（incompatibilist），即认为自由意志和道德责任与因果决定论并不相容。以这一断言作为基础，大部分关于自由意志和道德责任的理论分析均以不相容论作为缺省立场，这使得如果有学者主张一种相容论观点，则要承受更大的论证负担，并需要指出为什么尽管其观点违反了直觉，但依然是值得拥护的。

这一正统观点受到纳米亚斯（E. Nahmias）等人的质疑，他们通过系

---

① Swain S, Alexander J, Weinberg J. The instability of philosophical intuitions: running hot and cold on truetemp. Philosophy and Phenomenological Research, 2008, 76(1): 138-155; Weinberg J, Alexander J, Gonnerman C, et al. Restrictionism and reflection. Monist, 2012, 95(2): 200-222; Fischer E, Engelhardt P E, Herbelot A. Intuitions and illusions: from explanation and experiment to assessment//Fischer E, Collins J. Experimental Philosophy, Rationalism and Naturalism. London: Routledge, 2015: 259-292.

列经验调查研究发现，常人的关于道德责任的判断所表现出的观念其实更接近相容论立场。在其中一个研究中，参与者需要阅读以下的例子：

> 设想一下在22世纪我们发现了所有的自然定律，并建造了一台超级计算机，它可以从自然定律和当下世界的状态当中准确地推断出未来会发生什么事情。它能察看到现在的世界的一切，也能百分之百地准确预测将来会发生的一切。假设这样的计算机存在，它观察在2115年3月25日的某个时刻的状态，这时正是杰里米出生前的20年。计算机根据该时刻的状态和自然定律推断出杰里米一定会在2195年1月26日下午6时抢劫富达银行。超级计算机一如既往地预测准确，杰里米在2195年1月26日下午6时抢劫了富达银行。

在阅读以上故事以后，研究参与者需要判断杰里米的抢劫行为是否出于自身的自由意志，以及是否应该负上道德责任。如果人们是天生的不相容论者，那么可以预期参与者的判断应该是杰里米并不是出于自由意志而去抢劫银行，也不应该负有道德责任。但纳米亚斯等人发现研究数据正好相反，有 76%的参与者认为杰里米是出于自由意志而去抢劫银行，并且有 83%的人认为杰里米应该受到道德谴责。而在另一个其他条件相似，唯一差别是杰里米所做出的是一个救小孩的正面行为的故事中，有 68%的参与者认为杰里米的见义勇为是出于自由意志，并且有 88%的人认为应该受到道德赞赏。

纳米亚斯等人认为，调查结果揭示出人们更可能是天生的相容论者，而非不相容论者，即他们相信自由意志和道德责任实际上是与因果决定论相容的。若是如此，那么传统的关于自由意志和道德责任的研究中把不相容论作为一种缺省立场是有问题的，不相容论才是与直觉不一致的观点，应负有更大的论证责任。

这一研究结果引起了广泛的讨论，也遭到部分学者的质疑。尼科尔斯（S. Nichols）和诺布认为，以上的研究不足以得到“人们是天生的相容论者”这一结论，因为研究材料当中的情境，无论是抢劫还是见义勇为，均会调动强烈的情感因素，这可能会使得不相容论者基于强烈的情感驱使做出带偏差的判断[①]。换言之，人们的确是天生的不相容论者，只是情感因素很可能在一些具体情境中干扰了直觉判断。并且，他们通过构造一系列带有情感和不带有情感的决定论情境进行对照测试，发现实证数据支持他们的假设：阅读带有情感的故事后人们倾向于做出相容论判断，而阅读不带情感的故事的人则倾向于做出不相容论判断。

然而，部分学者认为以上为不相容论的辩护策略并不成功。无论在科学上还是哲学上，迄今并没有就自由意志和道德责任的判断机制弄清楚，所以情感究竟是影响直觉判断的一种干扰因素（如尼科尔斯和诺布那样认为的）还是本身就是生成判断的内在能力，当下尚无定论[②]，因此，并不能武断地认为存在情感介入的直觉判断是出现了偏差。此外，也有研究指出前述两者的研究实际上均存在较为严重的缺陷，例如他们都没有设法向被调查者询问什么是自由意志和道德责任，也不清楚被调查者是基于是否具有“择它能力”的分析还是一种无条件的分析而做出判断的[③]。由于这些考虑都与一个人实质上是否持有相容论立场息息相关，因此以上的研究均无法断定究竟常人是天生的不相容论者还是天生的相容论者。

“人们是不是天生的不相容论者”这一研究问题至今还处于激烈的争论当中，两个相对立场的学者也在不断扩展和完善他们的研究[④]。毋庸置疑的是，实验哲学为自由意志和道德责任的相关研究做出了不少贡献，这一系列相关直觉判断的经验研究为哲学家提供了更为丰富的分析素材。至少，目前我们对“人们是不是天生的不相容论者”持有更为怀疑的态度，而这应该被看成是一种进步。

---

① Nichols S, Knobe J. Moral responsibility and determinism: the cognitive science of folk intuitions. Noûs, 2007, 41(4): 663-685.

② Alexander J, Mallon R, Weinberg J. Accentuate the negative. Review of Philosophy and Psychology, 2010, 1(2): 297-314; Alexander J, Mallon R, Weinberg J. Competence: What's in? What's out? Who knows? Behavioral and Brain Sciences, 2010, 33(4): 329-330.

③ Feltz A, Cokely E, Nadelhoffer T. Natural compatibilism versus natural incompatibilism: back to the drawing board. Mind and Language, 2009, 24(1): 1-23.

④ Nichols S. Experimental philosophy and the problem of free will. Science, 2011, 331(6023): 1401-1403; Murray D, Nahmias E. Explaining away incompatibilist intuitions. Philosophy and Phenomenological Research, 2014, 88(2): 434-467.

10.1.2 诺布效应

诺布效应，或称为“副作用效应”（side-effect effect），是当下实验哲学领域中颇有影响力的一项重要发现，它是指诺布在2003年的一个研究当中所揭示的一个现象：人们对并非有意为之的但可预见副作用的意图判断存在明显的不对称。如果该副作用是有害的，那么人们更倾向于认为行动者是有意的；如果该副作用是有益的，人们则不会倾向于认为是有意为之[①]。考虑以下两个情景：

破坏环境：公司副总裁向董事长提议，“我们正考虑开展一项新项目。该项目有助于我们提升利润，但它也会破坏环境”。董事长回答道：“我一点也不在乎是否破坏环境，我只想尽可能地获得更高的利润。让我们开展这个项目吧。”公司开始了新计划，结果如原先所料，环境受到了破坏。

改善环境：公司副总裁向董事长提议，“我们正考虑开展一项新项目。该项目有助于我们提升利润，但它也会改善环境”。董事长回答道：“我一点也不在乎是否保护环境，我只想尽可能地获得更高的利润。让我们开展这个项目吧。”公司开始了新计划，结果如原先所料，环境得到了改善。

在两个情景下，董事长实施项目的主要目的是提升利润，对环境的破坏或者改善是一个副作用，并且，除了副作用的道德价值（好与坏）不一样之外，两个情景在其他方面是完全一致的。然而，诺布却发现，人们对两个情景当中的副作用的意图判断的倾向存在巨大差别：在被要求考虑“破坏环境”情景时，大部分（82%）实验参与者倾向于认为董事长是有意破坏环境的，而在考虑“改善环境”时结果却相反，大部分（77%）参与者更倾向于认为董事长并非有意改善环境。这样的实验结果似乎表明了，人们的道德判断可以影响他们关于某个行为是否有意为之的直觉。诺布效应的发现对行动哲学和伦理学的影响是显而易见的，一方面，它也许表明了行为及其后果中的道德价值是意图判断的一个重要因素；另一方面，它冲

① Knobe J. Intentional action and side effects in ordinary language. Analysis, 2003, 63(279): 190-193.

击了传统上对意图判断和道德判断的关系的理解，即道德判断也会反作用于意图判断。

诺布效应并不仅仅出现在关于副作用的意图判断当中。诺布设计了另外的一些对照情境。例如，一名行动者在缺乏相关技能的情况下做出一个行动并引起一个结果，如果结果是好的，一般不被认为是有意的，如果结果是坏的，则被倾向于认为是有意的①。此外，诺布效应在学前儿童的意图判断当中也得到了体现②，而另一项跨文化研究也表明印度人也存在十分相近的判断倾向③。

其中一个较早被提出的针对诺布效应的解释是会话语用假说（conversational pragmatics hypothesis）。这一假说认为意图判断的不对称源于“会话的暗示”，即具体会话情境中被一个句子所暗示的内容，与该句子的字面意义并不一致。具体来说，是指在“破坏环境”情景中，人们认为副总裁是值得谴责的，而表达这一信念的有效方法就是认为他是有意而为的；相反，如果实验参与者在被问到副总裁的意图时，如果不主张他是有意的，则会被认为自己表达出一种副总裁不应该受到道德谴责的态度。同理，“改善环境”情景下的判断也是如此，人们并不想称赞副总裁的行动，所以不倾向于认为他是有意的。根据会话语用假说，诺布效应反映出的其实是人们对副总裁的行动是否应该受到谴责或称赞的一种愿望表达，而并非关于意图或者有意行动的真实判断④。

会话语用假说的确指出了，包括揭示诺布效应在内的众多实验哲学研究所采用的问卷调查法会存在语用因素，从而得不到真实的经验数据，而且这也是针对实验哲学研究有效性的一种批评意见。即便如此，似乎会话

① Knobe J. Intentional action in folk psychology: an experimental investigation. Philosophical Psychology, 2003, 16(2): 309-323.

② Leslie A, Knobe J, Cohen A. Acting intentionally and the side-effect effect: “theory of mind” and moral judgment. Psychological Science, 2006, 17(5): 421-427; Pellizzoni S, Siegal M, Surian L. Foreknowledge, caring, and the side-effect effect in young children. Developmental Psychology, 2009, 45(1): 289-295.

③ Knobe J, Burra A. The folk concepts of intention and intentional action: a cross-cultural study. Journal of Culture and Cognition, 2006, 6(1): 113-132.

④ Adams F, Steadman A. Intentional action in ordinary language: core concept or pragmatic understanding? Analysis, 2004, 64(2): 173-181; Adams F, Steadman A. Intentional actions and moral considerations: still pragmatic. Analysis, 2004, 64(3): 268-276.

语用因素也并不足以揭示为什么会存在诺布效应。首先，会话语用假说成立的一个前提是实验参与者在做出意图判断时会做出基于语用的考虑，而不仅仅从问题的字面意义上做出回答。然而，有研究发现即使是阿斯伯格综合征患者在进行意图判断时也依然会出现诺布效应[①]。阿斯伯格综合征的一个典型病征就是难以理解会话当中的语用因素，而常常只能就字面意义进行交流。如果阿斯伯格综合征患者依然呈现出诺布效应，那么最可能的一种解释便是对意图判断的不对称并非源于会话语用因素。此外，也有研究根据会话语用因素可能产生的影响，重新设计关于意图判断的问题，同样发现会话语用并不能很好地解释诺布效应[②]。考虑以下判断：

> 副总裁有意地破坏环境，并且他需要对此负责。
>
> 副总裁并非有意地破坏环境，但他需要对此负责。

若研究参与者在阅读“破坏环境”故事后需要对这两个判断做出选择，那么由于问题中已经把“意图”和“负责”区分开，所以在做出回答时无须因为副总裁需要受到谴责而主张他是有意为之的。如果会话语用假说是正确的，那么人们在面对这两个问题的选择时就不需要“扭曲”关于意图的判断，从而更倾向于认可第二个陈述句。但是，研究结果发现，面对这两个问题的选择倾向与原来的“破坏环境”情景的差别并不显著，这也表明促使意图判断不对称的并非会话语用因素。

另外一个针对诺布效应的经典解释是把它理解为一种情感偏差（affective bias），即实验参与者是受到情感因素的影响而产生出错误的意图推理与判断[③]。无可否认，这是一个能够解释做出不合常理的、不理性判断的因素，而它表面上可以应用在诺布效应的解释上：副总裁破坏环境会引起人们的不满情感，从而认为他是一个坏人、做事不择手段、不诚实等，这些都使得人们在相关的意图推理和判断上存在偏向。不过，这种情感偏

---

① Zalla T, Machery E, Leboyer M. Intentional Action and Moral Judgment in Asperger Syndrome and High-functioning Autism. Unpublished Manuscript, Institut Jean-Nicod, 2010.

② Nichols S, Ulatowski J. Intuitions and individual differences: the Knobe effect revisited. Mind and Language, 2007, 22(4): 346-365.

③ Nadelhoffer T. Bad acts, blameworthy agents, and intentional actions: some problems for jury impartiality. Philosophical Explorations, 2006, 9(2): 203-219.

差假说受到来自神经心理学的证据的质疑。杨（L. Young）等人发现，腹内侧前额叶皮层（ventromedial prefrontal cortex）受损的人在一系列的意图判断情境测试中，也同样出现诺布效应①。而过去有研究表明，这一类的大脑损伤患者会出现明显的情感反应缺失，并且如果让这类患者进行一些存在高度情感卷入的道德难题的判断时，他们会做出与一般人迥然不同的判断倾向②。所以，可以认为杨等人的研究指出了情感偏差假说并不能很好地解释诺布效应。

基于诺布效应的发现和后续的一些研究与争论，诺布认为对此效应最合理的解释是，人们的道德考虑是意图判断的心理机制中的一种基本能力③。在此基础上，也有一些研究尝试修正或者拓展关于诺布效应的理解。例如马舍里指出，一些道德以外的因素，例如对损失和收益的考虑也会促使人们做出对意图的不对称判断。一些研究则指出诺布效应并不单是在意图判断中存在，而是对相当多的概念的运用都存在这一影响。例如，一些更广泛的心理概念如决定、意欲、喜好等④，认识论概念如知识⑤，形而上学概念如因果性⑥。所以，根据当下的研究发现，诺布效应可以理解为对于规范性的考虑（normative considerations）实际上会影响人们对各种广泛概念的理解和运用⑦。

10.1.3 实验知识论

知识论是哲学研究的核心领域，也是实验哲学的发源地之一。实验哲

---

① Young L, Cushman F, Adolphs R, et al. Does emotion mediate the effect of an action's moral status on its intentional status? Neuropsychological evidence. Journal of Cognition and Culture, 2006, 6(1): 291-304.

② Koenigs M, Young L, Adolphs R, et al. Damage to the prefrontal cortex increases utilitarian moral judgements. Nature, 2007, 446(7138): 908-911.

③ Knobe J. Intentional action in folk psychology: an experimental investigation. Philosophical Psychology, 2003, 16(2): 309-323; Knobe J. The concept of intentional action: acase study in the uses of folk psychology. Philosophical Studies, 2006, 130(2): 203-231; Knobe J. Person as scientist, person as moralist. Behavioral and Brain Sciences, 2010, 33(4): 315-329.

④ Pettit D, Knobe J. The pervasive impact of moral judgment. Mind and Language, 2009, 24(5): 586-604.

⑤ Beebe J, Buckwalter W. The epistemic side-effect effect. Mind and Language, 2010, 25(4): 474-498.

⑥ Hitchcock C, Knobe J. Cause and norm. Journal of Philosophy, 2009, 106(11): 587-612.

⑦ Alexander J. Experimental Philosophy: An Introduction. Malden: Polity, 2012.

学开山之作《规范性与认知直觉》①，考察的便是大众对于知识论领域几个重要思想实验的直觉。在过去的十余年当中，实验哲学研究方法被广泛地应用于知识论各类问题的研究和讨论，在考察知识的语境敏感性、理解大众的知识概念、辨析知识与行动的关系等问题上，都取得了大量富有启发性的成果。

实验哲学研究表明，一般人对于某些知识论问题的直觉，会很大程度地受到自身文化背景以及社会经济地位的影响②。温伯格等人关于盖梯尔案例的研究指出，相比于东方被试，西方被试的直觉更接近知识论领域内部的共识。并且，西方被试与印度次大陆被试对于这一问题的直觉，也具有显著差异。此外他们还发现，在考虑德雷斯克提出的"斑马案例"时，不同社会经济地位的被试会表现出截然不同的知识归属意愿。

知识论直觉的多样性也存在于不同性别之间。在斯塔曼斯和弗里德曼的一项研究中，男性被试和女性被试对盖梯尔类型的案例给出了不同的哲学直觉，女性比男性更愿意对认知主体进行知识归属。随后，巴克沃尔和施帝希发现，在阅读了两位主人公关于缸中之脑的讨论后，女性被试更倾向于认为主人公知道自己不是缸中之脑。

甚至年龄和性格都可能与知识论直觉挂钩③。马歇利等人最近的研究显示，年轻人比老年人更容易产生盖梯尔直觉。同时，该研究还揭示了性格与哲学判断的关系：自律水平相对高的人，盖梯尔直觉会比较弱；情绪稳定程度相对低的人，盖梯尔直觉会比较强。

如此看来，传统知识论赖以生存的直觉，或许也只是哲学家这样一个以"西方中产阶级受过高等教育的中年白人男性"为主体的特殊群体的直觉。直觉的多样性给知识论研究带来的挑战不言而喻。

直觉的多样性不仅会出现在群体之间，也可能出现在个体内部。人们

① Weinberg J, Nichols S, Stich S. Normativity and epistemic intuitions. Philosophical Topics, 2001, 29(1/2): 429-460.

② Weinberg J, Nichols S, Stich S. Normativity and epistemic intuitions. Philosophical Topics, 2001, 29(1/2): 429-460; Machery E, Stich S, Rose D, et al. The Gettier intuition from South America to Asia. Journal of Indian Council of Philosophical Research, 2017, 34: 517-541.

③ Machery E, Stich S, Rose D, et al. The Gettier intuition from South America to Asia. Journal of Indian Council of Philosophical Research, 2017, 34: 517-541.

对于知识论案例的直觉，会随着某些哲学家从未预料到的因素发生变化。

斯文等人发现，人们关于特鲁特普（Truetemp）案例①的直觉，会受到材料呈现顺序的干扰。如果被试在考虑特鲁特普案例前，先阅读了一个主人公明显不具有知识的案例，那么被试在之后判断特鲁特普案例中的主人公是否具有知识的时候，就会更倾向于做出知识归属；反之，如果被试先阅读的是一个主人公明显具有知识的案例，在随后面对虑特鲁特普案例时，则会更倾向于不做出知识归属。库伦的研究指出，选项的设置方式也会影响实验结果。对于同一个案例，当被试需要在“真的知道”和“只是相信”中做出选择时，超过七成的被试认为主人公“只是相信”；但当被试面临的选择是“知道”和“不知道”时，有将近六成的被试认为主人公“知道”。

这些结果都试图论证，人们关于知识论案例的直觉是非常不稳定的，可能会敏感于各种始料未及的因素。这使得依赖直觉的知识论研究者处于一个两难的境地：要么承认直觉就应当取决于这些看似不相关的东西，要么接受直觉不能被当作合理的证据来诉诸。

10.1.4 实验语言哲学

实验语言哲学是自 21 世纪初以来兴起的一种语言哲学研究新进路。实验语言哲学致力于对以指称问题为代表的语言哲学问题开展基于实证调查结果的研究，实验方法包括但不限于问卷调查等。实验语言哲学自诞生以来就获得了来自学界的强烈关注，众多研究者不仅围绕实验语言哲学的方方面面展开了激烈的讨论，同时也筹划、开展了更多的相关实验工作，积累了更丰富的实证数据。

2004 年，马舍里、马伦（R. Mallon）、尼科尔斯、斯蒂奇四位学者发表了文章《跨文化类型语义学》（*Semantics, Cross-Cultural Style*），介绍了他们就专名的指称问题开展实验研究所取得的实证成果。一般认为，这一

① 特鲁特普案例是知识论中比较经典的案例，类似于盖梯尔案例，属于默会术语。由莱勒提出，具体案例内容如下：有一天，查尔斯被一块石头砸中了头。这个意外让他的大脑发生了一些变化，使得他能够在任何时候都能准确地估计出他所处的地方的温度。然而查尔斯并没有意识到自己的大脑已经发生了这样的变化。几个星期后，这个发生了变化的大脑使得查尔斯相信：现在他所处房间的温度是21摄氏度。但除此之外，他没有任何别的理由认为此时房间的温度是 21 摄氏度。事实上，当时查尔斯所处房间的温度确实是 21 摄氏度。出自 Lehrer K. The Theory of Knowledge. Oxford: Routledge, 1990.

工作明确标志着实验语言哲学的诞生。在具体介绍他们的工作之前，有必要先简单介绍指称问题、指称理论等背景知识。

指称问题，简而言之就是：名称的指称是如何确定的？这是语言哲学家和语言学家都深感兴趣的一个基本问题。而指称理论则是对指称问题的系统回答。我们知道，在现实的语言交流中，言说者和听者一般能够成功地，并且是轻易、顺畅地实现成功的指称。听者往往在听到一个名称时就能快速、准确地挑出（pick out）、锁定一个单独对象或一个种类。这种活动得以成功，其背后的机制是什么？需要依赖哪些条件？

可以举一个例子来显示这种关于指称的成功语言交流活动，以具体说明指称问题是什么。例如，当合格的中文使用者谈到“秦始皇”这一名称时，他们多数能明白所谈论的是一个中国古代历史人物，他统治下的秦国完成了统一中国的大业。这种对话参与者对名称所指称对象的一致“锁定”是如何实现的？为什么不会出现言说者张三说的是甲，而听者李四听了张三的话后想到的是乙的尴尬局面？这似乎是一个不成问题的问题，人们对这种语言交流中成功的指称活动也习以为常。但经过反思可知，问题并不简单，对问题的回答也并非人人一致。

对上述问题的不同回答，经过相关学者系统化的建构、阐发后，主要形成了两种经典的指称理论。这两种理论分别是弗雷格、罗素以及塞尔等人所倡导的描述语（又称摹状词）理论和克里普克、普特南等人倡导的“因果—历史”理论。两种理论都以专名指称问题为关注重点，同时也涉及对自然类名等名称的研究。描述语理论自问世以来衍生出不同的版本，但其各个版本都认同以下核心主张：专名与一个或一簇描述语相联系，专名的指称就是满足相关描述语的个体对象。克里普克等学者反对这一观点，他们认为专名的指称是由与该名称相关的“因果—历史链条”所决定的。根据克里普克等人的观点，专名的指称并不需要由与专名相联系的描述语作为中介来决定。约自 20 世纪 70 年代以来，两大理论之争从未停歇。

尼斯比特（R. Nisbett）等心理学家在 21 世纪初的跨文化心理学研究中表明，东方人和西方人之间在感知、注意、记忆等重要认知环节方面存在系统性的差异。马舍里等四位语言哲学家受尼斯比特等人工作的启发，决定以问卷实验为手段对和专名指称问题相关的语义直觉进行测试。他们基于“不同文化与思维方式显著影响人的语义直觉”这一假设设计了相关问卷，在中美两国大学生中开展了调查实验，并对实验结果做出了预测。四位学者认为中国人普遍持有整体性、关联式的思维方式，而西方人普遍持有分析性、因果式的思维方式。基于上述认识与基本假设，他们推测：中国受试与美国受试具有不同的关于指称的语义直觉，中国受试将更多地具有描述性直觉，而美国受试将更多地具有“因果—历史”直觉。实验问卷内容具体如下。

> 假设约翰在数学课上得知一个名叫哥德尔的人发现了一个相当重要的数学定理——算术不完全性定理，但是他对哥德尔的了解仅限于此。现在假设哥德尔其实并非该定理的发现者，其真正的发现者是一个名为施密特的人，只是由于某个偶然的机会，施密特的朋友哥德尔获得了算术不完全定理的手稿，声称自己是该手稿的作者并将之公布于众。大多数人和约翰一样，他们只听说哥德尔是算术不完全定理的发现者；除此之外，他们不知道关于哥德尔的其他任何信息。
>
> 那么当约翰使用“哥德尔”这个名称时，他是在谈论：
>
> （A）实际上发现算术不完全定理的那个人？
>
> （B）拿到手稿并宣称自己是手稿作者的那个人？①

实验结果显示，中国受试更倾向于 A 选项，而美国受试则更倾向于 B 选项。这表明两个受试群体具有不同的语义直觉，中国受试更多地具有和描述语理论相符的直觉，而美国受试则更多地具有和“因果—历史”理论相符的直觉。实验结果和四位学者的预测大体相符，但却是描述语理论和“历史—因果”理论都不曾预言的。此后，这一初始实验常被学界称为 MMNS 实验（取四位作者名称首字）。一石激起千层浪，众多研究者以 2004 年的 MMNS 实验为出发点，围绕实验语言哲学的方方面面展开了热烈讨论。

① Machery E, Mallon R, Nichols S, et al. Semantics, cross-cultural style. Cognition, 2004, 92(3): B1-B12.

10.2 实验哲学与哲学方法论

问卷调查是目前实验哲学中使用得最为广泛的方法，但这类研究方法存在着明显的不足。有哲学家怀疑被试无法在短时间内充分理解实验材料并对相关问题做出评价[①]，也有哲学家担心通过问卷得到的只是调查回应（survey response）而非哲学直觉。为此，研究者提出了许多改进方案。

10.2.1 实验哲学问卷方法

最近十几年来，大部分具有影响力的实验哲学研究采用的都是问卷调查的方法。一份典型的实验哲学问卷往往包含一个或多个涉及哲学问题的虚构案例，被试需要阅读这些案例，并基于案例回答相应的问题。被试的答案通常会被解读为一般人关于特定哲学问题的直觉和态度。以特鲁特普案例为例，如果大部分被试都愿意做出知识归属，那就说明人们在日常生活中通常使用的是外在主义的知识标准；反之，则说明内在主义的知识标准更被大众所接受。

虽然实验哲学取得了大量富有启发性的成果，但其本身方法上的局限也使得这些结论备受争议。一方面，实验哲学研究喜欢将经典思想实验作为材料，但不少思想实验为了凸显哲学理论之间的张力，会把情节设计得非常曲折离奇。没有哲学背景的被试在短时间内可能无法充分理解这些复杂的实验材料，所以他们做出的判断是否有价值也就很难说了。另一方面，当被试无法仅仅依据实验材料理解实验任务并进行评价时，他们会倾向于诉诸文本以外的线索，例如会话语境和语用规范。因此，研究者不能确定被试给出的答案到底是因为实验材料内容而产生的哲学直觉，还是基于不相关的语用因素做出的调查回应。

有学者集中批评了 MMNS 实验中阅读材料的模糊性。他们认为，实验材料中的问题“当约翰在使用‘哥德尔’这个名称时，他是在谈论……”是一个模糊的问题。具体来说，路德维希（K. Ludwig）等学者认为这一问题没有明确所问的是“说话者指称”还是“语义指称”。所谓“说话者指称”，

---

① Williamson T. Philosphical “intuitions” and scepticism about judgement. Dialectica, 2004, 58(1): 109-153; Williamson T. The Philosophy of Philosophy. Malden: Blackwell, 2007.

是名称的使用者内心所意向的指称，而“语义指称”则是名称本身的指称。后者的实现被认为是名称本身的一种语言功能，和名称使用者的内心意向无关。一般认为，“语义指称”而非“说话者指称”才是相关语言哲学实验应当关注的。“说话者指称”和“语义指称”都是语言哲学专业术语，不为普通受试所熟悉。而 MMNS 实验材料中既没有对所问为何种指称的直接说明，也没有相关提示和引导，所以被批评者认为有得出的结果性质不明之嫌。

实验哲学方法上的种种不足，使得目前的实验哲学研究遭到了不少批评和质疑。通过问卷调查得到的实验结果是否像实验哲学家希望的那样，能够作为一般人对于哲学问题看法的依据，显然需要更进一步的考察和分析。

10.2.2 实验知识论研究的新进展

虽然实验研究方法面临着种种挑战，其为传统哲学问题带来的贡献也不容忽视。为了能够更有效地借助经验研究为知识论问题的解决提供资源，实验哲学家就问卷方法存在的各类问题提出了许多有效的改进方案。

被试在哲学训练方面的缺乏，虽然很难在短暂的实验过程中得到弥补，但研究者还是可能通过一些实验设计上的技巧，为没有哲学背景的被试提供恰当的帮助，使他们也能够快速而准确地理解和评价知识论思想实验。在 2013 年的一项关于盖梯尔直觉的实验研究中，研究者采取了拆分实验材料的方法来改进实验设计。在降低了阅读难度的同时，也保证了被试能够注意到虚构案例中的关键细节。实验结果显示，当案例分段向被试呈现时，绝大多数被试能够产生与知识论领域共识一致的判断[①]。

实验哲学家也意识到，语用因素的干扰很多时候可以归咎于不够清晰的指导语。以往的研究发现，被试对某一个故事的判断会受到问卷所呈现的其他故事的影响。研究者认为，这可能是因为被试遵循了语用学中的合作原则，将实验任务理解成对材料中的几个故事进行对比。随后的研究证实了这一点，当指导语明确要求被试独立地考虑每个故事时，被试对于特定故事的知识归属意愿不再受到实验中其他故事的影响。

被试过度诉诸语境因素，还有可能源于社会赞许效应。为了得到实验

① Turri J. A conspicuous art: putting Gettier to the test. Philosophers' Imprint, 2013, 13(10): 1-16.

人员的认可，被试会借助语用线索猜测研究者的实验目的，试图给出符合研究者期望的答案，以求自己的表现能够获得积极的评价。在一次关于大众知识概念的经验研究中，为了隐藏实验意图，实验哲学家基于整体语义学（semantic integration）理论设计了一项伪装成记忆测试的实验任务，并通过分析被试错误回忆的比例，内隐地考察了一般人的知识标准。由于被试很难察觉到实验的真实目的，所以几乎不可能存在被试故意迎合实验人员的问题。

实验哲学方法上的局限性不断地敦促研究者寻求创新。为此，哲学家一边精致化问卷调查研究手段，一边积极地从其他社会科学研究方法当中取经，极大地丰富了以知识论问题为目标的经验研究形式。

10.2.3 实验语言哲学研究的新进展

关于如何改善实验语言哲学中具体的实验方案设计这一问题，学者们也开展了热烈的讨论。回顾实验语言哲学不长的历史，研究者已普遍认为最初的 MMNS 实验的设计过于粗糙。应该从实验阅读材料设置、实验工具等多角度提高实验设计的水平，以获取更有说服力的实验结果，这已成为几乎所有实际从事实验语言哲学研究的工作者的共识。

一种潜在的策略是拒斥上述二分法，不承认“语义指称”的存在。例如，斯特劳森在 1950 年的《论指称》一文中就表示，“名称并不指称，进行指称的是人”。这种策略具有回避问题的性质，并且可能使问题陷入究竟何种指称存在的复杂争论。值得称赞的是，马舍里等学者并没有采取这种策略，而是接受批评并改进了自己 2004 年的实验材料，他们在 2015 年依据经过修订的问卷材料重新开展了实验。在 2015 年的文章中，马舍里表示，显然，我们并不能简单地把问题替换为让受试对“哥德尔”这一名称的语义指称进行直觉判断的要求，因为“语义指称”不是日常英语中的词汇。他们选择修改问题的问法，以容易被理解的文字引导被试就语义指称进行直觉判断。经过修改后的问题变为：当约翰使用“哥德尔”这一名称时，不管他内心可能认为所谈论的是谁，他实际上在谈论……基于经过修订后的材料开展的实验仍然呈现和 2004 年实验类似的结果，实验结果的可靠性得到了强化。

一个更值得重视的思路是力图突破简单的问卷调查方式，转而引入更先进的实验工具和技术来开展实验，以期获得更可信的实验结果。这种进路的支持者普遍高度重视从认知科学、语言心理学等相关学科中学习、借鉴先进有效的实验方法。科尼茨（D. Cohnitz）就是此进路的支持者之一，在其 2015 年的文章《语言的元哲学》（*The Metaphilosophy of Language*）之中，科尼茨呼吁哲学家学习语言心理学家，采用眼动仪（eye-trackers）开展关于指称问题的实验研究。他指出，这种实验方法的最大优点在于可以通过仪器直接观察、记录受试对相关指称问题的反应，而不必发问。这种实验条件下获得的结果不以问卷为中介，更为直接也更为可信。

科尼茨在文中介绍了巴尔（Barr）等人发表在《认知》（*Cognition*）杂志上的系列实验工作及其成果。其中一个实验的大致流程是：在一张桌子的一端安排一位受试（the participant）就座，在另一端安排一位伙伴（the confederate）就座。受试事先被要求将一卷胶带（tape）放置于他可见而伙伴不可见的位置，而桌上双方都可见的位置有一盒卡式磁带（cassette，稍生僻用法下也可称为 tape）。当伙伴要求受试“移动带子”（move the tape）时，眼动仪将捕捉受试的眼动情况，结果显示受试首先注意的是伙伴不可见的胶带——那是 tape 一词更合适的语义指称对象，而显然不是伙伴使用 tape 一词时的说话者指称。科尼茨认为这一结果显示借助眼动仪实际上可用于区分语义指称和说话者指称，进而对二者开展不致混淆的研究。并且，眼动仪方法完成这一任务的途径是直接观察、记录受试的行为，避免了提问可能导致的模糊性或误导性。其他先进的实验技术还包括功能磁共振成像技术（fMRI）等，限于篇幅不一一介绍。

10.3 哲学实验案例研究

在哲学研究中，直觉扮演着十分重要的角色。当哲学家想要分析诸如知识、道德责任、指称这样一些抽象的哲学概念时，往往需要通过设想一些虚构的案例，并通过对这些虚构案例的直觉判断来开展进一步的讨论。有一些学者认为，直觉在哲学研究中的地位是证据性的，它在哲学中的地位与知觉经验在科学中的地位相似。当然，也有一些哲学家对直觉的证据性角色表示怀疑，但他们也同样承认，大部分哲学家的确就是诉诸直觉来建构、塑造和加工他们的哲学观点的。

但是，如上所述，实验哲学家使用社会科学和认知科学的方法，审查人们关于哲学问题的直觉后发现，直觉受到了诸多不相关因素的干扰，例如，人们关于知识的直觉在东西方文化中各不相同，关于道德责任的直觉受到不同种类心理因素的影响，关于意向性行动的直觉经常受到评价性因素的影响。由此引发的问题包括，直觉在哲学研究中占据何种地位或扮演了何种角色？如何看待实验哲学与扶手椅哲学（armchair philosophy）的关系？这些问题引起了当代学者的广泛关注。

10.3.1 实验哲学的挑战

在当代西方哲学中，直觉发挥着举足轻重的作用，相当多的理论创新和重要争论都来源于对思想实验的直觉。例如，盖梯尔通过一个直觉上主人公不具有知识的情境，说明了原本被奉为圭臬的知识定义实际上是不充分的。又如，关于特鲁特普先生是否具有知识的不同直觉，激起了内在主义和外在主义旷日持久的对峙。更不必说由缸中之脑所引发的怀疑论直觉在当代知识论讨论中的核心地位。直觉的重要性也被知识论研究者所承认。

但是，这种主流的哲学研究方法即扶手椅方法（armchair method）受到实验哲学家的质疑。在知识论中，斯蒂奇曾在关于反思平衡以及自然化认识论的分析中指出，在逻辑上，认知直觉是存在多样性的，因此，基于认知直觉来为认知规范做出规范性指引本身并不成功[①]。不少心理学研究发现，人们会过高地估计他人对自身的认同程度[②]，所以哲学家也许高估其他人（尤其是非哲学家群体）对自身直觉的认同。在语言哲学中，典型的传统语言哲学研究方法都是哲学家通过“诉诸自身关于指称的直觉”（appealing to

① Stich S. The Fragmentation of Reason: Preface to a Pragmatic Theory of Cognitive Evaluation. Cambridge: MIT Press, 1990; Stich S. Naturalizing epistemology: Quine, Simon and the prospects for pragmatism. Royal Institute of Philosophy Supplement, 1993, 34: 1-17.

② Fields J, Schuman H. Public beliefs about the beliefs of the public. Public Opinion Quarterly, 1976, 40(4): 427-448; Ross L, Greene D, House P. The “false consensus effect”: an egocentric bias in social perception and attribution processes. Journal of Experimental Social Psychology, 1977, 13(3): 279-301.

philosopher's own intuitions about reference）而建立的。

总之，扶手椅方法将哲学家本身的直觉视为理所当然而无须辩护的初始证据，却并不考虑他人可能存在不同直觉。实验哲学家认为，扶手椅方法必须得到改进，应该通过实证手段考察他人的直觉，而不是傲慢地从自己的直觉出发自说自话。因此，他们进而认为基于这种并非普世的直觉建立起来的理论也并非绝对可靠的。

10.3.2 扶手椅哲学的辩护

实验哲学的研究成果给传统哲学方法论带来了严峻挑战，但扶手椅哲学的捍卫者也不甘示弱。他们坚称只有哲学家的直觉才是重要的，实验哲学的研究对象通常没有任何哲学背景，因此这些结果对于传统哲学研究方法不构成威胁。

为了论证哲学家直觉的优越性，捍卫者提出了“专家辩护”（expertise defense）。他们认为，直觉与特定领域的教育与培养紧密相关。职业科学家在物理学方面上的直觉比一般人可靠得多[①]，以此类推，受过训练的哲学家关于哲学思想实验的直觉也应当比一般人的更具理论价值。在他们看来，用没有哲学背景的被试进行实验哲学研究，就跟在大街上询问路人关于量子力学的直觉一样，毫无意义。黑尔斯（S. Hales）认为：

> 直觉敏感于且应该敏感于相关领域的教育和训练。例如，专业科学家的物理学直觉远比普通大学生或者在公交车站中的人要可信得多。科学家拥有并依赖于其物理学直觉，这些直觉是受到良好训练的、熟练的、有根据的，并因此是关于真理的好的指南。同样地，专业哲学家的模态直觉远比那些未经专业训练的学生或者常人要可靠得多。[②]

因此，根据专家知识辩护，大部分实验哲学研究的问题在于它们过于重视常人的哲学直觉，而实际上这对哲学方法论与哲学实践的反思而言并

① Hales S. Relativism and the Foundations of Philosophy. Cambridge: MIT Press, 2006.
② Hales S. Relativism and the Foundations of Philosophy. Cambridge: MIT Press, 2006.

没有多大意义。值得注意的是，专家知识辩护本身是（至少部分地）依赖于一个经验前提的，即哲学家有着更好的概念能力和推理能力，对哲学相关概念有更好的理解，知道如何阅读和思考思想实验中的相关因素并排除各种干扰。

然而，这一辩护自提出就受到了层出不穷的批评。在理论层面，哲学是否能与其他领域类比有待商榷。哲学教育在思想实验方面所提供的训练，可能无法满足专家技能培养所需要的许多条件，例如缺乏对于直觉是否“正确”的明晰标准和即时反馈。在经验层面，越来越多的实验哲学研究发现，哲学家的直觉对实验中的许多不相关因素也并不能免疫。他们一样会受到顺序效应的影响[①]，一样无法避免性格所造成的直觉的偏好。同时，哲学家的判断还会因为自身的研究领域而产生特定偏向[②]。因此，我们似乎没有什么的理由认为，哲学家关于思想实验的直觉存在什么过人之处。

10.3.3 实验知识论的回应

“专家辩护”的式微究竟是决定性、整体性的失败，还是暂时性、局部性的受挫？新近的许多讨论和研究似乎对后者更为有利。过去对于专家辩护的理论反驳往往过于粗糙[③]，而经验证据大多只关涉道德哲学领域[④]。事实上，不少实验哲学的研究缺乏对实验参与者给出某个直觉判断的心理学解释，很多研究数据中的直觉其实是带有心理偏差或者认知错觉的，这样的直觉当然不能作为合适的证据来使用。然而，一些关于认识论直觉的研究发现，如果在某些良好的环境下，并且在没有产生心理偏差或者认知错觉时，不少哲学直觉（主要是认识论上的）是具有普遍性与稳定性的。这类研究在一定程度上表明了，过往的一些经验研究证据并不足以表明传统哲学方法是有重大缺陷的，也不应该就此消除哲学直觉在哲学实践中的作

---

① Tobia K, Buckwalter W, Stich S. Moral intuitions: are philosophers experts? Philosophical Psychology, 2012, 26(5): 629-638; Schwitzgebel E, Cushman F. Expertise in moral reasoning? Order effects on moral judgment in professional philosophers and non-philosophers. Mind and Language, 2012, 27(2): 135-153.

② Machery E. Expertise and intuitions about reference. Theoria, 2012, 27(1): 37-54.

③ Nado J. Why intuition?Philosophy & Phenomenological Research, 2014, 89(1): 15-41.

④ Machery E. The illusion of expertise//Fischer E, Collins J. Experimental Philosophy, Rationalism and Naturalism. London: Routledge, 2015: 188-203.

用。用索萨（E. Sosa）的话来说："我们应该仔细对待我们使用直觉的方式，而不是认为直觉是无用的。"①

长久以来，在关于哲学方法论的争议中，普遍存在着一元论直觉（a monolithic conception of intuition）的倾向②，哲学直觉通常被当作一个整体来接受检验和挑战。然而直觉的产生常常涉及大量不同的认知过程，并且这些认知过程可能存在域特异性。因此哲学直觉的可靠性应当依据领域进行分别评价③。

此外，哲学家的优势未必能同等程度地体现在关于不同领域问题的直觉中。众所周知，哲学是一门重视反思的学科。哲学家在认知反思测试（cognitive reflection test）中的得分确实也显著高于同等学力的其他领域专家④。那么反思能力是否能够提高直觉的可靠性呢？研究发现，认知反思测试得分与相容论（compatibilism）直觉并不相关，反思无法压制性格对道德直觉的影响。但与此同时，哲学家也找到了反思能力与知识论直觉的关联，更高的认知反思测试得分，意味着更强的盖梯尔直觉。不同哲学直觉涉及反思的程度可能存在差异，而知识论领域也许是哲学家施展专家技能的更好平台。

哲学家知识论直觉的优势在实验哲学研究中也有所体现。在考虑仅由猜测获得的真信念是不是知识时，哲学家大多不会做出知识归属，但一般人对此的态度则比较犹豫。尼科尔斯等人早期的实验结果也暗示了这一点，选修过三门以上哲学课的被试，相比于只上过一两门哲学课的被试，有更强的怀疑论直觉。

知识论直觉可能存在专家优势，这对传统知识论研究方法的捍卫者而言无疑是好消息。然而证明这一点显然是一个经验研究任务，有待更多实验哲学研究者的加入。

---

① Sosa E. Experimental philosophy and philosophical intuition. Philosophical Studies, 2007, 132(1): 99-107.

② Nado J. Why intuition? Philosophy & Phenomenological Research, 2014, 89(1): 15-41.

③ Nado J. Why intuition? Philosophy & Phenomenological Research, 2014, 89(1): 15-41.

④ Weinberg J. Experimental epistemology//Bernecker S, Pritchard D. Routledge Companion to Epistemology. New York: Routledge, 2010: 823-835.

10.3.4 实验语言哲学的回应

实验语言哲学领域主要有两种回应，有些实验哲学家试图表明直觉在哲学中的意义并不大，有些实验哲学家则认为实验语言哲学考察的是“语言用法”（linguistic usage）而非语义直觉。

10.3.4.1 回应 1：直觉在哲学研究中并不重要

杜尔歇（M. Deutsch）认为，克里普克等语言哲学家在构建指称理论时并不依赖于诉诸自己的直觉，如果说克里普克在《命名与必然性》中对相关直觉有所述及，那也只是为了增加说服力，而并不是论证的核心所在。换言之，杜尔歇只承认语言哲学家对直觉某种程度的援引，而不认为他们对直觉有所依赖。从而，如果以 MMNS 实验为代表的一系列语言哲学实验关注的只是语义直觉，那么其和原有的指称理论并不直接相关。

杜尔歇从细致分析克里普克的代表作《命名与必然性》入手，从多方面论述了自己的观点。首先，他指出 MMNS 实验用于测试语义直觉的问卷材料几乎直接脱胎于《命名与必然性》中构造的关于哥德尔和施密特的虚拟案例，这种虚拟案例中的名称存在某种被“误用”的情况。而恰是在这种虚拟场景中，关于名称使用情况的“事实”被认为似乎是难以确定的，从而直觉判断显得格外重要。杜尔歇指出，克里普克明确给出了和上述虚拟案例高度类似的真实案例。例如，爱因斯坦在历史上并没有发明原子弹，却被很多人认为是原子弹的发明者，但包括这些人在内的人们使用“爱因斯坦”这一名称时（由“因果一历史”链条所决定）指称的还是爱因斯坦，而并不因为将错误的描述语归属给爱因斯坦这一名称就指称原子弹的发明者。从而，名称使用者将何种信念或者描述语归于名称，对于名称指称的确定并不是决定性的。杜尔歇认为克里普克在借助“爱因斯坦案例”进行论证时所借助的就是事实，而不是直觉。

再者，杜尔歇认为克里普克还通过“免于错误”（immunity from error）的论证批驳了描述语理论。大致思想是，如果按照描述语理论的主张，上述哥德尔案例中“哥德尔是算术不完全定理的发现者”这句话是不可能错的。因为名称的使用者将“算术不完全定理的发明者”这一描述语与“哥德尔”这一名称相联系进而相等同，则句子“哥德尔是算术不完全定理的发现者”相当于“算术不完全定理的发现者是算术不完全定理的发现者”。也就是说，这里完全不存在名称误用的可能。克里普克指出，这个结论在逻辑上和事实上显然都是不成立的，类似误用显然存在。杜尔歇还举出了他所认为的克里普克对“因果—历史”理论其他不依赖直觉的论证，这里不再赘述。

10.3.4.2 回应 2：实验哲学关乎语言用法而非语义直觉

美国学者德维特（M. Devitt）认为，实验语言哲学最理想的考察对象应该是“语言用法”（linguistic usage）而非语义直觉。他认为关于指称的语言用法是检验指称理论的直接证据，这种证据比语义直觉更为可靠。同时，他也没有完全否认语义直觉可作为检验指称理论的证据来源之一，但他宣称语义直觉至多只能作为间接证据以供参考，而不能被视作直接的和决定性的证据。德维特对上述观点给出了简明的论证：直觉常常反映知识，而正确的知识反映事实（此处和指称问题相关的事实也就是关于指称的实际语言用法）。事实在检验理论方面具有决定性的作用，因而是直接证据；和事实相关的直觉在检验理论方面具有相对的而非决定性的参考价值，因而是间接证据。相关直觉的价值高低在于和客观事实的契合程度，契合程度越高则参考价值越高，但直觉终究不能代替事实。

德维特还援引自然科学和经济学等社会科学中的常见情况进行了类比说明。他举例说，当检验关于鱼类的生物学理论时，生物学家也考虑人们关于鱼类的直觉（如对关于鲸类是不是鱼的直觉判断）；又如检验货币经济学理论时，经济学家也考虑人们关于货币的直觉。他承认，这些直觉都是不错的证据。但归根结底，“首先，它们只是间接证据；其次，它们的可靠性有待于被进一步确立”[①]。因为相关科学关心的最终是关于鱼类或货币的科学事实，而不是人们关于鱼类或货币的直觉；类似地，指称理论关心的也是相关语言事实而不是直觉。相关直觉之所以具有一定的参考价值只是因为直觉或多或少反映了事实，但直觉并不等同于事实。至此也就容易理

① Devitt M. Relying on intuitions: where Cappelen and Deutsch go wrong. Inquiry: An Interdisciplinary Journal of Philosophy, 2015, 58（7-8）: 669-699.

解德维特早在2006年就明确宣称的“直觉具有理论负载”的观点。他认为，“直觉”是一个成员众多的集合，作为其元素的形形色色的直觉具有或高或低的理论负载，或者说具有高低不同的理论渗透程度。以关于鱼类的直觉为例，生物学家的直觉理论负载更高，也更可靠，而普通人关于鱼类的直觉可靠程度就较低。如果研究关于鱼类的事实有困难，那么首先应该更加关注生物学家关于鱼类的直觉，而不是普通人关于鱼类的直觉。

显而易见，在“事实”与“直觉”之间，德维特等学者偏好“事实”；在“专家直觉”和“大众直觉”之间，他们偏好专家直觉。德维特等人也曾实际设计过一些旨在直接面向语言用法而非语义直觉的实证研究。具体的方法是借鉴语言学家的经验，研究各种已有的语料库等实际资料。但德维特等人承认这种研究目前受各种困难所限并不成功。于是退而求其次，他们仍然承认面向语义直觉的实验语言哲学具有重要价值，同时明确给出了两条建议。

首先，应该以诸如“爱因斯坦案例”这样的真实案例而非“哥德尔案例”这样的虚拟案例编写实验问卷材料。德维特给出的理由是，没有受过哲学训练的受试经常被虚拟案例奇特的设定所迷惑，而不能正确理解问卷材料。在这种状态下他们显示出的直觉常常是不明确的，不具有很高的参考价值。

其次，应该主要调查语言哲学专家的语义直觉，而并非普通人的语义直觉。理由是专家具有良好的背景知识，对问题有更好的理解，从而他们的直觉具有更高的理论负载也更有参考价值。恰如鱼类学家关于鱼类的直觉较之常人更有参考价值。总而言之，这两条建议的出发点都是致力于提高直觉的可靠性。

德维特的相关提议当然具有值得重视的理论价值。特别是他的第一个提议，和目前对“思想实验”以及如何在大众中开展实验哲学研究的一般方法论问题的讨论息息相关，值得认真考虑。但关于他的上述观点至少也有两方面值得商榷：第一，作为事实的语言用法和关于语言的直觉是否可区分？如果可区分，能做到何种程度的区分？众所周知，自然科学中的事实与直觉是相对容易区分的。以落体运动为例，不少人直觉地认为重的物体下落速度比轻的物体要快，而这种直觉和由自由落体定律等科学定律揭示的事实是不符的。忽略了空气阻力等因素后，轻、重物体下落的速率相同，这一事实独立于人们或正确或错误的直觉。从朴素的意义上说，事实是“客观”的，而直觉是“主观”的。主观的直觉或正确或错误地反映事实，但不能决定事实。而当考察对象变成语言时，问题显然更复杂。因为语言本身就不是完全客观的事物，而是在很高的程度上出于语言使用者的主观建构。关于语言的直觉和语言的实际用法常常出于同样的源泉，即人的主观意识。此外，就算在相对的意义上承认语言现象中也有直觉与事实之分，在实际研究中明确区分孰为直觉、孰为事实也是具有一定难度的。当然，这种困难更多体现为技术上的困难，而不是原则上的困难。通过改进实验方案、引入更先进的实验工具等方法，这种困难有望得到减弱甚至克服。第二，也是更值得注意的商榷之处是：实验语言哲学得以产生的最重要缘起之一就在于对专家独重自身直觉的“孤芳自赏”式傲慢态度的不满，马舍里等人考察大众直觉的初衷之一正在于认为以专家直觉作为评价指称理论正确性的标准是不尽合理的。而德维特等人要求“回到专家直觉”，这是不是一种开倒车或绕圈子的主张？按照这种主张，似乎进行试验哲学研究是多此一举的——专家如克里普克提出的指称理论是从专家的直觉出发的，自然符合其语义直觉。那么，又何须再设计实验去检验其语义直觉是否和其指称理论相符呢？

进一步而言，专家的直觉为何应当被认为更为正确而不是被认为受到了理论“污染”（亦即，为何理论对于直觉可靠性的作用被认为是正面的而不是负面或中性的）？温伯格等学者就沿着这一思路批评了德维特和威廉姆森等人“为专家直觉辩护”的立场。另一种回应思路是直接认可和接受这种多样性，并认为这是客观的、合理的，因为哲学的目的就是让人们更好地理解个人或者群体共有的概念，而概念是可以具有多样性的。在此之上，一种更为乐观的看法是，直觉的多样性正如经验科学研究中证据的多样性，它们对促进人类认知而言是有益的。

10.4 哲学实验方法解析

实验哲学家提出，由于对自由意志、知识论和语言哲学等内容的回答反映了人们对于其中所涉及的基本哲学观念的直觉，而实验结果往往揭示出不同人群的直觉存在显著的差异，因而传统哲学方法仅依赖哲学家通过自身的反思与内省所获知的直觉，进而发展相应的哲学理论或展开论证与争鸣，这一“独断论”的哲学研究方法应当受到质疑，有必要大力提倡和推广实验哲学方法。实验哲学的兴起引发了关于直觉在哲学活动中的地位和角色的激烈辩论，直觉是否可信，可否作为哲学论证的起点，能否当作哲学理论的证据，成为当前哲学界热辩的问题。

然而，在相关的讨论中，论者多以直觉的方式使用“直觉”一词，对直觉究竟是什么鲜有清晰明确的界定，对直觉的本性也有多种不同的理解。例如，笛卡儿认为直觉是一种清晰而专注的心理状态，建立在理解之上，简单而明晰，令人无可置疑。当代哲学家有的将直觉视作特定的信念或信念倾向[①]，有的则将之理解为某种特殊的经验感受[②]；不同于此，心理学家认为直觉是无意识地、自发地快速产生的，是一些说不清道不明的判断、态度或决策，是不同于有意识的逻辑分析的认知过程。对于直觉如此纷繁多样的理解，如果不加以辨明，难免会产生不必要的概念混淆。因此，有必要对直觉做进一步的澄清，对不同类型的直觉及其关联，给出更清晰的刻画。本节将直觉区分为日常直觉、哲学直觉和理性直觉三大类型，分别考察其内涵、特征以及相互关联，并探讨实验哲学研究方法的适用范围。这一工作有助于把握直觉的本质，使得关于直觉在哲学中角色和地位的讨论更有针对性，并且对实验哲学研究的开展和反思，提供有益的借鉴和参考。

10.4.1 日常直觉

日常直觉是频繁出现在人们日常生活中的一种快速自发的、难以把握的认知现象。例如，农民看着天空说“明天似乎会下雨”，但被问及理由时可能答不出来，只好承认，“这是直觉”；李雷对韩梅梅说，“杀人偿命，欠债还钱，天经地义”，韩梅梅一愣，反问为什么啊？李雷答不出来，只好说，“没为什么，这样做才是对的”。人们通常所理解的直觉，正是这种快速产

① Williamson T. The Philosophy of Philosophy. Malden: Blackwell, 2007.

② DePaul M, Ramsey W. Rethinking Intuition: The Psychology of Intuition and its Role in Philosophical Inquiry. Lanham: Rowman & Littlefield Publishers, 1998.

生的、难以把握的判断、决策和态度。日常直觉一般具有如下特征：首先，它们迅速出现，不假思索；其次，人们往往意识不到其深层运行机制，对直觉的产生难以给出确切的理由。因此，日常直觉不同于审慎思考，因为产生审慎的判断、决策和态度的速度较缓慢，其理由清晰明了、可言说，而日常直觉则与之相反。

日常直觉也是心理学研究的重要内容。关于这方面的研究成果不断涌现，主要关注的是直觉产生的心理机制。有研究者区分了人类的两种认知方式，一类是自发的、无意识的；另一类是控制的、有意识的。弗洛伊德最早提出无意识的概念；之后的发展表明，人类大量的心理活动或信息加工过程实际上是无意识的，人们感知不到其形成过程，只知道其产生的内容，印象、决策、直觉等都是如此。另一种广为流传的理论是双加工理论（dual process theory），用以说明大脑中的两套信息处理系统，称为系统 1 和系统 2。系统 1 的运行是无意识且快速的，不怎么费脑力，没有感觉，完全处于自主控制状态；系统 2 则是慢速的、串行的、受控制的，通常与行为、选择和专注等主观体验相关联[①]。根据这一理论，直觉是系统 1 自主产生的初始印象和感觉，并构成系统 2 中信息加工的主要来源。以上两种理论从不同侧面说明了直觉的认知机制，直觉是快速的、自发的、不受意识与推理监控的，与有意识的、受控的逻辑分析与推理的思维过程相对立。

卡尼曼和特维斯基研究开创了启发式（heuristics）和偏向（bias）的传统。这一流派认为，一方面，人们在面对复杂不确定的、信息不完整的情境时，产生快速的决策或判断；另一方面，人们的决策模式并非杂乱无章，而是具有一定的规律，这些规律可概括为启发式的经验法则。启发式总的来说非常有用，能帮助人们在复杂环境中做出快速判断，但是启发式并不完全服从逻辑推理和概率论原则，而依赖于情感、记忆和经验，因而可能导致系统的、可预见的偏向和认知错觉，例如锚定效应、可得性效应、合取谬误等。启发式和偏向传统引发的一个问题是，这种快速（fast）而简便的（frugal）的决策模式常常出现在日常生活和专业技能中，又存在诸多有悖于逻辑和概率论原则的经验性错误，由此引发对直觉可靠性的质疑。另

① 丹尼尔·卡尼曼.思考，快与慢. 胡晓姣，李爱民，何梦莹译. 北京：中信出版社，2012.

一个引起争议的问题是，如果人们日用而不知的决策模式是启发式的而非逻辑推理，那么人类何以标榜为理性的动物？拥护者不愿就此否认人类理性，例如，有学者指出，虽然直觉不同于审慎思考，但是直觉依赖于经验法则，能够在具有不确定性的环境中给出恰当及时的反应，是另一种快速有效的思维模式。简而言之，启发式和偏向传统表明，直觉具有较多的经验内容，与逻辑和概率论原则要求的先验性不太符合，这些研究进一步揭示了日常直觉经验性较强的特点。

有些心理学家对专业技能中直觉起的积极作用展开了长期研究。例如，在火灾现场，消防队指挥官需要快速判断火灾情况并给出对策；有些有经验的护士在血液测试之前，就要辨别某些威胁婴儿生命的传染病，这些案例主要揭示了专家直觉的可靠性。当专家处于一定的压力环境中，他们根据以往的经验迅速再认（recognition）并做出直觉性的判断，这些判断具有较高的可靠性，能够帮助专家成功化解困难。研究认为，专业技能的习得通常需要进行长期有针对性的、及时反馈的刻意练习，以及可预测的、有足够规律可循的环境[①]。关于专家直觉的研究表明，专家直觉尽管并非一般人所具有的，需要一定的天分和长期的训练，但是专家直觉与日常直觉也有类似之处，两者都表现为快速生成的、知其然不知其所以然的、经验性成分较多的判断、决策，专家直觉可视作日常直觉在合适环境中的可靠表现。

总之，在日常生活和专业技能中，直觉是快速产生的、知其然不知其所以然的、经验成分较多的认知模式，这是心理学关于直觉的主要理解。

10.4.2 哲学直觉

在日常生活中，有一类特殊的直觉，涉及对哲学概念的理解和运用。人们说，“我知道他口袋里有十枚硬币”“虐童是罪恶的”“单身汉是未婚人士”……以上陈述与知识、善恶、同一性等哲学概念相关，这些概念通常是抽象的，并且往往独立于经验；在对这些概念的运用中，有时凭借的是直觉。可以认为，这类直觉从属于日常直觉，是人们在日常生活和工作中形成的、与哲学概念相关的认知现象。

---

① 丹尼尔·卡尼曼.思考，快与慢. 胡晓姣，李爱民，何梦莹译. 北京：中信出版社，2012.

与哲学概念相关的直觉不仅出现在日常生活中，更重要的是，它们经常出现在哲学文献中。自柏拉图以来，概念在哲学研究中具有中心地位，为了获得清晰的哲学概念，有些哲学家在扶手椅上进行哲学分析，设计假想的情境，借此引发“直觉”，用以支持或反对相关的哲学理论，并提供重要的洞见，帮助回答哲学问题。例如，在典型的盖梯尔反例中，当事人有很好的理由相信某一命题为真，这一命题又恰巧为真，并且此人获得真命题有很大的运气成分。在这种情况下，尽管当事人具有确证的真信念，但是大多数人凭直觉认为，这种场景并不适用于“知道”这一概念。盖梯尔反例挑战了传统的知识定义，揭示传统知识定义的可能缺陷，推动学者们朝着理解知识的方向不断发展。因此，关于这类涉及哲学概念的理解和运用的直觉，可以称为“哲学直觉”。

在哲学文献中，哲学直觉的使用大致表现出如下特征：首先，哲学直觉往往用来进行概念分析，特别是解决困难的概念问题。哲学家关心概念的内涵与外延、概念种属关系的界定、概念中的典型范例、概念的逻辑一致性、概念的使用范围，以及概念之间的相互关联，而这些问题可以借助哲学直觉来考察。在这些问题中，哲学直觉反映抽象、普遍的哲学概念，揭示哲学概念的逻辑前提和适用范围，暴露哲学概念的逻辑缺陷和悖论。而那些与概念不符的直觉，又会促使哲学家进一步进行分析和思考。哲学直觉在概念分析中扮演重要的角色，以至于有学者指出，直觉“被当作证据（或当作理由）而使用”。

其次，哲学家使用思想实验，有意诱发哲学直觉。所谓思想实验，指的是假想某些虚拟场景，通过想象和反思，考察可能的情况，并得出相应结论。当哲学家面对诸如命题知识、语义指称、道德责任等问题时，尽管无法像科学家一样，使用仪器设备和科学实验来做研究，但是借助于思想实验，他们同样能够获得相关的一手“数据”，了解自己和同事对各类哲学问题的看法。思想实验背后暗含普遍、抽象的逻辑原则，其设计者故意排除无关紧要的干扰因素，提出刺激被试思考的哲学问题，引导人们朝着特定的方向思考，从而获得关于这些问题的哲学直觉。例如，普特南提出的缸中之脑、孪生地球就是用以引发关于怀疑论和语义的哲学直觉。可见，思想实验是触发哲学直觉的主要媒介，哲学家依赖思想实验来获得哲学直觉。

最后，哲学家有意识地反思哲学直觉。在传统哲学讨论中，通过对哲学直觉的反思，哲学家提出支持或反对某一信念的证据，并在不断地反思和调整中，形成一张更大的信念之网，用以加强对它们的确信①。这种过程可以通过反思平衡这一确证程序刻画出来，所谓反思平衡，是经由古德曼、罗尔斯等人提炼、总结的哲学研究方法，通过反复比较、修正来达到基本原理、概念与直觉之间的融贯一致。哲学家对哲学直觉的使用，采用的方法类似于反思平衡，他们分别考察哲学直觉和相关概念，当发现直觉与概念存在分歧时，就必须接受逻辑法则和演绎推理的修正和调整，这样来回往复从而实现首尾一致，最终获得既符合直觉的，又阐明概念的相关理论。

从以上分析可以看出，尽管从表面上看，哲学直觉和与哲学相关的日常直觉都是对哲学概念的理解和运用，但是日常直觉深受启发式的影响，具有较多的经验成分；而哲学家在接受了专业训练之后，有意识地使用哲学直觉，他们更多地反思、比较和辨析哲学直觉，更多地考察哲学直觉背后涉及的哲学概念，更多地关注哲学直觉与概念的逻辑一致性。从内在本质来看，哲学家研究哲学直觉，主要试图揭示哲学概念的内涵、外延和范围；从产生机制来看，哲学家设计的哲学直觉，深受根据抽象理论产生的思想实验的引发和诱导；从确证程序来看，经过反思后的哲学直觉，必须符合逻辑法则，追求与哲学概念的融贯一致。哲学概念、抽象理论和逻辑法则独立于经验，是具有普遍性和必然性的先验法则，因此，哲学直觉与日常直觉的主要差异是，前者理应或可能具有更多的先验成分和反思性。

10.4.3 理性直觉

在日常生活中，还有一类特殊的直觉，是对独立于经验的原理、法则和概念的理解、把握和运用。例如，《韩非子》中所记载的自相矛盾的故事，人们听过之后往往不需要思考太长时间，也不需要反复思考其中原因，就会哄堂大笑。这类直觉与日常直觉类似，它们不假思索地快速产生，并且涉及推理法则、逻辑原则等先验内容。

① Kornblith H. What reflective endorsement cannot do. Philosophy & Phenomenological Research, 2010, 80(1): 1-19.

不同于非反思性的日常使用，在反思活动中，这类直觉是对推理法则、逻辑原则、先验原理和抽象概念的判断和把握。例如，亚里士多德在阐述关于本质的知识时，强调知识源于那些能够深入把握事实并且加以正确解释的归纳推理；笛卡儿认为从“我思”到“我在”，这中间的必然联系并不是从什么三段论中推导出来的，而是从单纯心灵直观中自明性地获得的；胡塞尔在把握“红”时，关注的不是红色的衣服或红色的枫叶，而是从这个红或那个红中纯粹直观出来的同一的一般之物。可见，在研究具有普遍性、必然性和非经验的理性问题时，通常需要诉诸这类直觉，以强调对抽象认知对象的直接把握，笔者将其称为理性直觉。

反思性的理性直觉具有如下特点。首先，这类直觉呈现出直接性。“直接性”指的是在有意识的状态下，在不借助于理性推理等中间环节的前提下，直接将对象呈现在认知者的意识之中，这一特征几乎可以视作哲学文献中理性直觉的共同特征[①]。例如，胡塞尔认为，本质直观是无法演证的，不同于演绎、归纳、计算等方式，是从事物中直观到认识的成效的本质。在这里，本质直观的发生不受其他心理因素或认知过程干扰，其实现无须其他中介物作为桥梁。不过值得注意的是，理性直觉不一定不涉及无意识的或潜意识的思维活动，所谓的“直接性”要限定在意识范围内，因为认知心理学研究表明，所有的心理状态都涉及多种心理过程，不存在任何直接把握对象的心理状态，尽管无法了解理性直觉在无意识中的认知机制，但其形成过程并不一定不包含其他认知环节。

其次，理性直觉呈现出自明性。所谓自明性，即不需要其他原理、原则来提供辩护或确证。笛卡儿认为，人人都可以直观到自身的存在性，直观到自己在思考，直观到三角形由相交的三条直线构成，等等。在不依赖其他信念的前提下，这些内容清晰而鲜明地呈现在意识之中，并且能够为其他信念提供确证。鉴于其自明性，在获得知识的过程中，理性直觉有时被视作确证链条的终点。这是因为，自明的、非推论的理性直觉能够为其他信念提供确证，成为相关命题知识的基础，又无须从其他信念中推理出

---

① Osbeck L M. Conceptual problems in the development of a psychological notion of “intuition”. Journal for the Theory of Social Behaviour, 2010, 29(3): 229-249.

来，因而可以被当作避免信念无限回溯的一种方式。例如，罗素指出，从日常生活的普通信念出发，我们可以从一点到另一点节节被迫后退，一直达到某项普遍原则或者一个原则的某一事例为止，这一原则本身是自明的，不可能再从任何其他自明的东西中推论出来，逻辑和算数方面的抽象原则以及某些伦理学原则皆是如此。

最后，理性直觉往往蕴含着理解性。这里的理解性要求一定的认知能力和抽象思维能力，认知者在“看见”原理本身之后就理解并判断其为真或正确。直觉与“看”或“看见”联系起来，最早可以追溯到柏拉图《斐多篇》中“灵魂的眼睛”和《理想国》中“心灵的眼睛”，这里“眼睛”看到的是最高原则和型相。亚里士多德继承了这一观点，认为直接性的理解“对它们而言是自然可知的”，即使对它们的证明可能只是“回溯到原点”。后世学者将其理解为通过理智“看见”本质和最高原则，例如，斯多葛学派认为对普遍原则、逻辑和数学法则的理解取决于对联系或关系的基础把握；休谟也认为，某些类型的联系是“第一眼就能发现的”。这些论述蕴含了这样的要求，只有对本质、原则和必然性进行深入的思考、理解和反思，才能够在不借助推理演绎的情况下直接“看到”对象。英语中常用“啊，我看到了！”（Ah，I see！）来表达这种突然的理解，可见在西方传统里，理性直觉借助抽象的“看”，指涉先验内容的直接理解。

简而言之，理性直觉涉及人们对非经验的理性规则和原理的理解和运用，并且大致可以分为反思性的和非反思性的两类。在日常生活中，人们不假思索地使用理性直觉；而在反思活动中，学者们从真或应当的理性直觉出发，获得与之相关的理论，直接性、自明性、理解性构成了这类理性直觉的特点。

以上分析为认识直觉提供了一种新的思路。追溯各类直觉的发生学（etiology）可以发现，直觉的形成包含经验内容与先验法则；不同类型的直觉之所以存在差异，是因为有的类型经验成分较多，而有的类型先验成分较多，如图 10.1 所示。

从图 10.1 纵轴可以看出，由于反应速度的不同，直觉可能是快速的、不假思索的，也可能是缓慢的、反思性的；从横轴可以看出，由于内容的不同，直觉可能是经验性的，也可能是先验性的。日常直觉在日常生活中随处可见，既包括自发而快速的一类，又包括反思性和理性更强的一类，因而它们横跨四象限，且范围最大；哲学直觉既包括经验积累下对哲学问题的快速反应，又包括反思性更强的内省，但由于哲学研究强调概念分析和反思推理，因而尽管横跨四象限，哲学直觉更偏向于第一、第二象限；理性直觉独立于经验，尽管它们有的是日常生活中不假思索的快速反应，但更受关注的是在反思过程中形成的那一类型，因而更偏向第一象限。这一划分梳理和归纳了常见的几类直觉，因此可以称为直觉的谱系。

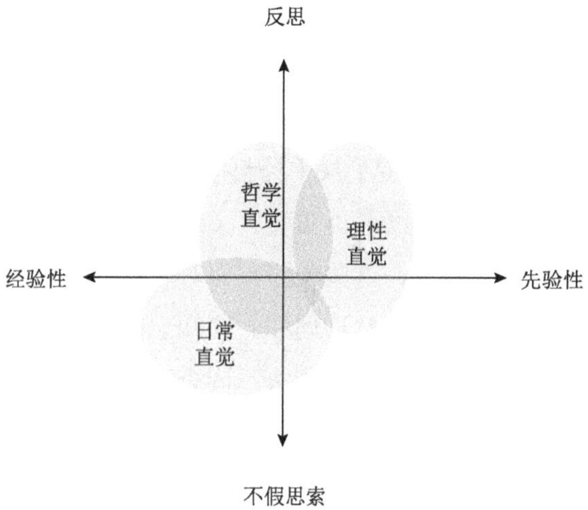

图 10.1　直觉的谱系

如上所述，实验哲学研究给传统扶手椅哲学诉诸直觉的方法带来了诸多挑战，对直觉谱系的刻画，有助于回应实验哲学的挑战。

直觉在哲学研究中的地位或角色如何，引发了实验哲学和扶手椅哲学的论辩。在我们看来，实验哲学采用实验调查等手段，通常情况下获得的是人们不假思索的、知其然不知其所以然的经验性判断，即偏向日常经验的哲学直觉。然而，哲学直觉除了包含经验维度的日常直觉外，还包括独立于经验的理性直觉。因此，即使实验哲学的研究数据是真实可靠的，也并未挑战直觉的哲学地位，而仅仅质疑了日常直觉的可靠性。直觉的哲学地位取决于具体讨论的理论与问题。正如直觉谱系所揭示的，有的哲学直觉反映独立于经验的抽象法则和原理，必须满足先验的逻辑和理性原则，具有直接性、自明性和理解性，能够为相关的哲学理论提供确证；有的哲学直觉借助思想实验展现人们对某一哲学概念的日常理解，更多依赖认知者的特殊经验及生活背景，更适合为相应理论提供可供讨论的切入点而非证据。因此，直觉在哲学研究中的角色和地位，不能一概而论；由直觉的多样性宣告扶手椅方法的破产过于仓促，对直觉的探究有待进一步深入。

直觉多样性揭示的另一问题是，究竟应该如何看待实验哲学与扶手椅哲学的关系。事实上，并非所有实验哲学家都批评扶手椅哲学，他们中有一些对其持积极态度。有学者认为实验哲学能够支持扶手椅哲学，实验哲学家通过调查获得主流的直觉，扶手椅哲学家则根据这些直觉数据构建理论。对这一思路的质疑是，为什么扶手椅哲学必须参考实验哲学提供的数据呢？[①]我们对此尝试的回答是，扶手椅哲学是否考虑实验哲学，取决于具体的研究问题。实验哲学借助各类实验，了解日常生活中的概念使用，从而更加清晰地辨明哲学概念，这些经验数据对于描述性的概念分析是有益的；然而，哲学研究中涉及必然真理和先验知识的讨论，必须借助反思和推理，依赖先验论证和反思平衡等方法，调查直觉特别是日常直觉就显得意义不大。因此，实验哲学应将目光聚焦于日常直觉涉及的领域内，在扶手椅哲学基础之上，提供更广泛、更多元的研究材料，补充、继承和发展哲学理论。

总之，近20年来，作为一种研究人们的哲学直觉的新方法，实验哲学得到了蓬勃发展。以没有哲学背景的大众作为被试，能让哲学家注意到许多始料未及的问题；细致的变量操控手段和丰富的数据处理技巧，能为机制层面的理论建构提供启示。对研究方法不断地优化和创新，能为知识论、道德哲学和语言哲学找到更多理论依据，也能为实验哲学提供更好的研究范式。实验哲学对哲学研究的推动有目共睹，其对哲学研究的助益更不容小觑。虽然其自身存在着种种局限，也不可能完全代替传统的研究方法，但作为后者的补充，实验哲学在丰富理论建构的证据和资源方面，还是具有显著优势的。实验哲学对直觉的批评也有待商榷，直觉的哲学地位取决

① Nado J. Intuition, philosophical theorizing, and the threat of skepticism//Fischer E, Collins J. Experimental Philosophy, Rationalism and Naturalism. London: Routledge, 2015: 206.

于具体的哲学问题。这一澄清旨在帮助实验哲学探索其角色定位，不是对抗，而是携手与传统哲学走向更精彩的未来。

10.5 小结：经验科学不可能完全取代哲学研究

在当今哲学与科学研究不断趋同的学术背景下，通过对哲学实验现状的评析，本节提出一个核心问题：实验哲学的兴起对当代哲学研究走向会产生何种影响。我们将主要从哲学实验对哲学研究方法的革新、对当代意识研究的促进作用以及哲学实验方法有效性分析三个方面来展开探讨。

10.5.1 对哲学研究方法的革新

当代科学的迅猛发展，特别是生命科学、神经科学、认知科学、混沌科学、计算科学、智能科学等新兴科学的不断成熟，深刻影响了当代哲学的研究走向。正如丹皮尔在《科学史及其与哲学和宗教的关系》一书的引言中所指出的："文艺复兴以后，采用实验方法研究自然，哲学和科学才分道扬镳；因为自然哲学开始建立在牛顿动力学的基础上，而康德和黑格尔的追随者则引导唯心主义的哲学离开了当代的科学，同时，当代的科学也很快地就对形而上学不加理会了。不过，进化论的生物学以及现代数学和物理学，却一方面使科学思想臻于深邃，另一方面又迫使哲学家对科学不得不加以重视，因为科学现在对哲学，对神学，对宗教，又有了意义。"①

当代实验哲学的兴起，正是哲学与科学的结合进一步发展的结果。在传统哲学研究越来越走向狭窄的概念分析困境之时，科学的实验方法走进了传统哲学的研究领域，并对其研究方法产生了前所未有的挑战。科学技术特别是心脑科学（神经科学、认知科学、智能科学）的迅速发展，促使科学与哲学的研究目标和对象不断趋同，从而导致研究方法也开始走向趋同。在这种背景下，一些有远见的哲学家纷纷采用科学实验方法来开展哲学研究。

据不完全统计，自 20 世纪 90 年代以来，从事实验哲学研究的人员迅

① 丹皮尔. 科学史及其与哲学和宗教的关系. 李珩译. 北京：商务印书馆, 1995: 1.

速增加，在美国等一些西方发达国家的大学已形成众多研究团队，有的还组建了哲学实验室。目前较有影响的有：美国耶鲁大学哲学实验室、印第安纳州立大学知识论实验室、亚利桑那大学实验哲学实验室、希莱纳大学行为哲学实验室、纽约州立大学布法罗分校实验知识论研究小组，意大利帕维亚大学计算哲学实验室，英国谢菲尔德大学恒生认知研究中心，以及加拿大西门菲沙大学逻辑与实验哲学实验室，等等。

经过近20年的发展，实验哲学涉及的研究内容非常广泛，包括自由意志、自我认知、道德哲学、知识论、意识问题、行为经济学、逻辑和语言、认知哲学、计算哲学等。2007年在澳大利亚召开了首次有关实验哲学与概念分析的国际性小型研讨会。此后，有关实验哲学及其方法的各种国际学术研讨会不断在世界各地举行。目前国际上的实验哲学学会、专门网站和在线期刊相继建立，对实验哲学的理论讨论也不断深入。

在开展实验哲学研究之前，传统哲学主要的研究方法是思辨性的。逻辑研究与直觉经验是研究哲学的主要论证来源，其局限性是缺乏事实性的证据支持，对许多哲学问题，往往难以给出明确的判决依据，结果导致各种哲学观点歧义纷争、莫衷一是。

为了清除哲学研究中的错误或者平息不同观点的争论，一个最有效的途径是哲学实验。温伯格认为只有通过实验方法，才能让哲学家的工作更为出色[①]。确实，一个实验胜过千言万语，对于那些思辨的哲学研究，通过思想实验、计算实验与认知实验，可以给出更加客观的科学性刻画，从而揭示原先无法清楚认识到的深层内涵。通过实验分析方法来对哲学模型进行思考、仿真或探测，还可以得到对哲学思想更深刻的洞察。科学实验使问题更清晰、隐含的结构更直观，并使人利用模型发现新假设、新方法、新问题和新困难所在。

众所周知，随着西方17世纪以来科学的迅速崛起，特别是20世纪的快速发展，科学以其辉煌的成就征服了现代社会。科学成为整个世界的主流文化，受到大多数人的信任和尊重。应该说，正是科学方法的这种优越性，使有远见的哲学家越来越多地开始采用科学实验的方法来从事哲学研

① Weinberg J. On doing better, experimental-style. Philosophical Studies, 2009, 145(3): 455-464.

究，并取得了比以往更加清晰确定的结论。

越来越多的科学哲学家，以及一些心理学家和人类学家，开始努力通过设计实验来改变这一境况，其目的是要系统地考察哲学上重要的思想实验或者科学家所使用的科学概念。许多研究结果令人惊讶，而一些来自哲学实验的结论也更具有刺激性。哲学实验已经成为哲学家开展研究的重要工具，尤其是在科学与哲学相互交叉的研究工作中。原先的本体哲学、认识哲学、道德哲学、宗教哲学、心灵哲学，甚至艺术哲学等领域的一些问题，现在都可以通过实验研究来加以解答。

比如，我们可以采用在科学研究中普遍使用的思想实验来开展哲学研究，在道德哲学（汤普森的小提琴手）、语言哲学（色彩颠倒）以及心灵哲学（中文屋、缸中之脑、脑干机器、哲学蛇神、沼泽人等）等方面，给出若干有价值的哲学结论。此外，采用计算模型作为工具来进行哲学仿真实验研究，可以获得大量的研究实例。比如，通过逻辑悖论的动力学分析、形式系统的整体描述，给出社会和政治哲学中的博弈计算模型，以及对宗教信仰的演化仿真等。与思辨方式的哲学研究相比，计算模型给出的整体性刻画更加形象，常常可以使认识达到前所未有的深度。

最能体现哲学实验方法运用的是经典的科学实验，即通过实验归纳的方法来了解事物的本质。随着神经科学与认知科学的不断进步，哲学家发现一些哲学问题可以借用科学成果来解答，甚至直接实施科学实验去解决哲学难题。其中，除传统的心理学问卷调查研究外，最典型的事件是，美国神经生理学家里贝特开展的一系列认知神经实验引发了对古老自由意志问题的广泛讨论①。麦金预言，若是到 21 世纪的某个时候，科研的生力军从各个领域大规模撤退，只留下少部分人继续研究那些尚需认识的事物，而把主要力量投入人文学科，其对此丝毫不会感到意外。可以预计，对于哲学这门古老的学科而言，实验方法将成为一种新的重要的研究手段。这无疑是一场方法论上的革命。

实验哲学及其所倡导的哲学实验方法，不仅使哲学思考具有更加普适的

① Libet B. Mind Time: The Temporal Factor in Consciousness. Cambridge: Harvard University Press, 2004; Sellmaier S. What proves Benjamin Libet's experiments for free will? Philosophisches Jahrbuch, 2007, 114(2): 378-394.

意义，而且能为哲学带来新奇性与广阔的前途[1]。或者说，哲学实验方法对哲学研究者而言不仅是挑战，更重要的还在于，哲学实验方法是深化当代哲学研究的推动力，提供了开展全新哲学研究问题的机遇，应该引起国内哲学界的重视。

10.5.2 对当代意识研究的促进作用

随着当代哲学与科学研究的对象与方法逐渐趋同，哲学研究的各个分支领域都出现许多新问题、新现象和新需求。传统哲学研究方法难以有效应对这种局面，而应运而生的哲学实验方法正是破解这一困境的重要途径。考虑到哲学基本问题的辐射作用，我们选择讨论哲学实验在意识研究中的促进作用。一旦该问题得到说明，那么它在整个当代哲学发展中所起的重要作用就不言而喻了。

哲学基本问题是指思维和存在、意识和物质的关系问题，即思维和存在、意识和物质何为本原，思维和存在的同一性问题。目前，哲学基本问题的研究主要体现在心与脑的关系上。其核心就是有关意识的本性问题。正如丹尼特所言："心灵的核心特征就是意识，这是一种看上去比任何其他的东西更为'精神性'和非物质性的'现象'。"[2]霍根也强调："科学固守的最后一块阵地，并不是太空领域，而是人的意识世界。"[3]因此，要解决心和脑的关系问题，无论是科学还是哲学，关键是对意识本性问题的研究。但实际上，我们目前尚不能确定意识活动本身的归属和性质。

比如，附随现象论（epiphenomenalism）者虽然相信意识的存在，但认为有无心理状态对于物理世界而言没有什么影响或者因果效力。他们认为意识现象与物理世界不存在因果关系，在研究意识问题时可以不必考虑意识现象。就这一点而言，强调机械唯物主义的哲学家则干脆拒绝意识这种非物理性现象的存在，认为根本就没有独立于物质的精神存在，我们都是"有脑无心"的"行尸走肉"（zombia），所谓的意识表现实际上只是脑的活

① Sosa E. Experimental philosophy and philosophical intuition. Philosophical Studies, 2007, 132(1): 99-107.

② 埃克尔斯. 脑的进化: 自我意识的创生. 潘泓译. 上海: 上海科技教育出版社, 2004: 246-247.

③ 约翰·霍根. 科学的终结. 孙拥军, 等译. 呼和浩特: 远方出版社, 1997.

动，一切均可还原为物理过程，甚至认为意识是由人类含糊不清的语言引起的幻觉。

当然，更多的研究人员则取中间道路，从简化主义的观点出发承认意识的存在。意识不完全是一种幻觉，而且是另一种逻辑过程，即一种对自身状况做出反应的过程；意识问题完全可以通过还原论的方法来把握（心灵是大脑的产物）。同时，一些神经科学家强调只需用传统的物理过程就能令人满意地解释意识，而并不需要心脑二元论的假设。意识不过是某个神经集群动力学所产生的一类特殊物理过程。他们把复杂的意识问题还原为神经细胞及其相关分子的集体行为。为了更好地刻画还原论的意识观，这些科学家往往还采用多层次分层的观点来研究意识现象和规律，认为应该从基因分子、突触联结、神经细胞、神经集团、功能柱、跨区皮层和大脑结构等多个层次来考察意识产生的缘由。

依靠科学，特别是当代神经科学真的能够揭示意识本性吗？从研究方法上看，意识的科学研究主要采用第三人称的实验观察手段，通常排除第一人称主观报告的方法（除非作为辅助手段）。科学家普遍认为，第一人称的主观报告由于出自有意识直觉感知的结果，不一定是对客观事实的评述，因此是不可靠的。比如在开车时避免冲撞一头小鹿，并非是像我们主观直觉感知所呈现的那样：当小鹿出现时，先是发现小鹿，然后踩刹车避免冲撞小鹿。而是当小鹿出现时，大脑无意识内隐反应踩刹车，然后才有意识感知到遇到的是小鹿。因此，为了了解复杂的意识现象，需要对意识的内部结构、意识的神经基础、意识的动态过程、意识的演化和发展等问题进行全面客观的研究。然而，意识与无意识的踩刹车反应完全不同，其主要特点就是意识的主观性，完全客观手段得出的任何意识性质必然会丧失意识的主观性。这就成为意识科学研究的一个困境。

概括地说，目前意识科学研究主要涉及的问题包括：①存在不同类型的意识状态吗？②存在意识的神经相关物吗？③我们是如何确认意识显现的？④意识为何而存在？但遗憾的是，尽管存在众多科学实证探索及解释理论，但迄今为止，上述问题均无确定性的答案，或者说，依然在科学方面没有任何公认的可信服结论。

科学界对意识还没有统一认识的主要原因是，我们目前对意识活动的脑定位、脑机理及其如何在心智活动中起作用等问题还有很多研究空白。霍根曾说：“（大脑机制的解释问题也许还算好处理）但意识作为觉知的主观感觉，却一向被看作是一类完全不同的难题，即它不是个实证科学的问题，而是个形而上学问题。”[①]美国学者查尔莫斯在《勇敢地面对意识难题》一文中区分了意识的“易问题”与“难问题”：“意识的“易问题”是这样一些问题，它们似乎可直接接受认知科学的标准方法的处理，基于此，一种现象可用计算或神经机制的术语予以解释，而“难问题”则似乎是抵制这些方法的问题。”也就是说，“易问题”对应的是那些神经机制能够解释的现象意识问题。“这些现象能否从科学上加以解释，对此不存在真正的争论。所有这些都易于直接根据计算的或神经的机制而加以解释。”[②]

与意识的“易问题”不同，查尔莫斯则把意识体验的主观性问题称为意识的“难问题”。“意识真正困难的问题是关于经验的问题。当我思考和感觉时，有一信息加工过程的匆匆而过，但也有一主观的方面……这个主观的方面就是经验。”意识的“难问题”即如何对主观体验给出合理科学解释。“如果有什么问题有资格成为意识问题，那么非它莫属。”[③]

查尔莫斯进一步阐述道：“容易问题之所以容易，显然是因为它们涉及的是对认知能力与功能的解释。而要解释认知功能，我们只需具体说明能够实现功能的机制就够了。认知科学的方法最适合于这类解释，因此也适合于关于意识的容易问题。相比较而言，困难问题之所以困难，主要是因为它不是关于功能执行的问题。即使所有有关功能的执行都得到了解释，该问题依然如故。”[④]

那么存在意识体验（经验）问题的普遍科学解释理论吗？回答是否定的，即不存在对意识“难问题”普遍的科学解释理论。我们需要一种不同于认知科学研究方法的全新方案，因为认知科学，乃至神经科学的方法对于意识体验问题的解释还远远不够。就目前科学家所给出的种种意识解释理论而言，诸如克里克的绑定理论[同步振荡（synchronous oscillation）]、

① 约翰·霍根. 科学的终结. 孙拥军，等译.呼和浩特：远方出版社，1997.

② 高新民，储昭华. 心灵哲学. 北京：商务印书馆，2002: 422.

③ 高新民，储昭华. 心灵哲学. 北京：商务印书馆，2002: 422.

④ 高新民，储昭华. 心灵哲学. 北京：商务印书馆，2002: 421.

巴尔斯的全局工作空间理论[剧场隐喻（theater metaphor）]、埃德尔曼的神经达尔文理论[竞争涌现（competition emergence）]、杰肯多夫（R. Jackendoff）的中间层理论[中间表征（Intermediate representation）]，以及神经动力学方法[意识突现（consciousness emergence）]和意识量子理论[纠缠体验（entanglement experience）]等，从解决意识“难问题”的角度，归纳起来无非采取了如下策略：①推诿问题的策略，寻找替代物并转向解释该替代物，比如将“可报告性”“自我概念”等作为“意识体验”的替代物；②回避问题的策略，选择取消问题，直接否认存在意识体验现象；③直面问题的策略，直面问题的本性，倡导对意识体验问题直接做出正面解释；④迂回解决问题的策略，转向意识体验的结构分析，并给出其解释；⑤解决核心问题的策略，将意识体验的基质分离出来，然后加以解释。

但是，意识“难问题”的本质是意识体验的“主观性”，而现有的解释理论难以说明为什么会有意识体验的主观性问题。意识体验也许源自某种物理相关联的过程，但它绝非可以简单还原为这一物理过程。因此，仅仅通过物理过程或者神经过程的还原论，不可能解释清楚什么是体验的主观性。体验的主观性问题超出了物理解释的范围，而现有的意识科学解释理论都没有涉及这一问题。作为意识研究的一个核心问题，意识体验并非仅仅通过科学实证可以解决的问题。从根本上讲，意识体验是难以还原为物理过程的主观性精神活动，因此意识也就成为一个实实在在的科学“难问题”。

面对这样的困境，加上传统哲学纯思辨性方法又无法应对，因此一条可行的研究路径是将哲学研究与科学实验相结合来开展意识问题的研究，这正是哲学实验方法兴起的主要原因。需要说明的是，尽管实验哲学与实验科学都采用实验手段来开展意识问题的研究，但由于研究目标的不同，其研究性质也迥然相异。科学研究意识的目标是试图将意识现象还原到神经或物理机制之上；而哲学研究意识仅仅是为了揭示意识本性，这一本性并非一定要是可还原的。因此，对科学而言，实验是研究不可分割的有机部分；而对哲学而言，实验只是探明问题实质的辅助手段。只不过随着通过实验手段来揭示意识现象的成果越来越丰富，对研究意识本性的哲学而言，这种辅助手段也显得越来越重要了。

近十年来，在上述探索意识本性问题的背景下，西方哲学界围绕哲学的基本问题，开展了大量的哲学实验研究工作，引领着哲学基本问题研究的新走向，从而也引领着当代哲学研究的走向。比如，镜像神经元与他心知问题方面的研究工作，引起了哲学界的大量讨论；现象意识与“行尸走肉”问题的研究，则直接涉及意识取消主义的论证；同一性问题的实证研究，也为哲学基本问题中的同一性问题研究指明了新的方向；而关于“深度自我模型与民间对有意图行为看法的不对称性”，更是为探索自我意识机制提供了全新的途径。

需要强调指出的是，与意识问题的科学探索不同，实验哲学最大的优势就在于可以摆脱科学还原论的束缚，因此可以更加全面地考察意识的本性问题。我们有理由相信，随着研究工作的不断深入，哲学实验方法会在解决哲学基本问题中发挥越来越大的作用。

10.5.3 哲学实验方法有效性分析

实验哲学以及更为一般意义上的哲学实验的兴起与发展给哲学是否带来了致命的挑战，以至于宣告了其传统研究方法的破产呢？哲学是否仍有其用武之地，还能保留在人类思想与理智活动中的一席之地呢？尽管实验哲学和认知科学对哲学方法论所造成的挑战值得重视，但由此得出结论认为哲学遭遇到了重大危机甚至危在旦夕，却是不可取的。

首先，准确可靠的经验观察历来就是哲学研究所倚重的素材，是哲学反思的起点和检验哲学理论的准绳之一。将哲学研究简单化地视为完全无视经验内容的“蒙着双眼+捂着双耳”的纯粹“扶手椅”上的思辨和冥想，是对哲学方法论的严重误解和漫画化。认知科学和实验哲学可以为哲学思考提供更为可靠准确的经验材料和数据，这并不能完全替代哲学理论思维的关键作用。

其次，通过实验哲学调查不同人群对于哲学概念及其运用的直觉，有助于打破以往哲学研究中单一化地依赖哲学家直觉的“唯我论”和“独断论”，但这并不表明哲学家的专家直觉就一文不值。对于那些具有较多反思性和先验性（独立于经验）成分的哲学直觉，哲学家经由长期专业训练而产生的直觉判断，相比普通人的同类直觉，有可能具有更为显著的稳定性和一致性，因而在哲学思考中可望扮演更值得重视的角色。

再次，对于各类关于“应然”的规范性问题的思考与回答，是人类无法彻底回避和消解的任务。实验方法和经验研究所针对的是各类“实然”问题，尽管对于处理“应然”问题并非毫不相干，但并不足以完全包办对“应然”问题的回答。哲学研究所倚重的理性思辨能力，包括理性化的想象力、自觉的反思平衡、对系统性和逻辑一致性的追求、对典型性案例（特别是反例）的敏感性等，对于处理规范性问题仍将发挥不可替代的重要作用。

最后，与科学和数学有所不同，哲学与常识具有更密切的关联。尽管哲学所致力的反思活动时常会挑战人们习以为常的观念，但哲学探索的成果需要保持与常识之间的某种连续性，以具有整合性的世界观、人生观、价值观和方法论等形式来总结和提炼人类的理性思考与时代精神。这种具有综合性、整体性、普遍性和概括性特点的思维和研究方式，是哲学独有的魅力，也是其生命力的不尽源泉。

11　认知科学的元科学哲学：存在统一的认知科学说明吗?

在科学哲学中曾经提出过一系列经典的科学说明模型，主要包括覆盖律模型、因果模型、统一论说明模型、说明的语用学。不过，在面对认知科学中丰富多样的说明性实践时，上述传统的经典科学说明模型都无法给予适当的理解与刻画，例如，认知科学中的符号计算说明所体现的主要是一种层级性说明，在传统的科学说明模型中，却没有类似的模型被提出并加以研究；而在是否可以以演绎—律则模型来理解认知科学中的联结论说明与动力系统说明时，也引发了一系列的争论。

由此，一种主要以生物学中的机制概念为核心，并从生物学中援引机制概念的大量说明性实践中加以概括而提出的机制说明模型，便被认知科学哲学家加以扩展，用来理解认知科学中的说明性实践。这样，机制说明模型便吸纳了马尔理解计算的三层级说明观与康明斯理解认知能力的功能分析说明模型，而对许多认知科学说明给予了较为适当的理解，它突破了传统科学说明模型仅从语言表示角度来理解科学说明的局限，强调了可视化表示在科学说明中所发挥的重要作用。

逻辑经验论者在提出科学说明的演绎—律则模型时，秉持了一种全域性的一元论科学说明观。所谓全域性，即这种科学说明观认为，由演绎—律则模型及其变体所组成的覆盖律模型，适用于对所有科学说明实践的理解。显然，因覆盖律模型具备了这种全域适用性，所以不存在覆盖律模型之外的其他科学说明模型，也就是说，逻辑经验论者的科学说明观也是一种一元论的说明观。

自机制说明模型被提出以来，部分认知科学哲学家尝试以机制说明模型来统一认知科学中的说明性实践，但此尝试遭遇了如下三方面的困难。首先，当对计算机制和联结论机制给予统一的机制说明时，却发现计算机制与联结论机制实际上是两种不同类型的机制，两者对机制的基本理解存在冲突。其次，由于动力系统说明的非机制的整体论特征，部分认知科学哲学家认为动力系统说明更符合覆盖律模型或作为其变体的因果默认规则说明模型。最后，对具有非因果性的抽象计算说明与非机制的认知模型及计算模型，都难以给出令人满意的机制性理解。不过，若立足于局域多元论的科学说明观，则会自然地认为并不存在统一的认知科学说明。

11.1 一般科学哲学中的科学说明模型

科学哲学中的科学说明模型论题，是一种探究科学理论性实践的特殊切入点，它将科学说明理解为科学实践活动的产物之一，是连接另外两类科学产物——科学描述与科学理论之间的桥梁与中介。因此，科学说明会受到它所连接的科学描述与科学理论的影响，表现为不同学科的科学说明之间的差异。

自亚里士多德时代起，哲学家就已经意识到了可以将科学知识划分为两大类，即关于是什么的知识与关于为什么的知识。知道普通物体的体积膨胀与物体受热而温度升高相关，这是一种关于知道是什么的知识；而知道为什么物体体积的膨胀会与受热温度升高相关，则是另外一种关于为什么的、与前者不同类型的知识。前一种类型的知识是描述性的，而后一种类型的知识是说明性的，正是这种说明性的科学知识提供给了我们对于世界的科学理解。“说明”是对“为什么”问题所做出的回答，如“为什么某事会发生”“为什么会有此种规律性”。自亚里士多德至 19 世纪初，对事件的说明通常都被理解为是对导致事件发生的原因给出解释。

简单地说，说明就是对为什么问题的回答。对一个事实（被说明项）的说明，是通过给出它与提供出说明的事实（说明项）之间的一些因果关系来实现的。关于说明的性质有两个较为一般的观点。

第一种观点认为，一说明就是一推论，要说明一个事件就是构造一个推论，使得对被说明项的描述，演绎地或以高的概率，从某些特定的自然定律（普遍性的或统计概率性的）与初始条件作为前提被推论出来。这类说明模型的最典型的子类是说明的演绎—律则（deductive-nomological，D-N）模型和归纳—统计（inductive-statistical）模型。

第二种观点认为，说明并非推论，而是关于被说明项是如何被引发的因果性的故事。在这种观点下，说明不需要引用任何定律来完成。它只需给出发挥作用的因果机制，或者给出被说明项的一部分因果性历程，就足够了。这种观点也被称为说明的本体论性理解（ontic conception of explanation），并被萨尔蒙所倡导。此观点认为，说明与因果关系密切相关。说明被认为是在世界的因果结构中将被说明项置于正确位置的过程。与上述两种观点均一致的一种观点认为，说明与理解有关，当我们将被说明项与我们已接受的事物的因果—律则关系联系起来时，我们就理解了被说明项。①

在一般科学哲学的范围内，科学哲学家尚未对作为一个说明的必要和充分条件达成一致。②直到 20 世纪 70 年代，科学哲学主要关注于物理学，并将之作为典型的科学，特别是牛顿力学与热力学。基于这些学科，卡尔纳普、内格尔、亨普尔等从中概括出一种科学说明的模型，认为待说明的现象通过被基本定律所实例化（exemplified）而得到说明。此说明框架集中于对待说明定律与现象的语言表示，并认为，当描述待说明现象的陈述被一条或更多定律以及相关初始条件的陈述所推导出时，这一现象即被说明③。因而，对某一气体温度的说明，即为从玻意耳定律陈述与描述此气体

① Psillos S. Philosophy of Science A-Z. Edinburgh: Edinburgh University Press, 2007: 85-86.

② Newton-Smith W. Explanation//Newton-Smith W. A Companion to Philosophy of Science. Oxford: Blackwell, 2000: 127-133.

③ Hempel C G, Oppenheim P. Studies in the logic of explanation. Philosophy of Science, 1948, 15(2): 135-175.

的体积与压强的陈述，推导出表述此气体温度的陈述。

如果说在人类的日常交流活动中，不需要过多的解释说明就可以获得充分的理解的话，那么，在科学语境下，若要获得对科学所关注现象的充分理解，一般都要借助于科学说明这一环节。这也正是科学说明在科学实践活动中所发挥的独特作用。亨普尔等曾研究物理学中的说明，并将之概括为著名的演绎—律则模型。至少在心理学与认知科学领域，这种一度作为对科学说明的标准理解，将科学说明置于定律之下的说明模型，遭到了批判：一方面，心理学中缺乏定律；另一方面，心理学中仅有的定律（例如“效果律”）通常也不提供说明；相反，这些刻画了模式或规则性的定律自身却需要被说明。①

19世纪时，关于原因与说明的言论被实证论者作为“形而上学”所拒斥。此种态度在很大程度上被维也纳学派的逻辑经验论者所继承。卡尔纳普拒斥对事件的说明，而主张代之以对词项与语句的解释——起初是通过显式定义，继而又借助于他所谓的“还原”。部分地因为这些工作并未达到所预想的成功，说明又逐渐重见于科学哲学的讨论之中，并最终导致了亨普尔与奥本海默的《对说明的逻辑的研究》这一工作，在此文中，演绎—律则进路首次得到全面的阐述。

亨普尔与奥本海默认为，说明是一组处于特定关系中的语句。做出说明就是给出一个由说明项到被说明项的演绎推论。波普尔也具有基本类似的理解，他曾指出，对一个事件的因果说明，即以一个或多个普遍定律、某些特定的单称陈述以及初始条件作为前提，演绎地推论出一个描述了该待说明事件的陈述。②亨普尔与奥本海默同时也认为，有许多说明是以默示的方式涉及定律的。他们明确主张，说明必须“至少默示地涉及一般性定律”③。

至20世纪70年代，伴随着演绎-律则模型及其变种的反例的不断积累，

---

① York W. Reconciling Mechanistic and Non-Mechanistic Explanation in Cognitive Science. The Proceedings of the 2013 International Association for Computing and Philosophy Annual Conference. College Park: IACAP, 2013.

② Popper K R. The Logic of Scientific Discovery. London: Hutchinson, 1959.

③ Hempel C G, Oppenheim P. Studies in the logic of explanation. Philosophy of Science, 1948, 15(2): 135-175.

许多哲学家尝试发展其他用于理解说明的进路，最传统的因果说明也被重新考量，除此二者外，作为另一种不同类型观点的说明的实用进路也逐渐发展。说明的实用进路认为，理解说明的决定性因素既不是逻辑的，也不是因果的，而是实用的。说明的实用进路始于布瑞斯维特的评论“任何对‘为什么’问题的适当回答，都可以被视为是一种说明”[1]。布龙贝格尔[2]则首先深入探讨了说明的实用性。实用论者认为，理论自身不能说明任何东西。只有理论的使用者能够做出说明，并且他们借助于对理论的使用来给出说明。因此，不像亨普尔将说明的特征理解为论证，布龙贝格尔关注于在理论的谈论者间所必须具有的关系，这一关系使得一谈论者向另一谈论者提供了说明。后来，范·弗拉森对说明又做出了一种更为实用的理解。在一般科学哲学中，有如下四类主要的科学说明模型或对科学说明的理解。

11.1.1 覆盖律模型

覆盖律模型（covering-law model）在前述亨普尔和奥本海默的论文中得到最有名的表达。正如他们的论文标题所示，他们将说明视为具有一个可靠的演绎论证形式的结构，它以自然律作为其前提之一，这一论证的结论就是被说明项。这也就表明了为什么这种说明模型有时也被称为演绎—律则模型。瑟格（B. Seager）建议，将“覆盖律”说明理解为所涉及的定律涵盖了演绎性的、统计性的与概率性的定律，而演绎—律则说明却无法涵盖统计性的与概率性的定律的情形，那么覆盖律说明便应被解释为比演绎—律则更宽泛的一类说明。

除了含有自然律之外，说明项中还可以包含关于已知事实的陈述，尽管这不是必需的。亨普尔和奥本海默还概述了任何给定说明的四个适切条件。前三个是适切的逻辑条件，而第四个是经验性的条件。首先，“被说明项必须是说明项的逻辑后承”；其次，“说明项必须包含普遍定律，实际上也必须要求能够推导出被说明项”；再次，“说明项必须有经验内容，即至

① Braithwaite R B. Scientific Explanation: A Study of the Function of Theory, Probability and Law in Science. Cambridge: Cambridge University Press, 1953.

② Bromberger S. Why questions//Colodny R. Mind and Cosmos. Pittsburgh: University of Pittsburgh Press, 1966: 86-111.

少在原则上必须能够通过实验或观察来进行测试”；最后，“构成说明项的语句必须是真的”。[①]

根据覆盖律说明的原则，科学说明涉及在自然律下对目标现象的涵盖（subsumption）。也就是说，当以相关先行条件和一个或多个自然律为前提，将某现象逻辑上演绎地推导出时，这一现象就被说明。这个观念有两个方面值得强调。首先，宣称某一现象被说明，与宣称这一现象被逻辑演绎地推导出来相等同（tantamount）。其次，虽然“自然律”概念富有重大哲学争议，但其核心观念却是非常一般的反事实条件支持的规则性概念。[②]依其中所涉及的定律及其不同的逻辑推理的性质，覆盖律模型又被分为演绎—律则模型与归纳统计模型，演绎—律则模型认为，做出对一个事件的说明e，便是构建一个具有如下逻辑形式的有效演绎论证：

先行/初始条件

定律陈述

因此，e（待说明的事件/事实）

由此，当事件 c 导致事件 e（例如，因为被浸没于水中，所以方糖溶解了）时，应做如下的理解：有相关的定律规定了先行条件 c（将方糖放入水中）对于事件 e（糖的溶解）的发生而言是律则充分的。对演绎—律则模型的一般批评是，就其要给出一个论证成为一真正说明的充分和必要条件而言，它失败了，因为有的论证满足演绎—律则模型的结构，但却不能对某一事件做出真正的说明。例如，可以构造出一个以关于一旗杆的影长的陈述和相关光学定律陈述为前提的对这一旗杆高度的演绎—律则说明，但其未说明为什么旗杆会具有这一高度。这一反例依赖于说明的非对称性，即它们可以以原因来说明结果，而不能相反。还有一些真正的说明，却不是演绎—律则模型的实例。例如，可以通过给出事件发生的原因而构造一个对为什么发生车祸的说明，却不会涉及任何定律。这些反例提示出，演绎—律则模型的问题，在于它忽略了因果关系在说明中的作用。[③]

① Walmsley J. Explanation in dynamical cognitive science. Minds and Machines, 2008, 18(3): 331-348.

② Zednik C. The nature of dynamical explanation. Philosophy of Science, 2011, 78(2): 238-263.

③ Psillos S. Philosophy of Science A-Z. Edinburgh: Edinburgh University Press, 2007: 59-60.

演绎—律则模型主张推论在说明过程中所起的核心作用。它将说明理解为由说明项到被说明项的一推论过程。演绎—律则模型对说明的理解，源于这样一个事实，即为了从说明项中推论出被说明项，后者必须包含一个确定出事件发生的充分条件的一般性定律。不过，说明项与被说明项之间的推论性关系，也受到了许多质疑。对此问题的惯常回应之一是声称某些具体科学（如生物学）中没有真正的普遍定律，因此，在这些具体科学中不存在真正的说明。①

演绎—律则模型的相关变体，还有演绎—律则概率模型与演绎统计模型。其中演绎—律则概率模型，是由雷尔顿（P. Railton）所引入的一种说明模型，此模型试图调和认为说明（至少部分的）是演绎论证的观点，与认为可以合法地对或然性事件的说明的观点。

此说明模型认为，对一个或然性的被说明项的说明，即构造一个演绎—律则性论证，其结论为给出被说明项发生的概率的陈述，然后再补之以一个宣称这一被说明项确实已经发生的附加项。演绎—律则概率模型的要旨是要理解为什么一被说明项发生，并无必要给出此事件的发生，必须具有完全的确定性或高的发生概率。无论被说明项是否可能会发生，都以基本相同的方式被说明。如果对此说明感到不满，则可能是因为对决定论的隐性承诺而被误导。如果我们认真对待非决定论，那么就不会再进一步地追问为什么一个真正的或然性事件会发生。

而演绎统计模型的目的是说明统计规律，例如，在大量的碳-14 放射性同位素原子集合中，大约 3/4 的原子在 11460 年之内可能会衰变。对亨普尔而言，统计规律可以演绎地被说明，因为它们所描述的作为有效演绎论证的结论被得出，其前提包括了统计性的律则陈述。说明的演绎统计模型是演绎—律则模型被应用于对统计规律性加以说明的一种子类型。

亨普尔②后来用一个与演绎—律则模型密切相关的变体——归纳统计模型作为对演绎—律则模型的补充，以便用来理解基于统计性定律做出的

① Waskan J A. Models and Cognition: Prediction and Explanation in Everyday Life and in Science. Cambridge: MIT Press, 2006.

② Hempel C G. Aspects of Scientific Explanation, and Other Essays in the Philosophy of Science. New York: Free Press, 1965.

对发生概率小于 1 的单个事件的说明。例如，假设琼斯患有脓毒性喉咙痛，这是由溶血性链球菌引起的急性病菌感染。他服用青霉素后康复。没有严格的（确定性的）定律规定，无论谁被链球菌感染并服用青霉素后都能快速康复。因此，我们不能应用演绎—律则模型来说明琼斯的康复。

然而，假设有以下形式的统计性概括：被链球菌感染并服用青霉素的人有很高的康复概率，表述为 prob（R / P&S）非常高，R 表示快速康复，P 表示青霉素，S 表示被链球菌感染。有了此统计性概括，再鉴于琼斯被链球菌感染并服用了青霉素，琼斯快速康复的可能性就很大。我们有理由认为琼斯会康复。然后，我们可以构建一个归纳论证，以构成对事件的说明的基础，事件的发生由统计概括来确定。一般来说，归纳统计说明的逻辑形式是：

$$
\begin{array}{l}
Fa \\
prob(G/F) = r\text{，其中 } r \text{ 为接近1的高概率} \\
[r] \\
\hline\hline
Ga
\end{array}
$$

在结论之前的双线表明，这是一个归纳论证；结论是从具有高概率的前提得到的。前提支持结论的强度被以置于方括号内的 r 所表示。要求具有高概率在归纳统计模型中极为关键。然而很明显，不怎么可能的事件也确实会发生，也需要被说明。此外，很高的概率并非是好的统计说明的充分条件。假设我们说明了为什么琼斯在一个星期内会从普通感冒中康复，这一说明援引他服用了大量的维生素 C。我们可以由此构建一个归纳统计论证，前提之一是以下统计规律：感冒病患若服用维生素 C，则感冒在一周内便可康复的概率是非常高的。尽管归纳统计说明的形式条件得到满足，但提出的归纳论证并不能真正说明琼斯恢复健康这一情形，因为相关的统计性定律与对康复的说明无关，这是因为普通的感冒症状一周后都会自行消退。统计性定律要想具备真正的说明性，它应该同时是一个因果性定律。

不过，亨普尔已认识到，归纳统计模型面临着含义模糊问题。简单地说，这个问题是指如何确定出哪些事件为包含待说明事件的参考类。鉴于被说明项可能属于许多不同的参考类，我们应该选择哪一个类，来确定相关的归纳统计论证结论中的概率呢？参考类的不同选择，将导致具有相互一致前提的归纳统计论证得出不相容的结论。亨普尔试图通过引入最大具体性（maximal specificity）这一进一步的要求，来克服这个问题，在效果上，此要求使相关参考类成为与可获得的总体证据一致的最小的类。

在亨普尔的覆盖律模型，特别是演绎—律则模型中，其两大要素分别为被说明项与说明项。被说明项即待说明的现象，而说明项是合在一起的一组语句，它们共同构成了对被说明项的说明。换言之，被说明项即所要说明的，而说明项提供说明。此外，说明项要成为一个对被说明项的适当说明还必须满足两组条件才行。条件一为演绎性条件，即构成说明项的一组语句必须被呈现为一演绎推论的前提，而被说明项则是这一推论的结论，同时，作为说明项的语句组必须都为真，且这一演绎推论形式本身必须有效。条件二为律则性条件，即作为说明项的语句组中必须至少含有一条自然律或者一条全称概括。这条自然律或全称概括必须是这个推论中的一个必不可少的前提，也就是说，如果缺失这条作为定律的前提，那么由说明项到被说明项的推导将会无效①。

对科学说明问题的思考并非完全开始于逻辑经验论者的相关工作，亚里士多德就已经对说明性知识（explanatory knowledge）与描述性知识（descriptive knowledge）做出了区分，即他所说的关于为什么的知识（knowledge-why）与关于是什么的知识（knowledge-that）。亚里士多德甚至也提出了对于说明，或者说对于为什么问题的回答，应该采取演绎推论的形式，这一观点在亨普尔的演绎—律则模型中得到了充分的体现，当然正如后来的演绎—律则模型所面临的说明的非相关性问题情形所示，亚里士多德甚至也已清楚地认识到，并非所有的演绎推论都可以成为说明。②与亨普尔的科学说明模型相关的另一位先驱者是密尔③，他已提出对一个现象

① Hempel C G, Oppenheim P. Studies in the logic of explanation. Philosophy of Science, 1948, 15(2): 135-175.

② Salmon W C. Four Decades of Scientific Explanation. Minneapolis: University of Minnesota Press, 1989.

③ Mill J S. A System of Logic, Ratiocinative and Inductive: Being a Connected View of the Principles of Evidence, and the Methods of Scientific Investigation. London: Harper, 1843.

的说明要求能发现一个涵盖此现象的定律①。

说明的非对称性问题与不相关性问题是那些表明亨普尔的覆盖律模型的不恰当性的最重要的两种情形。由此，在 20 世纪后半叶，许多新的说明理论被提出。其中最为著名的有因果机制模型、统一理论模型及说明的语用学。

11.1.2 因果模型

因果模型，是对某事因何发生的说明。因果性说明通过引用原因来说明为什么发生了某事。有关因果说明的两个重要问题是：所有的说明都必须是因果性的吗？所有因果说明都必须是律则性的吗？有哲学家认为存在非因果性的说明，例如，数学性的说明或援引守恒律或普遍的非因果性原理的说明。进一步的问题是，通过援引更基本的定律来说明基础性较弱的定律，即以统一性来理解说明的观念，被认为是非因果性的。当然，确实存在因果说明的真实个例，另外一个问题是，是否可以有单称性的因果说明，即不引用自然律的因果说明是普遍性的还是统计性的。

因果模型具体又分为统计相关模型（statistical relevance model）与因果机制模型（causal-mechanical model），它们以事件之间的条件依赖或统计依赖关系所刻画的因果性来理解说明，这两种模型都是由萨尔蒙所提出的：统计相关模型②以统计依赖为出发点，并认为只有相互间具有统计相关性的事件或性质才具说明性。当然，这需要一个明确的统计相关概念，萨尔蒙的定义为：给定一个类或一样本总体 A，C 统计相关于 B 当且仅当在 A 与 C 同时发生的条件下 B 发生的条件概率，不等于在 A 单独发生的条件下 B 发生的条件概率，即 $C\ sr\ B \leftrightarrow \text{Prob}(B \mid A \cdot C) \neq \text{Prob}(B \mid A)$。萨尔蒙认为唯一真正的说明不会是主观性的，而是涉及客观事实之间的关系。说明涉及机制是如何产生出事件和规则性的知识。萨尔蒙理解说明的早期立场是，

① Wilson F. John Stuart Mill. https: //plato.stanford.edu/archives/spr2016/entries/mill [2018-11-02]; Aaby B H. Mechanisms and Explanation: On the Origins of the New Mechanistic Philosophy. Oslo: University of Oslo, 2016.

② Salmon W C. Statistical explanation// Colodny R. The Nature and Function of Scientific Theories. Pittsburgh: University of Pittsburgh Press, 1970: 173-231.

对特定事件的说明是一组统计上相关的事实集合。大致而言，这些事实是那些在所考虑的事件发生或不发生时，其发生概率（所有其他情况均同）会变化的那些事实。萨尔蒙认为，说明实际上是由这些发生概率的差异所指示出的因果因素所做出的。①

后来，萨尔蒙又提出了基于物理因果过程来做出说明的因果机制模型，在此理解下，对某事件的说明意味着对导致这一事件的因果过程及相互作用的阐明，以及对构成事件自身的过程的描述，这样的说明显示出被说明项是如何安置于一因果关联中的②。萨尔蒙认为，对某事件的说明涉及将这一事件嵌入其因果网络中和/或显示出其内部的因果结构。③

11.1.3 统一论说明模型

统一论说明模型（unification model of explanation）是由基切尔提出的，将说明理解为所谓的统一。统一意味着将多变为少，意味着知识的系统化以及将表面上不同的现象统合于同一个融贯的框架内。科学就是通过给出如何反复运用统一推导模型来导出许多不同现象的，从而增进了我们对自然的理解。由此，它显示出了如何将我们所必须接受的基本事实的类型简化到最少④。

统一论说明模型认为，对一组定律的说明相当于将它们统一地整合为一可理解的律则系统。说明的统一性凭借对经验定律是如何由一组公理所刻画的基本定律理论系统所推导出来的展示而实现。因此说明便被理解为是演绎性的推导，是由一最小的统一性理论系统所推导的，它是一个以最少公理来解释最多经验定律的系统。如果大量看起来相互独立的律则，被纳入少数可理解的定律下，我们对自然的理解就被推进，因为此时需被进一步说明的说明项是最少的。⑤

① Waskan J A. Models and Cognition: Prediction and Explanation in Everyday Life and in Science. Cambridge: MIT Press, 2006.

② Salmon W C. Scientific Explanation and the Causal Structure of the World. Princeton: Princeton University Press, 1984.

③ Salmon W C. Causality and Explanation. Oxford: Oxford University Press, 1998.

④ Kitcher P. Explanatory unification and the causal structure of the world//Kitcher P, Salmon W. Scientific Explanation. Minneapolis: University of Minnesota Press, 1989: 410-505.

⑤ Psillos S. Philosophy of Science A-Z. Edinburgh: Edinburgh University Press, 2007: 87-88.

基切尔主张，给出说明就是要加以统一。具体地说，当一个论证可以做到以下两点时，此论证即成为一个说明：其一，其结论是我们所持有的科学信念；其二，由这组论证模型所个例化的一论证模型，允许以最少的模型得出最多的科学信念。

也就是说，统一论说明模型其实是对理论公理化做法的概括反映。基切尔自己认为，说明的统一论模型与覆盖律模型具有相类似的观念，并已隐含于覆盖律模型观念之中①，他认同亨普尔主张的所有说明都是有效论证的观点，不过基切尔并不认为所有有效论证都是说明。

11.1.4 说明的语用学

说明的语用学是指与说明的行动或过程而非说明产物相关的方面。一个说明被看作是一个对为什么问题的回答，相关的回答取决于提问者的预设或关切，取决于可被作为回答的选择空间，更一般地说，取决于为什么问题的语境。一个常见的例子是，一位牧师问狱中的威利·萨顿："你为什么抢银行？"萨顿回答说："因为那里有钱。"此观念对萨顿来说是一个完全合法的答案，因为对于他来说，相关可选回答（即相关回答的对比类）的选择空间，涉及的是抢劫杂货店或食客或加油站等。

但是牧师的相关可选答案的选择空间是完全不同的：不抢夺任何东西、诚实等。关注点的差异会把重点放在问题的不同部分，问"你为什么要抢**银行**"与问"你为什么要**抢**银行"是截然不同的。阿钦斯坦与范·弗拉森都给出过说明的实用性理论，他们提出的理论的细节非常不同，但是他们对于说明行动和说明的对比类的总体上的关注却非常相似。②

也就是说，说明的语用学强调的是什么算作是对某一特定事件或规则性的说明，根本上取决于研究者的关注点。例如，如果一个人希望知道为什么从进化的角度来看，一棵特定的树具有其所具备的那种叶子，那么将这株树的 DNA 与其叶子的形状相联系的机制模型本身，就不足以回答这个问题，这种机制模型之于此说明甚至都不是必需的。只有具备了长期进

① Kitcher P. Explanatory unification. Philosophy of Science, 1981, 48(4): 507-531.

② Psillos S. Philosophy of Science A-Z. Edinburgh: Edinburgh University Press, 2007: 87.

化过程的模型，才能提供所要求的说明。因此，虽然 DNA 理解以自身的方式给出了某种启发，但并不能提供出我们所要寻求的启发。[①]

11.2 认知科学的多元科学说明策略

"认知科学"涵盖了研究认知的一众学科，其中包括了心理学、语言学、计算机科学、神经科学等。认知被这些相互间发生着作用及影响的不同的学科所研究，这铸就了认知科学的高度跨学科性。除了高度的跨学科性外，认知科学的另一主要特点是在其相对较短的（60 余年）学科发展史中，已经历了多次主导研究范式的转变。认知科学最初的研究范式是在人工智能研究领域形成的"认知研究"。20 世纪七八十年代时，在"基于脑"观念（brain-based view）下形成了联结论范式。20 世纪 90 年代以来，又形成了以动力系统论（dynamicism）观念为核心的具身认知（embodied cognition）范式。[②]认知科学的跨学科性与其研究范式的多样性，使得不同范式与不同进路的认知科学研究中的说明策略的侧重点，也各不相同。

11.2.1 认知科学说明的特殊性

直到 20 世纪 70 年代，科学哲学家主要将物理学作为原型科学，尤其是物理学领域中的牛顿力学和热力学。从这些学科中，诸如卡尔纳普、内格尔和亨普尔等哲学家提出了一个说明模型，其通过表明待说明现象对基本定律的例示，来说明这一现象。这个说明性框架，着重于对定律与待说明现象的语言表示，并且认为，当描述这一现象的陈述，由一个或多个律则性陈述和相关初始条件的陈述所推导出时，这一现象就被说明[③]。

因此，在说明气体的温度时，可以从玻意耳定律的陈述中得出气体温度的说明，即气体的温度与压强与体积的乘积成正比，以及具体给出气体

---

① Waskan J A. Models and Cognition: Prediction and Explanation in Everyday Life and in Science. Cambridge: MIT Press, 2006.

② Gervais R. Explanation in the Cognitive Sciences and Biology: Mechanisms, Laws, and their Explanatory Virtues. Ghent: Ghent University, 2013.

③ Hempel C G. Aspects of Scientific Explanation, and Other Essays in the Philosophy of Science. New York: Free Press, 1965.

的体积和压强的陈述。如果不仅仅考虑上述例子中的静态关系，而是通过考虑，例如如果压强增加但是体积保持恒定时，温度将如何变化，那么这一点尤其如此。因而传统的科学说明将定律作为科学中首要的说明性工具，其最适用于物理学领域。

20 世纪 60 年代末，一些哲学家注意到认知科学中的说明具有某些独有的特征，认知科学家寻求的是对能力的说明，而非事件与规律性。这些待说明的现象包括记忆、计算技能、模式认知、空间认知、语言习得以及对这些能力更加具体的运用，例如，老鼠走出迷宫、鹰在空中发现地上的兔子——所有这些被成人、儿童或动物所表现出的技能，就是认知科学家尝试加以说明的对象。能力是认知科学说明中的一类重要的被说明项。这些能力既可以是一些个别的事实，也可以是某些规则性。例如，我们想知道为什么某些特定的个体拥有某些特定的能力，或者我们想知道为什么某一群体共同具有某种能力。在此理解下，对认知的说明要么是我们因何而拥有这些能力，例如豪格兰德的"系统性说明"，或者是我们如何运用这些能力，例如康明斯的"功能分析"——这些说明借助的是子能力间的有序相互作用。至少对心理学及认知科学而言，传统的覆盖律模型将面临一些问题：一方面，心理学中的定律数量较少，即被用于覆盖律说明中的那类定律，在生命科学与认知科学中并不常见；另一方面，即便定律存在，例如心理学中的效果律，一般来说，其非但不能提供说明，还需对被其所表达的模式或规则性加以说明。[①]

11.2.2　传统科学说明的局限性

霍奇金与赫胥黎在 1952 年提出了关于动物体细胞动作电位的模型[②]，此模型基于欧姆定律与能斯特方程这样的物理学与化学中的一般性定律，虽然表面上其已给出了一覆盖律说明，但是霍奇金与赫胥黎本人却坚持认为，他们的模型还达不到作为一个说明的程度。对此，克雷弗辩护了，霍

① Cummins R C. "How does it work?" versus "What are the laws?": two conceptions of psychological explanation// Keil F, Wilson R A. Explanation and Cognition. Cambridge: MIT Press, 2000: 117-145.

② Hodgkin A L, Huxley A F. A quantitative description of membrane current and its application to conduction and excitation in nerve. The Journal of Physiology, 1952, 117(4): 500-544.

奇金与赫胥黎所主张的，仅有他们的模型并不能说明动作电位；并且，克雷弗还论证了，直到神经科学家可以描述其模型的分子与离子机制为止，他们的模型才算给出了关于动作电位的决定性说明；同时克雷弗认为，甚至在生物现象已融入物理学及化学——这一生物组织的最低层级上，数学性的概括对给出适当说明来说，既非必要条件，也非充分条件。[①]

在覆盖律说明的理解下，对 X 发生的说明，即指出存在一定律——其指出“每当 A 、B 及 C 出现时，X 就会发生”。因此，当 X 已经发生时，给出 A、B 及 C 已经发生，便说明了 X 为什么会发生，因为这一定律覆盖了 X 的发生。在心理学中，此种对说明的理解，突出地表现在诸如早期美国行为主义心理学家克拉克·赫尔（Clark Hull，1884—1952）等人的研究工作之中，如赫尔的初级强化律。

以覆盖律说明来理解当代认知科学的限度已逐渐浮现。尽管认知科学研究实践的某些方面，涉及对类似于定律的行为规则性的发现，但是认知科学家倾向于将这些规则性——有时会被称为效应或效果（effects）——作为待说明的对象而非说明。在生命科学与认知科学中虽然确有定律偶被援引，如生物化学中的米氏方程，以及早期认知心理学对香农定律的运用，但是，对大多数认知科学研究来说，其目标不是要将某些现象纳入普遍定律之下；取而代之的是，直接揭示出一给定系统的特定运作过程，如参与糖酵解的特定底物和酶，或在信息加工中进行的特定操作。[②]

11.2.3 认知科学说明的特殊策略

心理学和认知科学通常试图给出的是，与亨普尔和奥本海默的覆盖律模型不同风格的说明。理论上有好的理由支持这一点，而不仅仅是因为行为主义心理学试图提供的便是覆盖律说明，且行为主义的失败，至少部分可归因于其所追求的这一特别的说明形式。心理学定律（或至少是类似于定律的、反事实性的、无例外的概括，如 $E_0 = mc^2$ 或 $F = ma$ ）很难被找到。

① Craver C F. Why the Hodgkin and Huxley model does not explain the action potential. http://philpapers. org/rec/CRAWTH[2016-01-31].

② Bechtel W. Representations and cognitive explanations: assessing the dynamicist's challenge in cognitive science. Cognitive Science, 1998, 22(3): 295-318.

此外，假定已经找到这样的心理学定律，看起来，它们所包含的其他情况均同条件，也是不可消除的。在这种情况下，难以说明心理学上的被说明项，因为人们并不知道如何遵从一条（其他情况均同的）心理学定律，也不知道如何确定出相关（心理性的）初始条件，因为难以得知其他情况是否均同，以及其他因素是否均等。有足够的历史上的和理论上的原因，来说明为什么心理学回避了覆盖律模型，其中关键的一点是，提供覆盖律说明极可能使得心理学理论变得荒谬。

康明斯一直主张心理学说明，像更一般的科学说明一样，不是含摄于定律之下的（subsumption under law）。心理学中这样的定律都是对效应的确定（specifications of effects）。因此，它们非但不能说明，反而还需要被说明。此外，重要的是，我们通常称为效应的心理学现象，都伴随着心理学中最主要的被说明项，即能力。与其所附带的效应不同，能力很少需要被发现，尽管对它们的精确描述可能并不容易。因此，在心理学中寻求定律，也就是在寻求被说明项，因为要么是在寻求对某一能力的适当详述，要么是寻求与某能力相关联的附带效应。定律告诉我们心智做了什么，而不是如何运作的。而我们想知道的却是心智是如何运作的，而不仅仅是它做了什么。

康明斯认为，对能力及其相关的附带效应的说明，是通过援引功能分析和其实现的组合来完成的，目前有影响力的心理学说明框架，都是能产生出这种说明的框架。心理学对给出令人满意的说明的努力，受到的仍然是来自意向性和意识等旧的问题的困扰。①

认知科学中的说明，被理解为与生物学、物理学或化学中的说明不同，因为大多数认知科学家认为，与非认知科学的说明不同，对认知现象的真正说明，必须涉及语义可评估和因果相关的实体②，例如撒加德便将认知科学中说明的基本概要描述如下：说明的目标是为什么人们有一种特定的智能行为？说明的模型是人们所具有的心理表征。人们具备对这些心理表征

① Cummins R C. “How does it work?” versus “What are the laws?”: two conceptions of psychological explanation// Keil F, Wilson R A. Explanation and Cognition. Cambridge: MIT Press, 2000: 117-145.

② Fodor J A. Psychosemantics: The Problem of Meaning in the Philosophy of Mind . Vol. 2. Cambridge: MIT Press, 1987.

进行操作的算法加工过程，这些加工被应用于相应的表征，便产生出了相关的智能行为[①]。

到20世纪七八十年代，随着科学哲学逐渐关注于生命科学，某些科学哲学家注意到，传统的框架并不能很好地适用于生命科学领域。特别是在生命科学领域中对复杂系统的科学说明，并非借由定律或是类似定律的普遍陈述来给出的，而是由对特定机制的具体模型的构建来给出的[②]。

遵循其他着重于生物学的哲学家，以及认知科学的哲学家所发展的观念，里查德森和贝克特尔提出了机制说明，作为一个对传统覆盖律模型的替代框架[③]。机制说明的特别之处在于，其诉诸系统的（从物理上或功能上来描述的）部件及其之间的相互作用，来做出说明。新机制论者，以对蛋白质合成的说明，以及跨越神经元间突触的信号传递的说明等科学成就为例，主张定律在这些科学成就中几乎没有或没有明显的作用。而这些科学说明的模型，本质上则是由更低层的能力和组织方式，来说明更高层的复杂过程[④]。

11.3 计算说明、机制说明和动力系统说明及其局限

11.3.1 计算说明及其体现的说明模型

传统符号计算论的支持者认为，心理因果的过程都可以通过相应的物理实体对其他同类物理实体的因果作用的例示而得到说明。因此，思维符号之间的每一相互作用都承载着两种说明关系：其一处于物理因果层级，例如，物理事件，“标记物A‘碰到’标记物B”；其二处于符号计算层级，例如，思想，“如果A那么B”。也就是说，例示了思想的物理标记物同时也表征

① Thagard P. Mind: Introduction to Cognitive Science. Cambridge: MIT Press, 1997; Symons J. Explanation, representation and the dynamical hypothesis. Minds and Machines, 2001, 11(4): 521-541.

② Rusanen A. On Explaining Cognitive Phenomena: The Limits of Mechanistic Explanation. Helsinki: University of Helsinki, 2014.

③ Bechtel W, Richardson R C. Discovering Complexity: Decomposition and Localization as Strategies in Scientific Research. Princeton: Princeton University Press, 1993.

④ Godfrey-Smith P. Reduction in real life//Hohwy J, Kallestrup J. Being Reduced: New Essays on Reduction, Explanation, and Causation. Oxford: Oxford University Press, 2008: 52-74.

了思想的语义内容或含义[①]，这一在物理性的与符号性的事件之间所假定的平行关系，虽然可能是有问题的，但其仍然是我们至今对心理事件如何同时既是因果性的又是意向性的所拥有的最佳说明。

计算说明就是根据计算进程对某一现象的说明，通常被用来说明计算机的行为，认知科学中与之相关的"计算主义"观点认为，认知能力可以根据计算进程得到说明。许多主流认知科学家都将某种形式的计算说明置于心理学的核心位置。[②]针对认知计算说明，马尔[③]主张，存在三个不同层级，分别是计算理论层级（computational theory level）、表示和算法层级（representation and algorithm level）与硬件实现层级（hardware implementation level），见表11.1。

马尔分析的中心原则是，对某一装置之行为的完整说明，需要根据它所界定的计算理论层级、表示和算法层级以及硬件实现层级的行为加以描述。马尔还强调了最为抽象的计算理论层级的首要地位。具体来说，他认为虽然算法和机制在经验上更容易理解，但计算理论层级，从信息加工的角度来看，却是至关重要的，因为位于感知，并且进而扩展到认知之下的计算的本质，更多地取决于必须要解决的计算问题，而不是依赖于实现其解决方案的特定硬件。此见解具有表面有效性（face validity），特别是对于自然智能系统而言。[④]

表 11.1　马尔提出的理解信息加工的三个层级

计算理论层级	表示和算法层级	硬件实现层级
计算的目标是什么？ 为什么此目标是合适的？ 计算目标得以实现的逻辑策略是什么？	这个计算理论如何实现？ 如何表示计算的输入与输出？ 由输入到输出的变换算法是怎样的？	这一表示与算法是如何在物理上实现的？

① Newell A, Simon H A. Computer science as empirical inquiry: symbols and search. Communications of the ACM, 1976, 19(3): 113-126.

② Piccinini G. Computational explanation in neuroscience. Synthese, 2006, 153(3): 343-353.

③ Marr D. Vision: A Computational Investigation into the Human Representation and Processing of Visual Information. San Francisco: W. H. Freeman, 1982.

④ Cooper R P, Peebles D. Beyond single-level accounts: the role of cognitive architectures in cognitive scientific explanation. Topics in Cognitive Science, 2015, 7(2): 243-258.

马尔的分层是直接针对认知科学中的计算说明提出的。按照马尔的理论，对认知的任何计算说明都必须在计算理论层级、表示和算法层级以及硬件实现层级这三个说明层级上满足相关约束。①这样马尔就定义了计算说明的三个层级。

在计算理论层级中，“设备的性能，被刻画为，从一种信息到另一种信息的映射，这一映射的抽象属性被精确地定义，其对于任务的适宜性和适当性被证明”②。马尔使用了收银机的例子，相关数学性的算法理论，提供了对这一设备的计算理论层级的分析。对其适当性的证明，表明了我们对收银机操作的直观约束，直接映射到了这个数学理论上③。安德森④将计算理论层级称为“理性”层级——提供对某些任务性能的计算理论层级分析，以指定在该任务上观察到的行为的合理功能。马尔认为“计算理论层级，从信息加工的角度来看是极其重要的”。对于马尔来说，试图理解没有此分析层级的计算过程，就像试图理解没有空气动力学理论的鸟类飞行。因此，马尔将计算理论层级作为提供计算说明的逻辑先验起点。

表示和算法层级描述了如何计算在计算理论层级所确定的函数。此层级还涉及指定算法在计算函数时要操作的表示。因此，在收银机的例子中，使用阿拉伯数字作为表示符号涉及的是，用“最低位有效数字依次相加，逢九进位”的标准规则作为算法。虽然表示的选择限制了算法的选择，但并不是唯一的约束——可能有几种使用相同表示来计算某个函数的方法。对算法选择的一个重要约束，是其计算效率：选择哪种算法，通常取决于算法可能具有的、任何特别被期望或不被期望的特征，例如，一种算法可能比另一种算法更有效。硬件实现层级概述了算法的物理实现。此层级涉及详细的物理结构，即实现算法的计算机体系结构。这个层级也限制了算法的选择。

① Oaksford M, Chater N. Theories of reasoning and the computational explanation of everyday inference. Thinking & Reasoning, 1995, 1 (2) : 121-152.

② Marr D. Vision: A Computational Investigation into the Human Representation and Processing of Visual Information. San Francisco: W. H. Freeman, 1982.

③ Marr D. Vision: A Computational Investigation into the Human Representation and Processing of Visual Information. San Francisco: W. H. Freeman, 1982.

④ Anderson J R. The Adaptive Character of Thought. Hillsdale: Lawrence Erlbaum Associates, 1990.

马尔认为，说明的计算理论层级是最根本的。当然，完整的心理学理论必须在马尔所说的三个层级都提供说明。但是正如马尔所说的，只有在手中有一个被适当描述的计算层级的理论时，才能明智地询问哪些算法可以执行这些计算，以及这些算法如何在大脑中实现。①

可以将马尔的主张概括为，对任何一种信息处理装置的说明，都可以在三个不同的层级上来进行。第一个层级是计算理论层级，它说明这个装置是做什么的、为什么会这样做；第二个层级是表示和算法层级，它说明装置是怎样做的，这个层级要选择输入和输出的表示，以及能够完成表示变换的算法；第三个层级是怎样在物理上具体实现这个处理装置，因而为硬件实现层级。

以超市出纳台上的收银机为例。为了理解这个装置，首先我们要了解它要计算什么，如它要完成加法运算，同时要了解它为什么要执行这种运算，而不是执行另外的运算，这种运算受哪种条件的约束，这就是收银机的计算理论。其次我们要了解收银机是怎样做的。例如选择阿拉伯数字作为表示，并选择一般的加法规则等。说明这个装置的第三个层级是物理实现的问题。同样的算法可以用不同的技术手段加以实现。例如，可以用机械装置进行加法运算，也可用电气装置实现加法运算，等等。

马尔给出的三个说明层级是从研究人工智能的角度提出来的。它们关心的主要问题是怎样用计算机来实现人对物体的识别功能。马尔认为，为了解决这个问题，人们首先必须搞清楚视觉的计算性质。因为只有对视觉的计算本质有所了解，算法才比较容易理解，解决问题的特定机制（硬件），也才能相应地得到实现。②视觉感知首先是一个信息处理过程，要从图像中发现外部世界有什么以及处在什么位置。因此，视觉对象的内部表征就成为视觉计算的主要载体。于是视觉计算任务就成为如何根据给定的图像，获取各个层次的内部表示，直至恢复图像的三维景物。③人和机器视觉的最终目的是要了解一个场景或一个图像的意义。

---

① Oaksford M, Chater N. Theories of reasoning and the computational explanation of everyday inference. Thinking & Reasoning, 1995, 1 (2): 121-152.

② 彭聃龄. 认知心理学. 哈尔滨: 黑龙江教育出版社, 1990: 78-81.

③ 周昌乐. 智能科学技术导论. 北京: 机械工业出版社, 2015: 57.

由上述对计算说明的描述可见，无论是一般而言的计算说明，还是马尔所提出的理解计算说明的三层级观点，都无法被归结为前述的四类经典科学说明模型中的任意一种。我们可以暂且将马尔理解计算说明的层级观点，理解为一种不同于经典科学说明模型的新的说明模型，可将其概称为“层级说明模型”。

11.3.2 动力系统说明及其体现的说明模型

认知科学中的动力系统说明是以数学的动力系统理论为基础描述认知的，用数学中的状态空间(state space)、吸引子(attractor)、轨迹(trajectory)、确定性混沌（ deterministic chaos ）等概念，来说明与环境相互作用的认知主体（智能体）的内在认知过程。

所谓动力系统是指任一随着时间发生变化的系统。动力系统理论（ dynamic system theory，DST ）是描述系统如何随时间发生变化的数学工具。描述动力系统行为的第一步是确定它发生变化的各部分。第二步是给出这些部分得以变化的所有可能方式。在动力系统理论中一个变化被描述为状态的一个变化，因此，所有可能变化的集合被称为状态空间。动力系统理论的一个熟悉对象是钟摆。钟摆来回摆动时，其角速度（ v ）和偏离垂直位置的角度（ θ ）发生变化。钟摆的状态空间由钟摆可以呈现的所有可能的速度和位置组成。涉及动力学描述的第三步是确定演化规则。这个规则描述了从一个时刻到下一个时刻，系统是如何演化或发生变化的。因此，基于钟摆的演化规则，$v = d\theta/dt$，钟摆在时刻 t_1 的角速度和位置由钟摆在时刻 t_0 的角速度和位置决定。

通常动力系统的演化规则表现为微分方程组的形式。这对随着时间持续发生变化的系统而言是必要的。一些系统以离散或迭代的方式演化（例如图灵机或元胞自动机），因此对它们的描述并不需要微分方程组。动力系统理论的另一个概念是轨道（ orbit ）或轨迹。如果你选取钟摆的某一特定速度和位置作为初始状态，那么此状态的轨道或轨迹是随时间源自此状态的所有状态的集合。动力系统也可能展示出吸引子点：吸引子是轨迹趋向的点，钟摆有一个明显的吸引子点——由任何状态开始，钟摆最终维持在零速度和垂直位置。[①]

在认知的动力系统说明策略下，用微分方程组来表达处在状态空间的认知主体（智能体）的认知轨迹。换句话说，认知是作为认知主体所有可能的思想和行为构成的多维空间被描述的，特别是通过在一定环境下和一定的内部压力下的认知主体的思想轨迹来详尽考察认知的。认知主体（智能体）的思想和行为都受微分方程的支配。系统中的变量是不断演化的，系统服从于非线性微分方程，一般来讲是复杂性的与确定的。动力系统理论期望为认知功能提供不同于符号计算和联结论的说明，认为这种理论是对人类认知的最好的理解，并且主张有可能代替符号计算和联结论的范式，成为第三种新的认知科学范式。

在动力系统理论范式中，在特定实验设置下，特定行为模式作为动力方程与初始状态的数学的与演绎的后承而得到，这与事件的预测具有相同的逻辑形式。若考虑到其中被说明项是说明项的逻辑后承、说明与预测的等价性等特征，则某些动力系统模型说明，其实是一种对覆盖律模型的例示。[②]在最近的认知科学哲学讨论中，传统认知科学和动力系统认知科学之间的这种差异，被框定为科学说明模型上的差异，计算说明和联结论说明是机制模型，动力系统说明采取的是覆盖律模型。[③]

11.3.3 机制说明及其体现的说明模型

机械论—反机械论观念之间的辩证关系，在19世纪对精神现象的理论研究中起到了重要作用，进而使心理学于19世纪80年代成为一门独立的学科。而20世纪60年代认知心理学的兴起，也是导源于理解机制的一种特别的信息加工观念。有不少哲学家及认知科学家主张，被认知科学研究所大量运用的模型，并不是一种典型的覆盖律说明，他们将这些模型所提供的说明，理解为一种源自生物化学与分子生物学中的说明性实践的机制

---

① 夏皮罗. 具身认知. 李恒威，董达译. 北京：华夏出版社，2014: 29-30.

② Walmsley J. Explanation in dynamical cognitive science. Minds and Machines, 2008, 18(3): 331-348.

③ Zednik C. The nature of dynamical explanation. Philosophy of Science, 2011, 78(2): 238-263.

说明。[①]而所谓机制一般是指能够执行某种功能的一个结构，此结构凭借其组分部件、组分操作以及它们的有机组织来执行特定的功能。

历史上，认知科学基础中的一个争论点是，普遍定律和具体模型之间的紧张关系。认知现象在多大程度上受制于一般的、普遍的、类似定律的规则，例如在物理世界的许多方面观察到的规律？德国心理物理学家经验地研究了感觉传导过程中类似定律的规则性。在学习理论领域，行为主义者探讨了对于不同物种而言，普遍存在的学习规律（条件）作为刺激与反应之间关系的可能性。进入21世纪后，对归纳程序的计算研究已被某些研究者描述为，要寻求认知科学的理性的“统一规律或概括”[②]。对说明的这种态度可能是与物理科学相比较的结果，在物理科学中，仅当机制被纳入普遍定律后，以机制词项来模型化一系统的各构件行为的说明，才被认为已完成。[③]

然而，20世纪60年代的认知革命，将说明策略的重点，从普遍定律转向对具体现象的具体算法模型。与在强自然科学中所采用的既定说明策略不同，将认知科学理解为“逆向工程”，并将心智/大脑视为高度复杂的计算器件的集合是自然的。是机制而非定律，在这些领域中起着主要的说明性作用。根据贝克特尔和亚伯拉罕森[④]的说法，机制是一种凭借其组成部件及这些部件的运作与组织方式而执行一功能的结构。机制的精确协调的功能产生出一个或多个现象。研究的指导启发观念，部分地来自计算机科学并结合了心理科学中的说明性目的。计算机科学家为具体问题设计具体的解决方案，而不是寻求普遍定律的这种态度，被应用于认知科学：主要的方法是将复杂的信息加工任务，例如问题解决[⑤]，或物体视觉[⑥]，分解成更简单

① Rusanen A. On Explaining Cognitive Phenomena: The Limits of Mechanistic Explanation. Helsinki: University of Helsinki, 2014.

② Chater N, Vitányi P M. The generalized universal law of generalization. Journal of Mathematical Psychology, 2003, 47(3): 346-369.

③ Lappi O, Rusanen A. Turing machines and causal mechanisms in cognitive science// Illari P M, Russo F, Williamson J. Causality in the Sciences. Oxford: Oxford University Press, 2011: 224-239.

④ Bechtel W, Abrahamsen A. Explanation: a mechanist alternative. Studies in History and Philosophy of Science Part C: Studies in History and Philosophy of Biological and Biomedical Sciences, 2005, 36(2): 421-441.

⑤ Newell A. Physical symbol systems. Cognitive Science, 1980, 4(2): 135-183.

⑥ Marr D. Vision: A Computational Investigation into the Human Representation and Processing of Visual Information. San Francisco: W. H. Freeman, 1982.

的信息加工任务，并在更为基础的层级，寻求机制性的生物实现。①

如果我们将对说明的机制性理解应用于认知现象，那么对认知现象的说明，就是说明某种认知机制如何引起、维持或产生出这种现象。如果我们应用分解和局部定位的启发式策略，对复杂的认知运作进行机制说明，就是要提出一种认知机制，它能够将复杂的认知运作分解成更简单的运作，最终则是由基础层级的硬件直接进行的运作，并说明硬件如何维持或实现认知。这在认知科学的许多领域已被证明是一个非常有希望的策略：它是人工智能中的经典符号计算范式、认知心理学以及许多联结论模型的基础。这个策略也隐含在认知神经科学的认识论目标中，即对认知现象的神经基础和较低层级的生理神经机制的局部定位。②

当今的认知科学家在很大程度上试图以机制来说明认知现象。例如，荣获 2014 年诺贝尔生理学或医学奖的三位科学家的获奖成果，就是他们对大脑中形成定位系统的细胞层级的机制的发现。通俗而言，这种机制类似于一种大脑中内置的“全球定位系统”（GPS），它让我们能够在空间中实现定位。这一研究通过揭示高等认知能力的细胞层级的机制，从而说明了，我们如何知道自己的位置，我们如何从一个地方去到另一个地方，为何当我们在下次重复同样的路线时能够迅速查找到这些信息，我们在大脑中是如何对它们进行存储的等一系列认知行为和现象。③

因此，当某人进入一个空间环境时，正是由于脑内的相关认知机制，他才建立起对地理环境的空间记忆。这进一步引发了认知科学中的一些哲学问题。例如，应该用何种标准来评价什么样的说明是一个好的认知科学说明？机制说明的独特之处在于，它们借助于一个系统的组成部件及这些部件之间的因果相互作用来给出对某些现象的说明。据此，说明一个现象就是给出一个因果机制，以及给出一个由各部件及其属性组成的层级系统是如何引起、维持这种现象的说明。在这种说明中需要言明，每个组件如

① Lappi O, Rusanen A. Turing machines and causal mechanisms in cognitive science// Illari P M, Russo F, Williamson J. Causality in the Sciences. Oxford: Oxford University Press, 2011: 224-239.

② Lappi O, Rusanen A. Turing machines and causal mechanisms in cognitive science// Illari P M, Russo F, Williamson J. Causality in the Sciences. Oxford: Oxford University Press, 2011: 224-239.

③ 朱锋荣. 2014 年诺贝尔生理学或医学奖. 生命科学, 2014, (12): 1239-1241.

何能够因果地执行一些运作，并与这一机制的其他组件进行因果性的交互作用，使得各部件的协调运作，构成了在这一机制的支配下的系统性的活动。

以机制来说明认知现象的说明实践所体现的说明模型，可被称为机制说明模型，机制说明模型是传统的机械论说明的自然延续与扩张。该类说明模型在包括认知科学在内的许多科学说明性实践中有着极为广泛的体现。不过，作为一种科学哲学意义上的狭义的说明模型而言，机制说明模型则是近些年来才被提出并引发广泛研究的。

11.3.4 以机制说明模型统一认知科学说明的局限

在萨尔蒙[①]对说明的因果性理解模型下，说明某事物便是给出引发此事物的因果过程；通常，说明项是对引发被说明项的因果机制的描述。在符号计算和联结论的认知科学中，机制说明是援引所讨论的系统的结构，通常包括此结构的部件之间的相互作用或协作的明确描述，以及如此结构化所带来的能力的确定。20 世纪 90 年代以来，动力系统进路的引入，被认为引起了认知科学的范式转变，动力系统认知科学，偏离了上述形式的机制说明，因为确定出支配一个系统的规律，并不一定必然要确定它在物理上是如何构成的。

如果这一情况对一般意义上的说明而言是成立的，那么这在认知科学领域则尤其明显。涉及微分方程的动力系统模型，在认知科学和神经科学领域已经越来越普遍。施特普等主张即使没有描述机制，动力系统模型也能做出说明。[②]例如，对律动性手指运动的动力系统描述，在如下意义上构成了最低程度的说明，即它产生出的反事实条件，在测试时被保持。

以机制说明模型来理解动力系统说明的主要困难在于动力系统说明所具有的非机制的整体论特征。就此，范·戈尔德曾指出，认知科学中回避机制说明的动力系统论者，倾向于支持整体论。这种观念假设系统的各方面都同时发生变化，他们关注于系统如何从一个总体状态，变为另一个总

① Salmon W C. Scientific Explanation and the Causal Structure of the World. Princeton: Princeton University Press, 1984.

② Kaplan D M, Bechtel W. Dynamical models: an alternative or complement to mechanistic explanations? Topics in Cognitive Science, 2011, 3(2): 438-444.

体状态。[①]一些动力系统理论的支持者，赞同与机制分解不相容的整体论观点。范·戈尔德认为，动力系统理论方法的整体论旨趣，拒绝了机制说明模型的分解和局部定位特性的假定。机制说明仍然是将系统的整体活动分解为组件活动，并提供证据表明，这些活动都是在系统中实现的。

而认知的动力系统说明中的差分和微分方程，则旨在描述在系统随时间演变的过程中，特定参数值的关联变化模型，而这些参数并不对应于因果相关的系统组件。相反，它们就是现象自身的特征。这揭示出，一些动力系统理论说明，应被更好地理解为刻画了系统的行为或演化，而不能被理解为是一种机制性的说明。

此外，约克曾指出，虽然机制说明在认知科学中起着核心作用，然而，对认知科学家所感兴趣的某些现象而言，机制说明要么不可行要么不合适。这样的例子将包括所考虑的“系统”的构成实体中含有自主主体（如人类）的任何现象。其他例子则为美学经验或艺术经验等人文现象。在这些情况下，令人满意的说明将不得不考虑个体所处的周边文化、社会和历史语境的作用。由于其主题范围广泛，认知科学面临着唯一的方法论的挑战。

约克反对采用“一刀切”式的说明进路。也就是说，机制的和非机制的说明都有各自发挥作用的空间。不论原则上像审美感这样的人文主义现象，是否可以还原到较低层级的机制，在实践中都无法还原到这样的机制上。对这种现象的真正启发性的理解要求我们，注意到所涉及的不同描述层级，以及与这些不同层级相适应的说明类型。[②]

11.4 说明的全域进路与局域进路

11.4.1 以覆盖律说明为代表的全域进路

科学说明的演绎—律则模型对科学哲学的全域性进路的典型体现在

① van Gelder T, Port R F. It's about time: an overview of the dynamical approach to cognition//van Gelder T, Port R F. Mind as Motion: Explorations in the Dynamics of Cognition. Cambridge: MIT Press, 1998: 1-43.

② York W. Reconciling Mechanistic and Non-Mechanistic Explanation in Cognitive Science. The Proceedings of the 2013 International Association for Computing and Philosophy Annual Conference. College Park: IACAP, 2013.

于，其被认为具备普遍的或全域性的适用性(general or global applicability)，即演绎—律则模型及其逻辑结构被认为体现了科学中所有说明的特征，对那些表面上看起来不是一个演绎推论的说明而言，要做的仅是从各种不同说明形式中导出其背后的演绎推论。也就是说，这种说明的全域进路，也即一种一元论的说明观，可将其称为一种“全域一元论说明观”。

覆盖律模型所代表的科学哲学的全域性进路（global approach），面临着若干困难，并且并不能较好地与目前以及可预见的未来之科学发展的实际状态相契合。而局域进路的科学哲学的典型主张，则表现为一种多元论形态，这与逻辑经验论的全域一元论进路，形成了明显的反差。例如，全域一元论进路在科学说明问题上的典型表现为，主张所有的科学说明都应被系统的表述为推论，或者像福多所概括的那样，认为所有在个别科学中的真实的理论，从长远而言，都应该被还原为物理学[①]。正是由于其所具有的这种全域性特点，亨普尔的演绎—律则模型才遭遇了着眼于说明相关性问题的“怀孕的男性”与着眼于说明非对称性问题的“旗杆长度”等反例的严峻挑战。

11.4.2 以机制说明为代表的局域进路

局域进路的科学哲学发展与特殊科学哲学的蓬勃发展直接相关，机制说明模型的兴起，就直接关联于生物学哲学与认知科学哲学的发展。局域进路的科学哲学，不再像全域进路的科学哲学那样，追求普适性的科学说明模型，而是在一开始就对说明的适用范围进行了明确的限定。例如卡普兰与克雷弗的如下表述，典型地体现了机制说明的这种局域进路特征：

> 对于认知神经科学与系统神经科学中的那些成功的说明性模型而言，模型中的变量对应着其——产生、维系或构成了待说明现象的——目标机制的部件、活动、属性及组织化方面的特征。这些模型中的变量之间的（或许是数学性的）依赖性关联，对应

① Fodor J A. Special sciences (Or: The disunity of science as a working hypothesis). Synthese, 1974, 28(2): 97-115.

> 着目标机制组件之间的（或许是定量性的）因果关系。这一原则的适用，仅限于认知神经科学与系统神经科学，同时，也允许存在合法的非机制性的说明模型。①

也就是说，机制说明模型所在的这一局域进路，通常会助益于多元论与说明的自治性的主张。作为局域进路的科学哲学的一个结果，在一般意义上运用机制概念时，需要指明其应用范围的限制。

11.4.3 局域进路对全域进路的取代

全域一元论说明观，在亨普尔与内格尔对于生物学中的功能性说明的态度上得到了充分的体现，他们都认为功能性说明可被重构为演绎推论形式。当然，他们也都注意到，在抽取出功能性说明的要义而又不失演绎推论的有效性，以避免使推论变得空洞这一点上，存在着一些困难②。不过，在后来的生物学哲学与心智的自然化功能论的发展中，他们将功能性说明作为演绎推论的做法，在很大程度上已经被抛弃了③。

逻辑经验论者给出了典型的如亨普尔的演绎—律则模型这样的全域性的科学说明模型，但引发了说明的不相关性及不对称性的困难。面对这些问题，一些新的说明模型，如因果说明模型与系统论说明模型，被作为可在一定程度上应对这些问题的说明模型而提出。伴随着这些新的科学说明模型的提出，从方法论角度则出现了如下转向：首先是多元论，具体来说是说明与方法论上的多元论；其次是更多的诉诸科学实践作为对解决科学哲学问题的指导；最后是对于不同进路的自主性的强调，特别是不同学科及各门具体科学在说明上的自主性的强调，这是科学哲学的局域性进路的本质特征。以上因素并非仅存在于说明的系统论进路中，作为系统论说明进路与因果说明进路的继承者的机制说明模型也自然地延续了上述因素。

---

① Kaplan D M, Craver C F. The explanatory force of dynamical and mathematical models in neuroscience: a mechanistic perspective. Philosophy of Science, 2011, 78(4): 601-627.

② Nagel E. The Structure of Science: Problems in the Logic of Scientific Explanation. New York: Harcourt, Brace & World, 1961.

③ Aaby B H. Mechanisms and Explanation: On the Origins of the New Mechanistic Philosophy. Oslo: University of Oslo, 2016.

11.5 小结：多模态认知需要局域多元论科学说明

11.5.1 理解认知现象的多元层级

目前的认知科学使用认知的、神经的、分子的和社会的机制的融合，来说明人类的思维。其中最熟悉的机制是认知的，它们将心智描述为计算程序施加于心理表征之上的应用运作①。心理表征是一种认知结构，如概念、规则和心理表象，它们为一些算法性工序所操作，如概念的扩散激活、规则的链接和心理表象的旋转等。

联结论说明将心理现象描述为，由简单的类似神经元的单元，以及包括激活扩散和单元之间链接的修改这样过程的活动所构成。与联结论不同，神经性机制则在两个关键方面更接近脑的运作。首先，它们所涉及的人工神经元，比联结论说明中的高度简化单元，更接近神经生物学上真实的神经元。例如，真实神经元具有的时间属性，如彼此协调的发放，对于它们支持复杂的心理活动的能力，是至关重要的。其次，联结论模型通常使用少量的互联单位，脑机制则涉及由数十亿神经元组织成的功能区域，如海马和皮质的各个部分。然而，神经机制是取决于分子机制的，例如离子在神经元内的运动、神经递质突触间隙中的流动，以及激素借助于脑部供血的循环。最后，因为人类思维往往涉及与他人的互动，因此需要考虑允许一个人的思维影响另一个人的社会机制。社会机制涉及语言和其他类型的交流，包括使情感和其他类型信息的转移，成为可能的交际。表 11.2 总结了被用于不同心理说明层级的四种机制的一些要素。具体到理解情感思维而言，每一层级中的机制都是相关的。②

表 11.2 说明认知现象的多元层级机制

机制	组件	关系	交互	变化
社会机制	人与社会团体	团体、成员	交流	影响、团体决策
认知机制	心理表征，如概念	构成、联合、缊涵	计算过程	推论

① 参见 Thagard P. Mind: Introduction to Cognitive Science, 2nd. Cambridge: MIT Press, 2005.

② Thagard P, Kroon F, Nerb J, et al.Hot Thought: Mechanisms and Applications of Emotional Cognition. Cambridge: MIT Press, 2006.

续表

机制	组件	关系	交互	变化
神经机制	神经元、神经组织	突触性连接	激励、抑制	脑活动
分子机制	分子，如神经递质和蛋白质	构成、物理性连接	生化反应	分子的转化

因此，心理现象最好通过不同层级机制的整合来说明。例如，若要理解诸如情感思维这样复杂的认知现象，则需要将认知的、神经的、分子的和社会的这些层级相整合。这种整合比简单地将社会层级还原为认知层级，将认知层级还原为神经层级，以及将神经层级还原为分子层级的做法，要复杂得多。一些情感事件，需要同时涉及所有层级的说明，例如，两个人之间因社交互动而引发恐惧，进而提高体内皮质醇（应激激素）水平，然后反过来，又会改变社交互动。又如，受到侮辱会导致认知和生理变化，引发出争斗。因此，在社会的—认知的—神经的—分子的机制的嵌套层级结构中，因果关系是双向的。

机制的嵌套层级结构，是组件的层级结构以及交互式更改。社会群体是由拥有——由分子组成神经元的——大脑的人组成的；社会群体中的变化，产生于由神经的和分子的变化而引起的个体大脑的变化。由此，对认知现象的说明就自然地拒绝了单一层级的说明策略，不论是还原性的、主张最低层级的策略优先性，还是中间性的、坚持认为只有一个层级，如认知层级才适合于心理说明。这便自然地导致了说明的多元论（explanatory pluralism）观点，它拒绝极端还原论和极端的反还原论。这样，基于多重机制的、多元的、多层级的说明，是理解像情感思维这样复杂的认知现象的最好方式。同时，这一立场也拥有充分的实验和理论的支持。

11.5.2 不同层级需要不同类型的说明

按照机制说明模型的理解，对某一认知现象的说明就是说明构成其基础的认知机制。在机制说明中，机制总是被理解为关于某事物的机制，此事物具有某种特定的能力。通过给出对这种能力有因果贡献的机制，来实现对所讨论能力的说明。如果待说明的能力是由复杂的层级化组织所构成的，那么对它的说明也必须是构成性的，并且将涉及多个层级。就此，米乌科夫斯基曾指出虽然信息加工机制在对认知现象的说明中是不可或缺的，这辩护了认知的计算说明；但同时，它必须补充以其他的说明，使机制说明得以完整，这自然导致在认知科学中的多元论，这种多元论要求放弃传统上认为认知与实现细节无关的主张。①

一方面，心理现象需要多种说明层级，这些层级之间的关系有两种：分解和语境化。另一方面，有些认知任务的准整体论特征提示，在这些情形下，机制论说明必须与动力系统说明相互补充。认知科学的说明框架应该基本上是机制性的，仅当子系统之间的相互作用太强（非线性）时，才会在宏观功能层级给动力系统进路留有空间。这是由于包含计算说明的机制模型，在对心理生物学的理解上，具有更强的说服力，这种说服力体现在其独特的模拟特征上，即加工是被复现的，而不是由数学定律所描述的。动力系统说明和计算说明通常被认为是互斥的：不同的认知能力或行为由不同类型的说明来解释；或者在某些情况下，动力系统模型和计算模型是重叠的，而不是在一个独特的综合说明中“相融合”。

有一些现象自身显现出了被分解为部件的倾向，这正是机制说明所要提供的，但也有此进路所不适合的现象。在一个对层级的描述中给出的整体论的或非机制的理解，可以与在另一个（较低的）层级中所给出的机制理解共存并相互补充。因此，可用非机制的词项来说明个人的行为的这一事实，并不排除做更深入的探究，且试图发现导致这些行为的低层级的机制。

多元化的包含计算说明的机制模型提供了对认知科学只关注于计算理论的层级及当前强调神经科学数据的相关性这一“垂直”属性，与对“横向”涉身性的日渐增长的需求之间的平衡。多元模型的基石，是说明层级与承认我们具有选择哪些层级来施加约束的相对自由之间的协同演化②。对于一现象的理解，可能涉及多个层级。有的层级需要的是机制说明，而其

① Miłkowski M. Limits of computational explanation of cognition// Müller V C. Philosophy and Theory of Artificial Intelligence. Berlin: Springer, 2013: 69-84.

② Marraffa M, Paternoster A. Functions, levels, and mechanisms: explanation in cognitive science and its problems. Theory & Psychology, 2012, 23 (1): 22-45.

他的层级则不需要机制说明[①]。

认知科学说明的多元论特征也体现在，作为认知科学两大构成学科的认知心理学和认知神经科学之间所表现出的相对独立性。这两个学科的每一个，都可以提供对人们如何执行某些任务的部分的说明。认知心理学的说明是关于心理信息加工程序的假设。认知神经科学的说明，是关于这些程序运行的神经硬件的性质的假设。目前，这两个领域的研究结果，是否可以约束另一方的假设，还尚未明确。科尔塔哈特（Coltheart）认为，迄今为止还没有这样的情况发生。首先，如果心智是大脑的软件，一个完整的对认知的理解将需要知道软件如何工作以及硬件的工作原理，这就是为什么认知心理学和认知神经科学是认知科学的两个主要的学科。其次，对于这两个领域之一中的关于认知的知识，是否可以约束另一个领域中关于认知的理论，科尔塔哈特对这种可能性持怀疑态度，他的根据是，如果这样的限制实际上确有可能，我们就应该可以发现在认知科学中已经发生过这样的实例，但是我们却没有发现这样的实例存在。[②]

在此理解下，将空间记忆作为认知现象进行研究的认知心理学，就不能还原为神经生物学；每个学科都保留自己的自主权。而像前向建模和衰减解释，基本上是一种可以从原则上做出的认知说明，无须描述意识的神经相关性，说明工作在很大程度上是由认知和计算机制完成的，而后这些机制由神经物质所实现，同时我们也可以想象它在某些其他事物中被实现。所以对于此类说明，原则上并不需要神经科学。

11.5.3 局域多元论的认知科学说明观的确立

逻辑经验论者所提出的以演绎—律则模型为代表的经典科学说明模型，秉持的是一种全域一元论的科学说明观。这种说明观主张，诸如演绎—律则模型及其变体所组成的覆盖律模型，可以适用于对所有的科学说明实践

① York W. Reconciling Mechanistic and Non-Mechanistic Explanation in Cognitive Science. The Proceedings of the 2013 International Association for Computing and Philosophy Annual Conference. College Park: IACAP, 2013.

② Coltheart M. Levels of Explanation in Cognitive Science. Sydney: Proceedings of the 9th Conference of the Australasian Society for Cognitive Science, 2010.

的理解。或者说，覆盖律模型体现了所有科学说明的共同特点，那些表面上不符合覆盖律模型的科学中的说明性实践，要么并非真正意义上的科学说明，要么可以被重构为覆盖律说明的形式。因此，这种认为某类科学说明模型具备全域适用性的说明观，同时也是一种一元论的说明观。

自机制说明模型被用来理解认知科学说明后，部分认知科学哲学家尝试以机制说明模型来给予认知科学说明以统一的理解。由于机制说明模型本质上便是层级性的，因此它较好地吸纳并扩展了马尔所提出的理解认知计算说明的三层级观点，又由于联结论说明所基于的人工神经网络本身，就是对生物神经网络的抽象，它自然地继承了生物神经网络的机制性，所以也可以在机制说明模型下得到较为适切的理解。不过，计算机制与联结论机制却是两种不同类型的机制，因而以机制来统一理解计算说明和联结论说明时，便存在冲突。

同时，由于动力系统说明的非机制的整体论特征，部分认知科学哲学家主张以覆盖律模型或作为其变体的因果默认规则说明模型，来理解动力系统说明，这使得机制说明模型的统一尝试遭遇了较大的困难。而抽象计算说明的非因果性问题与非机制的认知模型与非机制的计算模型的存在，使得以机制说明模型对认知科学说明给予统一理解的局限暴露无遗。由此而得出的便是一种局域多元论说明观，它主张的是理解认知现象的多元层级需要不同类型的说明模型，而非一种单一的全域性说明模型。

12　结语：中国认知科学哲学学者未来的学术责任

21 世纪最为活跃的认知科学，是通过哲学、心理学、神经科学、人工智能、语言学、人类学、教育学和对认知和心智的本质进行跨学科研究的前沿科学。认知科学哲学一方面是研究认知的心理过程和心理表征的哲学；另一方面是将认知科学作为研究对象，关注与科学研究相关的哲学问题。例如，认知科学的说明与还原问题、认知科学的科学实践及其基本假设的理论问题，以及认知科学实验中的伦理问题等。

哲学之所以在认知科学中占有一席之地，与认知科学的多学科和跨学科性质以及认知科学当前所处的发展阶段有关。人类的心智和认知是异常复杂的研究对象，心理学等单一学科不足以提供破解这一“宇宙之谜”的钥匙，需要借助多个学科的研究方法、理论视角和新的科学发现，经由多种研究进路来逐步推进并适时进行必要的整合。

由于专业训练和工作方式的差异，哲学家通常无法像心理学家和神经科学家那样开展精巧的受控实验研究，不能像语言学家和人类学家那样系统地收集语料或从事深入的田野调查工作，也不必像计算机科学家和数学家那样建造复杂的计算或数学模型，但哲学家更长于思辨，精于概念与逻辑分析，善于提炼思维和推理过程中的论证结构，勇于提出另类思路，具有较强的历史视野和反思精神，这些专业技能和精神特质，使得哲学家在认知科学的事业中能够发挥独特的作用。在认知科学 60 余年的发展历程中，几乎每次关于基本原理和研究进路的论战都能看到哲学家的身影。特殊的专业训练和素养，使得哲学家在概念分析和逻辑论证的构造与解析，以及理论整合等方面具有得天独厚的优势，因而能够在关于基础问题的讨论中大显身手，为其所青睐的学说或研究进路提供强有力的辩护[①]。

12.1 推进哲学与认知科学交融的时代境遇

进入 21 世纪以来，以生命科学、认知科学、计算机科学和纳米技术的四大汇聚为特征的科学技术新形态，正在塑造着我们日常的生活方式和科学技术的社会运行，也越来越多地渗透进人类道德体系的建构和全球秩序的综合治理中。由新科学技术变革所催生的新观念不仅引导着人们对自我、他者和世界关系的新理解，也不断突破我们对于自然的本性、生命的意义、人类命运乃至宇宙未来的传统阐释框架。四大汇聚中最具交叉性的学科是研究人类心智本质的认知科学（cognitive science），这是一个由哲学、语言学、心理学、神经科学、人工智能、人类学等几大学科构成的，至今还未形成统一研究范式的多学科集群。这一学科集群正在与新技术联手，逐步揭示人类的日常认知和科学认知、自我认知和社会文化认知的多重机制，所取得的实证研究的许多重大突破也对传统形而上学、认识论、语言哲学、道德伦理和哲学方法论构成新的前所未有的挑战。新技术变革不仅把人们带入一个人机共在的充满巨大不确定性的全新社会，也为哲学家借鉴和反思经验科学，拓展哲学发展的空间创造了重要机遇。加快哲学家与认知科学家的联盟，推进认知科学与哲学的学科建制化进程，探索哲学与认知科学交叉融合的实践途径，既是中国学者需要自觉担当的学术责任，也是时代境遇和国际大势所赋予的新的历史使命。正可谓“周虽旧邦，其命维新”。正是在这样的背景下，中国哲学家开始反思如何突破原有格局，尽早融入

① 朱菁. 哲学与认知科学何以共生共荣. 光明日报, 2019-01-07（15）.

世界学术共同体，并在国际舞台上占据一席之地。事实上，经历了改革开放 40 多年的历程和中国学界同人的共同努力，可以说，中国的哲学在学科建制化的道路上逐渐成形，中国哲学家的创造性思想成果也有走向世界的向好趋势。此刻，我们正处在重塑哲学学科，乃至整个人文社会科学学术规范的转折点上，正在步入搭建哲学社会科学创新平台、全面推进哲学社会科学各领域创新的全面反思的重要机遇期。

12.2　借鉴国际学科交叉的建制化经验

严格讲，由于学科划分过窄过细等原因，中国还没有真正形成哲学—认知科学的建制化体系。这不仅是因为受过严谨科学训练又有较高哲学素养的跨学科研究人员匮乏，也体现在大学通识教育课程体系中跨学科课程付之阙如，更重要的是，缺少借助跨学科平台培养高层次人才的设计理念和实践经验。在这方面，世界一流大学的经验值得借鉴。

1979 年认知科学学会成立之后，加利福尼亚大学圣迭戈分校继 1982 年授予第一个认知科学本科学位后，又于 1986 年正式成立了国际上第一个认知科学系。其后印第安纳大学、麻省理工学院、剑桥大学、耶鲁大学、罗特格斯州立大学、匹兹堡大学等相继建立哲学与认知科学交叉研究机构和研究项目。1993 年，哈佛大学建立了心—脑—行为跨学科平台，不仅汇聚校内百余位来自哲学、心理学、语言学、计算机科学、进化生物学、神经科学、人类学和科学史领域的著名学者展开跨学科协同研究，还开设了全校跨学科的通识课程群，设立了本科生和研究生的交叉研究项目，形成了教学研究—人才培养一体化的跨学科建制。领衔心—脑—行为跨学科平台的学者曾有哈佛大学哲学系主任肖恩·凯利，也有知名哲学学者苏珊娜·辛格和逻辑学家哥德法布。其后，这一跨学科平台的两位主任分别是研究语言脑机制的心理学家和神经科学家。1993 年，华盛顿大学（圣路易斯）设立了哲学—神经科学—心理学研究中心及博士研究生培养项目，迄今已培养了一大批世界知名的认知科学家和哲学家，其中获得哲学—神经科学—心理学研究中心博士学位的加拿大学者克瑞斯·艾利斯密斯是少数成功入选认知科学学会会士的哲学学者。提出意识“难问题”的心灵哲学和认知科学哲学家大卫·查尔莫斯，就曾经获印第安纳大学哲学与认知科学博士学位，而且是最早在哲学—神经科学—心理学研究中心工作的教授之一。提出延展心灵论的著名哲学家安迪·克拉克也曾在哲学—神经科学—心理学研究中心从事博士后研究工作。科学家与哲学家联手的国际范例之一是镜像神经元的发现及后续的科学研究。1992 年，曾任欧洲脑与行为科学学会会长的里佐拉蒂，通过研究恒河猴的前运动皮层神经元工作机理发现猴脑中的“镜像神经元”机制，推进其后其他学者在人脑中也发现了同样的机制，为研究人类如何具有同理之心、具有模仿学习的能力、如何建立自我与他者的关系，以及人们如何共享世界经验，提供了重要的认知心理学说明。这一发现也被誉为“20 世纪最重要的心理学成就之一”。而意大利的科学哲学学者悉尼·戈利亚多年与里佐拉蒂一同出入实验室进行哲学研究并合作发表许多前沿工作成果。2006 年他们共同出版的《脑中之镜：我们的心灵如何共享行动、情绪和经验》不仅在哲学界和心理学界流传广远，其影响甚至波及类脑智能和机器自我意识的研究。此外，2004 年前后，神经科学家诺索夫等通过神经科学实验提出，存在“大脑皮层中线结构”是产生自我的神经相关物的假说，为哲学家关于自我意识的说明提供了新的争论空间。这一假说与 1995 年认知心理学之父奈瑟尔自我的五维度说明，成为今日探索人类意识和机器意识、人类自我和机器自我的重要理论依据，也为究竟能否建构有自我意识的 AMA 的争论提供了新视角。

12.3 建立跨学科平台探索哲学与认知科学交融的新途径

认知科学引入中国始于 20 世纪 80 年代中期，但真正与哲学结合具有跨学科性质的认知科学在中国的发展仍然相当缓慢，2013 年中国认知科学学会成立，推动了认知科学各组成学科之间的交流。过去的 30 余年，国内心理学、神经科学和人工智能等领域得到了快速发展，产生了一批令人称道的研究成果，在国际主流学术期刊和会议上发表论文已成为这些学科的常态。但具有独创性的实验研究的哲学探讨成果寥寥，大多数研究方法仍属于模仿和跟随性的，这与中国的认知科学家欠缺足够的哲学思维、国内哲学界缺少与认知科学界的深入交流互动不无关系。尽快搭建哲学与认知科学交叉融合的跨学科创新平台，借鉴国际经验，打破文理学科专业壁垒，整合哲学与认知科学不同领域资源，使人文科学的理论研究真正落到实处，应当是改变这一面貌的有效途径之一[①]。

未来一个值得关注的重要方向是社会认知与文化认知。不同地区、不同民族独特的思维方式和日常经验形成的认知特征，以及在东西方文化语境下的个体、群体的信念差异，甚至不同国家间的权力意志支配下的行为博弈等，为认知科学与哲学的跨学科研究提供了丰富的多元视角，大量的经验证据和大数据资源有待新的说明和应用。跨学科平台一方面可以发挥“涉身性认知哲学”研究的特色积累优势，凝聚西方哲学、科学技术哲学、伦理学、宗教学、政治哲学等学科综合实力，将经验科学的成果转换为解决中国问题的理论探索；另一方面可以发挥语言学、人类学和认知神经科学背景下的心理学研究优势，借鉴社会认知和文化认知研究的独特资源，开辟更为开放的问题研究导向式的国际合作空间。平台还可以对当今数据化科学技术的前沿进展进行综合研究，包括大数据、互联网、物联网、人机交互、数字化人类增强技术，特别是人工智能的逻辑、哲学、伦理与政治的综合研究等。

我们相信，如果能将哲学的前沿问题意识及批判性思维与认知科学经验研究方法相结合，通过跨文化的中西比较研究，聚焦不同语境的特殊问题，中国哲学家不仅能够产出解决中国问题、具有中华文化内涵的原创性成果，经过长期的学术积累和学科建制化的逐渐成熟，也将在人类心智和认知本质的真理探索中，创造出与世界各民族共享并促进理解的新知识和新思想，真正为人类未来的世界难题寻求解决之道贡献中国智慧。

---

① 2003 年由国内逻辑学、哲学、心理学、语言学、人工智能和神经科学界学者共同发起和参与的“心灵与机器研讨会”至今已经召开 16 届全国会议，极大地推进了跨学科学术共同体间的对话与交流。此外，2005 年浙江大学语言与认知研究中心成立，是国家“985 工程”二期哲学社会科学创新基地项目。2013 年中国认知科学学会成立，推动了认知科学各分支学科间的交流合作。2018 年中国人民大学哲学院与心理学系合作建立了“哲学与认知科学跨学科平台”，作为中国人民大学“学科标志性重大规划”项目之一，也是中国人民大学第一个文理交叉平台，平台的建立为未来哲学与认知科学交融的建制化打下了重要的基础。

后　记

本书是国家社会科学基金重大项目“认知科学对当代哲学的挑战——心灵与认知哲学重大理论问题研究”（11&ZD187）的终期成果。2011年年底立项之初，项目组就汇聚了国内哲学、心理学、神经科学、计算机科学和人工智能等多学科领域的专家，建立了一个沟通协作的跨学科研究平台，参与项目研究的学者共有20余位。历经6年时间的凝心聚力，至结项之时，这一共同体的研究已经取得了很好的学术成果。除了完成50余万字的结项报告外，相继出版了署名重大项目支持的专著和译著10余部，发表期刊论文90余篇。特别在《中国社会科学》《哲学研究》《人民日报》《光明日报》，以及 *Synthese*（《综合》）、*Erkenntnis*（《认识》）和 *Neuroscience*（《神经科学》）等国内外权威学术刊物发表论文14篇；其中SCI目录收录11篇，A&HCI收录4篇，SSCI收录4篇。同时，项目组核心成员连续举办了六届“心灵与机器会议”、主办了近20场以心灵哲学或认知科学为专题的“中国人民大学科学-社会-人文论坛”及各类小型会议。更为可喜的是，在重大项目的研究过程中及其后两年多时间，又有多位研究成员凝练出新的具有更大理论价值的选题，相继获批多项国家自然科学基金、社会科学基金、教育部及省部级重大项目。由刘晓力主编的“心灵与认知丛书”第一辑也由中国科学技术出版社出版。可以说，这一项目的立项，在一定程度上的确引领和推进了中国认知科学的相关研究，在哲学与认知科学的交叉领域产生了积极的影响。

目前，呈现在读者面前的这部著作是在项目组成员50万字结项报告的基础上广泛征求意见，历经三次较大修订后成书的结项报告由路卫华统稿，本书由郁锋统稿。全书通过导论、意识、知觉—行动、语言、知识、伦理、方法论和认知科学的科学说明、结语几个部分，多向度地揭示了认知科学与当代哲学构成的双向挑战效应的主要特征，重点考察了在双向挑战的背景下，催生了哪些心灵与认知科学哲学新的研究问题，分析相关问题的争论各方所持的基本理论假说及其论辩策略，并深入探讨了面对这种双向挑战，哲学家在认知科学中究竟有何作为等现实性问题。

全书的具体分工如下。

导论：刘晓力；

第1章：孟伟；

第2章：李恒威；

第3章：陶孝云；

第4章：陶孝云、周昌乐、郁锋；

第5章：薛少华、张志伟等；

第6章：郁锋、冯艳霞；

第7章：黄翔、任会明；

第8章：徐向东、陈玮；

第9章：徐英瑾；

第10章：朱菁、周昌乐、黄俊维、伍素、古力、王奇琦；

第11章：路卫华；

结语：刘晓力。

研究过程中我们关注的一个问题是，最近十余年，在人工智能和脑神经科学的助推下，与心灵和认知科学相关的问题已成为公众和专业学者关注度越来越高的热门话题。哲学与认知科学半个多世纪的联姻产生了大量新的研究课题，可谓成果丰硕。然而，我们也看到，认知科学似乎并未如创立者最初设想的那样，融合了哲学、心理学、语言学、计算机科学、神经科学、人类学等几大学科，担当起研究心灵和认知本质的统一学科之名。

Nature（《自然》）期刊的子刊《自然:人类行为》（*Nature Human Behavior*）2019 年曾发文，从文献计量指标对 *Cognitive Science*（《认知科学》）期刊的所有作者的隶属院系学校做了一次比较，结果显示，60%以上作者的通讯机构是心理学系，而哲学和人类学学科的声音相对微弱，只分别占比 3%和 1%。这篇评论从一个侧面对认知科学的学科命运作出判断，认为认知科学几十年的发展几乎是失败的。我们当然不能苟同如此全面否定的判断，但也应清醒地认识到，这项哲学与认知科学交叉融合的我们为之努力的事业依然任重道远。本书只是记录了国内心灵与认知哲学研究领域一个阶段的一项研究工作。认知科学对当代哲学的挑战是一个广泛而深刻的主题，也是一个需要长期探索的课题。我们真诚地期望，在此项研究的基础上，新一代学人能够推陈出新，进一步促进国内哲学与认知科学研究的学科建制化进程，使更多的中国学者走向心灵哲学和认知科学的世界舞台，做出具有更大独创性的理论贡献。

本书的出版，首先非常感谢国家社会科学基金重大项目的支持，还要特别感谢科学出版社科学人文分社侯俊琳社长和邹聪女士编辑团队的辛勤工作和耐心付出。本书虽经各位作者反复修订，仍难免有不足之处，真诚期望各位专家不吝指正。

刘晓力　郁　锋

2019 年 11 月